中航工业检测及焊接人员资格鉴定与认证
系列培训教材

化 学 分 析

杨春晟　李　林　宋晓辉　主编

化学工业出版社

·北京·

图书在版编目（CIP）数据

化学分析/杨春晟，李林，宋晓辉主编. —北京：化学工业出版社，2012.3（2025.3重印）
中航工业检测及焊接人员资格鉴定与认证系列培训教材
ISBN 978-7-122-13211-6

Ⅰ.化… Ⅱ.①杨…②李…③宋… Ⅲ.化学分析-技术培训-教材 Ⅳ.O65

中国版本图书馆CIP数据核字（2012）第004431号

责任编辑：李晓红　任惠敏　　　　　　　文字编辑：刘志茹
责任校对：王素芹　　　　　　　　　　　装帧设计：关　飞

出版发行：化学工业出版社（北京市东城区青年湖南街13号　邮政编码100011）
印　　装：北京科印技术咨询服务有限公司数码印刷分部
787mm×1092mm　1/16　印张17　字数415千字　2025年3月北京第1版第2次印刷

购书咨询：010-64518888　　　　　　　售后服务：010-64518899
网　　址：http://www.cip.com.cn
凡购买本书，如有缺损质量问题，本社销售中心负责调换。

定　价：68.00元　　　　　　　　　　　　　　　　　　　版权所有　违者必究

编审委员会

主　任　王向阳

副主任　李　莉　李　伟　陶春虎

成　员（以姓氏笔画为序）

于　浩　王　斌　王向阳　尹泰伟　龙　赣
史亦韦　闫秀芬　吕　健　朱　明　刘　嘉
刘晓燕　许亚平　阮中慈　杨国腾　杨春晟
杨胜春　李　伟　李　泽　李　莉　李秀芬
肖清云　何玉怀　宋晓辉　陆　林　张田仓
张立坤　张学军　苗蓉丽　季　忠　金冬岩
胡成江　耿金凤　徐友良　郭广平　郭子静
陶春虎　黄玉光　章菊华　熊　瑛　熊华平

编审委员会秘书处

主　任　宋晓辉

成　员　马　瑞　任学冬　谢文博　李　彦　范映伟
　　　　　胡春燕　钟　斌　张文扬　章菊华　缪宏博

序　言

公元前 2025 年的汉谟拉比法典,就提出了对制造有缺陷产品的工匠给予严厉的处罚,当然,在今天的以人为本的文明世界看来是不能予以实施的。即使在当时,汉谟拉比法典在总体上并没有得到真正有效地实施,其主要原因是没有用来评价产品的质量以及责任的归属的理化检测及评定的技术和方法。从公元前 2025 年到世界工业革命前,对产品质量问题处罚的重要特征是以产品质量造成的后果和负责人为对象的,而对产品制造过程和产品质量的辨识只能靠零星、分散、宏观的经验世代相传。由于理化检测和评估技术的极度落后,汉谟拉比法典并没有解决如何判别造成质量问题和失效的具体原因的问题。

近代工业革命给人类带来了巨大的物质文明,也不可避免地给人类带来了前所未有的灾难。约在 160 多年前,人们首先遇到了越来越多的蒸汽锅炉爆炸事件。在分析这些失效事故的经验教训中,英国于 1862 年建立了世界上第一个蒸汽锅炉监察局,把理化检测和失效分析作为仲裁事故的法律手段和提高产品质量的技术手段。随后在工业化国家中,对产品进行检测和分析的机构相继出现。而材料和结构的检测受到重视则是近半个世纪的事情。第二次世界大战及后来的大量事故与故障,推动了力学、无损、物理、化学和失效分析的快速发展,如断裂力学、损伤力学等新兴学科的诞生以及扫描电镜、透射电镜、无损检测、化学分析等大量的先进分析设备的应用。

毋容置疑,产品的质量可靠性要从设计入手。但就设计而言,损伤容限设计思想的实施就需要由无损检测和设计用力学性能作为保证,产品从设计开始就应考虑结构和产品的可检性,需要大量的材料性能数据作为设计输入的重要依据。

就材料的研制而言,首先要检测材料的化学成分和微观组织是否符合材料的设计要求,性能是否达到最初的基本设想。而化学成分、组织结构与性能之间的协调关系更是研制高性能材料的基础。对于材料中可能存在的缺陷更需要无损检测的识别并通过力学损伤的研究提供判别标准。

就构件制造而言,一个复杂或大型结构需要通过焊接来实现;要求在结构设计时就对材料可焊性和工艺可实施性进行评估,使选材具有可焊性、焊接结构具有可实施性、焊接接头缺陷具有可检测性,焊接操作者具有相应的技能水平,这样才能获得性能可靠的构件。

检测和焊接技术在材料的工程应用中的作用更加重要。失效分析作为服役行为和对材料研制的反馈作用已被广泛认识,材料成熟度中也已经考虑了材料失效模式是否明确;完善的力学性能是损伤容限设计的基础,材料的可焊性、无损检测和失效模式不仅是损伤容限设计的保证,也是产品安全和可靠使用的保证。

因此,理化检测作为对材料的物理化学特性进行测量和表征的科学,焊接作为构件制造的重要方法,在现代军工产品质量控制中具有非常重要的地位和作用,是武器装备发展的重要基础技术。理化检测和焊接技术涉及的范围极其广泛,理论性与实践性并重,在军工产品制造和质量控制中发挥着越来越重要的作用。近年来，随着国防工业的快速发展，材料和产品的复杂程度日益提高，对产品安全性的保证要求越来越严格。同时，理化检测和焊接新技术日新月异，先进的检测和焊接设备大量应用，对理化检测和焊接从业人员的知识、技能水平和实践经验都提出了更高的要求。

为贯彻《军工产品质量管理条例》和 GJB《理化试验质量控制规范》，提高理化检测及焊接人员的技术水平，加强理化实验室的科学管理和航空产品及科研质量控制，中国航空工业集团公司成立了"中国航空工业集团公司检测及焊接人员资格认证管理中心"。中心下设物理冶金、分析化学、材料力学性能、非金属材料性能、无损检测、失效分析和焊工七个专业人员资格鉴定委员会，负责组织中航工业理化检测和焊接人员的专业培训、考核与资格证的发放工作。为指导培训和考核工作的开展，中国航空工业集团公司检测及焊接人员资格认证管理中心组织有关专家编写了中航工业检测及焊接人员资格鉴定与认证系列培训教材。

这套教材由长期从事该项工作的专家结合航空工业的理化检测和焊接技术的需求和特点精心编写而成，包括了上述七个专业的培训内容。教材全面系统地体现了航空工业对各级理化检测和焊接人员的要求，力求重点突出，强调实用性而又注意保持其系统性。

这套教材的编写得到了中航工业质量安全部领导的大力支持和帮助，也得到了行业内多家单位的支持和协助，在此一并表示感谢。

中国航空工业集团公司检测及焊接人员
资格认证管理中心

前　言

　　航空分析化学检测是发展航空工业的重要技术基础，是确保航空产品质量，实施质量控制的重要手段和科学依据。

　　中航工业分析化学检测人员资格鉴定委员会（以下简称鉴委会）是"中国航空工业集团公司检测及焊接人员资格认证管理中心"下属的七个专业人员资格鉴定委员会之一，其主要任务是依据 HB5459《航空分析化学检测人员的资格鉴定》对航空分析化学人员进行技术培训和资格考核。

　　鉴委会成立于 1989 年，20 多年来为中航工业培训并考核了上万名分析化学检测人员。为配合培训和考核工作的开展，鉴委会制订了化学分析、原子光谱分析和气体分析等专业的培训和考试大纲，根据考试大纲编写并出版了相关教材：1993 年出版了《实用发射光谱分析》（四川科学技术出版社）和《实用化学分析》（石油工业出版社），2000 年出版了《金属材料看谱分析手册》（四川大学出版社）。以上教材，在中航工业分析化学检测人员的培训工作中发挥了重要的作用。

　　进入 21 世纪以来，分析化学与微电子学、信息科学紧密结合，发展成一门多学科交叉的技术学科，新技术、新仪器、新材料、新方法层出不穷，对中航工业分析化学的检测工作提出了新的要求。因此，鉴委会根据目前培训与认证工作的需要，在原有教材的基础上，组织行业内的技术专家编写了新的教材《化学分析》，是"分析化学检测人员培训教材"之一。

　　化学分析是分析化学的重要基础分支学科，也是航空工业进行产品成分分析的主要检测手段之一。化学分析法是仪器分析法的基础，它的特点是准确度较高。航空材料和产品种类繁多，成分分析技术难度很大。而且，航空产品许多是在高温、高压、高速环境下使用的，对质量的要求很高。因此，化学分析人员技术水平的高低直接关系到航空产品和武器装备的可靠性。

　　根据航空工业对化学分析人员的要求，本书系统地介绍了化学分析的基础知识及基本操作、定量分析引论、重量分析法、酸碱滴定法、氧化还原滴定法、络合滴定法、紫外-可见分光光度法、电化学分析法以及分析误差与数据处理，并在每种分析技术中，给出了航空材料和产品成分检测工作中具有代表性的示例。

　　本书由杨春晟、李林、宋晓辉主编。各章作者分别为：第 1 章，李林；第 2 章，杨春晟、宋晓辉；第 3、4 章，冯艳秋；第 5 章，李林；第 6 章，陆林；第 7 章，刘众宣；第 8 章，陆林；第 9 章，徐普德、宋晓辉。

　　本书由北京航空材料研究院潘傥研究员主审。

　　本书在编写过程中，主要参考了原鉴委会教材《实用化学分析》的基本内容，同时也参考了国内外有关著作，从中得到了许多启发和帮助。另外，北京航空材料研究院的谢文博、付二红、李帆、叶晓英、蒙益林同志也参与了部分编写与审校工作，在此一并表示感谢。

本书是为中航工业化学分析Ⅱ级检测人员技术培训、考核和资格鉴定工作而编著的，也可供其他行业的分析化学工作者参考。

由于成书仓促，水平有限，书中难免有疏漏和错误之处，敬请读者批评指正。

编者

目　　录

第1章　基础知识及基本操作 ……………………………………………… 1

1.1　玻璃仪器 ……………………………………………………………… 1
- 1.1.1　玻璃器皿的分类 ………………………………………………… 1
- 1.1.2　玻璃器皿的洗涤 ………………………………………………… 1
- 1.1.3　常用洗涤液的配制 ……………………………………………… 3
- 1.1.4　玻璃器皿的使用和维护 ………………………………………… 4
- 1.1.5　基本玻璃量器的检定 …………………………………………… 4

1.2　其他材料的仪器 ……………………………………………………… 5
- 1.2.1　石英玻璃仪器 …………………………………………………… 5
- 1.2.2　瓷器皿 …………………………………………………………… 5
- 1.2.3　金属器皿 ………………………………………………………… 6
- 1.2.4　塑料器皿 ………………………………………………………… 7

1.3　化学试剂 ……………………………………………………………… 8
- 1.3.1　按化学组成分类 ………………………………………………… 8
- 1.3.2　按用途分类 ……………………………………………………… 8
- 1.3.3　按试剂纯度分类 ………………………………………………… 9
- 1.3.4　按化学危险品分类 ……………………………………………… 9
- 1.3.5　化学试剂使用须知 ……………………………………………… 9

1.4　标准溶液的配制与标定 ……………………………………………… 10
- 1.4.1　配制方法 ………………………………………………………… 10
- 1.4.2　常用标准滴定溶液的制备和标定方法 ………………………… 10
- 1.4.3　常用一般缓冲溶液的制备 ……………………………………… 11

1.5　样品 …………………………………………………………………… 12
- 1.5.1　金属样品制备的一般规定 ……………………………………… 12
- 1.5.2　金属试样的制取 ………………………………………………… 13
- 1.5.3　槽液样品的采取 ………………………………………………… 13
- 1.5.4　其他试样的采取与制备 ………………………………………… 13

1.6　常见试样的分解方法 ………………………………………………… 14
- 1.6.1　溶解法 …………………………………………………………… 14
- 1.6.2　熔融法 …………………………………………………………… 16
- 1.6.3　微波消解法 ……………………………………………………… 17

1.6.4 其他分解法 ··· 18
1.6.5 常见金属试样分解方法举例 ··· 18
1.7 天平与称量 ··· 20
1.7.1 普通分析天平 ·· 20
1.7.2 电子天平 ·· 24
1.7.3 天平室条件的选择 ·· 25
1.8 重量分析的基本操作 ··· 25
1.8.1 沉淀的过滤与洗涤 ·· 25
1.8.2 沉淀的干燥与灼烧 ·· 27
1.9 滴定分析基本操作 ··· 28
1.9.1 滴定管及其使用方法 ··· 28
1.9.2 移液管及其使用方法 ··· 29
1.10 光度分析基本操作 ··· 30
1.10.1 试样分解 ··· 30
1.10.2 显色液酸度的保证 ··· 30
1.10.3 干扰元素的消除 ·· 30
1.10.4 各种试剂的加入 ·· 30
1.10.5 波长的自检 ·· 30
1.10.6 比色皿误差的消除 ··· 30

参考文献 ··· 30

第2章 定量分析引论 ··· 31
2.1 分析化学的任务和作用 ·· 31
2.2 分析方法分类 ·· 31
2.2.1 化学分析和仪器分析 ··· 31
2.2.2 无机分析和有机分析 ··· 32
2.2.3 定性分析、定量分析和结构分析 ······································ 32
2.2.4 常量组分、微量组分和痕量组分分析 ································ 32
2.2.5 例行分析和仲裁分析 ··· 32
2.3 定量分析的基本方法和评价方法 ·· 32
2.3.1 定量分析结果的表示 ··· 32
2.3.2 定量分析基本方法 ·· 33
2.3.3 定量分析方法的评价 ··· 33
2.4 国家法定计量单位 ··· 35
2.4.1 我国法定计量单位的构成 ··· 35
2.4.2 分析化学中常用的法定计量单位 ······································ 36
2.4.3 量和单位的基本知识及使用方法 ······································ 38
2.5 分析化学中常用的量及其单位 ··· 39
2.5.1 物质的量 ·· 39
2.5.2 摩尔质量 ·· 40

2.5.3　摩尔体积 ………………………………………………………………… 40
　　2.5.4　物质的量浓度 …………………………………………………………… 41
　　2.5.5　物质B的质量浓度 ……………………………………………………… 41
　　2.5.6　溶质B的质量摩尔浓度 ………………………………………………… 41
　　2.5.7　物质B的质量分数 ……………………………………………………… 41
　　2.5.8　物质B的物质的量分数 ………………………………………………… 42
　　2.5.9　物质B的体积分数 ……………………………………………………… 42
　2.6　等物质的量反应规则和滴定分析计算 …………………………………………… 42
　　2.6.1　等物质的量反应规则的内容 …………………………………………… 43
　　2.6.2　等物质的量反应规则的应用 …………………………………………… 43
　　2.6.3　滴定分析计算实例 ……………………………………………………… 45
　参考文献 ……………………………………………………………………………… 52

第3章　重量分析法 ………………………………………………………………… 53

　3.1　概述 ……………………………………………………………………………… 53
　　3.1.1　沉淀法 ……………………………………………………………………… 53
　　3.1.2　气化法 ……………………………………………………………………… 53
　　3.1.3　电解法 ……………………………………………………………………… 53
　3.2　重量分析对沉淀的要求及沉淀剂的选择 ………………………………………… 54
　　3.2.1　重量分析对沉淀形式的要求 ……………………………………………… 54
　　3.2.2　重量分析对称量形式的要求 ……………………………………………… 54
　　3.2.3　沉淀剂的选择 ……………………………………………………………… 55
　3.3　沉淀平衡 ………………………………………………………………………… 55
　　3.3.1　溶解度和溶度积 …………………………………………………………… 55
　　3.3.2　影响沉淀溶解度的因素 …………………………………………………… 57
　　3.3.3　影响沉淀溶解度的其他因素 ……………………………………………… 60
　3.4　沉淀的形成 ……………………………………………………………………… 61
　　3.4.1　晶核的生成 ………………………………………………………………… 61
　　3.4.2　晶体的成长 ………………………………………………………………… 61
　　3.4.3　陈化 ………………………………………………………………………… 62
　3.5　沉淀的沾污 ……………………………………………………………………… 62
　　3.5.1　共沉淀现象 ………………………………………………………………… 62
　　3.5.2　后沉淀现象 ………………………………………………………………… 64
　　3.5.3　减少沉淀沾污的方法 ……………………………………………………… 64
　3.6　沉淀重量法 ……………………………………………………………………… 65
　　3.6.1　沉淀条件的选择 …………………………………………………………… 65
　　3.6.2　洗涤液的选择 ……………………………………………………………… 67
　3.7　重量分析结果的计算 …………………………………………………………… 67
　　3.7.1　换算因数 …………………………………………………………………… 67
　　3.7.2　重量分析结果的计算 ……………………………………………………… 68

3.8 应用示例 … 68
   3.8.1 钢铁及合金钢中硅的重量法测定 … 69
   3.8.2 铝合金中硅的重量法测定 … 71

第4章 酸碱滴定法 … 73

4.1 概述 … 73
4.2 水的离解平衡与离子积 … 74
   4.2.1 水的离解平衡 … 74
   4.2.2 水的离子积 … 74
   4.2.3 溶液的 pH 值 … 74
4.3 酸碱的离解平衡和平衡常数 … 75
4.4 不同 pH 值溶液中酸碱存在形式及分布曲线 … 76
4.5 酸碱溶液 pH 值的计算 … 77
   4.5.1 强酸或强碱溶液 … 77
   4.5.2 一元弱酸或弱碱溶液 … 78
   4.5.3 多元弱酸或弱碱溶液 … 80
4.6 缓冲溶液 … 82
   4.6.1 缓冲溶液的特点及组成 … 83
   4.6.2 缓冲溶液的缓冲原理 … 83
   4.6.3 缓冲溶液的 pH 值计算 … 83
   4.6.4 缓冲容量 … 84
   4.6.5 常用缓冲溶液及缓冲溶液选择的原则 … 85
4.7 酸碱滴定终点的指示方法 … 85
   4.7.1 指示剂法 … 85
   4.7.2 电位法 … 88
4.8 酸碱滴定法的基本原理 … 88
   4.8.1 一元酸碱的滴定 … 88
   4.8.2 强碱滴定弱酸 … 91
   4.8.3 强碱滴定各种强度的酸 … 93
   4.8.4 强酸滴定弱碱 … 94
   4.8.5 滴定误差 … 94
4.9 应用示例 … 95

第5章 氧化还原滴定法 … 97

5.1 氧化还原反应的基本概念 … 97
   5.1.1 氧化、还原及氧化剂、还原剂 … 97
   5.1.2 氧化还原滴定法中氧化还原反应必须符合的条件 … 97
5.2 氧化还原反应与电极电位 … 98
   5.2.1 原电池 … 98
   5.2.2 电极电位 … 99

- 5.3 氧化还原反应的方向 …… 100
- 5.4 氧化还原反应的速率 …… 101
  - 5.4.1 反应物的浓度 …… 101
  - 5.4.2 反应温度 …… 101
  - 5.4.3 催化剂 …… 102
  - 5.4.4 诱导反应 …… 102
- 5.5 氧化还原反应的平衡常数及理论终点的电极电位 …… 103
  - 5.5.1 氧化还原反应的平衡常数 …… 103
  - 5.5.2 理论终点时的电极电位 …… 104
- 5.6 氧化还原滴定 …… 105
  - 5.6.1 氧化还原滴定曲线 …… 105
  - 5.6.2 氧化还原指示剂 …… 109
- 5.7 氧化还原滴定法中的预处理 …… 112
  - 5.7.1 预氧化和预还原 …… 112
  - 5.7.2 有机物的去除或金属化合物的破坏 …… 113
  - 5.7.3 常用的氧化剂和还原剂 …… 113
- 5.8 氧化还原滴定法的计算 …… 116
- 5.9 氧化还原滴定法的应用 …… 117
  - 5.9.1 高锰酸钾法 …… 117
  - 5.9.2 重铬酸钾法 …… 120
  - 5.9.3 碘量法 …… 122
  - 5.9.4 其他氧化还原滴定法 …… 125

参考文献 …… 127

第6章 络合滴定法 …… 128

- 6.1 概述 …… 128
  - 6.1.1 络合物的组成 …… 128
  - 6.1.2 简单络合物和螯合物 …… 128
  - 6.1.3 化学分析中常用的螯合剂类型 …… 129
  - 6.1.4 乙二胺四乙酸的基本性质 …… 129
  - 6.1.5 乙二胺四乙酸的螯合物 …… 130
- 6.2 络合物的离解平衡 …… 131
  - 6.2.1 络合物的稳定性及其稳定常数 …… 131
  - 6.2.2 副反应及副反应系数 …… 132
  - 6.2.3 条件稳定常数 K'_{MY} …… 137
- 6.3 络合滴定的基本原理 …… 138
  - 6.3.1 络合滴定曲线 …… 139
  - 6.3.2 影响络合滴定 pM′突跃大小的因素 …… 141
- 6.4 金属指示剂 …… 142
  - 6.4.1 作用原理 …… 142

- 6.4.2 金属指示剂应具备的条件 …… 142
- 6.4.3 金属指示剂的选择 …… 142
- 6.4.4 金属指示剂的封闭、僵化现象及其消除方法 …… 143
- 6.4.5 常用金属指示剂 …… 144
- 6.4.6 终点误差 …… 146
- 6.4.7 单一金属离子准确滴定的条件 …… 147
- 6.4.8 多种离子共存时准确滴定的条件 …… 147
- 6.5 提高络合滴定选择性的途径 …… 147
  - 6.5.1 控制溶液的酸度 …… 147
  - 6.5.2 利用掩蔽和解蔽的方法 …… 148
  - 6.5.3 应用其他络合滴定剂 …… 150
  - 6.5.4 预先分离法 …… 151
- 6.6 络合滴定的方式及应用 …… 151
  - 6.6.1 直接滴定 …… 151
  - 6.6.2 返滴定 …… 151
  - 6.6.3 置换滴定 …… 151
  - 6.6.4 间接滴定 …… 152
- 6.7 应用示例 …… 152
  - 6.7.1 铜铁试剂分离——EDTA 容量法测定钛合金中铝含量 …… 152
  - 6.7.2 铝合金化铣槽液中铝含量的测定 …… 153

第7章 紫外-可见分光光度法 …… 155

- 7.1 概述 …… 155
  - 7.1.1 物质对光的吸收作用 …… 155
  - 7.1.2 吸收光谱 …… 155
  - 7.1.3 分光光度法的特点 …… 155
- 7.2 紫外-可见分光光度法的基本原理 …… 156
  - 7.2.1 透射比（透光度）和吸光度 …… 156
  - 7.2.2 朗伯-比耳定律 …… 156
  - 7.2.3 摩尔吸收系数（ε） …… 156
  - 7.2.4 朗伯-比耳定律的适用范围 …… 157
- 7.3 显色反应和显色条件 …… 158
  - 7.3.1 对显色反应的要求 …… 158
  - 7.3.2 显色条件的选择 …… 159
- 7.4 分光光度法分析消除干扰的方法 …… 161
- 7.5 常用显色剂 …… 162
  - 7.5.1 偶氮类显色剂 …… 162
  - 7.5.2 三苯甲烷类显色剂 …… 162
  - 7.5.3 邻菲啰啉类显色剂 …… 163
  - 7.5.4 安替比林类显色剂 …… 163

7.5.5　含肟基和亚硝基显色剂 163
7.6　工作曲线的制作及测量误差 164
7.6.1　工作曲线的制作 164
7.6.2　测量条件的选择 164
7.6.3　测量误差 165
7.7　提高紫外-可见分光光度法灵敏度的方法 166
7.7.1　三元及多元络合物的应用 166
7.7.2　萃取分光光度法 167
7.7.3　差示分光光度法 168
7.7.4　双波长分光光度法 170
7.8　常用分光光度计的结构及维护 171
7.8.1　常用分光光度计的一般结构 171
7.8.2　仪器的维护 172
7.9　应用示例 173
7.9.1　差示光度法测定高温合金中高钨含量 173
7.9.2　硅钼蓝分光光度法测定硅含量 174
7.9.3　偶氮胂Ⅲ直接光度法测定高温合金中锆含量 176
参考文献 178

第8章　电化学分析法 179
8.1　方法原理 179
8.1.1　原电池与电解池 179
8.1.2　能斯特方程 180
8.1.3　电极电位、电池电动势的测量和计算 181
8.2　pH 值的电位测定法 182
8.2.1　指示电极和参比电极 182
8.2.2　pH 值的定义和 pH 标准缓冲溶液 184
8.2.3　玻璃电极的膜电位及玻璃电极的特性 185
8.2.4　测定 pH 值的工作电池及溶液 pH 值的测定法 187
8.2.5　pH 值的测定 188
8.3　离子选择性电极 188
8.3.1　离子选择性电极的构造和分类 188
8.3.2　离子选择性电极的选择性 189
8.3.3　离子选择性电极测定的浓度范围及准确度 190
8.3.4　离子选择性电极常用的名词术语 191
8.3.5　测定离子活度（或浓度）的方法 192
8.4　电位滴定 193
8.4.1　电位滴定原理 193
8.4.2　电极与仪器 193
8.5　电解分析法 195

  8.5.1 电解分析法的基本原理 ·········· 195
  8.5.2 电解分析法的应用 ·········· 198
 8.6 电导分析法 ·········· 200
  8.6.1 电导分析法基本原理 ·········· 201
  8.6.2 溶液电导的测量 ·········· 201
  8.6.3 直接电导法进行水质的检验 ·········· 202
 8.7 应用示例 ·········· 202
  8.7.1 高温合金中钴量的测定——铁氰化钾电位滴定法 ·········· 202
  8.7.2 氟硼酸根离子选择性电极测定合金钢及高温合金中的硼 ·········· 204
  8.7.3 氟离子选择性电极法测定磷酸阳极化槽液中的氟含量 ·········· 206

第9章 分析误差与数据处理 ·········· **207**
 9.1 基本概念 ·········· 207
  9.1.1 真值 ·········· 207
  9.1.2 平均值 ·········· 208
  9.1.3 测量误差 ·········· 208
  9.1.4 偏差 ·········· 208
  9.1.5 极差 ·········· 209
  9.1.6 准确度和精密度 ·········· 209
  9.1.7 测量结果的重复性限 r ·········· 209
  9.1.8 测量结果的再现性限 R ·········· 210
  9.1.9 标准偏差 ·········· 210
  9.1.10 算术平均值的标准偏差 ·········· 211
  9.1.11 相对标准偏差 ·········· 211
  9.1.12 合并标准偏差 ·········· 211
  9.1.13 置信概率和显著性水平 ·········· 212
  9.1.14 置信界限与置信区间 ·········· 212
 9.2 误差分类及其性质 ·········· 212
  9.2.1 系统误差 ·········· 212
  9.2.2 随机误差 ·········· 213
  9.2.3 随机误差的正态分布 ·········· 213
  9.2.4 系统误差的检查和提高分析准确度的方法 ·········· 214
 9.3 有效数字及处理准则 ·········· 215
  9.3.1 有效数字的含义 ·········· 215
  9.3.2 有效数字的位数 ·········· 216
  9.3.3 数值修约规则 ·········· 216
  9.3.4 极限数值的修约 ·········· 217
  9.3.5 有效数字的四则运算 ·········· 218
 9.4 统计检验 ·········· 218
  9.4.1 名词术语 ·········· 219

9.4.2　F 分布检验 ·· 220
　　9.4.3　t 分布检验 ·· 222
　　9.4.4　异常值的检验 ·· 225
　　9.4.5　平均值的置信区间 ··· 228
9.5　**不确定度的评定和表示** ·· 230
　　9.5.1　测量不确定度的基本概念 ··· 230
　　9.5.2　测量不确定度与测量误差的区别与联系 ······································· 231
　　9.5.3　不确定度的各种来源 ·· 232
　　9.5.4　不确定度的评定步骤 ·· 233
　　9.5.5　不确定度评定应用示例——二安替比林甲烷分光光度法测定高温合金中钛
　　　　　含量结果的不确定度评定 ··· 234

参考文献 ·· 239

附录 ··· **240**

　Ⅰ　F 分布临界值表 ··· 240

　Ⅱ　对 $\nu=n-1$，比值 $\dfrac{t_{(1-\alpha),\nu}}{\sqrt{n}}$ 的数值 ··· 241

　Ⅲ　格拉布斯检验法的临界值表 ··· 241
　Ⅳ　狄克逊检验法的临界值表 ·· 243
　Ⅴ　双侧狄克逊检验法的临界值表 ··· 243
　Ⅵ　t 分布的分位数 ··· 244
　Ⅶ　酸、碱的离解常数 ·· 244
　Ⅷ　络合物的稳定常数 ·· 247
　Ⅸ　一些金属离子的 $\lg \alpha_{M(OH)_n}$ 值 ··· 248
　Ⅹ　难溶化合物的溶度积常数（18～25℃） ·· 248
　Ⅺ　标准电极电位 ··· 251
　Ⅻ　条件电极电位 ··· 252
　ⅩⅢ　相对原子质量表（1985） ·· 253

第1章 基础知识及基本操作

扎实的化学基础知识、熟练的操作技能、性能稳定的仪器、质量可靠的试剂、严谨的工作作风、可靠的分析方法及洁净的环境是化学工作者进行可靠检测的必要条件。这些条件只要有一个出了问题，其他条件即使很好，也会影响到检测结果。本章主要介绍化学分析工作者应具备的基础知识和基本操作技能。

化学分析工作涉及的知识面极为广泛。本章主要叙述仪器、试剂、溶液、样品等方面的知识。基本操作技能直接影响着化学分析工作者检测结果的准确性和工作效率。本章所述的操作技能，主要指重量分析、滴定分析及光度分析等的操作技能。

1.1 玻璃仪器

玻璃仪器是化学分析室内最普遍、最实用、最经济的仪器，也是进行化学试验不可缺少的器材。它具有透明度强、便于观察反应情况和控制反应条件、化学稳定性强、耐一般化学试剂的侵蚀、易清洗等特点。

1.1.1 玻璃器皿的分类

玻璃仪器的种类很多，各种类型的玻璃仪器的材质也不同。它们的性能、用途及使用条件都各不相同。

化学分析试验室的玻璃仪器常分为两类，一类是在较高的温度下使用的，如烧杯、烧瓶、锥形瓶等，它们一般是由 GG-17 和九五硬质玻璃制成的，此种材料有较高的稳定性，耐温度的急剧变化，同时在较高温度下具有良好的抗化学腐蚀性能；另一类是在常温下使用，如量筒、量杯、滴定管、移液管等，它们一般是用 2 号玻璃和 5 号量器玻璃制作的，其物理、化学性能较硬质玻璃要差。

常用的一些玻璃器皿的名称、规格和用途见表 1.1～表 1.6。

1.1.2 玻璃器皿的洗涤

化学分析用玻璃器皿，在进行分析试验时，必须认真仔细地清洗，要达到内壁能被水均匀润湿而无条纹和水珠的要求。

表1.1 试剂瓶

名称	类型	规格/ml	用途
试剂瓶	细口试剂瓶	大小不等	盛装液体试剂
	广口试剂瓶		盛装固体试剂
	下口试剂瓶		加液
滴瓶		30、50、60、125	滴加液体

表1.2 可加热器皿

名称	规格/ml	用途
烧杯	10、50、100、250、400、500、600、1000、2000等	试样的分解;溶液的蒸发、浓缩、煮沸;试剂的配制及沉淀的过滤等
锥形瓶(三角烧瓶)	50、100、250、300、500、1000等	滴定操作 试样分解
碘量瓶	50、100、250、500、1000等	碘量法滴定等
圆(平)底烧瓶	250、500、1000等	加热及蒸馏液体;自制洗瓶(平底)等
圆底蒸馏烧瓶	250、500、1000等	蒸馏提纯等
试管(普通试管和离心试管)		定性试验

表1.3 量具

名称	规格/ml	用途
滴定管(酸式和碱式)	25、50、100等(棕色和无色)	常量分析的滴定操作
微量滴定管	1、2、3、4、5、10等	微量或半微量分析的滴定操作
自动滴定管	25(储液瓶容量1000ml)	自动滴定,隔绝空气滴定操作
移液管	1、2、5、10、20、25、50、100等	准确移取一定量液体
直式吸量管	0.1、0.2、0.5、1、2、5、10、20、25、50、100等	准确量取各种不同量的液体
容量瓶	25、50、100、200、250、500、1000等	配制标准溶液;确定溶液的体积
量筒、量杯	3、5、10、20、25、50、100、250、500、1000、2000等	粗略量取液体的体积

表1.4 分离过滤器皿

名称	规格		用途
	长颈	短颈	
漏斗/mm	口颈 50、60、75 管长 150	口颈 50、60 管长 90、120	分离过滤
分液漏斗/ml	50、100、250、500等		两种液体分层分离
砂芯玻璃漏斗/ml	35、60、140、500 滤板 1～6号(砂芯微孔从大到小)		抽滤操作中的过滤(不能过滤碱液及氢氟酸等)
砂芯玻璃坩埚/ml	10、15、30等 滤板 1～6号		重量分析中,过滤需烘干称量的沉淀
抽气管	伽氏、爱氏、改良式		减压过滤时的减压装置
抽滤瓶/ml	250、500、1000、2000等		减压过滤时用于接收滤液

表 1.5 净化器皿

名称	规格	用途
洗瓶	平底烧瓶式、锥形瓶式	洗涤沉淀、转移沉淀或溶液
干燥瓶	球形；U形	气体干燥或净化
洗气瓶		洗涤净化气体
干燥塔		气体干燥和净化

表 1.6 其他玻璃器皿

名称	种类	规格	用途
干燥器	普通干燥器	上口直径/mm：150、180、210 等	冷却和保存灼烧或烘干后的样品、沉淀或试剂等
	真空干燥器		
称量瓶	扁形称量瓶	容积/ml：10、15、30	烘干基准物质或测定水分
	高形称量瓶	容积/ml：10、20 等	称量基准物质及样品
研钵		直径/mm：70、90、105	研磨固体试剂或试样
表面皿		直径/mm：45、60、75、90、100、120	加盖烧杯及漏斗
冷凝管	直形、球形、蛇形	有效冷凝长度/mm：320、370、490 等	蒸馏试验时气体的冷凝
接管	直管、三通管、四通管		连接导管
滴管（胶帽滴管）			滴加液体
玻璃材料	玻璃管、玻璃棒、玻璃丝、玻璃球等		自制各种弯管及搅拌用玻璃棒等

一般玻璃器皿，如烧杯、锥形瓶等，可用适于各自形状的毛刷蘸肥皂液或合成洗涤剂来刷洗，然后再用自来水冲洗干净；若仍有油污，可用铬酸洗液浸泡效果更佳。

滴定管如无明显油污，可直接用自来水冲洗；若有油污，可倒入适量的铬酸洗液，把滴定管横过来，两手平端转动滴定管，直到洗液布满全管（或者用铬酸洗液浸泡）。碱式滴定管则应先将橡皮管拆下，然后再倒入洗液进行洗涤。污染严重的滴定管可直接倒入铬酸洗液浸泡数小时后再用水洗干净。

容量瓶用水冲洗后，如还不干净，可倒入洗涤液摇动或浸泡，再用水冲洗干净，但不能使用瓶刷刷洗。

移液管可采用吸取洗涤液的方法洗涤，若污染严重则可放在高形玻璃筒或大量筒内用洗涤液浸泡，再用水冲洗干净。

上述玻璃器皿洗好后，将用过的洗涤液仍倒回原容器中，器皿用自来水冲净，最后再用蒸馏水洗三次，待分析时使用。

根据器皿的污染情况的不同，也可以采用其他化学清洗法。如器皿黏附有钨酸、硅酸类的物质，可以碱溶液溶解；氢氧化物或其他水解得到的沉淀可溶于酸；氯化银沉淀可溶于氨水，硫酸钡沉淀可用氨性 EDTA 溶液溶解；附着的金属可用酸或氧化能力强的酸液洗涤；油污可用有机溶剂溶解等。

1.1.3 常用洗涤液的配制

(1) 铬酸洗涤液 在托盘天平上称取工业用重铬酸钾 25g 于烧杯中，加少量水，加热溶解，冷却后，在搅拌下，缓慢加入工业浓硫酸 500ml，此时会发热，冷却后储于带玻璃塞的细口瓶中备用。

该洗涤液常用于不宜用刷子刷洗的器皿。它是极强的氧化剂，能破坏有机物并使其变为可溶物或气态物。使用时防止被水稀释，如发现铬酸洗涤液颜色由深棕色变为绿色，则说明洗涤能力已经失去，应予以更换或恢复。

(2) 碱性高锰酸钾洗涤液　在托盘天平上称取高锰酸钾 4g，溶于少量水中，向该溶液中缓慢加入 100ml 100g/L 的氢氧化钠溶液。该溶液用于洗涤油腻及有机物，洗后在玻璃器皿上留下的二氧化锰沉淀可用盐酸、浓硫酸或亚硫酸钠溶液将其洗掉。

(3) 肥皂液或碱性洗涤液　当玻璃器皿被油脂沾污，可用浓碱液（300～400g/L）处理或热肥皂液洗涤，再用热水和蒸馏水洗净。如用合成洗涤剂，可用热水配成浓溶液，洗时放入少量此溶液，振荡后倒掉，再用水和蒸馏水洗净。

(4) 酸性草酸和酸性羟胺洗涤液　称取 10g 草酸或 1g 盐酸羟胺，溶于 100ml 盐酸溶液（1+4）即可。该洗涤液适用于洗涤氧化性物质，如沾有高锰酸钾、三价铁等的器皿。

此外，还可根据具体情况，使用有机溶剂、硝酸洗涤液等。

1.1.4　玻璃器皿的使用和维护

① 玻璃器皿的主要成分是二氧化硅，因此当盛有碱性溶液时，不宜久放或长时间煮沸。用碱液滴定时，必须用碱式滴定管。砂芯玻璃漏斗和砂芯玻璃坩埚绝不可用于过滤碱液。

② 不可用玻璃器皿直接进行含有氢氟酸的实验。

③ 在较高温度下使用的硬质玻璃器皿，明火直接加热时，最好垫上石棉网，也要防止骤热或骤冷而引起破裂。

④ 非硬质玻璃器皿不可用明火直接加热，不能在其中配制溶液，也不能放在烘箱内烘烤。

⑤ 清洗玻璃器皿时，勿用粗糙物擦洗，也不可用秃毛刷刷洗器皿，防止由于机械磨损而影响透明度。

⑥ 玻璃器皿易碎，拿放时小心。

1.1.5　基本玻璃量器的检定

滴定管、吸液管、容量瓶、量筒、量杯等玻璃器皿的计量检定，按照 JJG 196—2006《常用玻璃量器检定规程》规定进行。

对于准确度要求很高的分析，如仲裁、标准样品分析等，所使用的量器应按衡量法进行精确的校正。衡量法是指从被检量器中取得一定体积的水，然后将水准确称量，再根据称量时的温度及水的密度，将水的质量换算成相应的体积。

1.1.5.1　滴定管的校正

检定用的蒸馏水和被检器的温度尽可能地接近室温，在此条件下，将蒸馏水注入符合检定条件的滴定管至"0"刻度处，立即观察测温筒内的温度，然后放出 5ml 或 10ml 水，注入已称量的有磨口塞的锥形瓶中称量。如此逐段进行，直至满刻度为止。例如，21℃时，由滴定管放出 10.03ml 水，称其质量为 10.04g，由纯水密度值（见表 1.7）查知，21℃每毫升水的质量为 0.997g，故实际容积为 10.04g÷0.997g/ml＝10.07ml。

表 1.7　纯水密度值

温度/℃	1L 水在真空中的质量/g	1L 水在空气中（用黄铜砝码称重）的质量/g	温度/℃	1L 水在真空中的质量/g	1L 水在空气中（用黄铜砝码称重）的质量/g
10	999.73	998.39	21	998.02	997.00
11	999.63	998.32	22	997.80	996.80
12	999.52	998.23	23	997.57	996.60
13	999.40	998.14	24	997.32	996.38
14	999.27	998.04	25	997.07	996.17
15	999.13	997.93	26	996.81	995.93
16	998.97	997.80	27	966.54	995.69
17	998.80	997.60	28	996.26	995.44
18	998.62	997.51	29	995.97	995.18
19	998.43	997.35	30	995.67	994.19
20	998.23	997.18			

1.1.5.2　移液管的校正

用洗净的移液管吸取蒸馏水至刻度处，然后注入已称重的具磨口塞的锥形瓶中，再称重。两次质量之差，即为移液管中水的质量，据此算出该温度下移液管的实际体积。

关于容量瓶的校正同上，不再赘述。

1.2　其他材料的仪器

1.2.1　石英玻璃仪器

常用的石英玻璃器皿有烧杯、坩埚、蒸发皿、石英舟、石英管、石英比色皿等，其规格和玻璃器皿相似。

石英玻璃的主要化学成分是二氧化硅，其中含有微量的铁、铝、钙、镁、钡等，除氢氟酸、磷酸外，不与其他酸作用，易与苛性碱及碱金属碳酸盐作用，特别是在高温下，极易与这些物质共同熔融而使石英器皿破坏。对大部分其他化学物质则比较稳定。

石英玻璃具有耐高温（可在 1100℃下使用）、化学稳定性高和易透过紫外线等特性，常用于高温分解试样，制取痕量分析用的高纯蒸馏水和试剂及分解和测定器皿，并可用于制作分析仪器中的光学元件。

石英玻璃器皿的主要缺点是价格高、质脆和不耐碱，使用时应注意以下几点：

① 严禁石英器皿与氢氟酸、苛性碱、碱金属碳酸盐及过氧化钠接触。
② 磷酸在 150℃能与石英作用。
③ 用硫酸氢钾（钠）、焦硫酸钾（钠）和硫代硫酸钠作熔剂时，熔融的温度不可超过 800℃。
④ 高温时，还原性物质（如炭粒等）也能损坏石英。
⑤ 石英器皿价格较贵，易破碎，使用时要格外小心。

1.2.2　瓷器皿

常用的瓷器皿有瓷坩埚、古氏坩埚、布氏漏斗、瓷研钵、瓷舟、瓷管、瓷蒸发皿等。

瓷器皿属硅酸盐类，抗化学腐蚀性能优于玻璃，也能被氢氟酸、磷酸及碱腐蚀。不可在其中进行碱性熔融操作,可用于焦硫酸钾熔融分解试样。

使用瓷器皿的温度不应超过1200℃,并应避免温度的骤然变化和加热不均匀,以防破裂。

1.2.3 金属器皿

1.2.3.1 铂金器皿

化学分析中常用的铂金器皿有铂坩埚、铂电极、铂舟、铂铑热电偶、铂丝等。

铂是一种贵金属,熔点1774℃,硬度4.3,有延展性。化学性质稳定,对于空气和水是非常稳定的,即使在高温和加热时也不会发生变化,在王水中能缓慢溶解,一般的单一酸均不与其作用。

铂金器皿除铂电极用于电解分析外,其他的如铂坩埚、铂金皿主要用于碱熔融及氢氟酸处理试样。

铂金器皿属贵重仪器,价格昂贵,使用者必须严格遵守下列规则:

① 铂金器皿质软,拿取时勿太用力,以免变形;也不可用硬物摩擦,以免变形和损伤。

② 急剧的冷热变化会使坩埚产生裂纹,因此,赤热的铂坩埚不可立即放入冷水中急冷。

③ 硫、磷、砷及其他化合物不可在铂器皿内灼烧。因高温下形成脆性的磷化铂、硫化铂等都能侵蚀铂金。

④ 含有重金属如铅、锡、锑、铋、汞、铜等的样品,不可在铂器皿内灼烧和加热。因为这些重金属化合物容易还原成金属与铂生成低熔点合金,损坏铂器皿。

⑤ 在铂器皿内不得处理卤素及能分解出卤素的物质,如王水、溴水及盐酸与氧化剂(氯酸盐、硝酸盐、高锰酸盐、二氧化锰、铬酸盐、亚硝酸盐等)的混合物以及卤化物和氧化剂的混合物。三氯化铁溶液对铂有显著的侵蚀作用,因此不能与其接触。

⑥ 炭在高温时与铂作用形成碳化铂,加热和灼烧时,应在电炉内或煤气灯的氧化焰上进行。不可在还原焰或冒黑烟的火焰上加热铂器皿。在进行各种有机物或滤纸灼烧时,应先在低温炭化后,再升温灼烧。

⑦ 在铂器皿中进行熔融时,不可使用下列熔剂:过氧化钠、苛性碱、氢氧化钡、碱金属氧化物、氰化物、硝酸盐、亚硝酸盐等。

⑧ 高温加热时,不可与其他任何金属接触,必须放在素烧管三角或石棉板上,需用铂头坩埚钳,镍或不锈钢钳子只能在低温时使用。

⑨ 成分不明的物质,不要在铂皿中加热或溶解。

⑩ 铂皿用完后,应立即清洗干净。清洗方法:一是在单一的稀盐酸或稀硝酸中煮沸[用稀盐酸比较方便,可配成$c(HCl)=1.5\sim2.0mol/L$];二是用焦硫酸钾、碳酸钠或硼砂熔融处理;三是当铂皿表面发乌时,说明表面有一薄层结晶物质,久之会深入内部使铂皿脆弱而破裂,可用通过100目筛的无尖棱角的细砂,用水湿润进行轻轻摩擦,使其表面恢复光泽。

1.2.3.2 银器皿

化学分析中常用的银器皿有银烧杯、银坩埚等。银是一种贵重金属,熔点960.8℃,硬度2.7,有良好的延展性和导电性。银不溶于稀盐酸和稀硫酸,易溶于硝酸或热的浓硫酸,常温下与卤素作用缓慢,加热时能与硫直接化合生成Ag_2S。银器皿主要用于过氧化钠及苛性碱熔融处理试样，使用时必须注意以下几点：

① 银器皿使用温度一般不要超过700℃，故必须在能严格控制温度的高温炉内使用。

② 可用过氧化钠、氢氧化钠（钾）或碳酸钾（钠）与硝酸钠（或过氧化钠）作为混合熔剂在银器皿内处理试样，熔融时间不要超过30min。

③ 高温时，含硫的物质对银有破坏作用，易生成硫化银。所以，在银器皿中不能分解或灼烧含硫的物质，也不能使用碱性硫化熔剂。

④ 在熔融状态时，铝、锌、锡、铅、汞等金属盐都能使银坩埚变脆，对于汞盐、硼砂等也不能在银坩埚中灼烧和熔融。

⑤ 从银器皿中浸取熔融物时，不可使用硝酸或热的浓硫酸，即使是稀盐酸或稀硫酸也不能长时间浸泡。

⑥ 使用过的银器皿，可以用氢氧化钠熔融清洗或用盐酸（1+3）短时间浸泡，然后再用滑石粉轻轻摩擦，以水冲洗干净并干燥。

1.2.3.3 镍器皿

化学分析中常用的镍器皿有镍坩埚、镍皿等。

镍的熔点1453℃。块状镍在空气中稳定，高温时与氧反应生成氧化镍，加热时能直接与硫、硼、硅、磷、卤素等反应。镍能溶于稀硝酸，镍与氨水作用，不与碱作用。

镍器皿常用于过氧化钠或碱熔融试样或碱溶解试样。使用时必须注意以下几点：

① 镍器皿使用温度不得超过900℃，一般在700℃使用，由于镍在高温中易被氧化，不能用作沉淀的灼烧和称量；

② 可用氢氧化钠、过氧化钠、碳酸钠、碳酸氢钠及含有硝酸钾的碱性熔剂熔融，但不能用硫酸氢钾（钠）、焦硫酸钾（钠）等酸性熔剂以及含硫的碱性硫化物熔剂进行熔融；

③ 熔融状态的铝、锌、锡、铅和汞等金属盐，都能使镍器皿变脆，所以不能在镍器皿中灼烧和熔融这些金属盐。硼砂等也不能在镍器皿中灼烧和熔融；

④ 因为镍能溶于酸，浸取熔融物时不可使用酸，必要时也只能用数滴稀酸（1+20）稍洗一下；

⑤ 镍器皿中常含有微量的铬、铁等金属，分析中应考虑这些杂质含量的影响；

⑥ 使用镍皿前，先在高温炉中灼烧2～3min除去油污，并使其表面形成一薄的氧化层，以延长使用寿命。用过的镍器皿每次使用前应先在水中煮沸数分钟，必要时也可在很稀的盐酸中稍煮片刻，然后用100目细砂轻轻摩擦表面并以水清洗，干燥备用。

1.2.4 塑料器皿

化学分析中常用的塑料器皿有烧杯、漏斗、量杯、容量瓶等。

分析操作中所用的塑料器皿一般都是聚乙烯和聚四氟乙烯塑料。聚乙烯在常温下不受浓盐酸、氢氟酸、磷酸和强碱的腐蚀。浓硫酸（浓度大于60%）、浓硝酸、溴水、强氧化剂、冰乙酸以及其他有机溶剂等对塑料有腐蚀作用。聚乙烯塑料不耐热，加热温度不超过100℃。聚四氟乙烯化学性能稳定，能耐酸耐碱，不受氢氟酸的侵蚀，耐热性高于普通塑料，加热温度可达250℃，当超过250℃时即开始分解出少量对人体有害的气体，加热温度超过415℃时，急剧分解放出极毒的气体。

使用塑料器皿需注意以下几点：

① 使用聚乙烯塑料器皿加热温度勿超过100℃；聚四氟乙烯塑料器皿加热温度勿超过250℃。

② 浓酸、溴水、强氧化剂以及一些有机物质（如脂肪烃、芳香烃、卤代烃等）不能用塑料容器贮存。

③ 洗涤塑料器皿，一般先用苯、甲苯或四氯化碳，然后用酒精冲洗吹干。如果被铁锈、钙盐、金属离子沾污，可用盐酸(1+3)进行洗涤。

1.3 化学试剂

化学分析离不开化学试剂，而化学试剂质量的好坏，将会直接影响到分析结果。

化学试剂的种类很多，规格不一，用途各异。作为化学分析工作者，对化学试剂的种类、规格、常用试剂的基本性质等知识应有所了解，以便合理选购试剂，正确使用，妥善管理。

化学试剂的种类很多，通常有基准试剂、高纯试剂、色谱试剂、生化染色试剂、指示剂、标记化合物、吸附剂，此外还有光学纯试剂、闪烁试剂、显影剂等，目前尚无统一的分类方法。

1.3.1 按化学组成分类

化学试剂按照其组成分为无机试剂和有机试剂。无机试剂是指无机化学品，可分为金属、非金属单质、氧化物、酸、碱、盐等。有机试剂是指有机化学品，可分为烃、醛、醇、醚、酚、有机酸、酯及其衍生物等。

1.3.2 按用途分类

化学试剂按用途分类见表1.8。

表1.8 化学试剂按用途分类

类别	用途	举例	备注
特效试剂	在无机分析中，用于检测、分离和富集元素时一些专用的试剂	如沉淀剂、萃取剂、显色剂、螯合剂、指示剂	
基准试剂	标定标准溶液浓度，有：①滴定用的基准试剂；②测定pH值的基准试剂；③测定热值的基准试剂	基准试剂即化学试剂中的基准物质	一级纯度99.98%～100.02%；二级纯度99.95%～100.05%
仪器分析试剂	原子吸收光谱分析试剂、色谱试剂、电子显微镜用试剂、核磁共振用试剂、极谱用试剂、光谱纯试剂、分析纯试剂、闪烁试剂		
指示剂	用于滴定分析滴定终点的指示，检验气体或溶液终点的物质（酸碱指示剂、氧化还原指示剂、金属指示剂等）	如甲基红、甲基橙、二甲酚橙、铬黑T等	
生化试剂	用于生命科学研究，分为生化试剂、生物染色剂、生物缓冲物质、分离工具试剂等	生物碱、氨基酸、核苷酸、抗素、维生素、酶、培养基	包括临床诊断和医学研究用试剂
高纯试剂	纯度在99.99%以上，杂质控制在μg/g级或更低	如硼砂、二氯化钛、硝酸银、锡、银、钼、碘等	分为超纯、特纯、高纯、光谱纯

1.3.3 按试剂纯度分类

化学试剂按试剂纯度分类见表 1.9。

表 1.9 按试剂纯度分类

级别	纯度分类	等级符号	标志颜色	用 途
一级	优级纯 保证试剂	GR	绿色	用于精确分析和研究工作
二级	分析纯 分析试剂	AR	红色	用于一般分析和科研工作
三级	化学纯	CP	蓝色	适用于工业分析及化学试验
四级	实验试剂	LR	蓝色	只适用于一般化学试验

1.3.4 按化学危险品分类

化学危险品分类见表 1.10。

表 1.10 化学危险品分类

类别	特性	举例	备注
爆炸性试剂	受外界引发,产生剧烈化学反应,同时放出大量热能和气体,迅速膨胀,爆速大于声速的物质	苦味酸	
液化气体和压缩气体	临界温度高于常温的气体,加压后液化,即液化气体;临界温度低于常温的气体,常温下压入容器内,即压缩气体。膨胀力随温度升高而加大,造成危险。分为剧毒、易燃、助燃	液化气体如液氯、液氨、液氨;压缩气体如氧气、氢气、氮气	置阴凉通风处,避阳光直晒,远离热源,防剧烈振动
易燃液体试剂	在常温下,产生的蒸汽遇火燃烧,甚至爆炸,温度越高,蒸气压越大,燃烧的危险性越大,一般以闪点划分等级。一级易燃品,$t_{sp} < 28℃$;二级易燃品,$t_{sp}=28 \sim 45℃$	低沸点的有机液体试剂,如 t_{sp} 乙醚 $-41℃$、甲醇 $10℃$、乙醇 $14℃$	也有分为低、中、高闪点易燃的,$t_{sp} < -18℃$(低),$-18 \sim 23℃$(中),$23 \sim 61℃$(高)
易燃固体、易自燃、遇水燃烧试剂	固体单质、固体化合物、含自氧化基团、易自燃试剂、遇水燃烧试剂	P(白)、S、某些金属粉、樟脑、萘等;芳香基化合物、硝化棉、黄磷、钾、钠等	放入水中,隔绝空气
氧化性试剂	过氧化物、有机过氧化物、卤素含氧酸盐、硝酸盐、亚硝酸盐	纯有机过氧化物,如过氧化苯甲酰、氯酸钠受热分解	
毒害试剂	通过以下途径致毒:呼吸器官、消化器官、皮肤	氰化物、氟化乙酸、四氧化三铅、三氧化二砷、三氯甲烷、氢氟酸等	

1.3.5 化学试剂使用须知

① 使用前必须检查瓶签上标明的级别、纯度及分子式是否与分析规程要求的相符,否则不可随意使用。
② 无标签或变质的化学试剂不准使用。
③ 使用前,特别是未启瓶盖前,一定要将表面擦干净再启用,以防脏物污染试剂。
④ 使用固体试剂,尤其是当其结块时,所用的捣碎工具如药匙、玻璃棒等,一定要事先清洗干净并干燥后,方可使用,以防由于药匙或捣碎工具不干净带入其他杂质,使整瓶试剂受到污染,后患无穷。
⑤ 量取液体试剂时,不得将吸液管插入原瓶中量取。

⑥ 配制试剂时，按试剂的性质和有效期适量配制，使用时，用多少取多少，多余的试剂不得倒回原瓶中。

⑦ 取用完的试剂，必须将原瓶盖盖好，特别是吸水试剂，尤其应该注意。

⑧ 按要求配好的试剂，必须贴上具有名称、浓度、分子式和配制日期的标签。

⑨ 不稳定的试剂应该装入棕色瓶中（如硝酸银等），放置在阴凉处。

⑩ 倒取液体试剂时，用手握有瓶签的一侧，防止试液滴流侵蚀标签。

⑪ 对玻璃有腐蚀的试剂，如氢氧化钠、氟化铵溶液等，应贮于塑料瓶中。

1.4 标准溶液的配制与标定

1.4.1 配制方法

化学分析中经常使用的具有已知含量或者说特性量值，其存在量或反应消耗量可作为分析测定量度标准的溶液称为标准溶液（以下简称为标液）。其配制方法有两种。

（1）直接法　准确称取一定量的基准物质，加水溶解后，移入容量瓶中，定容。根据基准物质的质量和溶液的体积，算出标准溶液的浓度，此法简便。

（2）标定法　有些物质不符合基准物质的条件，如碘易挥发、易分解；高锰酸钾易发生氧化还原反应；氢氧化钠易吸水、易吸收二氧化碳等。这些物质只能先配成近似于所需浓度的溶液，然后再进行标定，根据标定结果再确定其准确浓度。

1.4.2 常用标准滴定溶液的制备和标定方法

常用标准滴定溶液的制备和标定方法见表1.11。

表1.11　常用标准滴定溶液的制备和标定方法

名称及浓度	制备方法	标定方法	计算公式
盐酸 $c(HCl)=$ 0.1mol/L	量取9ml盐酸，注入1000ml水中，摇匀	准确称取于270~300℃高温炉中灼烧至恒重的工作基准试剂无水碳酸钠0.2g，溶于50ml水中，加10滴溴甲酚绿-甲基红指示剂，用配制好的盐酸溶液滴定至溶液由绿色变为暗红色，煮沸2min，冷却后继续滴定至溶液再呈暗红色。同时作空白试验	$c(HCl)=$ $\dfrac{m(Na_2CO_3)\times 1000}{V_{HCl}M(1/2Na_2CO_3)}$ 其中，V_{HCl}为盐酸溶液的体积数值与空白试验盐酸溶液体积数值之差
硫酸 $c(1/2H_2SO_4)=$ 0.1mol/L	量取3ml硫酸，缓缓注入1000ml水中，冷却，摇匀	准确称取于270~300℃高温炉中灼烧至恒重的工作基准试剂无水碳酸钠0.2g，溶于50ml水中，加10滴溴甲酚绿-甲基红指示剂，用配制好的硫酸溶液滴定至溶液由绿色变为暗红色，煮沸2min，冷却后继续滴定至溶液再呈暗红色。同时作空白试验	$c(1/2H_2SO_4)=$ $\dfrac{m(Na_2CO_3)\times 1000}{V_{H_2SO_4}M(1/2Na_2CO_3)}$ 其中，$V_{H_2SO_4}$为硫酸溶液的体积数值与空白试验硫酸溶液体积数值之差
硝酸 $c(HNO_3)$ $=0.1mol/L$	量取7ml硝酸，注入1000ml水中，摇匀	准确称取于270~300℃高温炉中灼烧至恒重的工作基准试剂无水碳酸钠0.2g，溶于50ml水中，加10滴溴甲酚绿-甲基红指示剂，用配制好的硝酸溶液滴定至溶液由绿色变为暗红色，煮沸2min，冷却后继续滴定至溶液再呈暗红色。同时作空白试验	$c(HNO_3)=$ $\dfrac{m(Na_2CO_3)\times 1000}{V_{HNO_3}M(1/2Na_2CO_3)}$ 其中，V_{HNO_3}为硝酸溶液的体积数值与空白试验硝酸溶液体积数值之差
氢氧化钠 $c(NaOH)$ $=0.1mol/L$	称取110g氢氧化钠，溶于100ml无二氧化碳的水中，摇匀，注入聚乙烯容器中，密闭放置至溶液清亮。用塑料管量取上层清液5.4ml，用无二氧化碳的水稀释至1000ml，摇匀	准确称取于105~110℃电烘箱中干燥至恒重的工作基准试剂邻苯二甲酸氢钾0.75g，加无二氧化碳的水溶解，加2滴酚酞指示剂(10g/L)，用配制好的氢氧化钠溶液滴定至溶液呈粉红色，并保持30s。同时作空白试验	$c(NaOH)=$ $\dfrac{m(KHC_8H_4O_4)\times 1000}{V_{NaOH}M(KHC_8H_4O_4)}$ 其中，V_{NaOH}为氢氧化钠溶液的体积数值与空白试验氢氧化钠溶液体积数值之差

续表

名称及浓度	制备方法	标定方法	计算公式
高锰酸钾 $c(1/5KMnO_4)$ $=0.1mol/L$	称取 3.3g 高锰酸钾,溶于 1050ml 水中,缓慢煮沸 15min,冷却,于暗处放置两周,用已处理的 4 号玻璃滤锅过滤(玻璃滤锅在同样浓度的高锰酸钾溶液中缓缓煮沸 5min),贮存于棕色瓶中	准确称取于 105～110℃电烘箱中干燥至恒重的工作基准试剂草酸钠 0.25g,溶于 100ml 硫酸溶液(8+92)中,用配制好的高锰酸钾溶液滴定,近终点时加热到约 65℃,继续滴定至溶液呈粉红色,并保持 30s。同时作空白试验	$c(1/5KMnO_4)=$ $\frac{m(Na_2C_2O_4)\times 1000}{V_{KMnO_4}M(1/2Na_2C_2O_4)}$ 其中,V_{KMnO_4} 为高锰酸钾溶液的体积数值与空白试验高锰酸钾溶液体积数值之差
硫代硫酸钠 $c(Na_2S_2O_3)$ $=0.1mol/L$	称取 26g 硫代硫酸钠 $(Na_2S_2O_3\cdot 5H_2O)$(或 16g 无水硫代硫酸钠),加 0.2g 无水碳酸钠,溶于 1000ml 水中,缓缓煮沸 10min,冷却,放置两周后过滤	准确称取于 120℃±2℃干燥至恒重的工作基准试剂重铬酸钾 0.18g,置于碘量瓶中,溶于 25ml 水中,加 2g 碘化钾及 20ml 硫酸溶液(1+4),摇匀,于暗处放置 10min。加 150ml 水(15～20℃),用配制好的硫代硫酸钠溶液滴定,近终点时加 2ml 淀粉指示剂(10g/L),继续滴定至溶液由蓝色变为亮绿色。同时作空白试验	$c(Na_2S_2O_3)=$ $\frac{m(K_2Cr_2O_7)\times 1000}{V_{Na_2S_2O_3}M(1/6K_2Cr_2O_7)}$ 其中,$V_{Na_2S_2O_3}$ 为硫代硫酸钠溶液的体积数值与空白试验硫代硫酸钠溶液体积数值之差
碘 $c(1/2I_2)$ $=0.1mol/L$	称取 13g 碘及 35g 碘化钾,溶于 100ml 水中,稀释至 1000ml。摇匀,贮存于棕色瓶中	量取 35.00～40.00ml 配制好的碘液,置于碘量瓶中,加 150ml 水(15～20℃),用硫代硫酸钠标准滴定溶液 $[c(Na_2S_2O_3)=0.1mol/L]$ 滴定,近终点时加 2ml 淀粉指示剂(10g/L),继续滴定至溶液蓝色消失。同时做水所消耗的空白试验:取 250ml 水(15～20℃),加 0.05～0.20ml 配制好的碘溶液及 2ml 淀粉指示液(10g/L),用硫代硫酸钠标准滴定溶液 $[c(Na_2S_2O_3)=0.1mol/L]$ 滴定至溶液蓝色消失	$c(1/2I_2)=$ $\frac{c(Na_2S_2O_3)V_{Na_2S_2O_3}}{V(I_2)}$ 其中,$V_{Na_2S_2O_3}$ 为硫代硫酸钠溶液的体积数值与空白试验硫代硫酸钠溶液体积数值之差,$V(I_2)$ 为碘溶液的体积数值与空白试验碘溶液体积数值之差
硫酸亚铁铵 $c[(NH_4)_2Fe(SO_4)_2]$ $=0.1mol/L$	称取 40g 硫酸亚铁铵 $(NH_4)_2Fe(SO_4)_2\cdot 6H_2O$,溶于 300ml 硫酸溶液(1+4)中,加 700ml 水,摇匀	量取 35.00～40.00ml 配制好的硫酸亚铁铵溶液,加 25ml 无氧的水,用高锰酸钾标准滴定溶液 $[c(1/5KMnO_4)=0.1mol/L]$ 滴定至溶液呈粉红色,并保持 30s。临用前标定	$c[(NH_4)_2Fe(SO_4)_2]=$ $\frac{c(KMnO_4)V_{KMnO_4}}{V[(NH_4)_2Fe(SO_4)_2]}$
EDTA $c(EDTA)$ $=0.05mol/L$	称取 20g 乙二胺四乙酸二钠,加水 1000ml,加热熔解,冷却,摇匀	准确称取于 800℃±50℃的高温炉中灼烧至恒重的工作基准试剂氧化锌 0.15g,用少量水湿润,加 2ml 盐酸溶液(1+4)溶解,加 100ml 水,用氨水溶液(1+9)调节 pH 至 7～8,加 10ml 氨水-氯化铵缓冲液(pH≈10)及 5 滴铬黑 T 指示剂(5g/L),用配制好的乙二胺四乙酸二钠溶液滴定至溶液由紫色变为纯蓝色。同时作空白试验	$c(EDTA)=$ $\frac{m(ZnO)\times 1000}{V_{EDTA}M(ZnO)}$ 其中,V_{EDTA} 为乙二胺四乙酸二钠溶液体积数值与空白试验乙二胺四乙酸二钠溶液体积数值之差
硝酸银 $c(AgNO_3)$ $=0.1mol/L$	称取 17.5g 硝酸银,溶于 1000ml 水中,摇匀。溶液贮存于棕色瓶中	按 GB/T 9725—1998 规定测定。其中,准确称取于 500～600℃的高温炉中灼烧至恒重的工作基准试剂氯化钠 0.22g,溶于 70ml 水中,加 10ml 淀粉溶液(10g/L),以 216 型银电极作指示电极,217 型双盐桥饱和甘汞电极作参比电极,用配制好的硝酸银溶液滴定。按 GB/T 9725—1998 中 6.2.2 条的规定计算 V_0	$c(AgNO_3)=$ $\frac{m(NaCl)\times 1000}{V_0 M(NaCl)}$ 其中,V_0 为硝酸银溶液的体积数值
重铬酸钾 $c(1/6K_2Cr_2O_7)=$ $0.1mol/L$	准确称取已在 120℃±2℃的电烘箱中干燥至恒重的工作基准试剂重铬酸钾 4.90g±0.20g,溶于水,移入 1000ml 容量瓶中,稀释至刻度	无需标定	$c(1/6K_2Cr_2O_7)=$ $\frac{m(K_2Cr_2O_7)\times 1000}{V_{K_2Cr_2O_7}M(1/6K_2Cr_2O_7)}$

1.4.3 常用一般缓冲溶液的制备

常用一般缓冲溶液的制备见表 1.12。

表 1.12　常用一般缓冲溶液的制备

名称	pH 值	制 备 方 法
乙酸-乙酸钠缓冲溶液	约 3.0 约 4.0 约 4.5 约 5.0 约 5.5 约 6.0	0.8g NaAc·3H$_2$O 溶于水,加 5.4ml 冰乙酸稀释至 1000ml 54.4g NaAc·3H$_2$O 溶于水,加 92ml 冰乙酸稀释至 1000ml 164g NaAc·3H$_2$O 溶于水,加 84ml 冰乙酸稀释至 1000ml 100g NaAc·3H$_2$O 溶于水,加 23.5ml 冰乙酸稀释至 1000ml 100g NaAc·3H$_2$O 溶于水,加 9.0ml 冰乙酸稀释至 1000ml 100g NaAc·3H$_2$O 溶于水,加 5.7ml 冰乙酸稀释至 1000ml
乙酸-乙酸铵缓冲溶液	4～5 约 6.5	38.5g NH$_4$Ac 溶于水,加 28.6ml 冰乙酸稀释至 1000ml 59.8g NH$_4$Ac 溶于水,加 1.4ml 冰乙酸稀释至 1000ml
乙酸铵缓冲溶液	约 7.0	154g NH$_4$Ac 溶于水,稀释至 1000ml
氨-氯化铵缓冲溶液	约 7.5 约 8.0 约 8.5 约 9.0 约 9.5 约 10 约 11	120g NH$_4$Cl 溶于水,加 2.8ml 氨水,稀释至 1000ml 100g NH$_4$Cl 溶于水,加 7.0ml 氨水,稀释至 1000ml 80g NH$_4$Cl 溶于水,加 17.6ml 氨水,稀释至 1000ml 70g NH$_4$Cl 溶于水,加 48ml 氨水,稀释至 1000ml 60g NH$_4$Cl 溶于水,加 130ml 氨水,稀释至 1000ml 54g NH$_4$Cl 溶于水,加 350ml 氨水,稀释至 1000ml 6g NH$_4$Cl 溶于水,加 414ml 氨水,稀释至 1000ml
六亚甲基四胺缓冲溶液	约 5.4	400g 六亚甲基四胺溶于 1000ml 水中,加盐酸 100ml,摇匀

1.5　样品

样品对于任何成分检测都十分重要,其用量虽然很少,但对少量样品的检测,能反映出待测物质的真实情况,因此,所有样品都应符合一条原则,那就是"代表性"。否则,任何准确的分析都毫无意义。实验室内分析的试样,是从大量的待测对象中抽取的极小部分,每次最多也不过数十克。因此,所取的试样,必须符合取样规定,分析人员对取样的要求,应该而且必须有所了解。

本节进行简要介绍的是金属样品、槽液样品及其他试样的制备。

1.5.1　金属样品制备的一般规定

① 送检试样和制样,必须保证试样对母体材料具有代表性,这是保证分析质量必须遵守的原则,一般应按照有关材料的国家标准或行业标准执行。

② 制样前,严格检查加工现场、工具、设备、盛样容器等,必须干燥、清洁、无油污和其他杂物,确保试样制备的质量。

③ 如金属试样表面有油污,取样前应用汽油、乙醚等溶剂洗净,风干,如有锈蚀及其他附着物,应将表面除去一层后再制样。

④ 金属试样内有气孔、夹杂(此种试样的成分往往会有严重的偏析),应及时与送检单位联系,重新取样。

⑤ 试样制取过程中,不能接触水、油、润滑剂等,以免污染试样。

⑥ 用钻、车、铣、刨削法取金属试样时,钻头、车刀、铣刀等一定要清洁,不能有油污,同时加工速度也不能太快,以防氧化;若制取的金属试样已经呈蓝黑色,则应重新取样。

⑦ 制取的金属试样,应为细屑,不能制成大块、薄片或长卷屑。

⑧ 捣碎试样用的钢钵、钢杆、研钵等,一定要清洗干净,并且还要用该加工样冲洗内壁 1～3 次,然后再制取分析试样。

⑨ 用纸袋装样,要求用纸必须细密、光滑、不许带绒毛纤维或油污。

⑩ 对双方有争议的试样,如无标准规定,则应协商解决。

1.5.2 金属试样的制取

金属试样的制取,除了应该遵守上述规定外,还应根据具体对象,采用相应的加工方法和选取符合要求的取样部位。

① 钢样的制取方法,随样品的外形不同而异。成品钢试样,除了线材外,一般采用钻取法,但也可用车、刨、铣法等。当用钻取法钻取碎屑时,钻孔通常取对角线排布,在对角线的中点或点的四分之一处钻取;对于无磁性的试样,取样后要用磁铁进行检查,以除去加工时带入的铁屑。

② 对于某些生铁,如炼钢生铁,其硬度较大,可用轧碎法进行取样。

③ 对于金属材料中氮、氢、氧气体分析试样,则应按不同分析仪器的具体要求规格,分别制成各种试样。

④ 对于有色金属试样(铜、铝、锌、镍及其合金等)可用钻、车、刨等方法制取,锡、铅、轴承合金等,由于材质较软,用手锯法取样较为合适。金属镁及其合金,由于相对密度较小、熔点低、易燃,车、钻、刨加工时,转速要低,吃刀量要小,以防自燃。

1.5.3 槽液样品的采取

一般槽液(除非是刚配制的新槽液),都已经进行了各种反应,槽液的成分必然会发生变化,槽液各部位的浓度也会变化,往往槽液下部的密度会比较大,沉淀的各种盐类及其他固体物质也会比较多,因此在取槽液试样时,应该注意以下几点。

① 取样之前应将槽液充分搅拌均匀。

② 为了采集能代表槽液成分的试样,可用清洁的长玻璃管(或者去掉尖嘴的长碱式或酸式滴定管),垂直插入槽液内,待管内充满槽液后,用手指压住上管口,将槽液移入容器内,用此法在槽的不同位置,采集试样混合均匀。

③ 分析的试样应该是澄清的,如有浑浊,应待其澄清后吸取上层清液或以干燥的滤纸和滤器滤去浑浊物质。

④ 在室温时,有盐类结晶析出的槽液,应在加温的状态(或在使用状态下),采集试样,但每次用移液管分取试样时,应在相同的温度下进行,以免因取样温度不同而造成分析结果的差异。

⑤ 对含有氰化物、含高价铬的槽液,必须严格注意操作安全,有关废弃物,应统一回收处理,不能随意倾弃。

1.5.4 其他试样的采取与制备

矿物或其他不均匀物料试样的采取和制备应特别注意其不均匀性。不同的矿种,其均匀程度也有很大的不同。铁矿石一般均匀程度较高,而有的有色金属矿石的均匀程度相当差,因此常采用缩分法来制备试样。

根据实际经验,平均试样的选取量可用采样公式表示:

$$Q = Kd^a$$

式中　Q——平均试样的最小质量,kg;

　　　d——试样中最大颗粒直径,mm;

　　　K、a——经验常数。

a 值通常在 1.8~2.5 之间。通常将 a 设定为 2,则上式为:

$$Q=Kd^2$$

对于均匀度较高的试样，K 值可取 0.05；较不均匀的试样，K 值可取 0.1；极不均匀的试样，K 值可取 0.2 以上。

从大量样品制备分析试样时，一定要经过破碎、过筛、混匀和缩分四个步骤。

破碎要进行多次，首先要初碎，常用颚式破碎机破碎至直径不大于 25mm 的颗粒，然后过筛，筛不下的再破碎。进一步破碎可用对滚式碎样机或盘式碎样机进行，但每破碎一次，均应用相应的筛子过筛。全部通过筛子后，则将试样混匀并缩分。

缩分常用四分法，其步骤如下：用锹头将试样先混匀[见图 1.1(a)]，再将混匀的试样堆成圆锥形[见图 1.1(b)]，然后用锹背将其压平[见图 1.1(c)]。通过中心划成四等份[见图 1.1(d)]，把任意对角的弃去，余下的对角两份混合在一起拌匀，这样样品就缩减了一半，称为缩分一次，以此方法缩分下去，直至达到所要求的试样量为止。

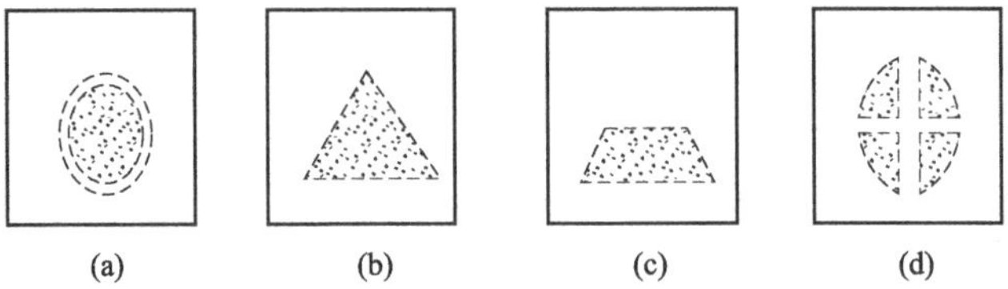

(a)　　　　　　(b)　　　　　　(c)　　　　　　(d)

图 1.1　四分法缩分示意图

试样粒度，一般应在 150～200 目之间，对于难分解的矿样则应在 200 目以上。所用标准筛号及相应的筛孔直径见表 1.13。

表 1.13　标准筛孔规格

筛号/目	6	10	20	40	60	80	100	120	150	200
筛孔直径/mm	3.36	1.68	0.841	0.420	0.250	0.177	0.149	0.125	0.1000	0.074

1.6　常见试样的分解方法

试样的分解是化学分析中的重要环节，其目的就是使试样组分全部转入溶液中。因此，要求试样必须分解完全，在分解过程中不应有挥发或其他损失，也不应引入被测组分和干扰物质，而影响分析结果的准确度；对于金属试样，应使其金属化合物，如氧化物、氮化物、碳化物等尽量分解完全，测定出该元素的含量，应包括酸溶物或酸不溶物，是该元素的全含量。

制备分析试液时，随试样性质的不同而采用不同的方法，常用的分解方法有溶解法、熔融法、微波消解法等，有时也将溶解法和熔融法联合使用。

1.6.1　溶解法

溶解法就是将试样溶解于水、酸、碱或混合酸中。水溶法仅适用于可溶于水的试样。酸溶法常用盐酸、硝酸、硫酸、磷酸和高氯酸等。碱溶法常用 200～300g/L 的氢氧化钠溶液。常用的混合酸有几种。

现将常用的几种溶剂及其作用叙述如下。

(1) 盐酸　分析上常用的浓盐酸密度为 1.19g/ml，百分含量为 35%～38%，沸点为

110℃。盐酸属于强酸，能溶解金属活动性顺序表中氢以前的金属（如Fe、Al、Cr、Zn等），生成氯化物盐类，大部分金属氯化物易溶于水，只有银、铅与一价汞等的氯化物不溶于水。分解试样时，利用它的酸性，也利用氯离子具有的络合作用和还原作用。盐酸与其他酸、氧化剂或还原剂混合使用，则表现出更好的溶解效果，特别是与过氧化氢的混合使用，以及盐酸-高氯酸的混合使用，具有比较大的溶样实用价值。

(2) 硝酸 分析上常用的浓硝酸密度约为1.42g/ml，百分含量为65%～68%，沸点122℃。硝酸属于强酸，分解试样时，利用它的酸性和氧化性。它能溶解除金与铂族以外的绝大多数金属，与钨、锡、锑生成难溶的钨酸（H_2WO_4）、偏锡酸（H_2SnO_3）及锑酸（H_2SbO_3）。硝酸使铁、铝、铬、镍高温合金钢表面形成氧化膜而钝化，阻止溶解的继续进行。

硝酸常用来氧化钢铁中的碳化物，加速试样的溶解。硝酸分解试样时，生成低价氮的氧化物，可用加热煮沸或加尿素分解除去。必要时，可加高氯酸、硫酸蒸发至冒烟赶净，因为存在于溶液中的亚硝酸根离子（NO_2^-）和氮的氧化物会破坏有机显色剂、指示剂等。

(3) 硫酸 分析上常用的浓硫酸，密度为1.84g/ml，百分含量为98.3%，沸点339℃。硫酸是强酸，稀硫酸的分解能力不如盐酸，但浓硫酸具有氧化性（强烈的脱水作用），且分解温度较高，分析上常用来驱除低沸点的酸，如硝酸、盐酸、氢氟酸等，从而排除其干扰，并控制一定的酸度。

常用硫酸来分解锑、砷、锡等金属合金。如果加入硫酸铵或硫酸钾，可提高硫酸沸点，用于分解金属锆、锆合金、镍基合金、铁合金以及碳化物、二氧化钛等。

(4) 磷酸 浓磷酸的密度约为1.70g/ml，百分含量为85%，沸点213℃，属中等强度的酸。它是一种强络合剂，对许多金属离子都具有络合作用，如在亚铁容量法测定钢中锰、钒、铬等元素及重铬酸钾法测定铁时，加入磷酸与铁（Ⅲ）络合，降低了铁的氧化还原电对的电位，同时消除了三价铁离子黄色对滴定终点的干扰（Fe^{3+}和H_3PO_4生成了无色可溶性的络离子[$Fe(HPO_4)_2$]$^-$），有利于亚铁离子的滴定。

分解含钨的钢样时，加磷酸使钨酸沉淀转为可溶性络合物，其反应为：
$$12H_2WO_4 + H_3PO_4 = H_7[P(W_2O_7)_6] + 10H_2O$$
以便测定钨和其他元素。

磷酸在较高温度（200～250℃）下，具有很强的溶解力。盐酸、硝酸及硫酸所不能溶解的铬铁矿、铌铁矿、钛铁矿、高碳、高铬、高钨的合金钢等，它都能溶解。但应注意，磷酸溶样时温度不宜过高，冒烟时间不能太长，否则会引起磷酸脱水析出难溶的焦磷酸盐。另外，高温时磷酸会腐蚀玻璃，故用磷酸溶过样的玻璃器皿，不能再用来测定磷。

(5) 高氯酸 密度约为1.65g/ml，沸点203℃，百分含量为72%。热、浓的高氯酸具有较强的酸性和氧化性，它能把铬氧化为六价（$Cr_2O_7^{2-}$），钒氧化为五价（VO_3^-），铈氧化为四价（Ce^{4+}），硫氧化为六价（SO_4^{2-}）等。如测定高铬钢中锰、磷、硅等元素时，高铬干扰测定，但在高氯酸冒烟的情况下，铬氧化为六价，加盐酸或氯化钠，铬以二氯酰铬（CrO_2Cl_2）形式逸出，排除了铬的干扰。

高氯酸和其他酸的混合物常用来分解合金钢、铁合金及多种矿石等。

采用高氯酸蒸发冒烟来驱除低沸点酸，驱逐后剩余的残渣，加水易溶解，此点优于硫酸，因此在重量法测定硅时，用高氯酸脱水的效果优于其他酸，所得的二氧化硅沉淀也比较纯净。

使用高氯酸时应特别注意安全。高氯酸与某些金属（如铋）或与有机物一起加热，会发生爆炸。因此，在有机物存在时，应先加入硝酸氧化，然后才能加入高氯酸。高氯酸与浓硫酸或乙酸酐混合也有爆炸的危险，因硫酸、乙酸酐能使高氯酸脱水生成无水高氯酸，而成为强烈的爆炸剂。高氯酸烟雾或溶液长期接触木制通风橱、实验台等，达到一定量后，遇热也会引起爆炸或燃烧。因此经常使用高氯酸的通风橱要定期用水冲洗。

(6) 氢氟酸 浓的氢氟酸密度为 1.15g/ml，沸点为 120℃，百分含量为 40%～80%。氢氟酸具有一般酸的通性，能溶解很多金属，特别易分解含硅的试样，生成易挥发的 SiF_4。溶解时，它对一些高价态元素具有很强的络合能力，可与硅、铁、铝、钛、锆、铌、钽等元素生成稳定的可溶性络合物，因此它可以溶解含有这些元素的金属或矿物，但氟离子的存在又常常影响这些元素的测定，可采用加入硫酸或高氯酸蒸发冒烟的方法除去氟离子。

氢氟酸单独作溶剂的时候不是很多，一般都是与其他酸混合使用，如与硝酸、硫酸或高氯酸混合使用。氢氟酸有剧毒，且易腐蚀玻璃、石英器皿，故溶样时常在铂器皿或聚氯乙烯（在水浴上）及聚四氟乙烯烧杯中进行。

(7) 氢氧化钠溶液 一般采用 200～300g/L 的氢氧化钠溶液来溶解某些金属及合金，如溶解纯铝、铝合金及锌合金等。反应常在银或塑料烧杯中进行，然后将溶液酸化，使某些不易溶的金属残渣溶解，然后进行测定。

(8) 混合酸 实际工作中，常采用混合酸溶解试样，如王水（盐酸：硝酸=3:1）或盐酸与硝酸的其他比例混酸来溶解高温合金、高合金钢及铂、金等金属，加热时反应更为剧烈。王水的反应式为：

$$3HCl + HNO_3 \rightleftharpoons NOCl + Cl_2 + 2H_2O$$
$$2NOCl \rightleftharpoons 2NO + Cl_2$$

反应中生成的初生态氯具有很强的氧化性，且氯离子具有络合作用，提高了某些金属的氧化还原电位，加速了试样的分解。

常用的其他混合酸有：硝酸+氢氟酸，盐酸+硝酸+氢氟酸；高氯酸+氢氟酸，高氯酸+盐酸；高氯酸+磷酸、磷酸+硫酸；硝酸+硫酸+磷酸+水等。特别是氢氟酸和磷酸可以和很多金属生成络离子，是较强的络合剂，在分解某些合金钢时具有特殊的作用。

此外，常用的溶剂还有盐酸+过氧化氢、硝酸+过氧化氢等。

1.6.2 熔融法

熔融法就是将试样与一定的固体熔剂混合，在高温下加热熔融，使试样组分转变成可溶于水、酸或碱的化合物。熔融法多用于矿石、炉渣、硅酸盐类等非金属材料的分解，也常用于难溶合金材料的分解。根据所用熔剂的性质，分为酸性熔剂和碱性熔剂两大类。

1.6.2.1 酸性熔剂

常用的酸性熔剂有焦硫酸钾（$K_2S_2O_7$）和硫酸氢钾（$KHSO_4$）。硫酸氢钾灼烧失水，即得焦硫酸钾，它们的作用是一样的。

$$2KHSO_4 \xrightarrow{\triangle} K_2S_2O_7 + H_2O \uparrow$$

由于 $KHSO_4$ 在高温下释放水蒸气，易溅失，因此多采用 $K_2S_2O_7$。

焦硫酸钾在 300～400℃ 以上分解放出 SO_3，对试样有强烈的分解作用，反应为：

$$K_2S_2O_7 \xrightarrow{\triangle} K_2SO_4 + SO_3 \uparrow$$

因此，常用于分解铁、铝、钛、锆、铌、钽等的氧化矿物及其他难溶金属（合金），碱性与中性耐火材料以及镁砂、镁砖等碱性耐火材料。焦硫酸钾熔融时，其用量为试样的5～8倍，熔融时间视试样分解是否完全而定，一般为20min左右，熔融时逐步升温至600～700℃。熔融物在冷却过程中应转动坩埚，使之凝固于坩埚内壁上，用水浸出，如试样含有易水解的金属组分，宜用稀硫酸浸取熔块。在铌、钽等的测定中还常加酒石酸或草酸等络合剂，以防溶液浑浊。

1.6.2.2 碱性熔剂

常用的碱性熔剂有碳酸钠（Na_2CO_3），熔点850℃；碳酸钾（K_2CO_3），熔点819℃；氢氧化钠（NaOH），熔点318℃；过氧化钠（Na_2O_2）熔点460℃；硼砂（$Na_2B_4O_7$），熔点741℃等。

碳酸钠和碳酸钾混合使用，其熔点将为700℃左右，常用于处理硅酸盐、硫酸盐和酸性炉渣等，例如不溶性硫酸盐矿物重晶石（$BaSO_4$），用碳酸钠熔融时可转化为碳酸盐，经过滤分离后可溶于酸。

硝酸钾和碳酸钠在高温下可将 Cr_2O_3 转化为 Na_2CrO_4，把 MnO_2 转化为 $NaMnO_4$。

碳酸钠、碳酸钾和硼砂按1:1:2的比例混合，在瓷研钵中研细混匀，可用来熔解锆英石、刚玉等材料。

过氧化钠是氧化性、腐蚀性较强的碱性熔剂，常与碳酸钠混合使用，可氧化任何低价氧化物，能分解多种矿石（如钨、钼、铌、钽、钛、锆等矿石）及合金。

氢氧化钠为低熔点强碱性熔剂，常与碳酸钠混合使用，可用来分解硅酸盐、铝土矿、钼矿、黏土和耐火材料等，也经常与过氧化钠混合使用。

1.6.3 微波消解法

微波消解法是利用试样和适当的溶（熔）剂吸收微波能产生热量加热试样，同时微波产生的交变磁场使介质分子极化，极化分子在高频磁场交替排列导致分子高速振荡，使分子获得高的能量。由于这两种作用，使试样表层不断被搅动和破裂，因而迅速溶（熔）解。由于微波能是直接传递给溶液（或固体）中的各分子，因此溶液（或固体）是整体快速升温，加热效率高，溶（熔）解快速，消解各类样品可在几分钟至20min内完成，比电热板消解速度快10～100倍，甚至更多。密闭消解，试剂用量少，空白值低。密闭消解避免了挥发损失和样品的沾污，操作条件易于控制，提高了分析的准确度和精确度。由于消解是在密闭条件下进行的，所用试剂不会污染环境，节能效果显著。

建立一种试样微波消解方法，一般要选择以下三个参数：①样品的称样量；②分解试样所用酸的种类及用量；③微波加热的功率与时间（压力与温度的设置）。

1.6.3.1 样品的称样量

首先要了解样品的组成和性质，参考相关文献。不同的试样在微波场中吸收微波的能量、升温的速度、产生压力以及发生的化学反应速率和程度不同。确定称样量要根据被测组分的含量和所用检测方法的灵敏度而定，要求消解后的浓度一般高于检测限几倍至几十倍。从安全角度考虑，称样量少些好。一般无机样品称样量为0.2～2g，有机样品为0.1～1g。

1.6.3.2 消解所用酸的种类和用量

消解试样使用最广泛的酸是 HNO_3、HCl、HF、H_2O_2 等。这些都是良好的微波吸收体，在各种无机样品消解中可以选用。根据不同的样品常使用各种混合酸。微波消解中最常使用的混合酸是 $HNO_3+H_2O_2$，$HNO_3+H_2O_2$ 常用的比例是2:1。样品量试剂之比（固液比）的选择：消解试剂的量如果太少，消解作用不完全；消解试剂太多，空白值升高。因此，要选择适当的固液比例，一般1：8较好。

1.6.3.3 微波加热的功率与时间

样品进入密闭的微波消解，对消解影响最大的是微波强度。其次是消解时间，微波强度大，消解时间短，反之强度小，时间长。这两项要结合炉内样品个数通过试验，选择最佳条件，进行严格控制。

微波消解时，应该注意：①试样（特别是未知样品）加入酸后，不要立即放入微波炉中，要观察加酸后试样的反应。如果反应很激烈：起泡、冒气、冒烟等。需要先放置一段时间，等激烈的反应过后，再放入微波炉升温。有的样品可加酸后，浸泡过夜，次日再放入微波炉中消解。一般先用低挡功率、低挡压力、低挡温度。用短的加热时间，观察压力上升的快慢，经几次试验，当了解了消解试样的特性后，方可一次设置高压、高温和加热时间。②对有突发性反应和含有爆炸性组分的样品，不能放入密闭系统中消解。如亚硝酸盐等。③不要用高氯酸消解油样和含油样量大的样品。

1.6.4 其他分解法

(1) 烧结法 是在熔融法的基础上发展起来的一种分解法，常用的分解试剂是碳酸钠与氧化镁或氧化锌的混合物。碳酸钠起分解作用，氧化物用来疏松通气。

(2) 密闭溶解法 高压容器中装有特制的聚四氟乙烯烧杯，样品放入其中，再加入盐酸和过氧化氢或盐酸-硝酸的混合溶剂。然后装入高压容器，放在烘箱中加热至180～200℃数小时，进行试样分解。此法的优点是：①能溶解一些常压下不能溶解的物质，如某些贵金属、难溶的铂、铂铑合金、高温烧结过的氧化铝、氧化锆等；②一定情况下可避免元素的挥发；③能分析熔融法不能完成的碱和碱土金属元素。

(3) 封管氯化溶解法 对于难溶的铂族金属及其合金也可采用封管氯化溶解法进行分解，将试样置于特制的硬质玻璃管中，加入盐酸及过氧化氢混合溶剂，在汽油喷灯火焰上熔封玻璃管口，将玻璃管放入保护钢弹（用碳钢车制而成），置于140～300℃下溶解试样。

1.6.5 常见金属试样分解方法举例

实际工作中，金属试样分解方法应根据材料和材料中不同元素的含量进行选择，目的是使待测元素都能进入溶液中。

表1.14为常见元素及金属材料的常用分解方法举例（这些方法仅供操作时参考）。

表1.14 常见元素及金属材料的分解方法举例

金属名称	适宜溶剂及分解方法
铁	易溶于稀硝酸、稀硫酸或盐酸
镍	溶于硝酸、硫酸或盐酸
铬	溶于盐酸、高氯酸和稀硫酸
钴	易溶于硝酸、硫酸和盐酸
钼	易溶于硝酸（生成钼酸）、王水、氢氟酸和硝酸的混合酸、热浓硫酸，不溶于硫酸和盐酸
钨	溶于含磷酸的混合酸，或硝酸-氢氟酸混合酸，不溶于硫酸和盐酸，硝酸使之生成不溶性钨酸

续表

金属名称	适宜溶剂及分解方法
铝	易溶于盐酸,铝及铝合金易溶于氢氧化钠溶液
锌	易溶于硝酸、硫酸和盐酸,锌和锌合金易溶于氢氧化钠溶液
镁	易溶于稀酸(包括醋酸),也溶于铵盐溶液
铜	易溶于硝酸,不溶于盐酸、硫酸,但溶于热浓硫酸
铅	易溶于稀硝酸、盐酸和浓硫酸(仅在加热时溶解),也溶于醋酸
锡	溶于热浓硫酸、盐酸及盐酸-硝酸,在单独的硝酸中,生成还原性偏锡酸
钒	溶于硝酸和王水,加热下溶于浓硫酸和氢氟酸
锰	溶于稀的盐酸、硝酸及硫酸
锑	溶于热浓硫酸、硝酸-盐酸,有酒石酸存在时,溶于硝酸,溶于浓硝酸时,生成不溶性五氧化二锑
铋	易溶于硝酸、硝酸-盐酸及热浓硫酸,不溶于盐酸和稀硫酸
镉	易溶于硝酸,在盐酸和硫酸中溶解缓慢
汞	易溶于硝酸,溶于热浓硫酸,不溶于盐酸和稀硫酸
金	易溶于硝酸-盐酸(王水)
银	易溶于硝酸,不溶于盐酸和冷硫酸,但溶于热的硫酸
铂	易溶于硝酸-盐酸(王水)
铁(合金)	硝酸-磷酸-水(2+4+11),硫酸-磷酸-水(1+2+10)
普通钢	硝酸(1+3.5),盐酸(1+4),硫酸(1+9),硝酸-磷酸-水(2+4+11),硫酸-磷酸-水(1+2+10)
低合金钢(合金元素总量≤3.5%)	盐酸(1+1)、(1+4),硫酸(1+4)、(1+6)、(1+9),硝酸(1+3.5),硫酸-磷酸-水(1+2+10),硝酸-盐酸-水(1+3+12),高氯酸-磷酸
中合金钢(合金元素总量≥3.5%)	盐酸-过氧化氢(滴加),其余同上
高合金钢(合金元素总量≥5.5%)如 $1Cr_{18}Nr_9Ti$、$W_{18}Cr_4V$、$Cr_{18}Ni_{10}Ti$、高速工具钢、弹簧钢等	盐酸、盐酸-过氧化氢,硝酸-盐酸(1+3)、(1+1),硝酸-氢氟酸,硝酸-盐酸-水(1+3+12),盐酸-硝酸-氢氟酸(依次加入),硝酸-硫酸-磷酸-水(1+4+3+22),磷酸-硫酸(10+1),硫酸-磷酸-水(2+1+3),高氯酸-盐酸(5+1)、(10+1)
高锰钢	浓或稀磷酸,硝酸-水(1+3.5),磷酸-氯酸钾或硝酸铵,硫酸-磷酸-水(2+5+5),硝酸-磷酸-水(2+4+11)
硅钢	硝酸(1+3.5),浓磷酸,硫酸-硝酸-水(3+4+11)
高温合金	盐酸-硝酸(1+1)、(3+1)、(4+1)、(7+1)、(10+1),硫酸-磷酸(2+1),高氯酸-磷酸(10+3.5),高氯酸-盐酸(24+1),盐酸-过氧化氢(滴加),盐酸-硝酸-氢氟酸(4+1+滴加)
钛合金	盐酸(1+1)-氢氟酸(滴加);硫酸(1+1)-氟硼酸(1+1);硫酸(1+1)-氢氟酸(4+1);硫酸(1+1)、(1+2)、(1+4)、(1+5);硝酸(1+1)-氢氟酸(滴加);硫酸(1+1)-盐酸(1+1)-氢氟酸(滴加);盐酸-氟硼酸(1+1)
铝合金	氢氧化钠(200～300g/L),盐酸(1+1)-过氧化氢(滴加),盐酸(1+1);硝酸(1+1)-磷酸(1+1)、(1+1);氢氧化钠(200g/L)-碳酸钠(5%)(2+1);溴水-盐酸(1.5+1);水-硫酸-硝酸-盐酸(7+1.5+0.75+0.75);水-硫酸-硝酸(1.6+3.3+3.2);氟化铵-硝酸(1+1)(15g+15ml);水-硫酸-磷酸(7.6+1+0.8);水-硫酸-硝酸-磷酸(5.25+1+2.5+1.25);硝酸(1+1)、(5+1)
镁合金	盐酸(1+1)-过氧化氢(滴加);盐酸(1+1)、(1+3)、(1+4);盐酸(1+1)-过氧化氢(滴加);硫酸(1+5)、(1+6);盐酸(1+1)-硝酸(滴加);盐酸(1+1)-氯化铵(固);硝酸(1+3)、(1+4);水-硫酸-磷酸(7.6+1+0.8);水-硫酸-硝酸-磷酸(5.25+1+2.5+1.25);水-过硫酸铵(5%)-硫酸(1+1)(120+15+40);硝酸(1+1)-氢氟酸(20+1)
铜合金	硝酸(1+1)、(1+2)、(1+3)、(3+2);盐酸(1+1)-过氧化氢(1+1)、(5+2)、(5+3);水-硝酸-盐酸(6.8+2.5+0.7)、(5.6+3.2+1.2);水-硫酸-硝酸(17+5+3)、(15+6+4.2)、(6.25+2.5+1.75);高氯酸-硝酸(1+1)、(2+1);盐酸-硝酸(1+3)、(1+4);焦硫酸钾熔融;水-硫酸-硝酸-磷酸(5.25+1+2.5+1.25)

续表

金属名称	适宜溶剂及分解方法
锌合金	盐酸(1+1)-过氧化氢(滴加);硝酸(1+1);盐酸(1+1)-硝酸(1+1)、(1+1);盐酸(1+1)、(1+3);硫酸(1+9)-酒石酸(50g/L)(6.5+5)
银合金	硝酸;硝酸-氢氟酸(5+2)
磷铁	硝酸-氢氟酸;硝酸-盐酸-高氯酸;过氧化钠熔融
硅铁	硝酸-氢氟酸(2+1);氢氟酸-硝酸-过氧化氢;氢氧化钠熔融;过氧化钠-碳酸钠(2+1)熔融
钛	硫酸-水(3+7);氢氟酸-硝酸(滴加);盐酸-水(1+1);硫酸-盐酸-水(6+24+5)
钒铁	硝酸-盐酸-水(10+7+13);硝酸-水(1+3);硝酸-硫酸-磷酸(5+7+10);硫酸-硝酸(滴加);硫酸-硝酸-氢氟酸;盐酸-硝酸-硫酸;盐酸-硝酸-磷酸;硝酸-氢氟酸
铬铁(高碳)	焦硫酸钾-磷酸-硫酸;过氧化钠熔融
铬铁(低碳)	硝酸-磷酸-水(1+1+1);盐酸-(40+25)或(10+7);盐酸-水(1+1);硫酸-水(1+4);盐酸-溴;盐酸(硝酸)
锰铁	硫酸-硝酸-盐酸-水(8+9+10+33);硝酸-水(1+1);磷酸;硝酸;硝酸-磷酸;硝酸-盐酸;硝酸-盐酸(1+1)
钼铁	硝酸-水(1+1)、(1+3)、(2+3);硫酸-硝酸-水(8+9+33)、硝酸(滴加高氯酸或氢氟酸);硝酸-氯酸钾;硝酸-盐酸-硫酸
铝铁	盐酸-水(1+1);盐酸-过氧化氢(滴加);氢氧化钠溶液
镍铁	硝酸-水(1+3.5);盐酸(1+4)-硝酸
钨铁	氢氟酸-硝酸(滴加)(1+2);硫酸-磷酸-水(1+3+5);磷酸-高氯酸;过氧化钠熔融
铌铁	水-氢氟酸-硝酸;磷酸(滴加氢氟酸);硝酸-氢氟酸-硫酸;硝酸-氢氟酸-高氯酸;焦硫酸钾熔融;过氧化钠熔融
铈铁	盐酸-水(1+2)
硼铁	氢氧化钠(铁坩埚熔融);硝酸(滴加氢氟酸);盐酸-硝酸
钛铁	硫酸(滴加硝酸);硫酸(1+3)-盐酸(1+1);硫酸(1+1)-硝酸-盐酸;过氧化钠-碳酸钠(1+1)熔融
镍硼	过氧化钠(熔融);硝酸-盐酸(6+1)
稀土合金	氢氟酸-硝酸(2+1);硝酸-氢氟酸-过氧化氢(10+5+5滴)、(10+7+1);磷酸-硝酸(滴加);过氧化钠-碳酸钠(2+1)熔融
硅钙	氢氟酸-硝酸(滴加)(置水浴中),无水碳酸钠熔融
铝钡	盐酸-水(1+1)

1.7 天平与称量

天平是分析化学中最基本也是最重要的计量仪器,用天平进行准确称量,是分析化学工作者最基本的操作,称量的准确度直接影响着检测结果的准确度,了解天平的构造原理、性能、特点,正确地进行称量操作,是分析化学工作者必须具备的知识和技能。按天平的构造原理分类,有杠杆式天平和电子天平两大类。

1.7.1 普通分析天平

普通分析天平即杠杆式天平,又可分等臂双盘天平和不等臂单盘天平。等臂双盘天平按加码器范围分为部分机械加码天平和全机械加码天平两种。

普通分析天平按天平的最小分度值(俗称感量),可分为一般分析天平(分度值为

0.1mg)、微量天平（分度值为 0.01mg）和超微量天平（分度值为 0.001mg）。

1.7.1.1 普通分析天平的原理和构造

分析天平是根据原理设计的。设有一杠杆 ABC，如图 1.2 所示，B 为支点，A 为重点，C 为力点。在 A 及 C 上分别载重 Q 及 P，Q 为被称物的质量，P 为各种砝码的总质量。当达到平衡时，即 ABC 杠杆呈水平状态时，根据杠杆原理，支点两边的力矩相等，即 $Q \times AB = P \times BC$。若 B 点恰好是 ABC 的中点，则 $AB = BC$，故 $Q = P$。由此可看出，当力臂相等，杠杆处于平衡状态时，重点和力点上的质量就相等。此时，砝码的总质量等于被称物的质量。

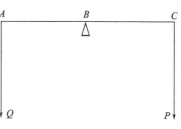

图 1.2 杠杆作用原理

下面以 TG328A 型（见图 1.3）分析天平为例，介绍分析天平的一般结构。

(1) 外框部分 用于保护天平使之不受灰尘、热源、潮气、气流等外界条件的影响。通常用木质材料、金属材料作框，镶玻璃制成外框。

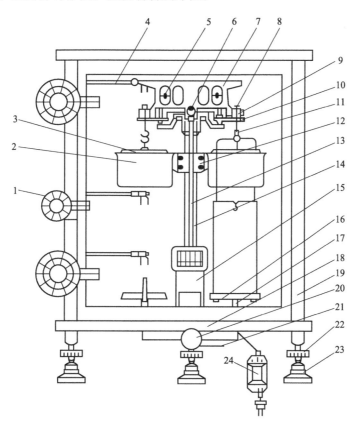

图 1.3 TG328A 型分析天平的结构

1—加码指数盘；2—阻尼器外筒；3—阻尼器内筒；4—加码杆；5—平衡砣；6—中刀；7—横梁；8—吊耳；9—边刀盒；10—托翼；11—挂钩；12—阻尼架；13—指针；14—立柱；15—投影屏座；16—秤盘；17—托盘；18—底座；19—外框；20—开关旋钮；21—调零杆；22—水平调整脚；23—防震垫脚；24—变压器

(2) 立柱部分 立柱是空心柱体，垂直固定在底板上，是横梁的起落基架。天平制动器的升降拉杆穿过立柱空心孔,带动大小托翼上下运动。

(3) **横梁部分** 横梁是天平的主要部件,有矩形、三角形、桁架形等多种几何形状。在保证横梁有足够强度的前提下,为了减轻横梁质量,提高天平灵敏度,横梁上制成了各种不同形状的对称孔。制作横梁的材料可选用钛合金、铜合金、铝合金、非磁性不锈钢等,材料必须刚度好、质地轻、抗腐蚀。工艺上应有严格的时效处理要求,以消除加工应力,保证横梁材质的稳定性。

(4) **悬挂系统** 由吊耳和阻尼器组成。

(5) **读数系统** 指针装在横梁的下面并垂直于横梁。其结构分为有微分标牌和无微分标牌两种形式。微分标牌装在指针下端,经光学放大后进行读数。

(6) **制动系统** 按顺时针方向转动开关旋钮,使开关轴转动,这时电源开关接通,由于开关轴销的偏心作用,升降拉杆上升,带动小托翼下降,大托翼也随之下降,支力销与栋梁和吊耳脱开。转动开关轴的同时,由于偏心作用带动托盘板下降,托盘随之下降,与秤盘脱离接触。此时,天平进入工作状态,即开启了天平。反时针方向转动开关旋钮时,升降拉杆下降,大、小托翼上升,则天平关闭,即进入休止状态。

(7) **机械加码装置** 机械加码是代替人工取放砝码的一种装置,该装置操作方便,并能减少多次取放砝码造成的砝码磨损,也能减少多次开关天平门造成的气流影响。控制机构由凸轮、加码杆、指数盘等组成。

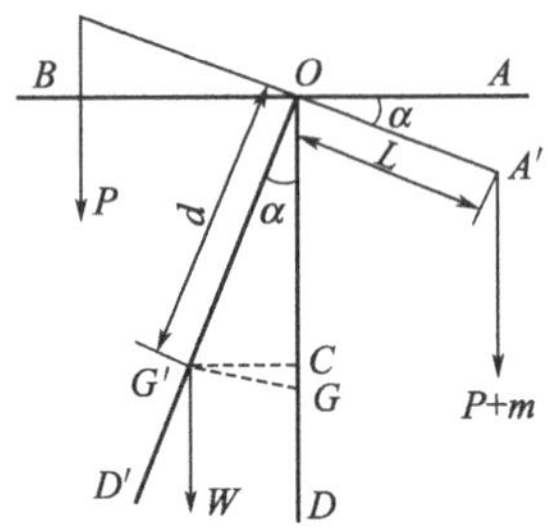

图 1.4 天平力矩示意图

1.7.1.2 普通分析天平的灵敏度及其测定

(1) **灵敏度** 计量仪器灵敏度的广泛定义可表述为:任何仪器指针的线位移或角位移,与引起此位移的被测量值的变动量之比,称为该仪器的灵敏度。对于天平而言,是指天平的一个秤盘上增加1mg 质量时,所引起的指针偏移程度。

设天平臂长为 L,d 为重心 G 或 G' 与支点 O 之间的距离,W 为梁重,m 为增加的一个小质量,P 为秤盘质量(见图 1.4)。当天平两边都是空盘时,指针位于 OD 处;而当右边秤盘上增加质量 m 时,指针偏转至 OD',横梁由 OA 偏转至 OA',其偏斜角度为 α。根据杠杆原理:

$$(P+m)\times OB=(P\times OB)+(W\times CG')$$
$$m\times OB=W\times CG'$$
$$OB=A'O\cos\alpha=L\cos\alpha$$
$$CG'=OG'\sin\alpha=d\sin\alpha$$

因此,$m\times L\cos\alpha=W\times d\sin\alpha$

即 $$\frac{\sin\alpha}{\cos\alpha}=\frac{m\times L}{W\times d}=\tan\alpha$$

由于 α 一般很小,故可认为:$\tan\alpha\approx\alpha$,则 $\alpha=mL/Wd$。当 $m=1$mg 时,指针偏转的角度 α 就是该天平的灵敏度。由上式可见,天平的灵敏度与下列因素有关:

① 横梁的质量 W 越大,天平的灵敏度越低。

② 天平的臂长 L 越长,灵敏度越高。但天平的臂太长时,横梁的质量增加,并使载重时的变形增大,灵敏度反而降低。

③ 支点与重心的距离 d 越短,灵敏度越高。同一台天平的臂长和梁重都是固定的,通常只能改变支点到重心的距离来调整天平的灵敏度。

应用时,通常用感量来表示灵敏度,即:

$$感量 = \frac{1}{灵敏度}$$

例如，某阻尼天平的灵敏度为 2.5 格/mg，则其感量为：$\frac{1}{2.5} = 0.4$（mg/格）。

(2) 灵敏度的测定方法

① 阻尼天平：先将游码放在游码标尺的零线上，测定零点。而后把游码向右或向左移动 1mg，再启动天平，记录其平衡点。如零点为 10.7 格，加 1mg 后，平衡点为 13.7 格，则灵敏度为：13.7－10.7＝3.0（格/mg），感量为 1/3.0＝0.33（mg/格）。

② 电光天平：开启天平，调节零点，使之与投影屏上的标线重合。在秤盘上，放一校准过的 10mg 砝码，再开启天平，标尺应移至 9.9～10.1mg 范围内。否则，应调节其灵敏度。

1.7.1.3 普通分析天平的使用规则及称量方法

(1) 分析天平的使用规则

① 称量前，必须检查天平是否水平。

② 仔细检查天平各零部件是否都处在正确位置，然后开启天平，观察指针的摆动是否正常。

③ 检查天平箱内是否清洁，天平盘上如有灰尘，可用软毛刷扫净；天平箱内底板上如不干净，可用大点的软毛刷、麂皮或绸布擦净。

④ 称量前，应先检查并调好零点，此时机械加码指数盘都应在零位。

⑤ 开启和关闭天平时用力要均匀、缓慢，不应使天平产生剧烈振动。

⑥ 一般情况下，不应开启天平的前门。取放砝码和被称物体时，可通过左、右侧门进行。开关侧门时要轻缓。

⑦ 向天平盘上放置试样时，必须用专用镊子、试样小铲等，绝对不允许用手拿取。

⑧ 称样时，取放砝码必须用天平专用镊子夹取，严禁用手拿取，以免砝码被沾污。加砝码时必须从大约等于被称试样质量的砝码开始，从大到小依次加减。在天平到达平衡状态之前，不应将开关全部打开，只能谨慎地部分开启，以判断是否需要增减砝码；加减试样时也照此办理。

⑨ 天平处于开启状态时，绝对不能在秤盘上取放试样或砝码，以及打开天平门等。

⑩ 待称量试样的温度应与天平箱的温度一致。如待称试样经加热或冷却过，则必须将其放置在天平箱近旁相当时间，待试样温度与天平箱温度一致后，方可进行称量。

⑪ 被称试样及砝码应尽可能放在秤盘中央，质量不得超过天平的最大载荷。

⑫ 称量完毕，托起天平梁，取去试样和砝码。对电光天平应将指数盘还原，切断电源，关好天平门，最后罩上天平罩。

(2) 称量方法

① 直接称量法 如称量坩埚的质量，先调好天平零点，用坩埚钳子夹住坩埚，放在天平的左盘上，右盘加砝码，直至加 10mg 太重，减 10mg 太轻时，移动游码，使平衡点与零点一致。此时，砝码所示的质量就是坩埚的质量。如用电光天平，则 10mg 以下的尾数，可以从投影屏上读出。

② 指定质量称量法 此法适用于称取不易潮解，在空气中性质稳定的试样，如金属、合金等。如分析规程上指定称取 0.5000g 钢样，先调好天平零点；在右盘加上 500mg 砝码，然后在左盘上增添试样，直至此时的平衡点与零点一致，砝码质量即为所称钢样的质量。

③ 差减法 此法适于称取易潮解、易氧化及与二氧化碳反应的试样。在称量瓶中装少量试样,称其质量为 W_1。倒出一部分试样,再称取质量为 W_2,则第一份试样质量为 W_1-W_2,可依此类推。操作时绝对避免用手拿取称量瓶,一定要用有一定强度的光洁的纸条绕在称量瓶的外部,以拇指和食指捏紧纸条拿取称量瓶进行操作。

1.7.1.4 天平的维护保养

天平内应放置干燥剂,避免天平受潮。干燥剂以变色硅胶为最好,干燥剂需经常烘干,否则会失去吸湿作用。严禁使用具有腐蚀性的物质作干燥剂,如浓硫酸和氯化钙等。

称量具有腐蚀性气体或吸湿性和挥发性的物质时,必须放在称量瓶或其他密闭的容器内进行,以免腐蚀天平零部件。

天平应有专人保管,负责日常维护和清洁卫生,天平和砝码应按检定周期安排检定,一般不超过一年。

1.7.2 电子天平

1.7.2.1 电子天平的称量原理

电子天平是根据电磁力平衡的原理设计的,没有刀口、刀承,无机械磨损,全部采用数字显示,称量速度快。

虽然市场上有不同类型的电子天平,可能具有不同的控制方式和电路结构,但其设计依据都是电磁力平衡的原理。

电子天平是将被称物的质量(m)产生的重力(G),通过传感器转换成电信号来表示物质质量的。

因重力 $$G = m \times g$$

则 $$m = \frac{G}{g}$$

式中 g——重力加速度(在同一地点是定值)。

电子天平就是根据这一原理设计进行称量的。

1.7.2.2 电子天平的特点

① 电子天平的支承点用的是弹簧片,没有机械天平的玛瑙和刀承,用数字显示代替指针刻度显示,性能稳定,灵敏度高,操作简便。

② 电子天平是根据电磁力平衡原理称量的,不使用砝码,几秒钟即可达到平衡,显示读数,称量速度快,称量精度高。

③ 电子天平具有称量范围和读数精度可变的功能。

④ 分析及半微量电子天平具有内部校正功能。天平内部含标准砝码,选用校准功能时,自动启用标准砝码,天平微处理器用标准砝码校准以获得准确的称量数据。

⑤ 电子天平,可在全量程范围内实现去皮、累加、故障显示、超载报警等功能。且具有质量电信号输出,可与打印机、计算机等联用,实现称量、记录、计算的自动化。这是机械天平所无法做到的。

1.7.2.3 电子天平的使用

① 接通天平电源。每天使用两次以上天平时,天平电源开关保持接通。每天或 2～3 天使用一次天平时,外接电源要始终接通,使用天平时,再接通天平的电源开关。如果停用一周以上,则除了应断开天平的电源开关外,也应断开外接电源,并盖上防尘罩。注意:断开

天平电源开关时，应在有质量显示时断开，否则往往不能消除显示。如遇这种情况，可切断外接电源，重新启动天平后，即可消除。连续通电，保持暖机状态，有益于维持天平的高精度。

② 使用前检查调整天平水平。

③ 正式称量之前，天平必须进行"校准"；在使用一段时间后也需要重新校准，也可随时对天平进行"校准"。

④ 应先调零后再称量，待显示稳定后再读数。读数时，一定要关闭天平门，避免外界风力和气流的影响。

1.7.2.4　电子天平的称量方法

电子天平的称量方法有固定的称量法和减量称量法，由于数据直接显示，因此称量更快捷，但在使用电子天平时一定要注意对天平的防护。称量时，不要有物体散落。如果散落，应及时妥善地进行清理。

1.7.2.5　维护与保养

电子天平的维护与保养与普通分析天平相同。

1.7.3　天平室条件的选择

天平室以朝向北面的低层房间为最佳。室内要求干燥明亮，光线均匀柔和，阳光不能直接照射在天平上或天平附近。

天平室附近不应有震源、热源。天平室最好采用冷光灯照明。

天平室内要尽量避免有明显的气流存在和有害气体及灰尘侵入，温度应保持相对稳定，相对湿度最好在70%以下。严格的温、湿度要求可参阅有关天平说明书中的规定。

天平台以采用混凝土结构为好，台身不宜与墙壁相靠。台上应设有消除震动、碰撞和冲击的专用装置，例如可采用多层叠放的弹性橡胶等作为减震器，上面盖以沉重的台板，然后再安放天平。台板可采用金属、大理石或水磨石板等坚固材料制造，表面必须光滑。台身高度以790～800mm为宜，宽度不应小于600mm。

1.8　重量分析的基本操作

重量分析的基本操作主要是指沉淀、过滤、干燥和灼烧。这些操作环节总的要求是避免沉淀的任何损失和引入其他杂质。

1.8.1　沉淀的过滤与洗涤

过滤的目的是把沉淀和母液分离；洗涤的目的是把沉淀表面吸附及沉淀包藏的杂质洗掉。过滤和洗涤的操作必须精心细致地进行，否则将影响分析结果的准确度。

1.8.1.1　滤纸的选用

重量分析过滤沉淀，必须采用无灰滤纸（定量滤纸）。它是经盐酸、氢氟酸处理脱除了大部分灰分的滤纸，一张无灰滤纸灼烧后留下的灰分远小于0.1mg，因而可忽略不计。

常用的定量滤纸，按直径分，有7cm、9cm、11cm、12.5cm等规格；按孔隙大小分，有"快速"(白带)、"中速"(蓝带)和"慢速"(红带)。使用时应根据沉淀的性质选择适当的滤纸。一般非晶形沉淀,如 $Fe(OH)_3$、$Al(OH)_3$ 宜用快速滤纸;细晶形沉淀,如 $BaSO_4$、CaC_2O_4 等,宜用慢速滤纸;一般晶形沉淀,如 $MgNH_4PO_4$,宜用中速滤纸。

1.8.1.2 滤纸的准备

选用滤纸的大小,应视沉淀的多少而定,一般以装入沉淀后沉淀不超过滤纸锥体深度的 1/3 为宜,同时滤纸的边缘要低于漏斗边缘 5~15mm,这样便于洗涤。

滤纸的折叠方法很多,常用的是先将滤纸对折,过圆心再对折,但不要正好重叠,要错开一点[见图 1.5(a)],将外层的一个小角撕下,以使滤纸上部与漏斗紧贴不漏气,同时还可供擦拭沉淀使用。将折好的滤纸放入漏斗中,见图 1.5 中(b)所示,其半部是一层滤纸,另半部是三层滤纸,使滤纸锥形恰于漏斗锥体密合,否则可适当改变滤纸折叠角度。滤纸放入后,将滤纸向漏斗颈部压紧,慢慢加入蒸馏水润湿滤纸,使其紧贴漏斗壁,利用水的下流作用排出空气,此时漏斗颈处充满水柱,滤纸与漏斗之间无气泡。利用液柱下流时产生的抽吸作用,加速过滤。

1.8.1.3 过滤

装置见图 1.6,将漏斗置于漏斗架上,接滤液的烧杯置于其下,漏斗柄末端应与烧杯壁接触。使滤液沿杯壁流下,不致发生崩溅。过滤时漏斗颈不可浸入滤液中。应强调一点,接滤液的烧杯应是干净的,因为有时要保留滤液作其他项目分析;有时沉淀穿过滤纸,需重新过滤,不允许把滤液沾污。

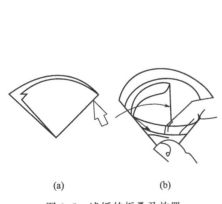

图 1.5 滤纸的折叠及放置

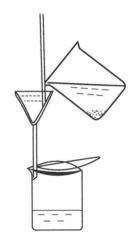

图 1.6 倾泻与过滤

过滤通常采用倾泻法,见图 1.6。该法就是在不扰动底层沉淀的情况下,将上层清液由烧杯嘴沿玻璃棒倾入漏斗,玻璃棒下端靠近三层滤纸的一边,一次注入的滤液,其液面距滤纸上缘不小于 5mm,以防一些沉淀微粒随滤液沿毛细管上升而爬过滤纸边缘。随着溶液的加入,应把玻璃棒逐渐提高,以免触及液面。停止倒液时应先将烧杯稍竖直,使烧杯嘴沿玻璃棒向上提,使嘴口的一点余液沿玻璃棒流下,然后拿开。将玻璃棒放入原烧杯,放回时不要搅动沉淀。

1.8.1.4 沉淀的转移

倾注完后,用盛洗液的洗瓶沿烧杯内壁自上而下转圈吹洗,待沉淀沉降后,用倾泻法过滤,前次洗液尽量倒尽,如此反复。最后加入的洗液,不经沉降,即将混合的沉淀和洗液转入漏斗（此步操作要特别小心）。最后把留在烧杯里的一些沉淀，可按图 1.7 的所示方法进行转移，其方法是：用左手持烧杯，食指按住横放在烧杯口上的玻璃棒，将烧杯倾斜在漏斗上方，玻璃棒下端靠近滤纸，右手持洗瓶，挤出细水流，将烧杯壁上附着的沉淀淋洗下来，并随时注意滤纸中的液面不要超过滤纸边缘下 0.5cm，最后用玻璃棒拨动一小块湿的无灰滤纸擦下仍附在烧杯壁上的沉淀，再用另一小块滤纸擦净玻璃棒，将这两小块滤纸一起放入漏斗中。

1.8.1.5 沉淀的洗涤

沉淀全部转移到滤纸上后，用洗瓶将洗涤液按图 1.8 所示的方法，从滤纸上缘开始，螺旋形向下冲洗沉淀，使沉淀集中于滤纸的底部，便于以后包叠。冲洗时水压不要太大，不要把水流直接冲击在沉淀上，以免沉淀溅失或使滤纸破裂。每次加入洗涤液后，要等洗液沥尽再进行下一次洗涤。洗涤的原则是每次用少量洗涤液进行多次洗涤，即"少量多次"原则。

图 1.7 沉淀的转移

图 1.8 沉淀的洗涤

沉淀是否已经洗净，可取少量滤液通过检验来判断。

过滤和洗涤的操作必须一次完成，不可中途停顿。尤其是胶状沉淀，如果中断，沉淀在滤纸上干裂，洗涤液将从裂缝中穿过，起不到洗涤的作用。

沉淀洗好后，如果不马上放入坩埚中，可用表面皿把漏斗盖好，以防尘埃落入。

对于只需烘干的沉淀，要用玻璃砂芯坩埚过滤。其规格见表 1.4。在日常分析中，过滤细晶形沉淀，一般用 4 号或 5 号玻璃砂芯坩埚，粗大沉淀可用 3 号。过滤、洗涤方法与用滤纸过滤基本相同，只是须在减压下进行抽滤。开始过滤前，应先倾注溶液，然后抽气；停止抽气时，先将安全瓶上方的吸气管上的弹簧夹松开，放入空气，然后再停止抽气。

过滤前，玻璃砂芯坩埚要先烘干、恒重备用。

1.8.2 沉淀的干燥与灼烧

沉淀的干燥和灼烧其目的是除去沉淀中的水分及洗涤液中易挥发的组分，使之转变为具有固定组成的物质。

过滤洗涤好的沉淀，趁滤纸还湿的时候将其按图 1.9 所示，用手把滤纸按下列步骤折叠：

① 把滤纸的单层一边对自己，将上缘对齐铺平；
② 把上面两个角对着中心折起来；
③ 将顶部折起来，再把包有沉淀的底部折在顶部上面；
④ 轻轻地把四边折一下，注意不要让沉淀挤破滤纸；
⑤ 把折好的滤纸放入坩埚底，滤纸层多的部分向上。

将放有沉淀的坩埚置于低温电炉上烘干，然后逐渐升温使滤纸炭化变黑。此时应提高温

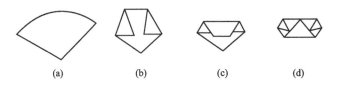

图 1.9 过滤沉淀后滤纸的折叠

度,使滤纸由炭化而灰化,最后移入马弗炉内灼烧。如果坩埚中剩余少量滤纸炭,可放在马弗炉口,在有充分空气供应下再灰化完全,切不可在灰化不完全的情况下放在马弗炉内关门灼烧,否则残余的滤纸炭不易烧去,而且可能将灼烧的沉淀还原,在使用铂坩埚的情况下还会损坏坩埚。

灼烧温度一般在 800℃ 以上,灼烧 15~20min。取出,稍冷,放入干燥器内,冷至室温,称量,直至恒重。恒重的要求,一般情况下,前后两次质量偏差不应超过 0.2mg。

灼烧的最高温度和时间,随沉淀性质的不同而不同,应根据分析方法来确定。

1.9 滴定分析基本操作

通常的滴定分析,使用仪器简单,操作方便,分析速度快,并有足够的准确度,它是化学分析中,最为广泛应用的分析方法。

滴定分析就是通过滴定操作,依据标准溶液的消耗量,确定物质中被测组分含量的检测方法。所以,正确而熟练的操作,准确无误的确定滴定溶液的体积,是成功完成滴定分析的前提条件。

滴定分析中,用来准确测量溶液体积的量具有滴定管、移液管等。

现分别将其使用方法介绍如下。

1.9.1 滴定管及其使用方法

滴定管是一种具有精密刻度、内径均匀细长的玻璃管。

1.9.1.1 滴定前的准备

(1) 洗涤 参看本章第一节玻璃器皿的洗涤。

(2) 活塞涂油 在活塞上涂油(一般为凡士林)时,要把滴定管平放在桌面上,先取下活塞上的橡皮圈,再取下活塞,用软的干布将活塞擦干净,再用软布卷成小卷插入活塞槽,来回拉布卷将其内壁擦干净,用手指粘少量凡士林,涂在活塞两头,避开活塞孔,沿圆周涂一薄层,然后将活塞小心地直插入活塞套中(不要旋转插入),向同一方向转动活塞,使涂层均匀透明,活塞转动灵活。如果转动不灵活或出现条纹,表示抹油(凡士林)不够。如有油从活塞缝隙溢出或挤入活塞孔,证明涂油太多,遇这两种情况都必须重新涂油,活塞装好后,在其小端套上一个小橡皮圈,以免活塞滑出。

(3) 注入标准溶液 为保证注入滴定管的标准溶液不被管中残留的水稀释,必须用标准溶液将滴定管洗三次。标准溶液加入后,先从下口放出少量,然后将滴定管横持,慢慢转动,使溶液与管壁全部接触到,再从管的上口将溶液倒掉,待管内溶液尽量沥滴干净后,再洗第二次、第三次,最后注入标准溶液。

1.9.1.2 滴定操作

如图 1.10，滴定前先将悬挂在滴定管尖端的液滴除去。

(1) 酸式滴定管的操作　用左手控制活塞，大拇指在管前，食指及中指在管后，将活塞轻轻旋转，转动时中指及食指稍弯曲，轻轻向里扣，注意手心不要顶活塞，以免将活塞顶出造成漏液，无名指和小指向掌心弯曲，并顶着滴定管活塞下部的细管。

(2) 碱式滴定管的操作　左手大拇指在前，食指在后，捏住胶管中玻璃珠所在部位稍上一点的位置，让溶液从橡皮管与玻璃珠的缝隙中流出，进行滴定。

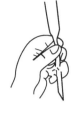

(a) 酸式滴定管　　(b) 碱式滴定管

图 1-10　滴定管的操作

滴定最好在锥形瓶中进行，用右手持锥形瓶，滴定管的尖端伸入瓶口的适当位置，向同一方向旋转使滴下的液滴立即反应并混合均匀。滴定也可在烧杯中进行，边滴边用玻璃棒搅拌杯里的溶液，但不要太激烈，以免溶液溅失，同时尽量避免玻璃棒碰撞杯壁。滴定时速度不能过快，开始时一般以每秒 3~4 滴为宜，接近终点时，速度要减慢，一滴一滴的加入，每加入一滴都要摇匀，直至最后加入一滴或半滴后溶液变色为止。为判断滴定终点颜色的变化，可在锥形瓶（或烧杯）下面放一块白瓷砖或白纸。

(3) 电位滴定　根据电位计上显示的电位突跃来确定所用的标准溶液用量。

1.9.1.3 滴定管读数

如图 1.11。读数时，应将滴定管垂直地架在滴定管夹上，按以下几个步骤正确读数。

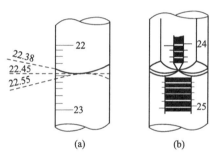

图 1.11　滴定管正确读数示意图

① 滴定滴定管读数时都要停几秒钟，待管壁上溶液全部流下以后再读数。

② 视线在弯月面下缘最低点处（切线处）且与液面保持水平。对于无色或浅色溶液应读弯月面下缘实线的最低点（切线处）；对于有色溶液，读两侧的最高点，初读与终读应采用同一标准。图 1-11(a) 所示的正确读数为 22.45ml。

③ 带蓝线的滴定管读数，眼睛与液面保持水平，可看到一个"尖"指在滴定管的刻度上，液面呈现交叉点，则读取交叉点的读数，见图 1.11 中（b）所示。

④ 读数必须准确到 ±0.1ml，并估计出小数点后第二位数值。滴定时最好每次都从 0.00 开始，以减少误差。

1.9.2　移液管及其使用方法

移液管是准确移取一定体积溶液的量具。使用前，先洗涤干净。使用时，先用欲吸取的溶液洗三次，以保证被转移的溶液浓度不变。吸取溶液时，右手拇指和中指捏住移液管的上部，插入溶液中，其深度要适中。左手持洗耳球先将其压瘪，再按在管的上口吸取溶液。当溶液上升至刻度以上后，立即移去洗耳球，用右手食指按住管口，取出移液管，轻轻松动管口上的食指使溶液恰落在刻度处，去掉管尖端附着的液滴，注入容器中。残留在移液管尖端的溶液不能吹出，因为标定和校正移液管时，也没有把这部分体积计算在内。有的移液管上标有"吹"字样，则应该把残留在管尖端的溶液吹出。此外，还有的标有"快"字样，放出溶液后只需 3s，以加快操作速度。

1.10 光度分析基本操作

光度分析法是化学分析实验中不可缺少的方法之一,它对材料中低成分含量的检测尤为重要。但是由于光度分析法影响检测结果的因素较多,因此熟悉基本操作,严守操作规程,是保证光度分析结果准确的关键。

1.10.1 试样分解

1.6节已作了详细介绍。试样在分解过程中,除了应该避免试样分解过程中造成的误差因素,还应该保持试液一定的酸度,以免待测组分的形态发生变化。

1.10.2 显色液酸度的保证

显色反应要在指定的酸度条件下完成。任何显色反应中的显色剂,都必须要在一定的酸度条件下,才会发挥它的选择性和特效性,特别是当显色酸度有明确的pH范围要求时,尤其要注意。

1.10.3 干扰元素的消除

光度分析中,干扰元素的消除,通常采用如下方法:①分离萃取;②将干扰元素氧化或还原;③改变酸度;④选择合适的吸收波长;⑤加入适当的掩蔽剂;⑥选择适当的参比溶液等。

1.10.4 各种试剂的加入

光度分析中,显色反应在溶液中进行,由于各种共存离子的相互影响和干扰,因此各种试剂应按顺序加入。每一种试剂加入后必须充分摇匀,尤其是对易水解的离子。充分摇匀有利于分子碰撞,不但有利于充分反应,而且有利于提高显色溶液的稳定性。

1.10.5 波长的自检

波长自检最简单的办法是检查$\lambda=580\text{mm}$时的波长,在比色皿的暗箱上放一张白纸,这时在白纸上能看到一个上下左右轮廓清晰的橙黄色色斑,如果不是,则应对光源灯进行调整。或者送有关检定部门进行检定后方可使用。

1.10.6 比色皿误差的消除

由于比色皿透光面玻璃的差异,比色皿比色时放置的方向不一样,会造成吸光度的误差,操作时要特别注意。

参 考 文 献

[1] 苑广武. 实用化学分析. 北京:石油工业出版社,1993.
[2] 夏玉宇. 化学实验室手册. 第2版. 北京:化学工业出版社,2008.
[3] 柯以侃,周心如等. 化验员基本操作与实验技术. 北京:化学工业出版社,2008.

第 2 章 定量分析引论

2.1 分析化学的任务和作用

分析化学是化学学科的一个重要分支,是研究物质化学组成的分析方法及有关理论的一门学科,它的任务是鉴定物质的化学结构、化学成分及测定各成分的含量。

分析化学主要包括定性分析和定量分析,在对物质进行分析时,通常应先确定物质的组成——定性分析,然后再选择适宜的分析方法,进行有关组分含量的测定——定量分析。

分析化学在国民经济建设、国防建设和许多学科领域的发展中,都发挥着重要的作用,如冶金、化工、机械、地质、材料、医学、食品、卫生和环境等。在工业方面,矿产的开发、原材料和工艺流程的控制、产品的检验;农业方面,对土壤的性质研究、化肥和农药的控制、农产品的农药残留检验;在环境方面,大气和水质的污染监测、生态平衡的研究等,所有这些都要以分析结果为重要依据。随着科学技术的发展,人类日益深刻地认识到物质的化学成分与产品质量和性能、人类健康和生存环境密切相关,社会的发展对分析化学提出了更高的要求,分析检测技术已成为使用最广泛、最频繁的测量技术,分析化学的发展技术已成为衡量一个国家科技水平的重要标识之一。

材料的性能与其元素组成和成分结构有着极为密切的关系,对材料性能的调控可以借助于改变材料的元素组成来实现,分析化学的进步对材料的研究应用和发展有重要的作用,分析化学在新材料的发展中的主要作用为:第一,控制材料制备过程和最终产品的组成,以保证其质量的可靠性和重复性;第二,研究材料形成过程机理,以指导工艺的改进及新工艺的研究;第三,找出材料组成—结构—性质—使用性能的关系,以改善材料质量,指导新材料和材料的新应用。总之,分析化学是指导现有材料和开发新材料的重要手段。

2.2 分析方法分类

根据测定原理、分析对象、分析任务、被测组分含量和具体要求等的不同,分析化学可以分为不同的类别。

2.2.1 化学分析和仪器分析

以物质的化学反应及其计量关系为基础的分析方法称为化学分析法。化学分析法是分析化学的基础，又称经典分析法，主要有重量分析法和滴定分析（容量分析）法等。

以物质的物理和物理化学性质为基础的分析方法称为物理和物理化学分析法。由于这类方法都需要较特殊的仪器，通常称为仪器分析法。仪器分析法主要包括光学分析法、电化学分析法、色谱分析法、热分析法和放射化学分析法等。化学分析一般适合于常量组分分析，其准确度比较高，许多操作如试样处理、制备标样等，都离不开化学分析法。仪器分析法的特点是快速、灵敏，能测定低含量组分及有机物结构等。两者是密切配合、互相补充的，使用时可以根据具体情况相互配合。这两类方法的划分是不严格的，例如，对于分光光度法，很多人认为它应该属于化学分析，此外，还有一些方法，本身就是两类分析方法的结合产物，如电位滴定，"滴定"属于化学分析，而"终点判断"属于仪器分析。

2.2.2 无机分析和有机分析

此种分类是根据分析测定对象的不同而分的。无机分析的对象是无机物，主要是鉴定物质的组成和各组分的含量。有机分析的对象是有机物，除对物质进行定性分析和定量分析外，还要进行官能团和分子结构分析。

2.2.3 定性分析、定量分析和结构分析

根据分析目的的不同，分析化学可以分为定性分析、定量分析和结构分析。定性分析的任务是鉴定物质是由哪些元素、原子团、官能团或化合物所组成的；定量分析的任务是测定物质中有关组分的含量；结构分析是研究物质的分子结构或晶体结构。

2.2.4 常量组分、微量组分和痕量组分分析

通常根据被测组分在试样中的相对含量，可以分为常量组分（>1%）分析、微量组分（0.01%~1%）分析和痕量组分（<0.01%）分析。

2.2.5 例行分析和仲裁分析

按生产要求不同，又可将分析工作分为例行分析和仲裁分析两类。例行分析是指一般化验室配合生产的日常分析，也称常规分析。为控制生产正常进行需要迅速报出分析结果，这种例行分析称为快速分析。在不同单位对某一产品的分析结果有争议时，要求有关单位用指定的方法进行准确的分析，以判断原分析结果是否准确可靠，这种分析工作称为仲裁分析。

2.3 定量分析的基本方法和评价方法

分析任务中的绝大部分都属于定量分析。定量分析的过程，一般由取样、制样、试样分解、干扰组分的分离、分析测试、结果的计算等几个环节组成。

2.3.1 定量分析结果的表示

定量分析结果的表示，通常根据以下原则进行表示：

(1) 被测组分的化学表示形式　分析结果通常以被测组分实际存在形式的含量表示，如测得试样中的氮含量后，根据实际情况以 NH_3、NO_3^- 等形式的含量表示分析结果。如果被

测组分的实际存在形式不清楚，则分析结果最好以元素的含量表示，如金属材料分析中，常以元素形式（如 Fe、Cu、Mo、Ni、Si、O、N、H）的含量表示。

(2) 待测组分含量和浓度的表示方法

① 固体试样，通常以质量分数表示试样中待测组分的含量，$w_B = \dfrac{m_B}{m_S}$，式中，m_B 为待测物质 B 的质量；m_S 为试样的质量；w_B 为物质 B 在试样中的质量分数，通常以百分数表示。当待测组分的含量很低时，也可以用两个不等的单位之比，如 μg/g、ng/g 等。

② 液体试样，试样中待测组分的含量或浓度可以用下面几种方式表示：

a. 物质 B 的物质的量浓度 c_B，单位常用 mol/m³、mol/L 或 mol/dm³。

b. 质量摩尔浓度 b_B 或 m_B，其单位常用 mol/kg、mol/g、mol/mg 等。

c. 质量浓度 ρ_B，其单位常用 kg/m³、kg/L、g/L、mg/ml 等。

d. 此外，还可以用质量分数 w_B、体积分数 φ_B、摩尔分数 χ_B 表示。

③ 气体试样中的待测组分的含量，一般以体积分数 φ_B 表示。

2.3.2 定量分析基本方法

针对待测试样中各组分的性质、含量的不同，应使用多种分析方法结合来进行定量分析。

定量方法可分为直接计算法和间接校准法。直接计算法是指按确定的函数关系，如化学反应方程式、法拉第定律等，通过已知化学等价量，求得被测组分的含量。例如，使用酸碱滴定分析法测定溶液中的 HCl 含量，滴定剂为 NaOH，根据反应完全时所需加入 NaOH 的量，按照反应所遵循的化学计量关系，直接计算出 HCl 的含量。

间接校准法是指化学等价关系未知，需要插入已知的被测组分量，输出信号，建立校准函数，再对被测样品的信号进行解析。仪器分析方法不一定涉及化学反应，它是以物质的物理或物理化学性质为基础，在对这些性质进行测量时，通过校准，建立物质的物理化学性质与物质质量或浓度之间的函数，并以此为定量依据测定样品组分的含量。例如，分光光度法测定高锰酸盐，高锰酸盐溶液吸收了其中波长为 500～570nm 的绿色光，呈现出紫红色。高锰酸盐的浓度越大，紫红色也越深。吸收的多少可用吸光度 A 来表示，它与 MnO_4^- 的浓度 c 呈正比，即 $A = kc$，此式便是分光光度法进行定量分析的依据。然而，经实验测得试样的吸光度 A 后，是无法直接用此式计算出 MnO_4^- 浓度的。因为，比例系数 k 与被测组分内在的相关性质因素及实验测量条件有关。实际测定中采用的办法是：在某一浓度范围内，制备一系列不同浓度的高锰酸盐标准溶液 c_s，在控制相同的实验条件下，测出它们的相应信号 A，用线性拟合方法得到 A 与 c_s 之间的线性关系式，也可用作图法以一条 $A\text{-}c_s$ 直线来表达，其斜率便是 k 值。然后再测定未知试液的信号 A_x，即可从拟合方程或作图所得的直线上获得未知试液中高锰酸盐的浓度 c_x。这条 $A\text{-}c_s$ 直线就是实验的校准曲线，也称工作曲线或标准曲线，拟合方程称为校准函数，这种方法是间接的定量方法。

2.3.3 定量分析方法的评价

准确度、精密度、检出限、灵敏度、分析动态范围、选择性和专属性等是评定分析技术及方法能力的重要指标，也是选择分析技术和方法的基本依据。

2.3.3.1 准确度和精密度

准确度和精密度的详细内容见第 9 章的有关部分（见 9.1.6）。

2.3.3.2 检出限

按照"国际理论化学与应用化学联合会"（IUPAC）有关规定，检出限的定义为："检出限用浓度（或质量）表示，指由特定的分析方法能够合理地检出的最小分析信号 X_L 求得的最低浓度 c_L（或最小质量 m_L）"，其表达式为：

$$c_L(或\ m_L) = \frac{X_L - \overline{X}_b}{S} = \frac{KS_b}{S} \tag{2.1}$$

式中 $\overline{X}_b$ ——不含待测组分、其他组分与样品一致的空白样品分析信号 X_b 的平均值；

S_b ——空白样品分析信号的标准偏差；

S ——工作曲线低浓度范围的斜率；

K ——与置信度有关的数值。

$\overline{X}_b$ 与 S_b 应通过实验以足够多的测量次数（一般不少于 10 次）求出。IUPAC 强调取 $K=3$，当 $K=3$ 时，若分析信号测量值仍服从正态（即高斯）分布，则置信度（单侧）为 99.7％。但是，浓度很低时，测量值可能不服从正态分布，而且 S_b 是有限次测量得到的，所以，一般情况下，取 $K=3$ 时，只相当于 90％的置信度。

从式(2.1)可知，检出限不仅与仪器测量精密度水平（即 S_b 值的大小）有关，而且还与空白信号值（$\overline{X}_b$）有关，因此，在采用溶液样品的分析方法中，根据"空白样品"含义的不同，检出限分为仪器的检出限和分析方法的检出限两类：若规定"空白样品不含待测组分，其他组分与样品一致"，由此得到的检出限称为分析方法的检出限；若"空白样品"只是含无机酸的水溶液，则由此得到的检出限称为仪器的检出限。因为，前者的"空白值"高于后者的"空白值"，所以，分析方法的检出限高于仪器的检出限。

检出限受分析方法的精密度、灵敏度及消除或抑制干扰的程度等因素影响，还与所采用的分析技术密切相关。检出限反映了分析技术及分析方法的综合能力。

2.3.3.3 灵敏度

IUPAC 定义的灵敏度即工作曲线的斜率，它表示当被测量元素的浓度或含量改变一个单位时测量信号的改变量。

在分析浓度范围内，若测量信号和浓度间有良好的线性关系，则斜率为常数，灵敏度不变；若二者不存在线性关系，则斜率不为常数，灵敏度是变化的。

一般情况下，分析方法灵敏度高，分析方法的精密度水平也高，检出限也低，所以，灵敏度也是评定分析技术及方法的重要指标。

2.3.3.4 分析方法的动态范围

分析方法的动态范围是指工作曲线的线性范围，工作曲线的线性范围愈宽，动态范围也就愈宽。动态范围是评定分析方法的主要指标之一。

2.3.3.5 选择性

分析方法的选择性表示样品中其他组分对待测组分测定结果的影响程度。同时测定样品中几个组分时，获得对应这些组分又相互区分的一组位置信号，可用数学方式描述位置信号间的相互区别。然而，当测定样品的某个组分，测得的信号强度中还包含有其他组分较弱的响应时，由于各组分的测定灵敏度不同，通过等含量各组分在该位置上的强度信号间的换算因子，或在该位置上的等强度信号的各组分含量间的换算因子，可建立起测得的信号强度与待测组分以及共存的其他组分含量间的函数关系。如电位分析法中使用选择性系数建立电位与各组分间的函数关系。

2.4 国家法定计量单位

国家法定计量单位是国家以法令形式规定在全国强制使用或允许使用的计量单位。我国规定采用的法定计量单位是以国际单位制单位为基础，根据我国的具体情况，适当地增加了一些其他单位构成的，具有结构简单、统一、合理、科学性强、继承性强、使用方便、易于推广等特点，同时，与国际上采用的计量单位更加协调，有利于我国的经济建设、科技协作和文化交流的开展。在航空理化分析检测人员资格鉴定委员会的工作中，要求分析化学检测人员必须正确使用国家法定计量单位，摒弃过去习惯使用的量和单位，要认真学习和正确理解国家法定计量单位及有关量和单位的国家标准中的内容，掌握和运用法定计量单位。

2.4.1 我国法定计量单位的构成

我国的法定计量单位包括以下内容：①国际单位制的基本单位；②国家选定的非国际单位制单位；③由以上两种单位构成的一些单位。

2.4.1.1 国际单位制的构成

国际单位制（International System of Units，SI）诞生于 1960 年，是目前世界上最先进、科学和实用的单位制，它是在米制的基础上发展起来的，是国际上共同的计量语言。国际单位制中单位和词头的名称和符号都是由国际计量大会（CGPM）通过的。国际单位制具有科学、合理、精确、实用、简明等优点，并且具有统一性、继承性、国际通用性及长期适用性。国际单位制从建立至今，经过 50 多年的实践证明，它对整个世界的科学技术和经济发展起到了明显的促进作用。现在，世界上大多数国家、绝大多数国际组织和学术机构都采用国际单位制。

国际单位制是一个完整的单位体系。它由 SI 单位和 SI 单位的倍数单位组成，其中 SI 单位分为 SI 基本单位和 SI 导出单位两部分。SI 导出单位又分为具有专门名称的 SI 导出单位、SI 辅助单位以及各种组合形式的导出单位，其构成如下所示：

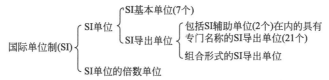

(1) SI 基本单位　在国际单位制中，选择彼此独立的 7 个量作为基本量，对每一个量分别定义一个单位，并对每一个单位规定一个名称和符号。这些基本量的单位，称为 SI 基本单位，SI 基本单位见表 2.1。

SI 基本单位都有严格定义，并且经历了不断完善的过程，反映了计量科学技术的不断发展。迄今为止，这 7 个基本单位，除质量单位外，都是根据自然界的永恒规律定义的。

(2) SI 导出单位　SI 导出单位是 SI 基本单位以代数形式表示的单位。SI 导出单位由两部分组成：一部分是包括 SI 辅助单位在内的具有专门名称的 SI 导出单位，另一部分是组合

表 2.1 SI 基本单位

基本量		SI 基本单位	
名称	符号	名称	符号
长度(length)	l, L	米(metre)	m
质量(mass)	m	千克(kilogram)	kg
时间(time)	t	秒(second)	s
电流(electric current)	I	安[培](ampere)	A
热力学温度(thermodynamic temperature)	T, H	开[尔文](kelvin)	K
物质的量(amount of substance)	n	摩[尔](mole)	mol
发光强度(luminous intensity)	I, Iv	坎[德拉](candela)	cd

注：1. 一个量若给出两个符号，如仅用逗号隔开，则二者等效，可任意选用。
2. 无方括号的单位名称为全称，方括号中的字在不致引起混淆、误解的情况下可以省略，去掉方括号中的字即为简称。

形式的 SI 导出单位。SI 导出单位中有的量的单位名称太长，如力的 SI 单位为 kg·m/s^2，读写很不方便。为了使用上的方便，国际计量大会选定了 19 个 SI 导出单位，给予它们专门的名称和符号，称为具有专门名称的 SI 导出单位。这些单位的专门名称绝大多数以著名科学家的姓氏命名，例如，电压的单位伏特（V），电阻的单位欧姆（Ω）。

曾经有相当长的一段时间，把平面角的单位弧度（rad）和立体角的单位球面度（sr）称为 SI 辅助单位，1990 年国际计量委员会（CIPM）重新规定它们是具有专门名称的 SI 导出单位的一部分。但辅助单位这一术语仍然保留。用 SI 基本单位和具有专门名称的 SI 导出单位以代数形式表示的单位称为组合形式的 SI 导出单位。在国际单位制中，除 7 个 SI 基本单位和 21 个具有专门名称和符号的 SI 导出单位外，在各学科领域实际应用的单位，绝大多数都是组合形式的 SI 导出单位。例如，面积的单位 m^2（平方米），摩尔质量的单位 kg/mol（千克每摩尔），摩尔体积的单位 m^3/mol（立方米每摩尔）。

(3) SI 单位的倍数单位　SI 单位的倍数单位是由 SI 词头与 SI 单位构成。国际单位制规定了 20 个 SI 词头，其中常用的有百（h）、十（da）、分（d）、厘（c）、兆（M）、千（k）、毫（m）、微（μ）、纳[诺]（n）等，可以组成大小不同的 SI 单位的十进倍数和分数单位。例如，词头千（k）与长度单位米（m）构成的倍数单位千米（km）。但是，质量的主单位千克（kg）例外。由于该单位本身已包含词头千（k），所以根据词头使用规则，千克的十进倍数和分数单位是由词头加在克（g）前构成的。例如，构成千克的 1000 倍单位时，不是由词头千加在千克之前成为千千克，而是由词头兆（M）加在克（g）的前面成为兆克（Mg）。

2.4.1.2 国家选定的非国际单位制单位

在我国法定计量单位中，有 16 个非国际单位制单位被选为我国法定计量单位。例如，时间单位分（min）、时（h）、天（d），体积单位升（L，l），质量单位吨（t）、原子质量单位（u）等。

2.4.2 分析化学中常用的法定计量单位

分析化学中用到的量和单位很多，其中有些与过去习惯使用的量和单位相同，但有些则变化较大。为便于学习和查阅，现将分析化学中常用的法定计量单位列于表 2.2 中，并对应列出应废除的量和单位。

表2.2 分析化学中常用的量和单位

法定的量和单位				应废除的量和单位			
量的名称	量的符号	单位名称	单位符号	量的名称	量的符号	单位名称	单位符号
体积	V	立方米 立方分米,升 立方厘米,毫升 立方毫米,微升	m^3 dm^3, L cm^3, mL mm^3, μL			立升,公升 西西	cc, c·c
质量	m	千克 克 毫克 微克 纳克 原子质量单位	kg g mg μg ng u	重量	W		KG G MG γ $m\mu g$
相对原子质量 相对分子质量	A_r M_r	量纲为1 量纲为1		原子量 分子量 当量 式量	A M E F	量纲为1 量纲为1 量纲为1 量纲为1	
物质的量	n_B	摩[尔] 毫摩[尔] 微摩[尔]	mol mmol μmol	克分子数 克原子数 克当量数 克式量数	$n \cdot eg$	克分子 克原子 克当量 克式量	$E \cdot eg$
摩尔质量	M_B	千克每摩[尔] 克每摩[尔]	kg/mol g/mol	克分子(量) 克原子(量) 克当量 克式量	E F	克 克 克 克	g g g g
摩尔体积	V_m	立方米每摩(尔) 升每摩[尔]	m^3/mol L/mol	克分子体积		升	L
物质的量浓度(B的物质的量浓度)	c_B	摩[尔]每立方米 摩[尔]每升	mol/m^3 mol/L	(体积)摩尔浓度 克分子浓度 当量浓度 式量浓度	M M M F	克分子每升 克当量每升 克式量每升	M M N
质量浓度	ρ_B	千克每立方米 千克每升 克每升 毫克每毫升	kg/m^3 kg/L g/L mg/ml	重量浓度			‰(m/V) ppm ppb
质量分数	w_B	量纲为1	‰ $\mu g/g$ ng/g mg/kg	百分含量 重量百分浓度 重量百分数	x‰ x‰(W/W) x‰(m/m)		‰ ‰(W/W) ‰(m/m) ppm ppb
体积分数	φ_B	量纲为1	‰ μL/L nL/L	体积百分浓度 体积百分含量 体积百分数	x_v x‰(V/V)		‰(V/V) ppm ppb
物质的量分数	χ_B	量纲为1		克分子分数 分子比			
质量摩尔浓度	b_B, m_B	摩[尔]每千克	mol/kg	重量摩尔浓度 质量克分子浓度	b, m	克分子 每千克	m
密度 相对密度	ρ d	千克每立方米 克每立方厘米 (克每毫升) 量纲为1	kg/m^3 g/cm^3 (g/mL)	重量密度 比重	d, D		
压力,压强	p	帕(斯卡) 千帕	Pa kPa			标准大气压 毫米汞柱 (托) 巴	atm mmHg Torr bar
热力学温度 摄氏温度	T t	开[尔文] 摄氏度	K ℃	绝对温度 华氏温度		开氏度,绝对度华氏度	°K °F

注：1. 法定单位名称和符号中各项的第一行是SI单位，其他为常用的十进倍数和分数单位。

2. 表中方括号中的字在不致混淆的情况下可省略，省略后为相应名称的简称，无方括号者，全称与简称相同。单位名称的简称可作为中文符号。

3. 表中圆括号中的字为括号前文字的同义词。

第2章 定量分析引论

2.4.3 量和单位的基本知识及使用方法

量和单位及词头的名称和符号应按国家计量局发布的《中华人民共和国法定计量单位使用方法》及有关国家标准的规定使用。

① 量是现象、物体和物质的可以定性区别并定量确定的一种属性。例如，长度、质量、时间、温度、物质的量等。

量的符号一律用斜体拉丁字母或希腊字母表示，只有pH例外，用正体。量的符号后永远不得附加表示缩写的圆点。量的符号加上标、下标或其他标志以赋予新的含义时，当标志本身代表某量，其符号也用斜体字母；当标志不代表量时，则用正体字母；若有两个或两个以上的代表不同意义的上标或下标，则其间应加逗号。

② 单位是指用以量度同类量大小的一个标准量，也称为计量单位。例如，用"米"作为长度的单位，用"千克"作为质量的单位，用"摩尔"作为物质的量的单位等。

单位的符号一律用正体字母表示，而且一般为小写体，只有升的符号例外，优先使用大写L，而在单位名称来源于人名时的符号的第一个字母用大写体。单位符号无复数形式，例如20g不得写成20gs。单位名称或符号必须作为整体使用，不能拆开，例如20℃不得写成20°C。单位符号在我国有两种，即中文符号和国际符号。单个单位名称的中文简称，可以作为该单位的中文符号使用，没有简称的可以使用其全称。例如：秒、摩、米、千克等。国际符号是指国际上通用的标准化符号，多用拉丁字母表示，如：s、A、mol、kg等。单位名称一般只用于叙述性文章中，不得用于公式运算和图表中。国际符号则可用于一切场合，因此，在使用符号时，应优先使用国际符号。

③ 词头的符号一律用正体字母表示，当表示的因数等于或大于 10^6 时用大写体，小于 10^6 时用小写体，例如 $10^6 \Omega = M\Omega$，$10^{-3} \Omega = m\Omega$。乘方形式的倍数单位指数属于包括词头在内的整个单位。不允许重叠使用词头，也不允许将词头单独作为单位或因数使用，例如1ng不能写成1mμg，也不能写成1μ。词头百、十、分、厘（h、da、d、c）一般只用于某些长度、面积和体积的单位。SI词头不能加在非十进制的单位上，如时间的单位和平面角单位。在国家选定的非国际单位制单位中，有五个单位有时可加SI词头，如"吨"、"升"、"电子伏"等。作为例外，摄氏温度单位"摄氏度"不能加词头。词头和单位符号之间不留间隙，不加任何符号。

④ 组合单位名称的读写顺序原则上与该单位的国际符号表示的一致。例如，质量浓度单位符号为kg/L，其单位名称是"千克每升"。单位的国际符号中的数学符号"·"不再读写，"/"对应读写"每"字，且不论分母中有几个单位，"每"字只出现一次。只有面积和体积的单位（m^2、m^3）可读写为"平方米"、"立方米"，其他以幂次读写。由相乘形式构成的组合单位，其国际符号有两种形式，即用居中圆点表示或用紧排方式表示。例如，力矩单位为N·m或Nm，其中文符号只有一种，即牛·米。

由相除形式组成的组合单位，其国际符号有两种形式，即用斜线表示和用负指数加居中圆点表示。例如，密度单位为kg/m^3或$kg \cdot m^{-3}$，其中文符号为千克/米^{3}或千克·米$^{-3}$。在用斜线表示时，单位符号的分子和分母都与斜线处于同一行内，而不宜分子高于分母。当分母中有两个以上单位相乘时，整个分母应加圆括号，而不能使斜线多于一条。例如，比热容单位的符号为J/(kg·K)，其单位名称是"焦耳每千克开尔文"。当分子量纲为1而分母有量纲时，一般不用斜线而用负指数形式表示。例如，波数的单位符号用m^{-1}，不用1/m。

组合单位中，不能加词头的单位，或单位符号同时又是词头符号并有可能发生混淆时，该单位不应放在最前面。

2.5 分析化学中常用的量及其单位

2.5.1 物质的量

2.5.1.1 定义

化学反应是按一定个数的微粒进行的，但宏观上又需要进行定量地描述。由于这个原因，国际单位制（SI）把物质的量（amount of substance）定为7个基本量之一。1971年第十四届国际计量大会通过决议，确定了这个被国际上公认的正式名称，并规定其符号为 n_B，其SI基本单位是摩尔，符号为mol。有了物质的量及其SI单位摩尔，不仅使国际单位制扩展到整个化学领域，而且使化学科学的描述和计算更简明、更科学、更系统及更易于理解。所以，物质的量及其SI单位摩尔成为化学计算尤其是滴定分析计算中最关键的基本概念，也是分析工作者正确理解和使用国家法定计量单位的重点和突破点。

物质B的物质的量 n_B 是在给定的某一物质系统中，按其所包含的某特定种类粒子数量所表示的该物质系统的量，即是以阿伏加德罗常数（Avogadro's constant）为计数单位，来表示物质的指定的基本单元是多少的一个物理量。现在公认的阿伏加德罗常数的值是 $(6.022045\pm0.000031)\times10^{23}$。

所谓基本单元，可以是组成物质的原子、分子、电子及其他实际存在的或想像存在的粒子，或是根据实际需要而确定的这些粒子的特定组合（可以是人为分割的粒子或它们的组合）。例如，基本单元可以是 KOH、O_2、$1/5KMnO_4$、Cl^-、Ag、Hg^{2+}、e^-、（$0.5Mg+0.2Ca$）等。

因此，凡是说到物质B的物质的量 n_B 时，必须用元素符号、化学式、粒子的符号或是由化学式和粒子的符号表示的特定组合标明基本单元。表示物质的量时应如此，表示由物质的量所导出的导出量时也都应如此。例如，摩尔质量 M_B、质量摩尔浓度 m_B、物质的量浓度 c_B 等。泛指基本单元B，应将B表示成右下标；若基本单元具体有所指，则应将代表单元的符号置于与量的符号齐线的括号中。例如，$n(H^+)$、$M(H_2SO_4)$、$m(NH_3\cdot H_2O)$、$c(1/5MnO_4^-)$ 等。

2.5.1.2 摩尔

摩尔是物质的量的单位，是7个SI基本单位之一，其国际符号为mol，中文符号为摩。根据国际计量大会通过的关于摩尔的定义，其内容如下：

摩尔是一系统的物质的量，该系统中所包含的基本单元数与0.012kg碳-12的原子数目相等。

在使用摩尔时，基本单元应予指明，可以是原子、分子、离子、电子及其他粒子，或是这些粒子的特定组合。

由上述定义可知，摩尔是物质的量这个量的单位，不是质量的单位，也不是数目单位，这个单位的大小与0.012kg碳-12所包含的原子数目相等，即1摩尔（mol）中的基本单元数等于阿伏加德罗常数值。根据定义，凡是在单位中使用摩尔时，必须用化学式指出是什么样的基本单元。例如，1mol O，1mol（$H_2+1/2O_2$），1mol e^-，1mol $1/6Cr_2O_7^{2-}$，1mol $Cu(OH)_2$ 等。

2.5.1.3 物质的量及其单位摩尔的理解与使用

① "物质的量"是一个物理量的名称,不能将"物质"与"量"分开来理解;"摩尔"是物质的量的单位。二者是紧密联系的,物质的量只用于说明指明了基本单元的物质,而不用说明不指明基本单元的物质,否则计量无意义;同样,在使用摩尔这一 SI 单位时,也必须指明基本单元是什么。

② 物质的量的定义与单位的选择无关,不能把物质的量称为"摩尔数"。按照物理量的命名原则,物理量的名称不能包括这个量的单位名称,这个单位是用以测量这个物理量的。物质的量也不能用粒子数来表示,尽管它与基本单元的粒子数成正比。物质的量具有独立的量纲,只能用摩尔(mol)或其倍数或分数单位表示。

摩尔是具有十分明确而严格定义的物质的量的基本单位,其定义是绝对的定义,不能因所指的基本单元不同而更改单位名称。例如,不能把 1 摩尔氧原子叫做"1 摩尔原子氧",不能把 1 摩尔氧分子叫做"1 摩尔分子氧"。

③ 物质的量与质量是两个各自独立的基本量,是对物质的两种不同属性进行度量时引入的两种物理量,是完全不同的两个概念。因此,下式中 $n(H_2)=2mol=4g$ 的第二个等号是完全错误的。物质的量与质量可通过摩尔质量联系起来。

摩尔是物理量的单位,不是数量的单位,"数量"不是物理量,所以在数值与单位之间不再加"个"字,即不应说成"1 个摩尔"。摩尔不是对粒子一个一个地计数的单位,而是一个"批量"单位,仅适用于对微观粒子的计量。

④ 使用物质的量及其 SI 单位摩尔,可以代替"克原子数"、"克原子"、"克分子数"、"克分子"、"克当量数"、"克当量"等名称,而且它们具有更科学、更普遍的意义。

2.5.2 摩尔质量

摩尔质量(molar mass)定义为质量 m 除以物质的量 n,其国际符号为 M,SI 单位符号为 kg/mol,单位名称为千克每摩[尔],在分析化学中常用 g/mol 表示。按照定义,摩尔质量可以下式表示:

$$M = \frac{m}{n} \tag{2.2}$$

摩尔质量是一个包含物质的量的导出量,因此使用时同样必须指明基本单元。因此,即使是同一物质,确定的基本单元不同,其摩尔质量就不同。当用"g/mol"为单位表示基本单元的摩尔质量时,其数值与用原子质量单位 u 作为单位表示该基本单位的质量时的数值相等。

摩尔质量的名称中,形容词"摩尔"(molar)不应理解成物质的量的 SI 单位"摩尔"(mole),也不应理解为"每摩尔"(mol^{-1}),而只限于"除以物质的量"的定义。所以,不宜使用"毫摩尔质量"。因为"摩尔质量"不能理解为"1mol 任何物质的质量"或"当物质含有 Avogadro 常数个微粒时的质量",用"毫摩尔质量"只能引起概念上的混乱。

2.5.3 摩尔体积

摩尔体积(molar volume)的定义为体积 V 除以物质的量 n,其国际符号为 V_m,SI 单位符号为 m³/mol,单位名称为立方米每摩[尔],分析化学中常用 L/mol 表示。按照定义,摩尔体积可以下式表示:

$$V_m = \frac{V}{n} \tag{2.3}$$

摩尔体积是一个包含物质的量的导出量,因此使用时也必须指明基本单元。摩尔体积名称中的"摩尔"(molar)与摩尔质量的意义相同。

2.5.4 物质的量浓度

物质B的物质的量浓度(amount-of-substance concentration of B),可简称为"物质B的浓度",其定义为:物质B的物质的量 n_B 除以混合物的体积,其国际符号为 c_B。即:

$$c_B = \frac{n_B}{V} \tag{2.4}$$

物质B的浓度 c_B 的SI单位符号为 mol/m^3,单位名称为摩[尔]每立方米,在实际应用中常用单位为 mol/L 或 mol/dm^3。

由于物质的量浓度是由物质的量导出的导出量,所以在说到浓度时同样必须指明基本单元。

有了物质B的物质的量浓度这一物理量,以前常用的"摩尔浓度"、"当量浓度"等就没有存在的必要而被废除了。

物质B的浓度有时可用 [B] 表示,如在电离平衡中用 c_B 表示总浓度、[B] 表示平衡浓度。

2.5.5 物质B的质量浓度

物质B的质量浓度(mass concentration of B)定义为物质B的质量 m_B 除以混合物的体积 V,其国际符号为 ρ_B。即:

$$\rho_B = \frac{m_B}{V} \tag{2.5}$$

其SI单位名称为千克每立方米,单位符号为 kg/m^3,在实际工作中常用的单位符号是 kg/L、g/L、mg/ml 等。

2.5.6 溶质B的质量摩尔浓度

溶质B的质量摩尔浓度(molality of solute B)定义为溶液中溶质B的物质的量 n_B 除以溶剂的质量 m_A,其国际符号为 b_B 或 m_B,其单位名称为摩[尔]每千克,单位符号为 mol/kg,常用的单位符号还有 mol/g、mol/mg 等。其定义式为:

$$b_B = \frac{n_B}{m_A} \tag{2.6}$$

2.5.7 物质B的质量分数

物质B的质量分数(mass fraction of B)定义为物质B的质量 m_B 与混合物的质量 m_S 之比,是量纲为1的量,其国际符号为 w_B,其定义式为:

$$w_B = \frac{m_B}{m_S} \tag{2.7}$$

在分析化学中,分析结果即质量分数常用物质组分的含量(%)表示,但应注意的是有些文献中的说法"盐酸的质量分数"、"10%的盐酸"等说法是不正确的,正确的表述应为"盐酸的质量分数为10%"和"质量分数为10%的盐酸"。

2.5.8 物质 B 的物质的量分数

物质 B 的物质的量分数（amount-of-substance of B）定义为物质 B 的物质的量与混合物的物质的量之比，此量也可称为物质 B 的摩尔分数（mole fraction of B），是量纲为 1 的量，其国际符号为 x_B，其比值的分子的量或分母的量的单位不论用 mol、mmol 表示，结果都可表示为 10^{-n}（mol/mol）。

2.5.9 物质 B 的体积分数

物质 B 的体积分数（volume fraction of B）定义为物质 B 的体积与相同温度 T 和压力 p 时的混合物体积之比，是量纲为 1 的量，其国际符号为 φ_B，其比值的分子的量或分母的量的单位不论用 m^3、L、ml 或 μl 表示，结果都可表示成 10^{-n}（m^3/m^3）。其定义式为：

$$\varphi_B = \frac{x_B V_{m,B}^*}{\sum_A x_A V_{m,A}^*} \tag{2.8}$$

式中　x_A、x_B——A、B 的摩尔分数；

　　　$V_{m,A}^*$、$V_{m,B}^*$——纯物质 A、B 在相同温度 T 和压力 p 时的摩尔体积；

　　　$\sum_A$——对所有物质求和。

还有以下几个问题需要加以说明：

① 溶液浓度的表示方法还有质量比（m/m）和体积比（V/V）；

② "稀释 $V_1 \to V_2$" 是指将体积为 V_1 的指定溶液以指定方式稀释至混合物的总体积为 V_2；

③ "稀释 $V_1 + V_2$" 是指将体积为 V_1 的指定溶液加到体积为 V_2 的溶剂中；

④ 两个数之比或两相同量纲的特定量之比，包括非物理量之比，其比值可用 10^n 或 10^{-n} 表示，可用 ％，但不再使用‰、ppm、ppb 等符号；

⑤ 滴定度（titre）是工业常规分析中常用的一个术语，按照 IUPAC 定义，它是将标准溶液的反应强度说成是 $1cm^3$ 标准溶液相当于被滴定物质的质量，单位一般为 g/ml。如果以 T 表示滴定度，以 $m(B)$ 表示被滴定物质的质量，以 $V(A)$ 表示所用标准溶液的体积，则有：

$$T = m(B)/V(A) \tag{2.9}$$

应用等物质的量规则很容易求算滴定度，用滴定度或用物质的量浓度计算滴定分析结果是一致的。在实际工作中对大量试样进行某一组分的测定时，用滴定度比较直观、方便，而用物质的量浓度则更符合国家标准。滴定度的应用将在滴定分析计算部分举例说明。

2.6　等物质的量反应规则和滴定分析计算

在化学计算尤其是滴定分析计算中，当量定律是建立在克当量、克当量数等量和单位基础上的重要规则，是计算的基础。在用物质的量代替当量后，采用等物质的量反应规则代替当量定律进行有关的计算，使滴定分析的计算更加简明、规范，更具有科学性。

2.6.1 等物质的量反应规则的内容

等物质的量反应规则可以表述为：在化学反应中所消耗的每个反应物与所产生的每个生成物的基本单元的物质的量都相等。对任何滴定反应都可按下列方程式表示：

$$b\text{B} + t\text{T} =\!=\!= y\text{Y} + z\text{Z}$$

式中，B 为待测物质；T 为标准物质（滴定剂）。等物质的量规则的数学表达式为：

$$\Delta n(b\text{B}) = \Delta n(t\text{T}) = \Delta n(y\text{Y}) = \Delta n(z\text{Z})$$

设在滴定时所用的标准溶液的物质的量浓度为 c_T，所消耗的标准溶液的体积为 V_T，那么参加反应的标准溶液的物质的量 n_T 为：

$$n_T = c_T V_T \tag{2.10}$$

该试液中待测物质的物质的量浓度和体积分别为 c_B、V_B、则待测物质的物质的量为：

$$n_B = c_B V_B \tag{2.11}$$

根据等物质的量规则，

$$n_T = n_B \tag{2.12}$$

则

$$c_B V_B = c_T V_T \tag{2.13}$$

设 m_B、M_B 为待测物质的质量和待测物质的摩尔质量，则

$$n_B = \frac{m_B}{M_B} \tag{2.14}$$

$$\frac{m_B}{M_B} = c_B V_B = c_T V_T$$

得

$$m_B = c_T V_T M_B \tag{2.15}$$

应用等物质的量规则时确定物质的基本单元比应用当量定律时确定物质的当量含义更明确，更易于理解，也更具有普遍意义，可以用于各种滴定分析的计算中，包括酸碱滴定、氧化还原滴定、络合滴定及沉淀滴定等，使整个滴定分析的计算规范化。

滴定分析中的理论终点又称为等物质的量点，或称为化学计量点，代替了旧概念"等当点"。利用指示剂指示的实际终点，仍称为滴定终点。

2.6.2 等物质的量反应规则的应用

2.6.2.1 等物质的量反应规则的使用方法

等物质的量反应规则的使用方法与当量定律的使用方法相比，其主要的不同在于将确定物质的当量改为确定物质的基本单元。使用等物质的量规则的基本步骤如下：

① 写出并配平有关的化学反应方程式；
② 根据化学计量关系（化学计量数）确定各物质的基本单元；
③ 写出各物质间的等物质的量反应规则公式；
④ 计算求解。

2.6.2.2 确定物质的基本单元

应用等物质的量反应规则时，关键在于选择和确定物质的基本单元。在一个反应体系中，当确定了一种反应物的基本单元之后，与之反应的其他物质的基本单元或生成物的基本单元必须根据它们在化学反应方程式中的计量数，按照等物质的量规则来选择，使它们的物质的量相等，所以，这时其他物质的基本单元不再是任意的。

对于同一种物质 B 的物质的量和物质的量浓度，当选定其基本单元分别为 B 或 bB 时，则存在如下关系式：

$$n(bB) = \frac{1}{b} n(B) \tag{2.16}$$

$$c(bB) = \frac{1}{b} c(B) \tag{2.17}$$

式中，b 可为整数或分数。

基本单元的选择可分为三种方式。

① 选取配平的化学方程式中反应物的化学式连同系数一起作为基本单元。例如，在下述酸碱滴定中：

$$H_2SO_4 + 2NaOH = Na_2SO_4 + 2H_2O$$

选 H_2SO_4 和 $2NaOH$ 为基本单元，则按照等物质的量规则得：

$$n(H_2SO_4) = n(2NaOH)$$

即

$$c(H_2SO_4)V(H_2SO_4) = c(2NaOH)V(2NaOH)$$

这种方法很简单，但往往因已知数据相应的基本单元的不同而需要换算，如上例中 $c(2NaOH)$，使人们常常感到不习惯。

② 按实际反应的最小单元选取基本单元。既符合化学反应的客观规律，又符合基本单元的定义。例如在下述氧化还原滴定反应中：

$$2MnO_4^- + 5C_2O_4^{2-} + 16H^+ = 2Mn^{2+} + 10CO_2 + 8H_2O$$

反应中的最小单元是电子，1 个 MnO_4^- 在反应中要接收 5 个电子，其基本单元就定义为 $1/5 MnO_4^-$，1 个 $C_2O_4^{2-}$ 在反应中失去 2 个电子，则 $1/2 C_2O_4^{2-}$ 是基本单元。按等物质的量反应规则得：

$$n(1/5 MnO_4^-) = n(1/2 C_2O_4^{2-})$$

即

$$c(1/5 MnO_4^-)V(1/5 MnO_4^-) = c(1/2 C_2O_4^{2-})V(1/2 C_2O_4^{2-})$$

③ 换算因数法，即以参加反应的分子、原子或离子的化学式作为基本单元，根据化学反应方程式中各物质的计量关系，引入一个换算因数进行滴定分析的计算。例如，在下述氧化还原滴定反应中：

$$Cr_2O_7^{2-} + 6Fe^{2+} + 14H^+ = 2Cr^{3+} + 6Fe^{3+} + 7H_2O$$

选取 $Cr_2O_7^{2-}$ 和 Fe^{2+} 为基本单元，按等物质的量反应规则，得：

$$n(Cr_2O_7^{2-}) : n(Fe^{2+}) = 1 : 6$$

即

$$6c(Cr_2O_7^{2-})V(Cr_2O_7^{2-}) = c(Fe^{2+})V(Fe^{2+})$$

若反应的通式为：

$$bB + tT = yY + zZ$$

则按等物质的量规则，得：

$$\frac{n_B}{n_T} = \frac{b}{t} \tag{2.18}$$

或

$$n_B = \frac{b}{t} n_T \tag{2.19}$$

即

$$c_B V_B = \frac{b}{t} c_T V_T \tag{2.20}$$

或

$$\frac{m_B}{M_B} = \frac{b}{t} c_T V_T \tag{2.21}$$

即到反应终点时，待测物质 B 与标准物质（滴定剂）T 的物质的量之比等于反应方程式中二者计量之比。式中 $\dfrac{b}{t}$ 即引入的换算因数。

2.6.3 滴定分析计算实例

2.6.3.1 标准溶液的配制与标定

标准溶液的配制方法有两种，一种是用基准物直接配制，另一种是先配制近似浓度的标准溶液，然后用基准物或另一已知浓度的标准溶液进行标定。

(1) 用基准物直接配制　设称取的基准物质量为 m_T，相应其物质的量为 n_T，该基准物的摩尔质量为 M_T，基准物的基本单元为其分子式。由于配制标准溶液前后基准物（溶质）的质量不变，亦即其物质的量 n_T 不变，则：

$$n_T = \frac{m_T}{M_T} = c_T V_T \tag{2.22}$$

或

$$c_T = \frac{n_T}{V_T} = \frac{m_T}{M_T V_T} \tag{2.23}$$

或

$$m_T = c_T M_T V_T = n_T M_T \tag{2.24}$$

(2) 用基准物或另一标准溶液标定　用基准物标定，则由式(2.22)及式(2.13)：

得

$$n_T = \frac{m_T}{M_T} = c_T V_T = c_B V_B = n_B$$

$$c_B = \frac{m_T}{M_T V_B} \tag{2.25}$$

用另一标准溶液标定，则由式(2.13)

得

$$c_B = \frac{c_T V_T}{V_B} \tag{2.26}$$

若利用换算因数法计算待标定的标准溶液浓度时，则由式(2.21)和式(2.20)得：

$$c_B = \frac{b}{t} \times \frac{m_T}{M_T V_B} \tag{2.27}$$

$$c_B = \frac{b}{t} \times \frac{c_T V_T}{V_B} \tag{2.28}$$

【例 2.1】 要配制 $c(1/6 K_2Cr_2O_7) = 0.2000 \text{mol/L}$ 的标准溶液 500.00ml，需称取 $K_2Cr_2O_7$ 多少克？

解：已知 $c_T = c(1/6 K_2Cr_2O_7) = 0.2000 \text{mol/L}$

$$V_T = V(1/6 K_2Cr_2O_7) = 500.00\text{ml} = 0.50000\text{L}$$
$$M_T = M(1/6 K_2Cr_2O_7) = 49.03 \text{g/mol}$$
$$m_T = c_T V_T M_T = 0.2000 \times 0.50000 \times 49.03 \text{g} = 4.903\text{g}$$

【例 2.2】 称取优级纯邻苯二甲酸氢钾 0.8364g，溶于适量水后，加酚酞指示剂，用待标定的氢氧化钠溶液滴定至终点，用去 NaOH 溶液 20.20ml，求 $c(\text{NaOH})$。

解：滴定反应为

$$KHC_8H_4O_4 + NaOH \Longrightarrow KNaC_8H_4O_4 + H_2O$$

已知

$$M(KHC_8H_4O_4) = 204.2 \text{g/mol}$$
$$m(KHC_8H_4O_4) = 0.8364\text{g}$$
$$V(\text{NaOH}) = 20.20\text{ml} = 0.02020\text{L}$$

由式(2.25)

$$c(\text{NaOH}) = \frac{m(\text{KHC}_8\text{H}_4\text{O}_4)}{M(\text{KHC}_8\text{H}_4\text{O}_4)V(\text{NaOH})}$$

$$= \frac{0.8364}{204.2 \times 0.02020} \text{mol/L} = 0.2028 \text{mol/L}$$

【例 2.3】 用 $c(1/2\text{H}_2\text{SO}_4) = 0.1004 \text{mol/L}$ 的标准溶液滴定 NaOH 溶液,滴定时移取 25.00ml NaOH 溶液,滴定至终点时用去上述浓度的硫酸溶液 24.88ml,求 $c(\text{NaOH})$。

解: 滴定反应为

$$\text{H}_2\text{SO}_4 + 2\text{NaOH} = \text{Na}_2\text{SO}_4 + 2\text{H}_2\text{O}$$

即 $\quad 1/2\text{H}_2\text{SO}_4 + \text{NaOH} = 1/2\text{Na}_2\text{SO}_4 + \text{H}_2\text{O}$

选 $1/2\text{H}_2\text{SO}_4$ 为基本单元

已知

$$c(1/2\text{H}_2\text{SO}_4) = 0.1004 \text{mol/L}$$
$$V(1/2\text{H}_2\text{SO}_4) = 24.88 \text{ml}$$
$$V(\text{NaOH}) = 25.00 \text{ml}$$

由式(2.26)

$$c(\text{NaOH}) = \frac{c(1/2\text{H}_2\text{SO}_4)V(1/2\text{H}_2\text{SO}_4)}{V(\text{NaOH})}$$

$$= \frac{0.1004 \times 24.88}{25.00} \text{mol/L} = 0.0999 \text{mol/L}$$

【例 2.4】 4 用重铬酸钾溶液滴定亚铁标准溶液。移取 25.00ml 亚铁溶液,在硫磷混酸存在下以二苯胺磺酸钠作指示剂,用 $c(\text{K}_2\text{Cr}_2\text{O}_7) = 0.00960 \text{mol/L}$ 标准溶液滴定至溶液呈紫色不褪即为终点,消耗 10.04ml $\text{K}_2\text{Cr}_2\text{O}_7$ 标准溶液,求 $c[\text{FeSO}_4 \cdot (\text{NH}_4)_2\text{SO}_4 \cdot 6\text{H}_2\text{O}]$ 或 $c(\text{Fe}^{2+})$。

解: 已知 $\quad c(\text{K}_2\text{Cr}_2\text{O}_7) = 0.00960 \text{mol/L}$
$$V(\text{K}_2\text{Cr}_2\text{O}_7) = 10.04 \text{ml}$$
$$V(\text{Fe}^{2+}) = 25.00 \text{ml}$$

滴定反应为

$$6\text{Fe}^{2+} + \text{Cr}_2\text{O}_7^{2-} + 14\text{H}^+ = 6\text{Fe}^{3+} + 2\text{Cr}^{3+} + 7\text{H}_2\text{O}$$

① 选反应物的化学式连同系数一起作为基本单元,即以 6Fe^{2+}、$\text{Cr}_2\text{O}_7^{2-}$ 为基本单元,则,由式(2.26)

$$c(6\text{Fe}^{2+}) = \frac{c(\text{Cr}_2\text{O}_7^{2-})V(\text{Cr}_2\text{O}_7^{2-})}{V(6\text{Fe}^{2+})}$$

由式(2.17)

$$c(6\text{Fe}^{2+}) = \frac{1}{6}c(\text{Fe}^{2+})$$

故

$$c(\text{Fe}^{2+}) = \frac{6c(\text{Cr}_2\text{O}_7^{2-})V(\text{Cr}_2\text{O}_7^{2-})}{V(\text{Fe}^{2+})}$$

$$= \frac{6 \times 0.00960 \text{mol/L} \times 10.04 \text{ml}}{25.00 \text{ml}} = 0.02313 \text{mol/L}$$

② 选 Fe^{2+}、$1/6\text{Cr}_2\text{O}_7^{2-}$ 为基本单元,则

由式(2.26)

$$c(\text{Fe}^{2+}) = \frac{c(1/6\text{Cr}_2\text{O}_7^{2-})V(1/6\text{Cr}_2\text{O}_7^{2-})}{V(\text{Fe}^{2+})}$$

由式(2.17)

$$c(1/6\text{Cr}_2\text{O}_7^{2-}) = 6c(\text{Cr}_2\text{O}_7^{2-})$$

得

$$c(\text{Fe}^{2+}) = \frac{6c(\text{Cr}_2\text{O}_7^{2-})V(\text{Cr}_2\text{O}_7^{2-})}{V(\text{Fe}^{2+})} = 0.02313\text{mol/L}$$

③ 选反应物分子式为基本单元，即采用换算因数法，以 $\text{FeSO}_4 \cdot (\text{NH}_4)_2\text{SO}_4 \cdot 6\text{H}_2\text{O}$ 和 $\text{K}_2\text{Cr}_2\text{O}_7$ 为基本单元，则由式(2.28)得

$$c[\text{FeSO}_4 \cdot (\text{NH}_4)_2\text{SO}_4 \cdot 6\text{H}_2\text{O}] = c(\text{Fe}^{2+})$$

$$= \frac{6}{1} \times \frac{c(\text{K}_2\text{Cr}_2\text{O}_7)V(\text{K}_2\text{Cr}_2\text{O}_7)}{V(\text{Fe}^{2+})} = 0.02313\text{mol/L}$$

【例 2.5】 络合滴定：用 EDTA 滴定法标定 ZnCl_2 溶液。移取 25.00ml ZnCl_2 溶液，加入缓冲剂控制溶液 pH=6，以二甲酚橙为指示剂，用 $c(\text{H}_2\text{Y}^{2-}) = 0.009803$ mol/L 的 EDTA 标准溶液滴定，用去 EDTA 溶液 20.02ml，求 $c(\text{Zn}^{2+})$。

解：滴定反应为

$$\text{H}_2\text{Y}^{2-} + \text{Zn}^{2+} \Longrightarrow \text{ZnY}^{2-} + 2\text{H}^+$$

已知 $c(\text{H}_2\text{Y}^{2-}) = 0.009803$ mol/L

$V(\text{H}_2\text{Y}^{2-}) = 20.02$ ml

$V(\text{ZnCl}_2) = 25.00$ ml

选 H_2Y^{2-} 和 Zn^{2+} 为基本单元，由式(2.26)

$$c(\text{Zn}^{2+}) = \frac{c(\text{H}_2\text{Y}^{2-})V(\text{H}_2\text{Y}^{2-})}{V(\text{Zn}^{2+})}$$

$$= \frac{0.009803 \times 20.02}{25.00}\text{mol/L} = 0.007850\text{mol/L}$$

【例 2.6】 沉淀滴定：用 AgNO_3 标定 NaCl 溶液，移取 25.00ml NaCl 溶液，用 $c(\text{AgNO}_3) = 0.02821$ mol/L 的 AgNO_3 溶液滴定，用去 24.38ml，求 $c(\text{NaCl})$。

解：滴定反应为

$$\text{AgNO}_3 + \text{NaCl} \Longrightarrow \text{AgCl} \downarrow + \text{NaNO}_3$$

已知 $c(\text{AgNO}_3) = 0.02821$ mol/L

$V(\text{AgNO}_3) = 24.38$ ml

$V(\text{NaCl}) = 25.00$ ml

由式(2.26)得

$$c(\text{NaCl}) = \frac{c(\text{AgNO}_3)V(\text{AgNO}_3)}{V(\text{NaCl})}$$

$$= \frac{0.02821 \times 24.38}{25.00}\text{mol/L} = 0.02751\text{mol/L}$$

2.6.3.2 溶液的稀释

溶液经稀释后，溶质的浓度变化了，但稀释前后溶液中所含溶质的物质的量不变。

设稀释前溶质的浓度为 c_1，溶液体积为 V_1；稀释后溶质浓度为 c_2，溶液的体积为 V_2。则

$$c_1V_1 = c_2V_2 \tag{2.29}$$

【例 2.7】 配制 500ml 的 $c(1/2H_2SO_4)=1mol/L$ 溶液，需 98% H_2SO_4 多少毫升？

解：98% H_2SO_4 一般是指 H_2SO_4 在水溶液中的质量分数为 0.98，即 $w(H_2SO_4)=0.98$

已知 98% H_2SO_4 的密度 $\rho=1.840g/ml=1.840\times10^3 g/L$

$$M(H_2SO_4)=98g/mol$$

故

$$c(H_2SO_4)=\frac{\rho(H_2SO_4)w(H_2SO_4)}{M(H_2SO_4)}$$

$$=\frac{1.840\times1000\times0.98}{98}mol/L=18.4mol/L$$

$$c(1/2H_2SO_4)=2c(H_2SO_4)=36.8mol/L$$

或由 $M(1/2H_2SO_4)=49g/mol$

$$c_1(1/2H_2SO_4)=\frac{\rho(H_2SO_4)w(H_2SO_4)}{M(1/2H_2SO_4)}$$

$$=\frac{1.840\times1000\times0.98}{49}mol/L=36.8mol/L$$

由式(2.29) 得

$$V_1=\frac{c_2(1/2H_2SO_4)V_2}{c_1(1/2H_2SO_4)}=\frac{1\times0.5}{36.8}=0.0141L=14ml$$

2.6.3.3 各种浓度相互换算

(1) 物质 B 的质量分数、相对密度和物质 B 的浓度的关系

【例 2.8】 已知原装浓氨水的相对密度为 $d_4^{15}=0.09$，其中 NH_3 的质量分数为 28.3%，求 $c(NH_3)$。

解：已知 $M(NH_3)=17.03g/mol$

$w(NH_3)=28.3\%=0.283$

$d=0.90$，则 $\rho=0.90g/ml=0.90\times10^3 g/L$

设该浓氨水体积为 $V(NH_3)$，则 NH_3 的质量为

$$m(NH_3)=\rho(NH_3)V(NH_3)w(NH_3)$$

由式(2.23) 得

$$c(NH_3)=\frac{m(NH_3)}{M(NH_3)V(NH_3)}=\frac{\rho(NH_3)V(NH_3)w(NH_3)}{M(NH_3)V(NH_3)}$$

$$=\frac{\rho(NH_3)w(NH_3)}{M(NH_3)}=\frac{0.90\times10^3\times0.283}{17.03}mol/L=15mol/L$$

(2) 物质 B 的浓度与滴定度的关系　根据滴定度的定义，由式(2.9) 和式(2.22) 得

$$T=\frac{m(B)}{V(A)}=\frac{n(B)M(B)}{V(A)} \tag{2.30}$$

按等物质的量规则，由式(2.12) 和式(2.10) 得

$$T=\frac{n(A)M(B)}{V(A)}=\frac{c(A)V(A)M(B)}{V(A)}=c(A)M(B) \tag{2.31}$$

若采用换算因数法进行计算，则由式(2.30) 和式(2.19) 得

$$T=\frac{\frac{b}{t}n(A)M(B)}{V(A)}=\frac{bc(A)V(A)M(B)}{tV(A)}=\frac{b}{t}c(A)M(B) \tag{2.32}$$

【例 2.9】 已知 $c(1/6K_2Cr_2O_7)=0.1008mol/L$，求分别以 Fe 和以 FeO 表示的滴定度。

解：滴定反应为
$$6Fe^{2+} + Cr_2O_7^{2-} + 14H^+ \rightleftharpoons 6Fe^{3+} + 2Cr^{3+} + 7H_2O$$

已知 $c(1/6 K_2Cr_2O_7) = 0.1008 \text{mol/L}$
$M(Fe) = 55.85 \text{g/mol}$
$M(FeO) = 71.85 \text{g/mol}$

选 $1/6 Cr_2O_7^{2-}$ 为基本单元，则
$$n(Fe^{2+}) = n(1/6 Cr_2O_7^{2-})$$

由式(2.31)得
$$\begin{aligned}
T(Fe/K_2Cr_2O_7) &= c(1/6 K_2Cr_2O_7) M(Fe^{2+}) \\
&= 0.1008 \times 55.85 \text{g/L} \\
&= 5.630 \text{g/L} \\
&= 0.005630 \text{g/ml}
\end{aligned}$$

$$\begin{aligned}
T(FeO/K_2Cr_2O_7) &= c(1/6 K_2Cr_2O_7) M(FeO) \\
&= 0.1008 \times 71.85 \text{g/L} \\
&= 7.242 \text{g/L} \\
&= 0.007242 \text{g/ml}
\end{aligned}$$

选 $Cr_2O_7^{2-}$ 为基本单元，则
$$n(Fe^{2+}) = 6n(Cr_2O_7^{2-})$$

由式(2.32)
$$T(Fe/K_2Cr_2O_7) = 6c(K_2Cr_2O_7) M(Fe^{2+})$$
$$T(FeO/K_2Cr_2O_7) = 6c(K_2Cr_2O_7) M(FeO)$$

由式(2.17)得
$$T(Fe/K_2Cr_2O_7) = c(K_2Cr_2O_7) M(Fe^{2+})$$
$$T(FeO/K_2Cr_2O_7) = c(K_2Cr_2O_7) M(FeO)$$

2.6.3.4 滴定分析结果的计算

滴定分析中常用的滴定方式有直接滴定法、返滴定法、间接滴定法（亦称中间物滴定法）等。滴定方式不同，其分析结果的计算公式也略有差异。

设在定量分析中，称取试样质量为 m_S，被测物质 B 的质量为 m_B，物质 B 的摩尔质量为 M_B，标准溶液的浓度为 c_T，标准溶液的体积为 V_T。

(1) 直接滴定法 在直接滴定法中，按照等物质的量规则，由式(2.15)
$$m_B = c_T V_T M_B$$

由式(2.7)
$$w_B = \frac{m_B}{m_S} = \frac{c_T V_T M_B}{m_S} \tag{2.33}$$

采用换算因数法时，由式(2.21)

故
$$m_B = \frac{b}{t} c_T V_T M_B$$

$$w_B = \frac{b}{t} \times \frac{c_T V_T M_T}{m_S} \tag{2.34}$$

(2) 返滴定法 返滴定法又称为回滴法或剩余量滴定法，根据等物质的量规则
$$n_B = n_{T1} - n_{T2} = c_T V_{T1} - c_{T2} V_{T2}$$

$$m_B = n_B M_B = (c_{T1}V_{T1} - c_{T2}V_{T2})M_B$$

故
$$w_B = \frac{(c_{T1}V_{T1} - c_{T2}V_{T2})}{m_S} \tag{2.35}$$

(3) 间接滴定法 在间接滴定法即中间物滴定法中，根据等物质的量的规则：

$$n_B = n_A = n_T$$

式中 n_A——中间产物的物质的量。

故
$$m_B = c_T V_T M_B$$

$$w_B = \frac{c_T V_T M_B}{m_S} \tag{2.36}$$

在返滴定法和间接滴定法中，若采用换算因数法进行计算，则应写出全部反应方程式，配平后确定换算因数 b/t 值。

【例 2.10】 分析一不纯草酸试样时，称取试样 0.1760g，溶于适量水后，用 $c(NaOH) = 0.0998 mol/L$ 的标准溶液滴定至终点，用去 NaOH 溶液 24.90ml，求试样中 $H_2C_2O_4 \cdot 2H_2O$ 的含量。

解： 滴定反应

$$H_2C_2O_4 + 2NaOH = Na_2SO_4 + 2H_2O$$

选 NaOH 和 $1/2H_2C_2O_4$ 为基本单元

已知 $M(1/2H_2C_2O_4 \cdot 2H_2O) = 63.04 g/mol$

$c(NaOH) = 0.0998 mol/L$

$V(NaOH) = 24.90ml = 0.02490L$

$m_S = 0.1760g$

由式(2.33) 得

$$w(H_2C_2O_4 \cdot 2H_2O) = w(1/2H_2C_2O_4 \cdot 2H_2O)$$

$$= \frac{c(NaOH)V(NaOH)M(1/2H_2C_2O_4 \cdot 2H_2O)}{m_S}$$

$$= \frac{0.0998 \times 0.02490 \times 63.04}{0.1760} = 0.890$$

【例 2.11】 称取铁矿样 0.2998g，溶于酸，其中铁被还原为 Fe^{2+}，用 $c(1/5KMnO_4) = 0.1043 mol/L$ 标准溶液滴定至终点，用去 35.30ml，求试样中铁的含量（用 Fe 和 Fe_2O_3 表示）。

解： 滴定反应

$$MnO_4^- + 5Fe^{2+} + 8H^+ = Mn^{2+} + 5Fe^{3+} + 4H_2O$$

已知 $c_T = c(1/5KMnO_4) = 0.1043 mol/L$

$V_T = V(1/5KMnO_4) = 35.30ml = 0.03530L$

$M(Fe) = 55.85 g/mol$

$M(1/2Fe_2O_3) = 79.85 g/mol$

$m_S = 0.2998g$

选取 $1/5MnO_4^-$ 和 Fe^{2+} 为基本单元，则由式(2.33) 得

$$w(Fe) = \frac{c_T V_T M(Fe)}{m_S} = \frac{0.1043 \times 0.03530 \times 55.85}{0.2998} = 0.6859$$

$$w(Fe_2O_3) = \frac{c_T V_T M(1/2Fe_2O_3)}{m_S} = \frac{0.1043 \times 0.03530 \times 76.85}{0.2998} = 0.9806$$

若采用换算因数法，则由式(2.34) 和式(2.17) 得

$$w(\text{Fe}) = \frac{5}{1} \times \frac{c(\text{MnO}_4^-) V(\text{MnO}_4^-) M(\text{Fe})}{m_S} = \frac{c_T V_T M(\text{Fe})}{m_S}$$

$$w(\text{Fe}_2\text{O}_3) = \frac{5}{1} \times \frac{c(\text{MnO}_4^-) V(\text{MnO}_4^-) M(1/2\text{Fe}_2\text{O}_3)}{m_S} = \frac{c_T V_T M(1/2\text{Fe}_2\text{O}_3)}{m_S}$$

【例 2.12】 称取 0.1024g 试样，溶解后稀释成为 100.00ml，先滴定 25.00ml 试液中的钙，消耗 $c(\text{H}_2\text{Y}^{2-}) = 0.01000$mol/L EDTA 标准溶液 19.80ml，后滴定另外 25.00ml 试液中的钙、镁总量，消耗上述的 EDTA 标准溶液 22.45ml。计算样品中 CaO、MgO 的质量分数 $w(\text{CaO})$、$w(\text{MgO})$。

解： 络合滴定反应

$$\text{Ca}^{2+} + \text{H}_2\text{Y}^{2-} = \text{CaY}^{2-} + 2\text{H}^+$$
$$\text{Mg}^{2+} + \text{H}_2\text{Y}^{2-} = \text{MgY}^{2-} + 2\text{H}^+$$

已知 $m_S = 0.124$g，$V_1 = 100.00$ml，$V_2 = 25.00$ml

$c(\text{H}_2\text{Y}^{2-}) = 0.01000$mol/L

$V_3(\text{H}_2\text{Y}^{2-}) = 19.80$ml $= 0.01980$L

$V_4(\text{H}_2\text{Y}^{2-}) = 22.45$ml $= 0.02245$L

$M(\text{CaO}) = 56.08$g/mol

$M(\text{MgO}) = 40.31$g/mol

由式(2.33) 并考虑试液分取，得

$$w(\text{CaO}) = \frac{c(\text{H}_2\text{Y}^{2-}) V(\text{H}_2\text{Y}^{2-}) M(\text{CaO})}{m_S} \times \frac{V_1}{V_2}$$

$$= \frac{0.01000 \times 0.01980 \times 56.08}{0.1024} \times \frac{100.00}{25.00} = 0.4337$$

由式(2.35) 并考虑试液分取，得

$$w(\text{MgO}) = \frac{c(\text{H}_2\text{Y}^{2-}) [V_4(\text{H}_2\text{Y}^{2-}) - V(\text{H}_2\text{Y}^{2-})] M(\text{MgO})}{m_S} \times \frac{V_1}{V_2}$$

$$= \frac{0.01000 \times (0.02245 - 0.01980) \times 40.31 \times 100.00}{0.1024 \times 25.00} = 0.04173$$

【例 2.13】 用 $KMnO_4$ 法测定石灰石中 $CaCO_3$ 的含量。称取试样 0.2320g，溶于酸，加入过量的 $(NH_4)_2C_2O_4$，使 Ca^{2+} 成为 CaC_2O_4 沉淀，将沉淀过滤洗净，并使之溶解于 H_2SO_4 溶液中。此溶液中的 $C_2O_4^{2-}$ 用 $KMnO_4$ 标准溶液滴定。已知 $c(1/5KMnO_4) = 0.2014$mol/L，用量为 22.02ml。计算石灰石中的 $CaCO_3$ 含量。

解： 有关反应为

试样溶解 $CaCO_3 + 2HCl = CaCl_2 + CO_2 + H_2O$

沉淀反应 $Ca^{2+} + C_2O_4^{2-} = CaC_2O_4 \downarrow$

沉淀溶解 $CaC_2O_4 + 2H^+ = H_2C_2O_4 + Ca^{2+}$

滴定反应 $2MnO_4^- + 5C_2O_4^{2-} + 16H^+ = 2Mn^{2+} + 10CO_2 + 8H_2O$

按照等物质的量反应规则

$$n(1/2CaCO_3) = n(1/2C_2O_4^{2-}) = n(1/5KMnO_4)$$

已知 $m_S = 0.2320$g

$c(1/5KMnO_4) = 0.2014$mol/L

$V(1/5KMnO_4) = 22.02$ml $= 0.02202$L

$$M(1/2CaCO_3) = 50.05 \text{g/mol}$$

故
$$w(CaCO_3) = \frac{c(1/5KMnO_4)V(1/5KMnO_4)M(1/2CaCO_3)}{m_S}$$
$$= \frac{0.2014 \times 0.02202 \times 50.05}{0.2320} = 0.9567$$

参 考 文 献

[1] 武汉大学. 分析化学. 北京：高等教育出版社，1986.
[2] 高歧. 分析化学. 北京：高等教育出版社，2006.
[3] 孟凡昌，潘祖亭. 分析化学核心教程. 北京：科学出版社，2005.
[4] 刘珍. 化验员读本. 北京：化学工业出版社，2005.
[5] 吴性良，朱万森，马林. 分析化学原理. 北京：化学工业出版社，2004.
[6] 张铁垣. 分析化学中的量和单位. 北京：中国标准出版社，2002.
[7] 苑广武. 实用化学分析. 北京：石油工业出版社，1993.

第 3 章

重量分析法

3.1 概述

重量分析法是定量分析最基本的方法。它是根据生成物的质量来确定被测物质组分含量的方法。在重量分析中,一般是先使被测组分从试样中分离出来,转化为一定的称量形式,然后用称重的方法测定该成分的含量。按照分离方法的不同,重量分析法一般分为沉淀法、气化法和电解法三类。

3.1.1 沉淀法

沉淀法是重量分析中的主要方法。它是将被测组分以微溶化合物的形式沉淀出来,再将沉淀过滤、洗涤、烘干或灼烧,最后称重,计算其含量。例如测定煤样中的硫含量,其简要步骤如下:

$$煤样 \xrightarrow[\text{熔融}]{\text{加 MgO 和 Na}_2\text{CO}_3} \text{Na}_2\text{SO}_4 \xrightarrow[\text{沉淀}]{\text{加 BaCl}_2} \text{BaSO}_4 \downarrow \xrightarrow{\text{过滤、洗涤、灼烧}} \underset{\text{BaSO}_4}{\text{称量}}$$

根据 $BaSO_4$ 的质量即可算出煤样中的硫含量。

3.1.2 气化法

一般是通过加热或其他方法使试样中被测组分气化逸出,然后根据气体逸出前后试样质量之差来计算被测组分的含量。例如,测定试样中的湿存水或结晶水时,可将试样加热烘干至恒重,试样减少的质量即为试样中所含水分的质量;也可以将加热后产生的水汽吸收在干燥剂里,干燥剂的增重即为所含水分的质量。根据称量结果,可求得试样中湿存水或结晶水的含量。

3.1.3 电解法

利用电解的原理,控制适当的电位,使被测金属离子在电极上沉积,然后称重,求得其含量。

综上所述,重量分析法是直接通过称量反应生成物的质量而获得分析结果的,并不需要与标准样品或基准物质进行比较。如果分析方法可靠,操作细心,称量误差一般又很小,因此通常能得到准确、可靠的分析结果。对常量组分其相对误差可达 0.1%~0.2%。重量分析法由于操作繁琐,耗时较长,又不适用于微量与痕量组分的测定,因此,目前正在被其他分析方法所取代。但少数重量法，如沉淀重量法测高含量硅，仍是标准物质定值分析的首先方法。

重量分析法中以沉淀法应用最为广泛。由于沉淀法主要是根据沉淀的质量来计算试样中被测组分含量的，因此，得到的沉淀是否能反映被测组分的含量是重量分析法的关键。这就必须掌握沉淀的性质和适宜的沉淀条件，使沉淀完全和纯净。

3.2 重量分析对沉淀的要求及沉淀剂的选择

向试液中加入适当的沉淀剂，使被测组分沉淀出来，所得的沉淀称为沉淀形式。沉淀经过滤、洗涤、烘干或灼烧之后，得到的为称量形式。然后再由称量形式的化学组成和质量，便可计算出被测组分的含量。

沉淀形式和称量形式可以相同，也可以不同。例如，用 $BaSO_4$ 重量法测定 Ba^{2+} 或 SO_4^{2-} 时，沉淀形式和称量形式都是 $BaSO_4$，两者相同；而用 $MgNH_4PO_4$ 重量法测定 Mg^{2+} 时，其沉淀形式是 $MgNH_4PO_4$。灼烧后得到的称量形式为 $Mg_2P_2O_7$，此时的沉淀形式和称量形式就不同。

3.2.1 重量分析对沉淀形式的要求

① 沉淀的溶解度一定要小。这样才能保证被测组分沉淀完全。根据一般分析结果的误差要求，沉淀的溶解损失不应超过分析天平的称量误差（0.2mg）。

② 沉淀必须纯净。不应混杂沉淀剂或其他杂质，否则，便不能获得准确的分析结果。

③ 沉淀应易于过滤和洗涤。这样不仅便于操作，也是保证沉淀纯净的一个重要方面。即便是无定形沉淀，也应该控制沉淀条件，改变沉淀的性质，以便得到便于过滤和洗涤的沉淀。

④ 沉淀应易于转化为称量形式。

3.2.2 重量分析对称量形式的要求

① 称量形式必须有确定的化学组成，否则无法计算分析结果。

② 称量形式要有足够的化学稳定性，不应受空气中 CO_2、水分和 O_2 等因素的影响而发生变化。

③ 称量形式应具有尽可能大的相对分子质量。相对分子质量大，则被测组分在称量形式中的含量小，其称量误差小，可以提高分析结果的准确度。例如重量法测定 Al^{3+}，可以用氨水沉淀为 $Al(OH)_3$ 后灼烧成 Al_2O_3 称量；也可以用 8-羟基喹啉沉淀为 $(C_9H_6NO)_3Al$ 烘干后称量。按这两种称量形式计量，0.1000g 铝可获得 0.1888g Al_2O_3 或 1.704g $(C_9H_6NO)_3Al$，分析天平的称量误差一般为 $\pm 0.2mg$，对 Al_2O_3 和 $(C_9H_6NO)_3Al$ 称量而引起的相对误差 p 分别为：

$$p_{Al_2O_3} = \frac{\pm 0.0002g}{0.1888g} \times 100\% = \pm 0.1\%$$

$$p_{(C_9H_6NO)_3Al} = \frac{\pm 0.0002g}{1.704g} \times 100\% = \pm 0.01\%$$

显然用 8-羟基喹啉重量法测定铝的准确度比氨水法高得多。称量形式的相对分子质量越大，沉淀的损失或沾污对被测组分的影响越小，结果的准确度也越高。

因此，在实际工作中，应该选择合适的沉淀剂，正确掌握沉淀条件，以满足重量分析对沉淀的要求。

3.2.3 沉淀剂的选择

重量分析中所用的沉淀剂应具备以下条件：
① 沉淀剂应具有较高的选择性。在一定的条件下，一般只与少数离子发生沉淀反应。
② 沉淀剂应为易挥发或易分解的物质。在灼烧时，可从沉淀中将其除去。

3.3 沉淀平衡

在利用沉淀反应进行定量分析时，人们总是希望被测组分沉淀得越完全越好。沉淀反应是否完全，可以根据反应达到平衡后，溶液中未被沉淀的被测组分的量来衡量。也就是说，可以根据沉淀溶解度的大小来判断。溶解度越小，沉淀越完全；溶解度越大，沉淀越不完全。

在重量分析中，通常要求被测组分在溶液中的残留量不超过 0.2mg，即小于分析天平的允许称量误差。但是很多沉淀不能满足这个要求。例如在 1000ml 水中，$BaSO_4$ 的溶解度为 0.0023g，AgCl 的溶解度为 0.0019g，$MgNH_4PO_4$ 的溶解度为 0.0086g。如果溶液和洗涤液的总体积为 500ml，这些沉淀由于溶解而引起的损失分别为：$BaSO_4$ 0.0012g，AgCl 0.0010g，$MgNH_4PO_4$ 0.0043g。因此，在重量分析中，必须了解各种影响沉淀溶解度的因素，以保证沉淀完全。下面将对沉淀的溶解原理以及影响沉淀溶解度的主要因素进行较详细的讨论。

3.3.1 溶解度和溶度积

当水中存在难溶化合物 MA 时，则 MA 将有部分溶解。当其达到饱和时，有下列平衡关系：

$$MA_{(固)} \rightleftharpoons MA_{(水)} \rightleftharpoons M^+ + A^-$$

上式表明，固体 MA 的溶解部分以 M^+、A^- 离子状态和 MA 分子状态存在。例如 AgCl 在水中：

$$AgCl_{(固)} \rightleftharpoons AgCl_{(水)} \rightleftharpoons Ag^+ + Cl^-$$

除了存在着 Ag^+ 和 Cl^- 以外，还有少量未解离的可溶性 AgCl 分子。M^+ 和 A^- 之间也可能由于静电引起的作用，互相缔合成为 M^+A^- 离子对状态存在。如 $CaSO_4$ 溶于水中：

$$CaSO_{4(固)} \rightleftharpoons Ca^{2+} \cdot SO_4^{2-} \rightleftharpoons Ca^{2+} + SO_4^{2-}$$

根据 $MA_{(固)}$ 和 $MA_{(水)}$ 之间的沉淀平衡，得到

$$\frac{a_{MA(水)}}{a_{MA(固)}} = s° (平衡常数)$$

式中，a 表示活度，固体物质的活度等于 1，故

$$a_{MA(水)} = s° \quad (3.1)$$

可见溶液中分子状态或离子状态对化合物 $MA_{(水)}$ 的浓度为一常数，等于 $s°$。$s°$ 称为该物质的固有溶解度或分子溶解度。若 MA 的溶解度为 s，则：

$$s = s° + [M^+] = s° + [A^-]$$

各种难溶化合物的固有溶解度 $s°$ 相差很大，又因为溶液中还有大量的共同离子存在，因此物质的固有溶解度也不容易准确测量。在室温下 HgCl 的固有溶解度约为 0.25mol/L；AgCl 的固有溶解度在 $1.0 \times 10^{-7} \sim 6.2 \times 10^{-7}$ mol/L 之间。所以当难溶化合物的固有溶解度较大时（即 $MA_{(水)}$ 的离解度较小），在计算溶解度时必须加以考虑。如果 $MA_{(水)}$ 接近完全离解，则在计算溶解度时，固有溶解度可以忽略不计。如 AgBr、AgI 和 AgCNS 的固有溶解度占总溶解度的 0.1%～1%。已经知道的氢氧化物［如 $Fe(OH)_3$、$Zn(OH)_2$、$Ni(OH)_2$ 等］和硫化物（如 HgS、CdS、CuS 等）的固有溶解度都很小。由于许多沉淀的固有溶解度并不大，所以在以下的有关计算中，一般都忽略固有溶解度的影响。

根据 MA 在水中的溶解平衡关系，可得到：

$$\frac{a_{M^+} a_{A^-}}{a_{MA(水)}} = K$$

$$a_{M^+} a_{A^-} = Ks° = K_{sp}° \tag{3.2}$$

在分析化学中，通常不考虑离子强度的影响，采用浓度代替活度，则

$$[M^+][A^-] = K_{sp} \tag{3.3}$$

式中，K_{sp} 称为难溶化合物的溶度积常数，简称溶度积。式(3.2) 中 K_{sp}^0 称为活度积常数，简称活度积。对于大多数难溶化合物，由于溶解度很小，所以溶液中的离子强度不大，K_{sp} 和 K_{sp}^0 相差也就不大。附录 X 中所列难溶化合物的溶度积均为活度积。但应用时一般作为溶度积，不加区别。但是如果溶液中的离子强度较大时，则 K_{sp} 和 K_{sp}^0 相差就大了。

对于 M_mA_n 型沉淀，溶度积计算式为：

$$M_mA_n \rightleftharpoons mM + nA$$

$$[M]^m[A]^n = K_{sp} \tag{3.4}$$

上式中省略了 M 和 A 的电荷。

下面举例说明沉淀的溶解度和溶度积的计算。

【例 3.1】 CaF_2 的 $K_{sp} = 2.7 \times 10^{-11}$，求 CaF_2 的溶解度（不考虑 F^- 的水解）。

解： 设 CaF_2 的溶解度为 s，根据沉淀平衡

$$CaF_2 \rightleftharpoons Ca^{2+} + 2F^-$$
$$s 2s$$

故
$$[Ca^{2+}] = s, \quad [F^-] = 2s$$
$$[Ca^{2+}][F^-]^2 = s(2s)^2 = K_{sp} = 2.7 \times 10^{-11}$$
$$s = \sqrt[3]{2.7 \times 10^{-11}/4} \quad \text{mol/L} = 1.9 \times 10^{-4} \text{mol/L}$$

答：CaF_2 的溶解度为 1.9×10^{-4} mol/L。

【例 3.2】 $Mg(OH)_2$ 的溶解度为 1.65×10^{-4} mol/L，求 $Mg(OH)_2$ 的溶度积。

解：
$$Mg(OH)_2 \rightleftharpoons Mg^{2+} + 2OH^-$$
$$s 2s$$
$$K_{sp} = [Mg^{2+}][OH^-]^2 = s(2s)^2 = 4s^3$$

已知 $s = 1.65 \times 10^{-4}$ mol/L

故 $K_{sp} = 4 \times (1.65 \times 10^{-4})^3 = 1.8 \times 10^{-11}$。

【例 3.3】 AgCl 和 Ag_2CrO_4 相比，哪一个溶解度大？［$K_{sp}(AgCl) = 1.8 \times 10^{-10}$，$K_{sp}(Ag_2CrO_4) = 2.0 \times 10^{-12}$］

解：
$$AgCl \rightleftharpoons Ag^+ + Cl^-$$

$$Ag_2CrO_4 \rightleftharpoons 2Ag^+ + CrO_4^{2-}$$

位置标注：s_1 上方 s_1，$2s_2$ 下方 s_2

$$s_1 = \sqrt{K_{sp}(AgCl)} = \sqrt{1.8 \times 10^{-10}} \text{ mol/L} = 1.4 \times 10^{-5} \text{mol/L}$$

$$s_2 = \sqrt[3]{K_{sp}(Ag_2CrO_4)} = \sqrt[3]{2.0 \times 10^{-12}/4} \text{ mol/L} = 7.9 \times 10^{-5} \text{mol/L}$$

因为 $s_2 > s_1$，所以 Ag_2CrO_4 的溶解度比 AgCl 的大。

【例 3.4】 $c(BaCl_2) = 0.02 \text{mol/L}$ 的 $BaCl_2$ 溶液和 $c(H_2SO_4) = 0.02 \text{mol/L}$ 的 H_2SO_4 溶液等体积混合，问有无 $BaSO_4$ 沉淀析出？

解： 已知 $BaSO_4$ 的 $K_{sp} = 1.1 \times 10^{-10}$，两溶液等体积混合，则其浓度被稀释一倍，则

$$[Ba^{2+}] \cdot [SO_4^{2-}] = 0.01 \times 0.01 = 1.0 \times 10^{-4} > K_{sp}(BaSO_4)$$

所以此时有 $BaSO_4$ 沉淀析出。

3.3.2 影响沉淀溶解度的因素

各种难溶化合物具有不同的溶解度。表 3.1 为 Ba^{2+} 的几种难溶化合物的溶度积。

表 3.1 几种难溶性钡盐的溶度积（25℃）

难溶性钡盐	$BaCO_3$	$BaCrO_4$	BaC_2O_4	$BaSO_4$
K_{sp}	2.1×10^{-9}	1.2×10^{-10}	2.3×10^{-8}	1.1×10^{-10}

由上表可以看出，测定 Ba^{2+} 时，选用 $BaSO_4$ 沉淀形式，沉淀得较为完全，沉淀的完全程度可参照下例计算。

例如，选用 $BaSO_4$ 重量法测定 Ba^{2+}，加入相当的 SO_4^{2-}，溶液的总体积为 200ml，求 $BaSO_4$ 的溶解损失为多少？

设 $BaSO_4$ 的溶解度为 s，则

$$[Ba^{2+}][SO_4^{2-}] = ss = K_{sp} = 1.1 \times 10^{-10}$$

$$s = \sqrt{1.1 \times 10^{-10}} \text{ mol/L} = 1.05 \times 10^{-5} \text{mol/L}$$

即在 200ml 溶液中 $BaSO_4$ 的溶解损失为：

$$1.05 \times 10^{-5} \text{mol/L} \times M(BaSO_4) \times \frac{200}{1000} = 1.05 \times 10^{-5} \times 233.4 \times \frac{200}{1000} \text{g} = 0.00049 \text{g}$$

显然选用溶解度最小的 $BaSO_4$ 作为沉淀形式，其溶解损失量已超过了允许的存留量 0.2mg。对于溶解度较大的沉淀形式，其溶解损失必然会更大，因此在进行沉淀时，应采取适当的措施以减小其溶解度。

影响沉淀溶解度的因素很多，如同离子效应、盐效应、酸效应和络合效应等。另外，温度、介质、晶体的结构和颗粒的大小等也对溶解度有影响。下面分别加以讨论。

3.3.2.1 同离子效应

组成沉淀的离子称为构晶离子。当沉淀反应达到平衡后，如果向溶液中加入含有某一构晶离子的试剂或溶液，则沉淀的溶解度减小，这一效应称为同离子效应。

例如，25℃时 $BaSO_4$ 在水中的溶解度为：

$$s = [Ba^{2+}] = [SO_4^{2-}] = \sqrt{K_{sp}(BaSO_4)} = \sqrt{1.1 \times 10^{-10}} \text{ mol/L} = 1.05 \times 10^{-5} \text{mol/L}$$

如果使溶液中的 $[SO_4^{2-}]$ 增至 0.10mol/L 时，则 $BaSO_4$ 的溶解度为

$$s=[Ba^{2+}]=K_{sp}(BaSO_4)/[SO_4^{2-}]=1.1\times10^{-10}/0.10\text{ mol/L}=1.1\times10^{-9}\text{ mol/L}$$

此时 $BaSO_4$ 的溶解度仅为纯水中的溶解度的万分之一。

在重量分析中,就是利用同离子效应,即加大沉淀剂的用量而使被测组分沉淀完全的。但也不能片面理解为沉淀剂加得越多越好。所谓沉淀完全是指沉淀溶解量只要在天平的感量以下即可,这样就不致影响分析结果的准确度。试剂过量太多既无必要,而且有时可能引起盐效应、酸效应及络合效应等副反应,反而使沉淀的溶解度增大,也增加了洗涤的困难。一般来说,若沉淀剂是挥发性的(如草酸铵、硫酸、氨水等),经灼烧容易除去的,可以过量50%~100%;如果沉淀剂是不易挥发的(如 $BaCl_2$ 之类),则以过量20%~30%为宜。

3.3.2.2 盐效应

沉淀平衡与其他平衡一样,受离子强度的影响。实验表明,在 KNO_3、$NaNO_3$ 等强电解质存在下,$BaSO_4$、$AgCl$ 的溶解度比在纯水中的大,而且溶解度随着这些电解质浓度的增加而增大(见表3.2)。这种由于加入了强电解质而增大沉淀溶解度的现象称为盐效应。

表 3.2 AgCl 和 $BaSO_4$ 在 HNO_3 溶液中的溶解度(25℃)

$c(KNO_3)$/(mol/L)	AgCl 溶解度/(mol/L)	s/s^o[①]	$c(KNO_3)$/(mol/L)	$BaSO_4$ 溶解度/(mol/L)	s/s^o[①]
0.0000	1.278×10^{-5}	1.00	0.000	0.96×10^{-5}	1.00
0.0010	1.325×10^{-5}	1.04	0.0010	1.16×10^{-5}	1.21
0.0050	1.385×10^{-5}	1.08	0.0050	1.42×10^{-5}	1.48
0.0100	1.427×10^{-5}	1.12	0.0100	1.63×10^{-5}	1.70
			0.0360	2.35×10^{-5}	2.45

① s^o 为在纯水中的溶解度;s 为在 KNO_3 溶液中的溶解度。

在一定的离子强度下,盐效应的大小与沉淀的组成有关。构晶离子的电荷愈高,影响愈大。在离子强度为0.1时,两个二价离子组成的沉淀,K_{sp} 比纯水中增大7~8倍。两个一价离子组成的沉淀,K_{sp} 约为纯水中的2倍。

由于盐效应的存在,在利用同离子效应降低沉淀溶解度的同时,应考虑到沉淀剂带来的盐效应的影响,即沉淀剂不能过量太多。当沉淀剂过量不多时,同离子效应占主导地位;当沉淀剂过量到一定程度时,同离子效应可与盐效应抵消;再进一步过量,反而使盐效应大于同离子效应,这时候过量的同离子只能使沉淀的溶解度上升。表3.3所列的 $PbSO_4$ 沉淀在不同浓度的 Na_2SO_4 溶液中的溶解度就是一例。

表 3.3 $PbSO_4$ 在 Na_2SO_4 溶液中的溶解度

$c(Na_2SO_4)$/(mol/L)	0	0.001	0.01	0.02	0.04	0.100	0.200
$PbSO_4$ 溶解度/(mol/L)	0.15×10^{-3}	0.024×10^{-3}	0.016×10^{-3}	0.014×10^{-3}	0.013×10^{-3}	0.016×10^{-3}	0.023×10^{-3}

还应该指出,只有当沉淀的溶解度比较大,而离子强度又高时,盐效应对于溶解度的影响才显示其重要性。如果沉淀本身的溶解度很小,如许多氢氧化物和某些金属螯合物的沉淀,则盐效应的影响实际上是微不足道的,可以忽略不计;当沉淀的溶解度较大时,则必须考虑盐效应的影响。

3.3.2.3 酸效应

溶液酸度对沉淀溶解度的影响,称为酸效应。

酸度对沉淀溶解度的影响是比较复杂的。例如对于 M_mA_n 型沉淀,增大溶液的酸度,可能使 A^{m-} 质子化(与 H^+ 结合),生成相应的共轭酸;降低溶液的酸度,可能使 M^{n+} 发生水解。显然，如果发生上述两种情况，都将导致沉淀的溶解度增大。

金属离子的水解，特别是高价金属离子的水解是非常复杂的，常有多核羟基络合物生成，如 $[Fe(OH)_2]^{4+}$、$[Al_6(OH)_{15}]^{3+}$ 等，定量处理这样的问题比较复杂和困难。下面以弱酸根形成的沉淀 CaC_2O_4 为例，说明酸度对溶解度的影响。表 3.4 所列为 CaC_2O_4 沉淀在不同酸度溶液中的溶解度。

表 3.4　CaC_2O_4 在不同 pH 溶液中的溶解度

pH 值	2.0	3.0	4.0	5.0	6.0
CaC_2O_4 的溶解度/(mol/L)	6.1×10^{-4}	1.9×10^{-4}	7.2×10^{-5}	4.8×10^{-5}	4.5×10^{-5}

由表 3.4 可知，当酸度增大时，CaC_2O_4 沉淀的溶解度显著增大，为了保证沉淀完全，CaC_2O_4 沉淀应在 pH=5 以上的溶液中进行。

酸效应影响沉淀的溶解度，而且对于不同类型的沉淀其影响情况不一致。由弱酸根和金属离子生成的沉淀，随着酸度的增加，将导致沉淀溶解度增大，应在较低的酸度下进行沉淀；如果沉淀本身是弱酸，如硅酸（$SiO_2 \cdot nH_2O$）、钨酸（$WO_3 \cdot nH_2O$）等，易溶于碱，则应在强酸性介质中进行沉淀；如果沉淀是强酸盐，因为强酸根不易质子化，所以酸度的改变对沉淀的溶解度无显著影响。

3.3.2.4　络合效应

用重量分析法测定 Ag^+ 时，可以加入氯化物作为沉淀剂，得 AgCl 沉淀。但若继续加入过量的 Cl^- 时，将引起下列副反应。

$$AgCl + Cl^- \Longleftrightarrow AgCl_2^-$$
$$AgCl_2^- + Cl^- \Longleftrightarrow AgCl_3^{2-}$$

显然由于络合物的生成，必定增大沉淀的溶解度。

在进行沉淀反应时，若溶液中存在能与构晶离子生成可溶性络合物的络合剂，则反应向沉淀溶解的方向进行，影响沉淀的完全程度，甚至不产生沉淀，这种影响称为络合效应。

络合效应影响沉淀溶解的程度，与络合剂的浓度及络合物的稳定性有关。络合剂的浓度愈大，生成的络合物愈稳定，沉淀的溶解度愈大。

有时溶液中虽未加入络合剂，但沉淀剂本身就是络合剂，常常在沉淀剂过量时，会出现两种效应的竞争。在过量较少时，同离子效应处于主导地位，溶解度下降；在过量较多时，络合效应处于主导地位，沉淀溶解度又回升；在适当过量时，沉淀有最小的溶解度。表 3.5 列出的 AgCl 沉淀在不同浓度的 NaCl 溶液中的溶解度。

表 3.5　AgCl 在不同浓度的 NaCl 溶液中的溶解度

过量的 NaCl/(mol/L)	AgCl 的溶解度/(mol/L)	过量的 NaCl/(mol/L)	AgCl 的溶解度/(mol/L)
0	1.3×10^{-5}	8.8×10^{-2}	3.6×10^{-6}
3.4×10^{-3}	1.2×10^{-7}	3.5×10^{-1}	1.7×10^{-5}
9.2×10^{-3}	9.1×10^{-7}	5×10^{-1}	2.8×10^{-5}
3.6×10^{-2}	1.9×10^{-6}		

过量的 NaCl 浓度约为 4×10^{-3} mol/L 时，AgCl 的溶解度最小；当过量的 NaCl 浓度为 0.35mol/L 时，同离子效应已被络合效应抵消；过量的 NaCl 浓度为 0.5mol/L 时，AgCl 的溶解度甚至比纯水中的还大。此时，过量的 Cl^- 和 AgCl 生成可溶性的 $AgCl_2^-$。对于这种情况，必须避免加入过量的沉淀剂。

由于OH^-也能与金属离子组成可溶性的羟基络合物（水解效应），在pH值升到一定值时，溶解度也会因水解而升高。

以上讨论了影响沉淀溶解度的四个方面的因素。其中同离子效应是降低沉淀溶解度的有利因素，在进行沉淀时应尽量利用同离子效应以达到沉淀完全的目的。盐效应、酸效应和络合效应是影响沉淀完全的不利因素，在进行沉淀时应力求注意消除其影响。但事物也往往有相反的情况，如有些沉淀（$Fe_2O_3 \cdot nH_2O$）因易形成胶体而穿透滤纸，因此，电解质的存在反而有利于破坏胶体，促进沉淀凝聚；又如控制一定的酸度或加入络合掩蔽剂，往往可以提高沉淀剂的选择性，以保证沉淀的纯度。所以在实际分析工作中，必须根据具体情况，采取适当措施，以保证分析结果的准确度。

3.3.3 影响沉淀溶解度的其他因素

(1) **温度的影响** 溶解反应一般是吸热反应。因此沉淀的溶解一般随温度的升高而增大。图3.1表明了温度对$BaSO_4$、$CaC_2O_4 \cdot H_2O$和AgCl溶解度的影响。由图可见，沉淀的性质不同，其影响程度也不一致。

通常，对一些在热溶液中溶解度较大的沉淀，如$MgNH_4PO_4$等，为了减少沉淀溶解而引起的损失，过滤、洗涤等操作应在室温下进行。对于无定形沉淀，如$Fe_2O_3 \cdot nH_2O$、$Al_2O_3 \cdot nH_2O$等，由于其溶解度很小，而溶液冷却后很难过滤，也难洗涤干净，所以一般趁热过滤，并用热的洗液洗涤沉淀。

(2) **溶剂的影响** 无机物沉淀多为离子型晶体，所以它们在极性较强的水中的溶解度较极性较弱的有机溶剂的大一些。例如，$PbSO_4$沉淀在水中的溶解度为4.5mg/100ml，而在30%的乙醇水溶液中，溶解度降为0.23mg/100ml。

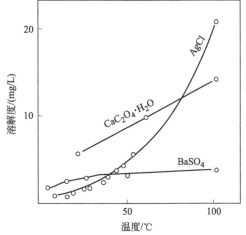

图3.1 温度对几种沉淀溶解度的影响

(3) **沉淀颗粒大小的影响** 同一种沉淀，晶体颗粒越小溶解度越大；颗粒越大则相反。大颗粒的$SrSO_4$沉淀其溶解度为6.2×10^{-4}mol/L；当晶粒直径小到0.05μm时，其溶解度为6.7×10^{-4}mol/L；当晶粒直径减小到0.01μm时，其溶解度为9.3×10^{-4}mol/L。可见随着晶粒的变化其沉淀的溶解度逐渐增大。在实际工作中，常通过"陈化"作用，使小晶粒转化为大晶粒，以减少沉淀的损失。关于陈化作用将在后面讨论。

(4) **沉淀结构的影响** 许多沉淀在初生成时为"亚稳态"，放置后逐渐转化为"稳定态"。亚稳态沉淀的溶解度比稳定态的大。所以沉淀能自发地由"亚稳态"转化为"稳定态"。如初生成的CoS沉淀为α型，其K_{sp}为4×10^{-20}；经放置后转化为β型，其K_{sp}为7.9×10^{-24}。

(5) **形成胶体溶液的影响** 当进行沉淀反应时，特别是无定形沉淀的沉淀反应，如果条件掌握不好，常会形成胶体溶液，甚至使已经凝聚的胶状沉淀还会因其"胶溶"作用而重新分散在溶液中。胶体微粒很小，极易通过滤纸而引起损失。因此沉淀时应防止形成胶体溶液。将沉淀加热和加入大量的电解质，对破坏胶体和促进胶凝作用，甚为有效。

3.4 沉淀的形成

沉淀按其物理性质不同，可粗略地分为两大类：一类是晶形沉淀，另一类是无定形沉淀（又称为非晶形沉淀或胶状沉淀）。$BaSO_4$ 是典型的晶形沉淀，$Fe_2O_3 \cdot nH_2O$ 是典型的无定形沉淀，AgCl 是一种凝乳状沉淀，其性质介于两者之间。它们的最大差别是沉淀颗粒的大小不同。最大的是晶形沉淀，其颗粒直径为 $0.1 \sim 1 \mu m$，无定形沉淀的颗粒很小，直径一般小于 $0.02 \mu m$，凝乳状沉淀的颗粒大小介于两者之间。

晶形沉淀的内部排列规则，结构紧密，所以整个沉淀所占的体积较小，极易沉降于容器底部。无定形沉淀是由许多疏松地聚集在一起的微小沉淀颗粒组成，沉淀颗粒的排列杂乱无章，其中又包含大量数目不定的水分子，所以是疏松的絮状沉淀，整个沉淀体积庞大，不像晶形沉淀那样能很好地沉降在容器的底部。

重量分析中最好是获得晶形沉淀。晶形沉淀又有粗晶形沉淀（如 $MgNH_4PO_4$）和细晶形沉淀（如 $BaSO_4$ 等）之分。如果是无定形沉淀，应注意掌握合适的沉淀条件，以改善沉淀的物理性质。

沉淀颗粒的大小和性质，一方面决定于沉淀物质本身的性质，另一方面也与沉淀时的条件和方法有关。一般来说，沉淀本身的溶解度愈大，所得沉淀的颗粒也愈大，为晶形沉淀；沉淀本身的溶解度愈小，沉淀的颗粒也愈小，为无定形沉淀。沉淀时的过饱和度愈小，沉淀的颗粒愈大。

3.4.1 晶核的生成

沉淀在溶液中产生，有两个过程，首先是生成晶核，然后长成沉淀。

晶核由两种途径生成，一种是异相成核作用，一种是均相成核作用。

所谓异相成核作用，是指溶液中外来的不溶固体微粒起了晶种作用，构晶离子向微粒表面扩散和吸附，形成晶核。

在实际工作中，容器和试剂中均有大量的起晶种作用的微粒。化学纯试剂配制的溶液每 ml 可能含 10^6 以上个微粒。玻璃器皿壁也附有很多微粒。肉眼看来是澄清的试剂，实际上充满着可以作为晶种的微粒。

在溶液达到过饱和的状态下，晶核就在晶种上生成。如果过饱和度不大，只存在异相成核作用。晶核的数目决定于外来固体微粒的数目。但是过饱和度较高，超过所谓临界过饱和度时，不仅异相成核作用存在，而且均相成核作用也存在。

所谓均相成核作用，是指在过饱和的溶液中，构晶离子相互缔合形成晶核。各种物质的临界过饱和度并不一样。$BaSO_4$ 和 AgCl 的溶度积相近，但 AgCl 的临界过饱和度却小得多，因此 AgCl 的均相成核作用显著，而 $BaSO_4$ 的均相成核作用较小。

均相成核作用显著时，晶核数目随过饱和度的增加而增加，因而得到的沉淀晶粒多而小。均相成核作用不显著时，由于沉淀颗粒少，晶体就显得大一些。

3.4.2 晶体的成长

在沉淀过程中，形成晶核后，溶液中的构晶离子向晶核表面扩散，并沉积在晶核上，使晶核逐渐长大，到一定程度时成为沉淀微粒。这种沉淀微粒有聚集为更大的聚集体的倾向，同时构晶离子又具有按一定的晶格排列而形成大晶粒的倾向。前者是聚集过程，后者是定向过程。聚集速度和定向速度的大小决定了最后生成沉淀的类型。如果聚集速度慢，定向速度快，容易得到晶形沉淀；如果聚集速度快，定向速度慢，容易得到无定形沉淀。

定向速度主要与物质的性质有关。强极性盐如 $BaSO_4$、$MgNH_4PO_4$，有较高的定向速度，常生成晶形沉淀。金属水合氧化物沉淀的定向速度与金属离子的价态有关。两价金属离子的水合氧化物沉淀的定向速度一般大于聚集速度，所以容易得到晶形沉淀。高价金属离子的水合氧化物沉淀，由于溶解度甚小，沉淀时溶液的相对过饱和度大，均相成核作用比较显著，生成的沉淀颗粒很小，再加上定向速度很慢，聚集速度很快，所以一般得到的是无定形沉淀。

3.4.3 陈化

沉淀完全后，让初生的沉淀与母液一起放置一段时间，这个过程称为陈化。在陈化过程中，小晶粒逐渐溶解，大晶粒进一步长大。这是因为在同样条件下，小晶粒的溶解度比大晶粒的大。在同一溶液中，对大晶粒为饱和溶液时，对小晶粒则为未饱和溶液，因此，小晶粒就要溶解。溶解到一定程度后，溶液对小晶粒为饱和溶液时，对大晶粒则为过饱和。因此溶液中的构晶离子就在大晶粒上沉积。从而小晶粒逐渐消失，大晶粒不断长大。

陈化过程中，不仅小晶粒转化为大晶粒，而且还可以使不完整晶体转化为完整的晶粒，亚稳态的沉淀转化为稳定态的沉淀。

加热和搅拌可以增加小晶粒的溶解速度和离子的扩散速度。因此可以缩短陈化时间。有些沉淀需要在室温下陈化几小时或十几小时，而在加热和搅拌的情况下，可以缩短为 1～2h，甚至只需几十分钟。

陈化作用也能使沉淀变得更加纯净，这是因为晶粒变大后，比表面减小，吸附杂质少。同时小晶粒溶解，原来吸附、吸留或包夹的杂质，亦将重新进入溶液中，因此提高了沉淀的纯度。但陈化作用对于伴随有混晶共沉淀的沉淀，不一定能提高纯度。对伴随有后沉淀的沉淀，不仅不能提高纯度，有时反而会降低纯度。在实际操作中，是否进行陈化或如何陈化，应当根据沉淀的类型和性质而定。

3.5 沉淀的沾污

在重量分析中，不仅要求其沉淀溶解度要小，而且要纯净。但是当沉淀自溶液中析出时，总会或多或少地夹杂溶液中的其他组分，影响沉淀的纯度。主要的影响因素有共沉淀和后沉淀现象。

3.5.1 共沉淀现象

共沉淀现象是指当一种沉淀从溶液中析出时，在实验条件下本来是可溶的其他某些组分也混入了沉淀中（与同时沉淀的含义不同，在实验条件下两种物质都不溶解，而一起沉淀下来称为同时沉淀）。共沉淀现象是重量分析误差的主要来源之一。例如测定 SO_4^{2-}，以 $BaCl_2$ 为沉淀剂，如果试液中有 Fe^{3+} 存在，当析出 $BaSO_4$ 时，本来是可溶性的 $Fe_2(SO_4)_3$ 也被夹杂在沉淀中，$BaSO_4$ 沉淀是白色的，如有铁盐共沉淀，则灼烧后 $BaSO_4$ 中混有黄棕色的 Fe_2O_3，显然这将给分析结果带来误差。

共沉淀现象又分为吸附共沉淀和包藏共沉淀。

3.5.1.1 吸附共沉淀

在沉淀中,构晶离子是按一定规律排列的。例如在 AgCl 沉淀中,每一个 Ag^+ 的上、下、左、右、前、后都被 Cl^- 所包围;同样,每一个 Cl^- 的上、下、左、右、前、后也都被 Ag^+ 所包围,整个沉淀内部处于静电平衡状态。但在沉淀表面上,Ag^+ 和 Cl^- 至少有一面没有被包围,由于静电引力作用,它们具有吸引带相反电荷离子的能力。AgCl 沉淀在过量 NaCl 的溶液中,沉淀表面上的 Ag^+ 比较强烈地吸引溶液中的 Cl^-,组成吸附层;而 Cl^- 又通过静电引力进一步吸引溶液中的 Na^+ 或 H^+ 等阳离子(称为抗衡离子),组成扩散层。这些抗衡离子中通常有一小部分被 Cl^- 吸引比较强烈,也处于吸附层。吸附层和扩散层共同组成沉淀表面的双电层,从而使电荷达到平衡,即沉淀表面双电层的正负离子总数相等,如图 3.2 所示。

吸附在沉淀表面第一层上的离子是具有选择性的,通常由于沉淀剂过量,所以沉淀首先吸附溶液中的构晶离子。如上述 AgCl 沉淀,由于溶液中 Cl^- 过量,所以沉淀表面首先吸附的是 Cl^-。此外某些与构晶离子半径相似、电荷相等的离子,也可能被吸附在沉淀表面的第一层中。例如 $BaSO_4$ 沉淀表面可以吸附溶液中的 Pb^{2+}。

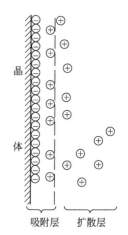

图 3.2 AgCl 沉淀的表面吸附情况

抗衡离子的吸附,一般遵循下列规律:①浓度相等时,电荷较高的离子优先被吸附;②电荷相同时,浓度较高的离子优先被吸附;③浓度与电荷都相同的离子,受沉淀表面离子吸引力强的离子优先被吸附。吸引力的大小决定于溶解度、离解度和离子的变形性。溶解度与离解度小或易变形的离子较易被吸附。例如,$CaSO_4$ 比 $MgSO_4$ 难溶,所以 $BaSO_4$ 沉淀优先吸附钙离子(即扩散层的抗衡离子主要是 Ca^{2+});H_2S 难电离,故 H_2S 被金属硫化物强烈吸附;染料阴离子如荧光黄,是一个大的芳香族分子的阴离子,较易变形,所以常被带正电荷的卤化银沉淀吸附。

吸附共沉淀的量不仅与被吸附物质的浓度和性质有关,还与下述因素有关:①与沉淀的总表面积有关。同样的沉淀,颗粒愈小,比表面愈大,与溶液的接触面也愈大,吸附的杂质也就愈多。晶形沉淀的颗粒大,比表面小,吸附杂质较少。无定形沉淀的颗粒很小,比表面特别大,所以表面的吸附现象特别严重。②与溶液的温度有关。因为吸附作用是一个放热过程,因此,溶液温度升高时,吸附杂质的量就减少。

3.5.1.2 包藏共沉淀

吸附共沉淀是杂质被吸附在沉淀表面,而包藏共沉淀是杂质被包藏在沉淀内部。包藏共沉淀以其机理的不同,可分为固溶体的包藏和机械的吸留与包夹两种。

(1) 形成固溶体 每种晶形沉淀都有一定的晶体结构。如果杂质的离子半径与构晶离子的半径相似,所形成的晶体结构相同,则它们极易生成混晶。常见的混晶有 $BaSO_4$ 和 $PbSO_4$,AgCl 和 AgBr,$MgNH_4PO_4 \cdot 6H_2O$ 和 $MgNH_4AsO_4 \cdot 6H_2O$ 等。在有些混晶中,杂质离子或原子并不位于正常晶格的离子或原子的位置上,而是位于晶格的空隙中,这种混晶称为异型混晶。例如 $MnSO_4 \cdot 5H_2O$ 与 $FeSO_4 \cdot 7H_2O$ 属于不同的晶系,但可形成异型混晶。混晶有时也叫固溶体。混晶的生成使沉淀严重不纯。

生成混晶的选择性是比较高的,要避免也困难,因为不论杂质的浓度多么小,只要构晶离子形成了沉淀，杂质就一定会在沉淀的过程中取代某一构晶离子而进入沉淀中。

(2) 机械的吸留与包夹　　在沉淀过程中，如果沉淀生成太快，被吸附在沉淀表面的杂质离子来不及离开沉淀表面就被沉积上来的离子所覆盖，而包藏到沉淀内部，引起共沉淀现象。这种现象称为吸留。母液在沉淀中的包藏称为包夹。重结晶可使这种包藏现象减少，因此陈化是有效的措施。

3.5.2　后沉淀现象

后沉淀现象是指溶液中某些组分析出沉淀之后，另一种本来难于析出沉淀的组分，在该沉淀表面上继续析出的现象。这种情况大多发生在该组分的过饱和溶液中。例如草酸盐沉淀法从含 Mg^{2+} 的溶液中沉淀 Ca^{2+} 时，即使草酸盐的浓度超过了 MgC_2O_4 的溶解度，MgC_2O_4 却形成了过饱和溶液并不沉淀析出。所以用草酸盐法可以将 Ca^{2+}、Mg^{2+} 分离。但如果将此沉淀与溶液不加分离，数小时后，将有 MgC_2O_4 沉淀在 CaC_2O_4 上，这就是后沉淀现象。特别是经加热，放置后，后沉淀现象会更为严重。

金属硫化物沉淀过程中，后沉淀现象也比较严重。例如在 Zn^{2+} 浓度为 $c_B=0.1mol/L$ 的强酸溶液中通入 H_2S，由于形成过饱和溶液，不能将 ZnS 沉淀下来，如果溶液中含 Hg^{2+}，则在 HgS 沉淀下来后，20min 内 90% 以上的 Zn^{2+} 被沉淀成 ZnS 沉淀。如果溶液中含 Cu^{2+} 或 Bi^{2+}，后沉淀现象会同样发生，只是开始得慢一些。

后沉淀现象与共沉淀现象的区别在于：

① 后沉淀引入杂质的量，随沉淀在试液中放置时间的增长而增多，而共沉淀引入杂质的量受放置时间的影响较小；

② 不论杂质在沉淀之前就存在，还是在沉淀之后加入，后沉淀引入杂质的量基本一致；

③ 温度升高，后沉淀现象有时更为严重；

④ 后沉淀引入的杂质，有时比共沉淀严重得多。杂质引入的量，甚至可能达到与被测组分相近的量。

需要指出，也有人把后沉淀列为共沉淀现象的一种。

在重量分析中，共沉淀和后沉淀是一种消极因素，但事物在一定条件下可以转化为积极因素。人们利用共沉淀现象，可以将溶液中的痕量组分富集于某一沉淀之中，这就是共沉淀分离法。

3.5.3　减少沉淀沾污的方法

前面提到，由于共沉淀和后沉淀现象，使沉淀被沾污而不纯净，为了提高沉淀的纯度，可采取下列措施：

① 选择适当的分析步骤。例如在测定试样中某少量组分含量时，不要首先沉淀主要成分，否则由于大量沉淀的析出，会使部分少量组分混入沉淀中，引起测定误差。

② 选择合适的沉淀剂。例如选用有机沉淀剂，可以减少共沉淀现象。

③ 改变杂质的存在形式。例如沉淀 $BaSO_4$ 时，将 Fe^{3+} 还原为 Fe^{2+}，或用 EDTA 将它络合，Fe^{3+} 的共沉淀就会大为减少。

④ 改善沉淀条件。沉淀条件包括溶液浓度、温度、试剂的加入顺序和速度，陈化情况等。它们对沉淀纯度的影响情况见表 3.6。

⑤ 再沉淀。将已得到的沉淀过滤后溶解，进行第二次沉淀。再沉淀时，溶液中杂质的含量大为降低，共沉淀或后沉淀现象自然减少。

表 3.6 沉淀条件对沉淀纯度的影响

沉淀条件	混晶	表面吸附	吸留或包夹	后沉淀
稀释溶液	○	+	+	○
慢沉淀	不一定	+	+	−
搅拌	○	+	+	○
陈化	不一定	+	+	−
加热	不一定	+	+	○
洗涤沉淀	○	+	○	○
再沉淀	+①	+	+	+

① 有时再沉淀也无效，则选用其他沉淀剂。

注：表中＋表示提高纯度；－表示降低纯度；○表示影响不大。

当采取上述措施后，沉淀的纯度仍然提高不大，则可对沉淀中的杂质进行测定，然后对分析结果加以校正。

在重量分析中，共沉淀或后沉淀对分析结果的影响程度，随具体情况的不同而不同。可能引起正误差，也可能引起负误差，还可能没有误差。例如用 $BaSO_4$ 重量法测定 Ba^{2+}，如果沉淀吸附了 $Fe_2(SO_4)_3$ 等外来杂质，灼烧后不能除去，则引起正误差；如果沉淀中包夹有 $BaCl_2$，最后按 $BaSO_4$ 计算，必然引起负误差；如果沉淀吸附的是挥发性的盐类，灼烧后能完全除去，则将不引起误差。还有一种情况，就是被测组分沉淀不完全，引起负误差，而共沉淀或后沉淀现象使沉淀引入外来杂质，产生正误差，正负误差部分抵消，最后对分析结果的影响从表观上看似乎并不大。

3.6 沉淀重量法

在重量分析中，为了获得准确的分析结果，不仅要求沉淀完全和纯净，而且希望沉淀易于过滤和洗涤。为此必须根据不同的沉淀类型，选择不同的沉淀和洗涤条件。

3.6.1 沉淀条件的选择

3.6.1.1 晶形沉淀的沉淀条件

(1) 沉淀作用应当在适当稀的溶液中进行，并加入沉淀剂的稀溶液。这样在沉淀作用开始时，溶液的相对过饱和度不致太大，均相成核作用不显著，容易得到大颗粒的晶形沉淀，这样的沉淀易滤、易洗。同时由于晶粒大，比表面小，溶液稀，杂质浓度相应也低，所以共沉淀现象小，有利于得到纯净的沉淀。但不能理解为溶液越稀越好。溶液过稀，沉淀溶解而引起的损失，有可能超过允许的分析误差。

(2) 应该在不断的搅拌下，缓慢地加入沉淀剂。通常，当沉淀剂溶液加入到试液中时，由于来不及扩散，所以在两种溶液混合的地方，沉淀剂的浓度比试液中其他地方的浓度高得多，这种现象称为"局部过浓"。局部过浓会导致产生严重的均相成核作用，形成大量的晶核，致使获得的沉淀颗粒小，纯度差。在不断搅拌下缓慢地加入沉淀剂，显然可以防止局部过浓现象。

(3) 沉淀作用应当在热溶液中进行。一般地说，沉淀的溶解度随温度的升高而增大，沉淀吸附杂质的量随温度的升高而减小。因此在热溶液中进行沉淀反应，一方面可增大沉淀的溶解度，降低溶液的相对过饱和度，以便获得大的晶粒；另一方面又能减少杂质的吸附量，有利于得到纯净的沉淀。同时升高溶液的温度，可以增加构晶离子的扩散速度，加速晶体的成长，也有利于获得大的晶粒。但是应该指出，对于在热溶液中溶解度较大的沉淀，可以在热溶液中析出沉淀后，冷却到室温再过滤，以减少沉淀的溶解损失。

(4) 陈化。陈化作用在于减少污染，便于过滤。加热和搅拌可以加速陈化作用，缩短陈化时间。在陈化过程中，由于小晶粒转化为大晶粒，易于过滤和洗涤。晶粒变大后，比表面减小，吸附杂质量少。同时由于小晶粒溶解，原来吸附、吸留或包夹的杂质，亦将重新进入溶液，因而提高了沉淀的纯度。但是对于伴随有混晶共沉淀的沉淀，陈化不一定能提高纯度；而对于伴随有后沉淀的沉淀，会降低纯度，因此不能陈化，应较快地过滤。

3.6.1.2 非晶形沉淀的沉淀条件

无定形沉淀的溶解度一般很小。如 $Fe_2O_3 \cdot nH_2O$ 及 $Al_2O_3 \cdot nH_2O$ 等，不能期望通过有限的稀释使其溶液相对过饱和度的减小来改变沉淀的物理性质。这种沉淀是由许多沉淀微粒聚集而成的，颗粒小，比表面大，吸附杂质多，易胶溶。又因为其结构疏松，体积庞大，不易过滤和洗涤，因此对于非晶形沉淀来说，主要是设法破坏胶体，防止胶溶，加速沉淀的凝聚，减少吸附。为此，其沉淀条件如下。

(1) 沉淀作用应在较浓的溶液中进行。因为在较浓的溶液中，离子的水化程度小，因此得到的沉淀含水量少，体积较小，结构紧密，沉淀微粒容易凝聚，但由于在浓溶液中，杂质的浓度也相应地提高，增大了杂质被吸附的可能性。因此在沉淀反应完毕后，需要加热水稀释，并充分搅拌，使大部分吸附在沉淀表面上的杂质离子转移到溶液中去。

(2) 沉淀作用应在热溶液中进行。在热溶液中，离子的水化程度大为减少，所以有利于沉淀的结构紧密，含水量少，可以促进沉淀微粒的凝聚，防止形成胶体溶液，还可以减少沉淀表面对杂质的吸附，有利于提高沉淀的纯度。

(3) 沉淀时加入大量电解质或某些能引起沉淀微粒凝聚的胶体。因为电解质能中和胶粒的电荷，降低其水化程度，因此电解质能防止形成胶体溶液，促进沉淀微粒的凝聚。洗涤时，为了防止沉淀发生胶溶现象，洗涤液中也应加入适量的电解质。但必须指出，为了避免电解质混入沉淀中而引起重量分析误差，通常采用易挥发的铵盐和稀的强酸作洗涤液。

有时于溶液中加入某些胶体，可使被测组分沉淀完全。例如测定 SiO_2，通常是在强酸性介质中析出硅酸沉淀，由于硅酸是带负电荷的胶体，所以沉淀不完全。如果向溶液中加入带正电荷的动物胶，由于相互凝聚作用，可使硅胶沉淀完全。

(4) 不必陈化。沉淀反应完毕后，趁热过滤。因为非晶形沉淀久置后，将逐渐失去水分而聚集得更为紧密，使已吸附的杂质难以洗去。

此外，常使用再沉淀法来提高沉淀的纯度。在沉淀时不断搅拌，对非晶形沉淀也是有利的。

3.6.1.3 均相沉淀法

通常的沉淀法，是加入沉淀剂直接与试液中被测组分发生反应，生成沉淀。尽管在不断搅拌下缓慢地加入沉淀剂，但溶液中的局部过浓现象仍然存在。为了避免局部过浓现象，可采用均相沉淀法，即加入到溶液中的沉淀剂不立刻与被测组分发生反应，而是通过一化学反应，使溶液中的一种构晶离子，由溶液中缓慢地、均匀地产生出来，从而使沉淀在整个溶液中缓慢地、均匀地析出。这种在均匀溶液中，均匀地发生沉淀的沉淀方法就是均相沉淀法。

例如用均相沉淀法沉淀 Ca^{2+} 时，于含 Ca^{2+} 的酸性溶液中加入 $H_2C_2O_4$，由于酸效应的影响，不能立即析出 CaC_2O_4 沉淀。然后加入尿素，此时溶液还是透明的，然后当溶液加热至 90℃左右，尿素发生水解：

$$CO(NH_2)_2 + H_2O \Longrightarrow CO_2\uparrow + 2NH_3$$

水解产生的 NH_3 均匀地分布在溶液的各个部分，随着 NH_3 的不断产生，溶液的酸度渐渐降低，$C_2O_4^{2-}$ 的浓度渐渐增大，当 pH 值升高到 $[C_2O_4^{2-}]$ 与 $[Ca^{2+}]$ 的乘积超过 CaC_2O_4 的溶度积后，出现过饱和状态（此时过饱和度很低），溶液中就会均匀而缓慢地生成粗大而完整的 CaC_2O_4 晶粒。

均相沉淀法所得的沉淀，虽具有颗粒大，表面吸附杂质少，不需陈化，易滤易洗等优点，却不能指望通过均相沉淀法消除生成固溶体的污染。

均相沉淀法有以下几种。

(1) 控制 pH 值。除上述尿素外，六亚甲基四胺或乙酰胺在水溶液中水解，均可使 pH 值升高。凡弱酸根作为沉淀剂的方法（如草酸盐沉淀、碱式盐沉淀、8-羟基喹啉、丁二酮肟等有机弱酸的金属螯合物等）都可由 pH 值的升高导致沉淀剂有效浓度升高。

如将溶液中的氨蒸发或将酯水解生成羧酸，可使 pH 值降低。

(2) 生成沉淀剂。硫代乙酰胺加热水解，可缓慢地生成 S^{2-}，用于沉淀硫化物。磷酸三乙酯、草酸甲酯、硫酸二乙酯水解，产生 PO_4^{3-}、$C_2O_4^{2-}$ 和 SO_4^{2-}，用作沉淀剂。

在过量的 EDTA 存在下的碱性溶液（pH>9）中，$BaSO_4$ 是可溶的，加入氧化剂破坏 EDTA，可得到均匀沉淀的 $BaSO_4$。

丁二酮肟可借联乙酰和羟胺反应生成，铜铁试剂可借苯胺与亚硝酸钠反应生成。

以上都是使沉淀剂缓慢生成的方法。

(3) 蒸发溶剂。如 8-羟基喹啉铝可借蒸发除去水-丙酮溶液中的丙酮而均相沉淀。

3.6.2 洗涤液的选择

洗涤液应具有既能除去母液和沉淀表面所吸附的杂质，又能保证沉淀不因洗涤而溶解，这就是选择洗涤液的原则。

蒸馏水只能用于洗涤溶解度小和不易胶溶的沉淀，且杂质应是易溶于水的。

沉淀剂的稀溶液作为洗涤液，有抑制沉淀溶解的作用，将它调整到沉淀条件，往往还能兼顾除去杂质的作用。但洗涤液的成分应是可以挥发除去的。否则，最后洗涤时要将它洗去。

容易形成胶体的非晶形沉淀，须用易挥发的电解质溶液洗涤。

例如，$BaSO_4$ 沉淀可以先用稀盐酸洗涤，一方面能洗去其他金属离子，另一方面可防止金属离子的水解，最后用水洗去盐酸。草酸钙沉淀可用 $(NH_4)_2C_2O_4$ 溶液洗涤，以防止 CaC_2O_4 溶解。$Fe_2O_3 \cdot nH_2O$ 沉淀则用 NH_4Cl（加少量氨水）洗涤，以防胶溶。

3.7 重量分析结果的计算

3.7.1 换算因数

重量分析中，通常按下式计算被测组分的百分含量：

$$被测组分含量 = \frac{被测组分的质量}{试样的质量} \times 100\% \tag{3.5}$$

如果最后得到的称量形式就是被测组分的形式，则分析结果的计算比较简单。例如重量

法测定岩石中的 SiO_2。称样 0.2034g，析出硅胶沉淀后灼烧成 SiO_2，其称量得 0.1561g。则试样中 SiO_2 的百分含量为

$$w(SiO_2) = (0.1561/0.2034) \times 100\% = 76.75\%$$

但在很多情况下，沉淀的称量形式与要求的被测组分的表示形式不一样。例如沉淀的称量形式是 SiO_2，要求被测组分的表示形式是 Si，这时就需要将称量形式的质量换算成被测组分的质量。

$$\text{被测组分的质量} = \text{换算因数} \times \text{称量形式的质量} \tag{3.6}$$

换算因数在重量分析的计算中是一个重要的数据。它表示为被测组分的相对分子质量和称量形式的相对分子质量之比，即

$$\text{换算因数} = \text{被测物质的相对分子质量}/\text{称量形式的相对分子质量} \tag{3.7}$$

【例 3.5】 计算用 $BaSO_4$ 称量形式测定 SO_3 的换算因数。

解：换算因数 $= M_{SO_3}/M_{BaSO_4} = 80.06/233.39 = 0.3430$

【例 3.6】 计算 0.2000g 8-羟基喹啉铝 $(C_9H_6NO)_3Al$ 相当于多少克 Al_2O_3？

解：换算因数 $= M_{Al_2O_3}/2M_{(C_9H_6NOH)_3Al} = 101.96/918.25 = 0.1110$

Al_2O_3 的质量 $=$ 换算因数 $\times 0.2000g = 0.1110 \times 0.2000g = 0.0222g$

3.7.2 重量分析结果的计算

【例 3.7】 称取某试样 0.3621g，用 $MgNH_4PO_4$ 重量法测定其中的 MgO 的含量，称量得 $Mg_2P_2O_7$ 0.6300g，计算该试样中 MgO 的百分含量。

解：$w(MgO) = \dfrac{m_{Mg_2P_2O_7} \times \dfrac{2M(MgO)}{M(Mg_2P_2O_7)}}{m_{试样}} \times 100\% = \dfrac{0.6300 \times \dfrac{2 \times 40.32}{222.6}}{0.3621} \times 100 = 63.00\%$

故该试样中含 MgO 为 63.00%。

【例 3.8】 用高氯酸脱水重量法测定高温合金中的硅含量。称取试样 0.5000g，两次脱水过滤洗涤后的沉淀放在铂坩埚中灰化，于 1000℃ 高温炉中灼烧 30min，于干燥器中冷至室温，称量得 m_1 为 42.2130g。然后用 $HF-H_2SO_4$ 处理铂坩埚中的沉淀，冒硫酸烟后，于 800℃ 高温炉中灼烧 15min，于干燥器中冷至室温，称量，并反复灼烧至恒重得 m_2 为 42.2000g。上述同样条件下，试剂空白第一次称量 m_3 为 43.0020g；第二次称量至恒重 m_4 为 43.0002g。试计算该样品中硅的百分含量。

解：$w(Si) = \dfrac{[m_1 - m_2 - (m_3 - m_4)] \times \dfrac{M(Si)}{M(SiO_2)}}{m_{试样}} \times 100\%$

$= \dfrac{[42.2130 - 42.2000 - (43.0020 - 43.0002)] \times \dfrac{28.08}{60.08}}{0.5000} \times 100\%$

$= 1.05\%$

故该样品含硅 1.05%

3.8 应用示例

尽管沉淀重量法分析速度慢，但为绝对法，故少数重量分析法仍然被纳入各类标准中，至今在标准物质定值及仲裁分析中被采用。

3.8.1 钢铁及合金钢中硅的重量法测定

硅在钢中起着重要作用，它能增强钢的强度、弹性、耐酸性和耐热性，又能增大钢的电阻系数，同时它又是钢的有效脱氧剂。

硅在钢中主要的存在形态为Fe_2Si、$FeSi$或更复杂的化合物$FeMnSi$。高碳硅钢中也有部分生成SiC。另外，有少部分生成硅酸盐状态的夹杂物。

3.8.1.1 方法原理

试样用盐酸和硝酸溶解，通过冒高氯酸烟使硅酸脱水，经过滤洗涤后，将沉淀灼烧成二氧化硅等。用硫酸-氢氟酸处理，使硅成四氟化硅挥发除去，残渣再灼烧。根据除硅前后质量之差计算出硅的含量。

3.8.1.2 共存元素的干扰与消除

本方法在试验条件下，合金中常见的金属离子铬、镍、铁等大量存在不干扰硅的测定。

含钨钼等高的试料，在硫酸-氢氟酸处理前，灼烧温度最好控制在1000~1050℃；使氧化钨、氧化钼尽量挥发掉。而处理后的残渣，应控制在650~750℃灼烧，以免残渣中的氧化钨和氧化钼挥发，造成分析结果偏高。

若试样中有铌、钽、钛或锆等元素存在时，在硫酸-氢氟酸处理前，灼烧温度最好控制在1000~1050℃灼烧30min；加入1~1.5ml硫酸，小心缓慢加热至冒尽硫酸烟，然后置于高温炉中于800℃灼烧10min，取出稍冷，在干燥器中冷却至室温，称量，并反复灼烧至恒量（m_1）。再沿铂坩埚内壁滴加8~10滴硫酸、3~5ml氢氟酸，小心缓慢加热至冒尽硫酸烟，再在800℃灼烧到恒量（m_2）。

重量法测定硅的干扰元素主要是硼。试样中硼含量大于1%；或硼含量大于0.01%，且硅含量大于1%时，则均应除硼；其干扰程度随硅含量的高低而不同。硅含量越高则硼的影响也越大。硼的影响是由于在硅胶脱水过程中，一部分硼以硼酸形式夹杂于硅胶沉淀中，其夹杂量随硅量与硼量的增加而增大。在灼烧过程中，被夹杂的硼酸一部分被挥发掉，另一部分则转变成氧化硼而留在沉淀中，当用硫酸-氢氟酸处理时，氧化硼转变成BF_3，并与SiF_4一起逸出，而使结果偏高。消除的方法是用热水充分洗涤硅胶沉淀以消除硼酸形式的夹杂，或用甲醇处理使硼生成$(CH_3O)_3B$而逸出。试验证明，硼的夹杂量与洗涤程度有关，洗涤得越充分，夹杂量越少，干扰也就越小。对于高硅高硼试样来说，单靠用洗涤方法来消除硼的干扰是困难的，还需辅以甲醇处理，即试样以盐酸溶解，将体积浓缩至10ml以下，加入40ml甲醇，低温慢慢挥发至10ml以下，然后加5ml浓硝酸，再加高氯酸冒烟脱水。若在灼烧成SiO_2以后加入甲醇处理，硼的干扰则不能消除。因为夹杂于SiO_2中的氧化硼用甲醇处理效果不明显。

在高氯酸中脱水时，锡、锑、铌、钽、钨、钼等与硅胶同时被沉淀。高氯酸脱水最为方便，一次脱水即可；但在分析高含量硅（2%以上）时，用高氯酸进行一次脱水，其分析结果均偏低，故在进行精确分析时，应进行二次脱水。

重量法测定硅的关键，在于硅胶脱水是否完全。硅胶属于非晶形弱酸沉淀，易溶于碱，应在强酸性介质中进行沉淀。因此脱水后的硅胶用盐酸酸化，热水溶盐，不必陈化，即可趁热过滤。沉淀先用含盐酸的热水洗涤，再用热水洗涤。洗涤酸度应和沉淀酸度基本保持一致〔一般控制在（5+95）盐酸酸度〕。这样可以防止硅胶沉淀和金属离子水解，有利于抑制硅胶的溶解损失和金属离子的洗除。

灼烧 SiO_2 的温度一般应控制在 950～1050℃。温度过低，会由于硅胶失水不完全造成分析结果偏高；温度太高，铂能部分挥发也影响分析结果，而且也没必要。

3.8.1.3 操作关键

① 加盐酸、热水溶解盐类时，不要高温加热。

② 经冒高氯酸烟使硅酸脱水，通常进行一次即可得到满意结果。在分析准确度要求很高的情况下，可将滤液中残留的硅酸进行第二次脱水，并将两次沉淀合并一起进行灼烧。

③ 过滤时间不能过长，否则引起胶溶，影响结果。

④ 过滤时，应用热的（5+95）盐酸洗涤沉淀至无铁离子。可以用 50g/L 硫氰酸铵溶液检查是否洗净铁离子。

⑤ 灰化时要防止滤纸着火，否则能产生不易燃烧的黑色物质。

⑥ 灼烧后，因为二氧化硅有极强的吸水能力，冷却与称量注意在干燥条件下进行。

⑦ 用硫酸-氢氟酸处理二氧化硅时，硫酸的作用是为了防止 SiF_4 水解，并吸收反应过程中析出的水。反应中生成的水能将 SiF_4 分解成不挥发性的化合物。

$$SiO_2 + 4HF == SiF_4 \uparrow + 2H_2O$$
$$3SiF_4 + 4H_2O == 2H_2SiF_6 + Si(OH)_4$$

SiF_4 与过量的氢氟酸也能反应形成硅氟酸。

$$SiF_4 + 2HF == H_2SiF_6$$

但硅氟酸和硫酸一起加热时即被分解。

若用氢氟酸处理，无硫酸存在，还会使某些在硅胶中夹杂的金属氧化物形成相应的氟化物，而在重量计算上受到影响。

$$Fe_2O_3 + 6HF == 2FeF_3 + 3H_2O$$
$$TiO_2 + 4HF == TiF_4 + 2H_2O$$

3.8.1.4 分析程序

称取 1.00～2.00g 试料置于 400ml 烧杯中，加入 50～80ml 浓盐酸，10～15ml 浓硝酸，盖上表面皿，微热至试料完全溶解。加入 30～40ml 高氯酸，加热蒸发至冒高氯酸浓烟，回流 10～15min，稍冷。

加入 15ml 盐酸润湿盐类，并使六价铬还原。加入 120ml 热水，搅拌溶解盐类，加入少量纸浆，立即用中速定量滤纸过滤，并用带有橡皮头的玻璃棒将粘在烧杯壁上的沉淀仔细擦净。用热的盐酸洗净烧杯和玻璃棒，并洗涤沉淀至无铁离子，将滤液用 50g/L 的硫氰酸铵溶液检查，再用热水洗涤 3～4 次，连同滤纸移入铂坩埚中，烘干，在 500～600℃ 加热至滤纸完全灰化，盖上铂坩埚盖但不应盖严，置于 1000～1050℃ 高温炉中灼烧 30～40min，取出，稍冷，置于干燥器中，冷却至室温，称量，并反复灼烧至恒量（m_1）。沿铂坩埚内壁加入 8～10 滴硫酸（1+4）、3～5ml 氢氟酸，摇匀。缓缓加热小心蒸发至硫酸烟完全驱尽为止。再将铂坩埚置于高温炉中，于 800℃ 灼烧 15min，取出，稍冷，置于干燥器中，冷却至室温，称量，并反复灼烧至恒量（m_2）。随同试样做试剂空白，第一次称重为 m_4，第二次称量至恒重为 m_5。

3.8.1.5 分析结果的计算

按下式计算硅的质量分数 w，数值以%表示：

$$w = \frac{(m_1 - m_2 - m_3) \times 0.4674}{m} \times 100\%$$

式中 m_1——氢氟酸处理前铂坩埚、二氧化硅及残渣的质量,g;

m_2——氢氟酸处理后铂坩埚与残渣的质量,g;

m_3——空白试验所测得二氧化硅杂质的质量,即 m_4 与 m_5 质量之差,g;

m——称样质量,g;

0.4674——二氧化硅换算成硅的换算因数。

3.8.2 铝合金中硅的重量法测定

硅在铝合金中起着重要作用,它能改善合金的流动性,降低热裂倾向,减少疏松,提高气密性。

3.8.2.1 方法原理

试样用氢氧化钠溶解,用高氯酸酸化后,加热蒸发至冒高氯酸烟,使硅酸脱水。过滤、烘干、灼烧成二氧化硅后称重。用氢氟酸挥发硅,残余物再经灼烧并称量。根据两次质量之差,测计算硅的含量。

3.8.2.2 实验注意事项

① 如果试样含锡,需在冒高氯酸烟前加入氢溴酸使锡挥发而除去。

② 从镍皿向烧杯倾倒溶液时,为防止碱性溶液沿烧杯壁留下,应使溶液直接倾入高氯酸中,以免碱性溶液腐蚀玻璃而影响硅的测定。

③ 如做仲裁分析,滤液则需再重复处理,所得结果应为两次质量之和。

3.8.2.3 分析程序

按表 3.7 称取试样后,置于 250ml 镍皿或银烧杯中,加入 15～20ml 水,按表 3.7 加入氢氧化钠溶液,待剧烈反应后,用水冲镍皿壁和表面皿,加热至完全溶解,稍冷。加入数滴过氧化氢,蒸发至糖浆状,冷却。用水稀释至约 40ml,搅拌使盐类溶解,小心倾入预先盛有高氯酸(按表 3.7)的 400ml 烧杯中,器皿和器皿盖用数滴盐酸(1+1)洗涤,立即用水冲洗 3～4 次。

在溶液中加入 5ml 硝酸,加热煮沸至溶液透明,加热蒸发至冒高氯酸烟,并回流 5～10min,冷却后加入 5ml 盐酸、5ml 明胶、100ml 热水,加热至完全溶解。趁热用中速滤纸过滤。用 1+49 的热盐酸洗涤杯壁及沉淀物 5～7 次,再用热水洗涤沉淀物至无氯离子为止。滤液再蒸发冒烟重复脱水处理一次。将沉淀连同滤纸移入铂坩埚中,灰化后移入高温炉中,灼烧至 1000℃并保温 40min。取出稍冷,置于干燥器中冷却至室温后称量,如此反复灼烧至恒重。

将坩埚内沉淀用 1+1 硫酸 5-6 滴湿润,滴加氢氟酸 3～4ml,蒸发至硫酸烟冒尽。移入高温炉中于 850～900℃下灼烧 30min,取出稍冷,置于干燥器中冷至室温后称重。如此反复灼烧至恒量。随同试样做试剂空白,第一次称重为 m_4,第二次称量至恒重为 m_5。

表 3.7 试验取样量

硅的质量分数/%	称样量/g	200g/L 的氢氧化钠溶液用量/ml	高氯酸用量/ml
1.00～4.00	1.00	35	50
>4.00～8.00	0.50	25	40
>8.00～13.00	0.25	20	30

3.8.2.4 分析结果的计算

按下式计算硅的质量分数 w,数值以%表示:

$$w = \frac{(m_1 - m_2 - m_3) \times 0.4674}{m} \times 100\%$$

式中 m_1——氢氟酸处理前铂坩埚、二氧化硅及残渣的质量，g；

m_2——氢氟酸处理后铂坩埚与残渣的质量，g；

m_3——空白试验所测得二氧化硅杂质的质量，即 m_4 与 m_5 质量之差，g；

m——称样质量，g；

0.4674——二氧化硅换算成硅的换算因数。

第4章 酸碱滴定法

4.1 概述

酸碱理论经历了由初级到高级的发展过程，其中重要的理论有阿仑尼乌斯的电离理论，它是酸碱理论发展的基础理论，在此基础上，相继有富兰克林的溶剂理论，布朗斯台德的质子理论，路易斯的电子理论和软硬酸原则。本章所涉及的酸碱反应都是质子转移的反应，这些反应的平衡关系是广义的酸碱平衡。

酸碱质子理论认为，凡是能够释放质子（H^+）的任何含氢原子的分子或离子都是酸；凡是能够夺取质子（H^+）的分子或离子都是碱。如在水溶液中，

$$\left.\begin{array}{l} HCl \rightleftharpoons H^+ + Cl^- \\ H_2PO_4^- \rightleftharpoons H^+ + HPO_4^{2-} \\ NH_4^+ \rightleftharpoons H^+ + NH_3 \end{array}\right\} 酸 \rightleftharpoons 质子 + 碱$$

由以上离解平衡式可以看出，酸释放质子的过程是可逆的，即酸释放质子后余下的部分是碱，而碱夺取质子后的生成物是酸，两者存在相对依赖的关系，称为酸碱的"共轭"关系。酸碱共轭关系也存在于酸碱反应中，如：

$$\underset{酸1}{HCl} + \underset{碱2}{NaOH} \rightleftharpoons \underset{碱1}{NaCl} + \underset{酸2}{H_2O}$$

在非水溶液中，也存在酸碱的共轭关系，如：

$$\underset{酸1}{NH_3} + \underset{碱2}{NH_3} \rightleftharpoons \underset{碱1}{NH_2^-} + \underset{酸2}{NH_4^+}$$

以上酸1的共轭碱为碱1；碱2的共轭酸是酸2。

质子理论认为，酸碱反应的实质是质子的转移反应。释放质子能力强的物质是强酸，反之是弱酸；夺取质子能力强的物质是强碱，反之是弱碱。对于给定的共轭酸碱来说，它们的强弱具有一种依赖关系，即强酸释放出质子，转化为它的共轭碱是弱碱；强碱夺取质子，转化成它的共轭酸是弱酸。酸碱反应主要是由强酸与强碱向生成弱酸和弱碱的方向进行。

酸碱质子理论不仅适用于水溶液，也适用于能电离的液体。但它只限于质子的释放与夺取，对于无质子参与的酸碱反应却不能解释了。

4.2 水的离解平衡与离子积

4.2.1 水的离解平衡

在各种溶剂中，水是最重要的溶剂，许多酸、碱、盐的化学反应都是在水溶液中进行的。水是极弱的电解质，它的离解是可逆的，离解平衡式为：

$$H_2O \rightleftharpoons H^+ + OH^-$$

其中，H^+ 是一个裸露的质子，不能单独孤立地存在于水中，而是与一定数量的水分子结合成水合氢离子 $H_9O_4^+$，一般简写为 H_3O^+，进一步简写为 H^+。OH^- 也是较复杂的水合离子，一般简写为 OH^-。

当 H_2O 离解平衡时，$[H^+]$、$[OH^-]$ 之积与 $[H_2O]$ 是一定的，$[H^+]$ 和 $[OH^-]$ 之积与 $[H_2O]$ 的比值是一个常数，即：

$$K = \frac{[H^+][OH^-]}{[H_2O]} \tag{4.1}$$

式中，K 称为水的离解平衡常数。

4.2.2 水的离子积

经实验测定，在 25℃时，纯水中的 $[H^+]$ 与 $[OH^-]$ 各为 1.004×10^{-7} mol/L，即离解了的水分子只有 1.004×10^{-7} mol/L，而纯水含 55.6 mol/L 的 H_2O，此数与 1.004×10^{-7} mol/L 比较，后者太小，可忽略不计，则 $[H_2O]$ 可被认为是一个定值，由式(4.1)可得：

$$K[H_2O] = [H^+][OH^-]，令 K_W = K[H_2O]，则$$

$$K_W = [H^+][OH^-] \tag{4.2}$$

在 25℃时，$[H^+] = [OH^-] = 1.004 \times 10^{-7}$，$K_W = 1.008 \times 10^{-14}$，$K_W$ 称为水的离子积常数，它是一个很重要的常数。在稀溶液中，K_W 不随离子浓度的变化而改变，却随温度的变化而改变，温度升高，K_W 明显增大（见表4.1）。

表 4.1 不同温度下水的离子积常数 K_W

温度/℃	K_W	温度/℃	K_W
0	1.138×10^{-15}	40	2.917×10^{-14}
10	2.917×10^{-15}	50	5.470×10^{-14}
20	6.808×10^{-15}	90	3.802×10^{-13}
25	1.008×10^{-14}	100	5.495×10^{-13}

在纯水中，加入 HCl 或 NaOH 后，由于 $[H^+]$ 或 $[OH^-]$ 增加，H_2O 的离解平衡发生移动，达到新的平衡时，$[H^+] \neq [OH^-]$，但溶剂 H_2O 的电离平衡常数 K_W 不随 $[H^+]$ 或 $[OH^-]$ 的改变而改变，仍保持 $[H^+][OH^-] = K_W$。在水溶液中，已知 $[H^+]$ 或 $[OH^-]$，可根据 K_W 相应地求出 $[OH^-]$ 或 $[H^+]$。

4.2.3 溶液的 pH 值

由水的离子积可知，溶液中 $[H^+]$ 和 $[OH^-]$ 的相对大小，可反映出溶液的酸性或碱性的强弱。实际应用常以 pH 值表示溶液的酸碱性，它是溶液酸碱性的一种量度。pH 值

定义为氢离子浓度的负对数，在分析化学中，通常不考虑离子强度的影响，采用浓度代替活度，即

$$\mathrm{pH} = -\lg[\mathrm{H}^+] \tag{4.3}$$

pH 值仅适用于 [H$^+$] 或 [OH$^-$] 为 1.000mol/L 以下的溶液。若 [H$^+$]>1.000mol/L，则 pH<0；若 [OH$^-$]>1.000mol/L，则 pH>14。在此两种情况下，可直接写出 H$^+$ 或 OH$^-$ 的浓度，不可用 pH 值来表示溶液的酸碱性。

常温（25℃）下，在水溶液中

$$K_\mathrm{W} = [\mathrm{H}^+][\mathrm{OH}^-] = 1.008 \times 10^{-14}$$

等式两边各取负对数：

$$-\lg K_\mathrm{W} = -\lg[\mathrm{H}^+] + (-\lg[\mathrm{OH}^-])$$

则

$$\mathrm{pH} + \mathrm{pOH} = \mathrm{p}K_\mathrm{W} = 14 \tag{4.4}$$

当 [H$^+$]>[OH$^-$]，即 pH<7，属酸性溶液；

[H$^+$]=[OH$^-$]，pH=7，属中性溶液；

[H$^+$]<[OH$^-$]，pH>7，属碱性溶液。

4.3 酸碱的离解平衡和平衡常数

质子理论认为酸碱的强弱不仅取决于释放质子或夺取质子能力的强弱，同时也与溶剂释放或夺取质子的能力有关。

强酸、强碱都是强电解质，在水溶液中全部或几乎全部离解。所以强酸、强碱不存在离解平衡。

弱酸、弱碱都是弱电解质，在水溶液中只是部分离解，存在离解平衡。如 HAc 释放质子能力弱，水只能将其部分质子转化成 H$_3$O$^+$，部分仍与其共轭碱 Ac$^-$ 结合为 HAc 分子，离解平衡如下：

$$\mathrm{HAc} + \mathrm{H_2O} \xrightleftharpoons{K_a} \mathrm{H_3O^+} + \mathrm{Ac^-}$$

在此平衡式中各物质的量浓度间保持着下列关系：

$$K_a = \frac{[\mathrm{H_3O^+}][\mathrm{Ac^-}]}{[\mathrm{HAc}]}$$

式中，K_a 是 HAc 在水溶液中的离解平衡常数。HAc 的共轭碱 Ac$^-$ 在水溶液中的离解平衡常数为 K_b：

$$\mathrm{Ac^-} + \mathrm{H_2O} \xrightleftharpoons{K_b} \mathrm{HAc} + \mathrm{OH^-}$$

$$K_b = \frac{[\mathrm{HAc}][\mathrm{OH^-}]}{[\mathrm{Ac^-}]}$$

$$K_a K_b = \frac{[\mathrm{H_3O^+}][\mathrm{Ac^-}]}{[\mathrm{HAc}]} \times \frac{[\mathrm{HAc}][\mathrm{OH^-}]}{[\mathrm{Ac^-}]} = [\mathrm{H_3O^+}][\mathrm{OH^-}]$$

故

$$K_a K_b = [\mathrm{H_3O^+}][\mathrm{OH^-}] = K_\mathrm{W} = 1.008 \times 10^{-14} \quad (25℃)$$

多元酸分步离解，如三元酸 H$_3$PO$_4$ 的各级离解常数为 K_{a_1}、K_{a_2}、K_{a_3}，每一级酸的共轭碱，其离解常数为 K_{b_1}、K_{b_2}、K_{b_3}。应用中注意 K_a 与 K_b 的对应关系。

$$\mathrm{H_3PO_4} \xrightleftharpoons{K_{a_1}} \mathrm{H^+} + \mathrm{H_2PO_4^-} \qquad K_{a_1} = \frac{[\mathrm{H^+}][\mathrm{H_2PO_4^-}]}{[\mathrm{H_3PO_4}]}$$

$$H_2PO_4^- \xrightleftharpoons{K_{a_2}} H^+ + HPO_4^{2-} \qquad K_{a_2} = \frac{[H^+][HPO_4^{2-}]}{[H_2PO_4^-]}$$

$$HPO_4^{2-} \xrightleftharpoons{K_{a_3}} H^+ + PO_4^{3-} \qquad K_{a_3} = \frac{[H^+][PO_4^{3-}]}{[HPO_4^{2-}]}$$

$$H_2PO_4^- + H_2O \xrightleftharpoons{K_{b_3}} H_3PO_4 + OH^- \qquad K_{b_3} = \frac{[OH^-][H_3PO_4]}{[H_2PO_4^-]}$$

$$HPO_4^{2-} + H_2O \xrightleftharpoons{K_{b_2}} H_2PO_4^- + OH^- \qquad K_{b_2} = \frac{[OH^-][H_2PO_4^-]}{[HPO_4^{2-}]}$$

$$PO_4^{3-} + H_2O \xrightleftharpoons{K_{b_1}} HPO_4^{2-} + OH^- \qquad K_{b_1} = \frac{[OH^-][HPO_4^{2-}]}{[PO_4^{3-}]}$$

25℃时，$K_{a_1}K_{b_3} = K_{a_2}K_{b_2} = K_{a_3}K_{b_1} = [H^+][OH^-] = K_W = 1.008 \times 10^{-14}$ K_a、K_b的大小，可定量地说明酸碱强弱的程度。

4.4 不同 pH 值溶液中酸碱存在形式及分布曲线

当共轭酸碱处于平衡状态时，溶液中存在着 H_3O^+、OH^- 和不同形式的酸碱组分，此时，它们的浓度称为平衡浓度。在酸碱平衡体系中，不同形式的酸碱浓度占其总浓度的份数，称为"分布系数"，以 δ 表示。分布系数 δ 取决于酸碱组分的性质和溶液中的 $[H^+]$，而与总浓度无关。当溶液中的 $[H^+]$，即 pH 值发生变化时，酸碱平衡发生移动，不同形式的酸碱浓度也随之发生变化。致使分布关系 δ 发生变化。分布系数的大小，可定量地说明溶液中 pH 值与酸碱的各种存在形式的分布关系和分布规律，用分布系数可求得溶液中酸碱组分的平衡浓度。

分布系数与 pH 值之间的关系曲线称为分布曲线。图 4.1～图 4.3 分别为一元酸 HAc、二元酸 $H_2C_2O_4$、三元酸 H_3PO_4 溶液中各种存在形式的分布系数与溶液 pH 值的关系曲线。现以 $H_2C_2O_4$ 为例，对其分布系数和分布曲线讨论如下：$H_2C_2O_4$ 在溶液中的存在形式是 $H_2C_2O_4$、$HC_2O_4^-$ 和 $C_2O_4^{2-}$，若总浓度为 c，则 $c = [H_2C_2O_4] + [HC_2O_4^-] + [C_2O_4^{2-}]$。

$$\delta_2 = \frac{[H_2C_2O_4]}{c} = \frac{[H_2C_2O_4]}{[H_2C_2O_4] + [HC_2O_4^-] + [C_2O_4^{2-}]}$$
$$= \frac{[H^+]^2}{[H^+]^2 + K_{a_1}[H^+] + K_{a_1}K_{a_2}}$$

同样可得

$$\delta_1 = \frac{K_{a_1}[H^+]}{[H^+]^2 + K_{a_1}[H^+] + K_{a_1}K_{a_2}}$$

$$\delta_0 = \frac{K_{a_1}K_{a_2}}{[H^+]^2 + K_{a_1}[H^+] + K_{a_1}K_{a_2}}$$

$$\delta_2 + \delta_1 + \delta_0 = 1$$

由图 4.2 可以看出，当 $pH < pK_{a_1}$ 时，$H_2C_2O_4$ 占优势；当 $pK_{a_1} < pH < pK_{a_2}$ 时，$HC_2O_4^-$ 为主要形式；当 $pH > pK_{a_2}$ 时，则 $C_2O_4^{2-}$ 占优势。一元酸 HAc 及三元酸 H_3PO_4 分布系数的计算方法以此类推。分布曲线可以说明酸碱反应的条件、酸碱滴定的过程、滴定误差及分步滴定的可能性等。

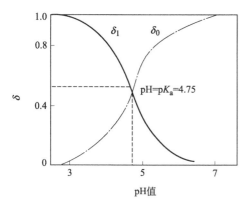

图 4.1 HAc、Ac^- 分布系数与
溶液 pH 值的关系曲线

δ_1—HAc 分布系数;δ_0—Ac^- 分布系数

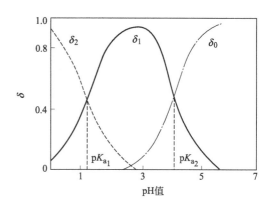

图 4.2 $H_2C_2O_4$ 溶液中各种存在形式的分布系数与
溶液 pH 值的关系曲线

δ_2—$H_2C_2O_4$ 分布系数;δ_1—$HC_2O_4^-$ 分布系数;
δ_0—$C_2O_4^{2-}$ 分布系数

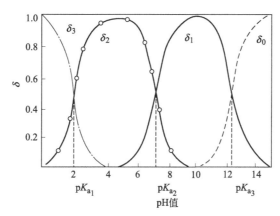

图 4.3 H_3PO_4 溶液中各种存在形式的分布系数与溶液 pH 值的关系曲线

δ_3—H_3PO_4 分布系数;δ_2—$H_2PO_4^-$ 分布系数;δ_1—HPO_4^{2-} 分布系数;δ_0—PO_4^{3-} 分布系数

4.5 酸碱溶液 pH 值的计算

酸碱溶液 pH 值的计算是以酸碱平衡为依据的。本章采用质子转移平衡的方法来处理溶液的酸碱平衡。选择溶液中大量存在,并且参与质子转移的物质,包括溶剂作为零水准(质子参考水准),以此判断得失质子的物质,并以酸释放的质子数与碱夺得的质子数相等的原则,列出质子转移平衡关系式,平衡的数量关系称为质子条件。本节采用质子条件式计算酸碱溶液的 pH 值。

4.5.1 强酸或强碱溶液

强酸或强碱在溶液中全部离解,pH 值计算比较简单。

4.5.1.1 强酸溶液

以 $c(HA)=c_B$❶ 的强酸 HA 溶液为例。

---

❶ 本章中以 c_B 表示所有物质的量浓度。

质子转移反应：
$$HA \rightleftharpoons H^+ + A^-$$
$$H_2O \rightleftharpoons H^+ + OH^-$$

选 H_2O 为零水准，质子条件式：
$$[H^+]=[A^-]+[OH^-]=c_B+[OH^-]$$

当 $c_B \geqslant 20[OH^-]$ 时，$[OH^-]$ 项可忽略
$$[H^+]=c_B \tag{4.5}$$

当 $c_B < 20[OH^-]$ 或 $c_B^2 < 20K_W$ 时，$[OH^-]$ 项不可忽略，即
$$[H^+]=c_B+[OH^-]=c_B+\frac{K_W}{[H^+]}$$
$$[H^+]^2-c_B[H^+]-K_W=0$$
$$[H^+]=\frac{c_B+\sqrt{c_B^2+4K_W}}{2} \tag{4.6}$$

【例 4.1】 计算 $c(HCl)=3.0\times10^{-7}$ mol/L 的 HCl 溶液的 pH 值。

解： $c(HCl)=3.0\times10^{-7}$ mol/L 溶液 $[c(HCl)]^2=9\times10^{-14}<20K_W$
采用式(4.6)计算：
$$[H^+]=\frac{3.0\times10^{-7}+\sqrt{(3.0\times10^{-7})^2+4\times1.0\times10^{-14}}}{2}\text{mol/L}=3.3\times10^{-7}\text{mol/L}$$
$$pH=6.48$$

【例 4.2】 计算 $c(HCl)=2.0\times10^{-2}$ mol/L 的 HCl 溶液的 pH 值。

解： $c(HCl)=2.0\times10^{-2}$ mol/L 的溶液，$c(HCl)>20[OH^-]$，
故
$$[H^+]=c(HCl)=2.0\times10^{-2}\text{mol/L}$$
$$pH=1.70$$

4.5.1.2 强碱溶液

强碱溶液 $[OH^-]$ 计算同上，设强碱总物质的量浓度为 c_B。

当 $c_B \geqslant 20[H^+]$ 时，$[OH^-]=c_B$ \hfill (4.7)

当 $c_B < 20[H^+]$，$c_B^2 < 20K_W$ 时，
$$[OH^-]=\frac{c_B+\sqrt{c_B^2+4K_W}}{2} \tag{4.8}$$

【例 4.3】 计算 $c(NaOH)=0.10$ mol/L 溶液的 pH 值。

解： $c(NaOH)=0.10$ mol/L 的溶液，$c(NaOH)>20[H^+]$，
故
$$[OH^-]=c(NaOH)=0.10\text{mol/L}$$
$$pH=13.00$$

4.5.2 一元弱酸或弱碱溶液

4.5.2.1 一元弱酸溶液

设一元弱酸 HA 溶液总物质的量浓度 $c(HA)=c_B$，质子转移反应为：
$$HA \rightleftharpoons H^+ + A^-$$
$$H_2O \rightleftharpoons H^+ + OH^-$$

选 HA 和 H_2O 为零水准，质子条件式：

$$[H^+]=[A^-]+[OH^-]$$

当 $c_B K_a \geq 20 K_w$ 时，$[OH^-]$ 项可以忽略，另 $[HA]=c_B-[H^+]$，得近似公式：

$$[H^+]=K_a \times \frac{[HA]}{[H^+]}=K_a(c_B-[H^+])/[H^+]$$

$$[H^+]^2+K_a[H^+]-K_a c_B=0$$

$$[H^+]=\frac{-K_a+\sqrt{K_a^2+4K_a c_B}}{2} \tag{4.9}$$

按照 $[H^+]$ 近似计算结果误差不大于 5% 的要求（以下同），当 $c_B K_a \geq 20 K_w$；$c_B/K_a \geq 500$ 时，可以认为 $[HA] \approx c_B$，则得最简式：

$$[H^+]^2=K_a c_B$$

$$[H^+]=\sqrt{K_a c_B} \tag{4.10a}$$

当 $c_B K_a < 20 K_w$ 时，由 H_2O 提供的 $[H^+]$ 不可忽略，则得最简式：

$$[H^+]=\sqrt{K_a c_B + K_w} \tag{4.10b}$$

【例 4.4】 计算 $c(CH_2ClCOOH)=0.10$ mol/L 的 $CH_2ClCOOH$ 溶液的 pH 值。

解： $CH_2ClCOOH$ 的 $K_a=1.4 \times 10^{-3}$，$c_B K_a > 20 K_w$，$\frac{c_B}{K_a}=\frac{0.10}{1.4 \times 10^{-3}} < 500$

采用式(4.9)，得

$$[H^+]=\frac{-K_a+\sqrt{K_a^2+4K_a c_B}}{2}$$

$$=\frac{-1.4 \times 10^{-3}+\sqrt{(1.4 \times 10^{-3})^2+4 \times 1.4 \times 10^{-3} \times 0.10}}{2} \text{mol/L}$$

$$=1.12 \times 10^{-2} \text{mol/L}$$

$$pH=1.96$$

【例 4.5】 计算 $c(HAc)=0.010$ mol/L 的 HAc 溶液的 pH 值。

解： $K_a=1.80 \times 10^{-5}$，$c_B K_a > 20 K_w$，$c_B/K_a > 500$

$$[H^+]=\sqrt{K_a c_B}=\sqrt{1.8 \times 10^{-5} \times 0.010} \text{ mol/L}=4.2 \times 10^{-4} \text{mol/L}$$

$$pH=3.38$$

4.5.2.2 一元弱碱溶液

一元弱碱溶液 $[OH^-]$ 的计算，与一元弱酸 $[H^+]$ 的计算类似。设一元弱碱溶液总物质的量浓度为 c_B。当 $c_B K_b \geq 20 K_w$，其近似公式为

$$[OH^-]=\frac{-K_b+\sqrt{K_b^2+4K_b c_B}}{2} \tag{4.11}$$

当 $c_B/K_b \geq 500$ 时，最简式为

$$[OH^-]=\sqrt{K_b c_B} \tag{4.12a}$$

当 $c_B K_b < 20 K_w$ 时，最简式为

$$[OH^-]=\sqrt{K_b c_B + K_w} \tag{4.12b}$$

【例 4.6】 计算 $c(NH_3)=0.10$ mol/L 的 NH_3 溶液的 pH 值。

解： NH_3 的 $K_b=1.8 \times 10^{-5}$，$c(NH_3)K_b > 20 K_w$，$c(NH_3)/K_b > 500$

$$[OH^-]=\sqrt{K_b c(NH_3)}=\sqrt{1.8 \times 10^{-5} \times 0.1} \text{ mol/L}=1.34 \times 10^{-3} \text{mol/L}$$

$$pOH=2.87$$

$$pH = 14 - pOH = 14 - 2.87 = 11.13$$

4.5.3 多元弱酸或弱碱溶液

多元弱酸弱碱在溶液中是多级离解,是一个复杂的酸碱平衡体系。其中第一级离解常数要比第二级离解常数大得多,即 $K_{a_1} \gg K_{a_2}$;$K_{b_1} \gg K_{b_2}$,说明第一级离解平衡是主要的,因此,多元弱酸或弱碱溶液 pH 值的计算一般是抓住主要平衡进行近似处理。

4.5.3.1 多元弱酸溶液

设二元弱酸 H_2A 溶液总物质的量浓度为 c_B,质子转移反应为:

$$H_2A \rightleftharpoons H^+ + HA^-$$
$$HA^- \rightleftharpoons H^+ + A^{2-}$$
$$H_2O \rightleftharpoons H^+ + OH^-$$

设 H_2A、H_2O 为零水准,质子条件式:

$$[H^+] = [HA^-] + 2[A^{2-}] + [OH^-]$$

溶液呈现酸性,$[OH^-]$ 项可略去。

$$[H^+] = \frac{K_{a_1}[H_2A]}{[H^+]} + 2\frac{K_{a_1}K_{a_2}[H_2A]}{[H^+]^2} = \frac{K_{a_1}[H_2A]}{[H^+]}\left(1 + \frac{2K_{a_2}}{[H^+]}\right)$$

当 $2K_{a_2}/[H^+] < 0.05$ 时,第二级离解可忽略,按一元酸处理,即:

$$[H^+] = \frac{K_{a_1}[H_2A]}{[H^+]}$$

$$[H^+]^2 = K_{a_1}[H_2A]$$

但 $[H_2A] = c_B - [H^+]$,代入上式,则得近似公式:

$$[H^+]^2 + K_{a_1}[H^+] - K_{a_1}c_B = 0$$

$$[H^+] = \frac{-K_{a_1} + \sqrt{K_{a_1}^2 + 4K_{a_1}c_B}}{2} \tag{4.13}$$

当 $c_B/K_{a_1} \geq 500$ 时,可认为 $[H_2A] \approx c_B$,得最简式:

$$[H^+] = \sqrt{K_{a_1}c_B} \tag{4.14}$$

【例 4.7】 计算 $c(H_2CO_3) = 4.0 \times 10^{-2}$ mol/L 的 H_2CO_3 溶液的 pH 值。

解: $K_{a_1} = 4.2 \times 10^{-7}$,$K_{a_2} = 5.6 \times 10^{-11}$,$K_{a_1} \gg K_{a_2}$,$c_B/K_{a_1} > 500$,则采用最简式:

$$[H^+] = \sqrt{c_B K_{a_1}} = \sqrt{4.0 \times 10^{-2} \times 4.2 \times 10^{-7}} \text{ mol/L} = 1.3 \times 10^{-4} \text{ mol/L}$$
$$pH = 3.89$$

【例 4.8】 计算 $c(H_2C_2O_4) = 1.0 \times 10^{-2}$ mol/L 的 $H_2C_2O_4$ 溶液的 pH 值。

解: $K_{a_1} = 5.9 \times 10^{-2}$,$K_{a_2} = 6.4 \times 10^{-5}$,$c_B/K_{a_1} < 500$,则采用近似公式:

$$[H^+] = \frac{-K_{a_1} + \sqrt{K_{a_1}^2 + 4K_{a_1}c_B}}{2}$$

$$= \frac{-5.9 \times 10^{-2} + \sqrt{(5.9 \times 10^{-2})^2 + 4 \times 5.9 \times 10^{-2} \times 1.0 \times 10^{-2}}}{2} \text{ mol/L}$$

$$= 8.7 \times 10^{-3} \text{ mol/L}$$

$$pH = 2.07$$

4.5.3.2 多元弱碱溶液

多元弱碱溶液 $[OH^-]$ 的计算，按多元弱碱溶液类似处理。

当 $2K_{b_2}/[OH^-]<0.05$ 时，采用近似公式：

$$[OH^-]=\frac{-K_{b_1}+\sqrt{K_{b_1}^2+4K_{b_1}c_B}}{2} \tag{4.15}$$

当 $c_B/K_{b_1}>500$ 时，采用最简式：

$$[OH^-]=\sqrt{K_{b_1}c_B} \tag{4.16}$$

【例 4.9】 计算 $c(Na_2CO_3)=2.0\times10^{-1}$ mol/L 的 Na_2CO_3 溶液的 pH 值。

解： $K_{b_1}=10^{-3.73}$，$K_{b_2}=10^{-7.62}$，$c_B/K_{b_1}>500$，则采用式(4.16)：

$$[OH^-]=\sqrt{K_{b_1}c_B}=\sqrt{10^{-3.73}\times2.0\times10^{-1}}\text{ mol/L}=1.41\times10^{-2.36}\text{mol/L}$$

$$pOH=2.21 \quad pH=14-2.21=11.79$$

4.5.3.3 两性物质溶液

在溶液中，既能释放质子，又能接受质子的物质称为两性物质，如多元酸的酸式盐，$NaHCO_3$、K_2HPO_4、NaH_2PO_4、$C_8H_5KO_4$ 等水溶液，弱酸弱碱盐 NH_4Ac、NH_2CH_2COOH 等。两性物质的酸碱平衡较为复杂，计算其溶液的 pH 值时，一般是找出溶液的主要平衡，按多元酸或多元碱的处理方法进行近似计算。

(1) 酸式盐溶液　如二元弱酸酸式盐 NaHA 溶解，$c(NaHA)=c_B$，则质子转移反应：

$$HA^- \underset{K_{b_1}}{\overset{K_{a_2}}{\rightleftharpoons}} H^+ + A^{2-}$$

$$HA^- + H^+ \underset{K_{a_1}}{\overset{K_{b_2}}{\rightleftharpoons}} H_2A$$

$$H_2O \rightleftharpoons H^+ + OH^-$$

选 HA^- 和 H_2O 为零水准，其质子条件式：

$$[H^+]+[HA^-]=[A^{2-}]+[OH^-]$$

$$[H^+]=\frac{K_{a_2}[HA^-]}{[H^+]}+\frac{K_W}{[H^+]}-\frac{[H^+][HA^-]}{K_{a_1}}$$

HA^- 的酸式或碱式离解常数小，K_{a_1}、K_{a_2} 相差大，$[HA^-]\approx c(HA^-)$，整理上式后得：

$$[H^+]=\sqrt{\frac{K_{a_1}[K_{a_2}c(HA^-)+K_W]}{K_{a_1}+c(HA^-)}} \tag{4.17}$$

当 $K_{a_2}c(HA^-)>20K_W$ 时，可忽略 K_W 项，得近似公式：

$$[H^+]=\sqrt{\frac{K_{a_1}K_{a_2}c(HA^-)}{K_{a_1}+c(HA^-)}} \tag{4.18}$$

当两性物质浓度较大，$c(HA^-)>20K_{a_1}$ 时，$K_{a_1}+c(HA^-)\approx c(HA^-)$，则得最简式：

$$[H^+]=\sqrt{K_{a_1}K_{a_2}} \tag{4.19}$$

【例 4.10】 计算 $c(NaHCO_3)=0.10$ mol/L 的 $NaHCO_3$ 溶液的 pH 值。

解： $K_{a_1}=4.2\times10^{-7}$（$pK_{a_1}=6.38$），$K_{a_2}=5.6\times10^{-11}$（$pK_{a_2}=10.25$），$K_{a_1}\geqslant K_{a_2}$，$K_{a_2}c(NaHCO_3)>20K_W$，$c(NaHCO_3)>20K_{a_1}$，故用最简式(4.19)

$$[H^+]=\sqrt{K_{a_1}K_{a_2}}$$

$$pH = 1/2(pK_{a_1} + pK_{a_2}) = \frac{1}{2} \times (6.38 + 10.25) = 8.32$$

(2) 弱酸弱碱盐溶液 在弱酸弱碱盐溶液中,存在两种不同物质的酸碱平衡,现以 $c(NH_4Ac) = 3.0 \times 10^{-2}$ mol/L 为例。

质子转移反应为:

$$NH_4^+ \rightleftharpoons NH_3 + H^+$$
$$Ac^- + H_2O \rightleftharpoons HAc + OH^-$$
$$H_2O \rightleftharpoons H^+ + OH^-$$

在水溶液中,NH_4^+ 起酸的作用,Ac^- 起碱的作用。选 NH_4^+、Ac^- 和 H_2O 为零水准,其质子条件式为:

$$[H^+] + [HAc] = [NH_3] + [OH^-]$$
$$[H^+] = [NH_3] + [OH^-] - [HAc]$$
$$[H^+] = \frac{K_{NH_4^+}[NH_4^+]}{[H^+]} + \frac{K_W}{[H^+]} - \frac{[H^+][Ac^-]}{K_{HAc}}$$

由 NH_3 的 K_b 值求得 $K_{NH_4^+} = 1.0 \times 10^{-14}/1.8 \times 10^{-5}$,由 HAc 的 K_a 值求得 $K_{Ac^-} = 5.6 \times 10^{-10}$,$K_{NH_4^+} = K_{Ac^-}$ 都很小,即 $c(NH_4Ac)$ 变化小,近似认为 $[NH_4^+] \approx c(NH_4Ac)$;$[Ac^-] \approx c(NH_4Ac)$ 代入上式得:

$$[H^+] = \sqrt{\frac{K_{HAc}[K_{NH_4^+}c(NH_4Ac) + K_W]}{K_{HAc} + c(NH_4Ac)}}$$

当 $K_{NH_4^+}c(NH_4Ac) > 20K_W$,则简化为近似公式:

$$[H^+] = \sqrt{\frac{K_{HAc}K_{NH_4^+}c(NH_4Ac)}{K_{HAc} + c(NH_4Ac)}}$$

当 $c(NH_4Ac) > 20K_{HAc}$ 时,进一步简化为最简式:

$$[H^+] = \sqrt{K_{HAc}K_{NH_4^+}}$$

如已知 $c(NH_4Ac) = 3.0 \times 10^{-2}$ mol/L,$K_{HAc} = 1.8 \times 10^{-5}$,$K_{NH_4^+} = 5.6 \times 10^{-10}$,即 $K_{NH_4^+}c(NH_4Ac) > 20K_W$,$c(NH_4Ac) > 20K_{HAc}$,故可用最简式计算 NH_4Ac 溶液中 H^+ 浓度:

$$[H^+] = \sqrt{K_{HAc}K_{NH_4^+}} = \sqrt{1.8 \times 10^{-5} \times 5.6 \times 10^{-10}} \text{ mol/L} = 1.0 \times 10^{-7} \text{ mol/L}$$
$$pH = 7.00$$

对于 $(NH_4)_2CO_3$、$(NH_4)_2HPO_4$、$(NH_4)_2S$ 等由多元弱酸弱碱所组成的两性物质溶液,pH 值计算比较复杂,通常用近似公式计算。

4.6 缓冲溶液

溶液的 pH 值是直接影响化学反应的重要条件之一。化学反应要求在适当稳定的 pH 介质中进行,否则化学反应不能进行或进行得不完全。一般溶液不能满足这个要求,尤其当加入微量酸或碱等试剂时,溶液的 pH 值发生变化,为此,必须加入相应的缓冲溶液,稳定溶液的 pH 值,使化学反应进行完全,确保分析质量。

4.6.1 缓冲溶液的特点及组成

在分析化学中,用来稳定试液 pH 值的溶液叫做缓冲溶液。

(1) 缓冲溶液的特点

① 缓冲溶液浓度较大,一般都在 0.1~0.5mol/L,少数在 1.0mol/L 以上。

② 缓冲溶液本身具有一定的 pH 值。它能够使试液保持在一定的 pH 值范围内,且不因外加少量的酸或碱,或由化学反应产生的少量酸或碱,或将试液稍加稀释等而改变。

(2) 缓冲溶液的组成

① 由浓度较大的弱酸及其共轭碱混合液组成,如 HAc-NaAc。

② 由浓度较大的弱碱及其共轭酸混合溶液组成,如 NH_3-NH_4Cl。

③ 高浓度的强酸或强碱溶液组成。主要作为高酸度(pH<2)或高碱度(pH>10)溶液的缓冲液,但需加入 KCl 以维持较大的离子强度。

④ 酸式盐及次级盐组成,如 $NaHCO_3$-Na_2CO_3、NaH_2PO_4-Na_2HPO_4 等。

4.6.2 缓冲溶液的缓冲原理

以 HAc-NaAc 缓冲溶液为例。

设 $c(NaAc)=p$,$c(HAc)=s$,由 HAc 离解出 Ac^- 的浓度 $c(Ac^-)=x$。

$$NaAc \xrightleftharpoons{} Na^+ + Ac^- \qquad (1)$$
$$\phantom{NaAc \xrightleftharpoons{}} p p$$

$$HAc \xrightleftharpoons{} H^+ + Ac^- \qquad (2)$$
$$s-x \phantom{\xrightleftharpoons{} H^+ +} x$$

由于 NaAc 完全离解,增大了溶液中 $[Ac^-]$,$[Ac^-]=p+x$,并产生了同离子效应,使上面式(2)向左移动,增大了 $[HAc]$,降低了 HAc 分子的离解度,使其接近未离解时的浓度,即 $[HAc] \approx c(HAc)=s$,此时 $[HAc]$ 和 $[Ac^-]$ 都较大,此是 HAc-NaAc 一类缓冲溶液在组成上的特点。根据 HAc 的离解平衡式得:

$$[H^+]=K_a \frac{[HAc]}{[Ac^-]}$$

加入少量强酸时,它离解出的 H^+ 要与 Ac^- 结合,$H^+ + Ac^- \longrightarrow HAc$,即使上面式(2)向左移动,当建立起新的平衡时,$[HAc]$ 略有增加,$[Ac^-]$ 略有减少,而 $\frac{[HAc]}{[Ac^-]}$ 比值几乎保持不变,使溶液 pH 值保持相对稳定。

加入少量强碱时,它离解出的 OH^- 与 HAc 反应,$HAc+OH^- \longrightarrow H_2O+Ac^-$,生成难离解的 H_2O 和 Ac^-,使上面式(2)子向右移动。溶液中 $[HAc]$ 大,大量的 HAc 足够将加入的 OH^- 中和掉。当建立起新的平衡时,$[Ac^-]$ 略有增加,$[HAc]$ 略有减少,$[HAc]/[Ac^-]$ 比值几乎不变,同样使溶液 pH 值保持相对稳定。

由上可知,HAc-NaAc 缓冲溶液中,$[HAc]$、$[Ac^-]$ 都较大,增加少量的 H^+ 或 OH^-,$[HAc]$ 和 $[Ac^-]$ 消耗甚少,而使 $[HAc]/[Ac^-]$ 比值变动小,即 $[H^+]$ 变化小,溶液的 pH 值改变亦很小,所以能使溶液稳定在一定的 pH 值范围内。

4.6.3 缓冲溶液的 pH 值计算

用于控制溶液 pH 值范围的缓冲溶液,缓冲剂的浓度较大,计算结果要求不十分精确,故可采用近似公式计算。

4.6.3.1 弱酸及其共轭碱组成的缓冲溶液

设弱酸 HA 的浓度为 $c(HA)$,共轭碱的浓度为 $c(A^-)$。由 HA 和 A^- 组成的缓冲溶液,离解平衡式:

$$HA+H_2O \rightleftharpoons H_3O^+ + A^-$$

$$K_a = \frac{[H^+][A^-]}{[HA]}$$

$$[H^+] = K_a \frac{[HA]}{[A^-]}$$

HA 是弱酸,又有同离子效应的作用,离解出来的 $[H^+]$ 很小,可忽略不计,则 $[HA]=c(HA)$;$[A^-]=c(A^-)$,代入上式得

$$[H^+] = K_a \frac{c(HA)}{c(A^-)}$$

$$pH = pK_a + \lg\frac{c(A^-)}{c(HA)}$$

$$pH = pK_a + \lg\frac{c(碱)}{c(酸)} \tag{4.20}$$

【例 4.11】 计算含有 $c(HAc)=0.10 mol/L$,$c(NaAc)=0.10 mol/L$ 溶液的 pH 值。

解: HAc 的 $K_a = 1.8 \times 10^{-5}$

$$pH = pK_a + \lg\frac{c(碱)}{c(酸)} = 5 - \lg 1.8 + \lg\frac{0.10}{0.10} = 4.74$$

4.6.3.2 弱碱及其共轭酸组成的缓冲溶液

设弱碱 BOH 的浓度为 $c(BOH)$,其共轭酸 B^+ 的浓度为 $c(B^+)$。由 BOH 和 B^+ 组成缓冲溶液,离解平衡式:

$$BOH \rightleftharpoons B^+ + OH^-$$

$$K_b = \frac{[B^+][OH^-]}{[BOH]}$$

$$[OH^-] = K_b \frac{[BOH]}{[B^+]}$$

同样可认为 $[BOH]=c(BOH)$;$[B^+]=c(B^+)$。代入上式得

$$[OH^-] = K_b \frac{c(BOH)}{c(B^+)}$$

$$pOH = pK_b - \lg\frac{c(BOH)}{c(B^+)}$$

$$pH = 14 - pOH = 14 - pK_b + \lg\frac{c(BOH)}{c(B^+)}$$

$$pH = 14 - pK_b + \lg\frac{c(碱)}{c(酸)} \tag{4.21}$$

【例 4.12】 计算含有 $c(NH_3)=0.20 mol/L$,$c(NH_4Cl)=0.10 mol/L$ 溶液的 pH 值。

解: $K_b = 1.8 \times 10^{-5}$

$$pH = 14 - pK_b + \lg\frac{c(碱)}{c(酸)} = 14 + \lg(1.8 \times 10^{-5}) + \lg\frac{0.20}{0.10} = 9.56$$

4.6.4 缓冲容量

缓冲容量是衡量缓冲能力大小的尺度,亦称缓冲指数或缓冲值。其大小与缓冲剂的浓度

有关，浓度愈大，缓冲容量愈大。另与缓冲剂组分的浓度比值 $[c(碱)/c(酸)]$ 有关，一般控制在 1∶10～10∶1 之间，缓冲范围大致为 $pH=pK_a±1$。

4.6.5 常用缓冲溶液及缓冲溶液选择的原则

(1) 常用缓冲溶液 缓冲溶液种类很多，仅将常用的缓冲溶液列于表 4.2。表 4.3 列出了四种 pH 标准溶液。工作中可根据需要查阅有关资料。

表 4.2 常用缓冲溶液

缓冲溶液	共轭酸	共轭碱	pK_a	缓冲 pH 值范围
氨基乙酸-盐酸	NH_3CH_2COOH	$NH_3CH_2COO^-$	2.35	
邻苯二甲酸氢钾-盐酸	$C_8O_4H_6$	$C_8O_4H_4^-$	2.89	1.9～3.3
六亚甲基四胺-盐酸	$(CH_2)_6N_4H^+$	$(CH_2)_6N_4$	5.15	4.2～6.2
Na_2HPO_4-NaH_2PO_4	$H_2PO_4^-$	HPO_4^{2-}	7.2	6.2～8.2
$Na_2B_4O_7$-HCl	H_3BO_3	$H_2BO_3^-$	9.24	8.1～9.1
$Na_2B_4O_7$-NaOH	H_3BO_3	$H_2BO_3^-$	9.24	9.2～11.0
$NaHCO_3$-Na_2CO_3	HCO_3^-	CO_3^{2-}	10.25	9.3～11.3

表 4.3 pH 标准溶液

pH 标准溶液	pH 值(实验值 25℃)
$c(C_4H_5KO_6)=0.034mol/L$	3.56
$c(C_8H_5O_4)=0.05mol/L$	4.01
$c(KH_2PO_4)=0.025mol/L$-$c(Na_2HPO_4)=0.025mol/L$	6.86
$c(Na_2B_4O_7·10H_2O)=0.01mol/L$	9.18

(2) 缓冲溶液选择的原则

① 缓冲溶液对分析的全过程应无干扰。

② 缓冲溶液的缓冲范围应将所需控制的 pH 值包括在其中，对于由弱酸及其共轭碱组成的缓冲溶液，则 pK_a 值应尽量与所需控制的 pH 值一致，即 $pK_a≈pH$。对于由弱碱及其共轭酸所组成的缓冲溶液，则 $pK_b≈pOH$。

③ 缓冲溶液应有足够大的缓冲容量，其缓冲组分的物质的量浓度应保持在 0.01～1.00mol/L 之间。

4.7 酸碱滴定终点的指示方法

酸碱滴定终点的指示方法有指示剂法和电位法两种。

4.7.1 指示剂法

4.7.1.1 酸碱指示剂及作用原理

酸碱指示剂法是利用酸碱指示剂在某一 pH 值范围发生颜色的突变来指示滴定终点的方法。

酸碱指示剂一般是由弱的有机酸或有机碱及其盐类组成。它们的酸式及其共轭碱式，或碱式及其共轭酸式具有不同的颜色。当溶液的 pH 值改变，指示剂失去质子由酸式变为碱式，或得到质子由碱式变为酸式，即由于结构的变化而引起颜色的变化。

如酚酞，它是无色的二元弱酸。当溶液的 pH 值升高时，酚酞先释放一个质子 H^+，形成无色离子；pH>8 时，释放出第二个质子 H^+，并发生了结构的改变，形成具有共轭体系醌式结构的红色离子；pH>10 时，结构又发生变化，转化成羧酸盐式离子，而使溶液呈无色。这个变化过程是可逆的，当 pH 值降低时，平衡向反方向移动，酚酞又变成无色分子。

又如，甲基橙是有机弱碱，增大酸度它得到一个质子，由偶氮式黄色分子转变为红色的醌式离子，即为质子化的醌式结构。

4.7.1.2 指示剂的变色范围

指示剂之所以具有一定的变色范围，可由指示剂在溶液中的平衡移动过程加以解释。如弱酸式指示剂 HIn，它在溶液中的平衡移动如下：

$$HIn \rightleftharpoons H^+ + In^-$$

达到平衡时，$K_{HIn} = \dfrac{[H^+][In^-]}{[HIn]}$，$K_{HIn}$ 在一定温度下是一个常数，称为指示剂平衡常数。

由上式可得：$[H^+] = K_{HIn} \dfrac{[HIn]}{[In^-]}$，显然指示剂颜色的转变依赖于 $[In^-]/[HIn]$ 的比值，它是 $[H^+]$ 的函数。$[In^-]$ 代表碱式颜色的深度，$[HIn]$ 代表酸式颜色的深度。$[In^-]/[HIn]$ 的比值是由两个因素决定的，即 K_{HIn} 和 $[H^+]$，K_{HIn} 是由指示剂本身性质决定的，对于某种指示剂它是一个常数。所以指示剂颜色的转变完全由溶液中 $[H^+]$ 决定。

当 $[In^-] = [HIn]$ 时，溶液中 $[H^+] = K_{HIn}$，则 $pH = pK_{HIn}$，它是指示剂的理论变色点，溶液呈酸和碱的中间颜色。各种指示剂的 K_{HIn} 不同，则各种指示剂的理论变色点的 pH 值不同。

当溶液中 $[H^+]$ 发生改变时，$[In^-]/[HIn]$ 比值发生变化，溶液的颜色也发生变化，见表 4.4。

$[In^-]/[HIn] = 1/10$ 时，是酸色，肉眼能勉强辨认出碱色；

$[In^-]/[HIn] < 1/10$ 时，完全是酸色。$[H^+] = 10 K_{HIn}$，$pH = pK_{HIn} - 1$，即酸色变色的 pH 范围；

$[In^-]/[HIn] = 10$ 时，是碱色，肉眼能勉强辨认出酸色；

$[In^-]/[HIn] > 10$ 时，完全是碱色。$[H^+] = K_{HIn}/10$，$pH = pK_{HIn} + 1$，即碱色变色的 pH 范围。

指示剂的变色范围一般为 $pH = pK_{HIn} \pm 1$，即 2 个 pH 单位。人的肉眼对各种颜色的敏感程度不同，观察变色范围也有人为的误差。如甲基橙变色范围理论计算为 $pH = 2.4 \sim 4.4$（$pK_{HIn} = 3.4$），肉眼观察为 pH3.1～4.4。常用酸碱指示剂见表 4.5。

表 4.4 指示剂变色范围表

$[In^-]/[HIn]$	<1/10	=1/10	=1	=10/1	>10/1
颜色	酸色	酸色略带碱色	中间色	碱色略带酸色	碱色
		←————变色范围————→			
		（混合色）			
pH	$\leqslant pK_{HIn} - 1$	= $pK_{HIn} \pm 1$			$\geqslant pK_{HIn} + 1$

表 4.5 常用酸碱指示剂

名称	变色范围 pH 值	颜色		pK_{HIn}	配制浓度	用量（滴/10ml 试液）
		酸色	碱色			
百里酚蓝	1.2～2.8	红	黄	1.7	0.1%的20%乙醇溶液	1～2
甲基黄	2.9～4.0	红	黄	3.3	0.1%的90%乙醇溶液	1

续表

名称	变色范围pH值	颜色 酸色	颜色 碱色	pK_{HIn}	配制浓度	用量 (滴/10ml试液)
甲基橙	3.1~4.4	红	黄	3.4	0.05%的水溶液	1
溴酚蓝	3.1~4.6	黄	紫	4.1	0.1%的20%乙醇溶液或其钠盐的水溶液	1
溴甲酚绿	4.0~5.6	黄	蓝	4.9	0.1%的20%乙醇溶液或其钠盐的水溶液	1~3
甲基红	4.4~6.2	红	黄	5.0	0.1%的60%乙醇溶液或其钠盐的水溶液	1
溴百里酚蓝	6.2~7.6	黄	蓝	7.3	0.1%的20%乙醇溶液或其钠盐的水溶液	1
中性红	6.8~8.0	红	黄橙	7.4	0.1%的60%乙醇溶液	1
苯酚红	6.8~8.4	黄	红	8.0	0.1%的60%乙醇溶液或其钠盐的水溶液	1
酚酞	8.0~10.0	无	红	9.1	0.5%的90%乙醇溶液	1~3
百里酚蓝	8.0~9.6	黄	蓝	8.9	0.1%的20%乙醇溶液	1~4
百里酚酞	9.4~10.6	无	蓝	10.0	0.1%的90%乙醇溶液	1~2

4.7.1.3 混合指示剂

混合指示剂是利用两种或两种以上的指示剂颜色之间的互补作用，使其在滴定终点时，颜色变化敏锐，变色的pH范围更窄，指示滴定终点更准确。

混合指示剂有两种，一种是由两种或两种以上的指示剂混合而成。如三份溴甲酚绿（pK_{HIn}=4.9）和一份甲基红（pK_{HIn}=5.0）混合组成。颜色的互补及变色的pH范围对比情况如下。

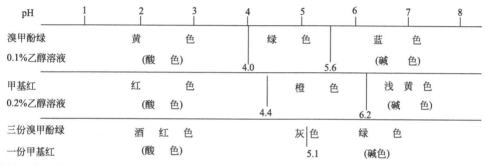

另一种混合指示剂是在某种指示剂中加入一种惰性染料，亦是利用两种颜色的互补，如中性红与染料亚甲基蓝混合（1:1，0.1%乙醇溶液），在pH=7时，呈蓝紫色，变色范围仅有0.2个pH单位。常用混合指示剂见表4.6。

表4.6 常用混合指示剂

指示剂溶液的组成	变色时 pH值	颜色 酸色	颜色 碱色	备注
一份0.1%甲基黄乙醇溶液 一份0.1%亚甲基蓝乙醇溶液	3.25	蓝紫	绿	pH3.2蓝紫色 pH3.4绿色
一份0.1%甲基橙水溶液 一份0.1靛蓝二磺酸钠水溶液	4.10	紫	黄绿	
一份0.1%溴甲酚绿钠盐水溶液 一份0.2%甲基橙水溶液	4.30	橙	蓝绿	pH3.5黄色 pH4.05绿色；pH4.30浅绿
三份0.1%溴甲酚绿乙醇溶液 一份0.2%甲基红乙醇溶液	5.10	酒红	绿	
一份0.1%溴甲酚绿钠盐水溶液 一份0.1%氯酚红钠盐水溶液	6.10	黄绿	蓝紫	pH5.4蓝绿色；pH5.8蓝色 pH6.0蓝带紫；pH6.2蓝紫

续表

指示剂溶液的组成	变色时pH值	颜色 酸色	颜色 碱色	备注
一份0.1%中性红乙醇溶液 一份0.1%亚甲基蓝乙醇溶液	7.0	蓝紫	绿	pH7.0 蓝紫
一份0.1%甲酚红钠盐水溶液 三份0.1%百里酚蓝钠盐水溶液	8.3	黄	紫	pH8.2,玫瑰红 pH8.4,清晰的紫色
一份0.1%百里酚蓝50%乙醇溶液 三份0.1%酚酞50%乙醇溶液	9.0	黄	紫	从黄到绿,再到紫
一份0.1%酚酞乙醇溶液 一份0.1%百里酚酞乙醇溶液	9.9	无	紫	pH9.6 玫瑰红 pH10.0 紫色
二份0.1%百里酚酞乙醇溶液 一份0.1%茜素黄R乙醇溶液	10.2	黄	紫	

4.7.1.4 指示剂用量

双色指示剂,如甲基橙等,由其离解平衡式可看出,用量多一点或少一点不会影响指示剂变色pH范围,但用量适当少一些,变色更明显些。用量太多,色调变化不明显。指示剂本身是弱酸或弱碱,它会消耗一些滴定剂而引入误差。单色指示剂,如酚酞,酸式无色,碱式红色,加入量大了,[H$^+$]增大,会使它在较低pH值变色,故其用量对变色pH范围是有影响的。

4.7.2 电位法

电位法是以测量电位为基础的分析方法,根据滴定过程中理论终点时的电位突跃确定终点。它适用于滴定反应平衡常数较小,滴定突跃不明显,或试液有颜色、浑浊,用指示剂法难以确定滴定终点等情况。电位滴定法具有较高的准确度和精密度,且方法简便快速。

4.8 酸碱滴定法的基本原理

酸碱滴定法又称中和法,它是以酸碱中和反应为基础的滴定分析方法。在酸碱滴定中,滴定剂一般是强酸和强碱,如HCl、H$_2$SO$_4$、NaOH、KOH等。被滴定的是各种具有碱性或酸性的物质,如NaOH、NH$_3$、Na$_2$CO$_3$、H$_3$PO$_4$和吡啶盐等。对于弱酸和弱碱的滴定,滴定突跃太小,实际意义不大。

4.8.1 一元酸碱的滴定

4.8.1.1 强碱滴定强酸

以$c(NaOH)=0.1000mol/L$ NaOH溶液滴定20.00ml $c(HCl)=0.1000mol/L$的HCl溶液为例,绘制滴定曲线,确定理论终点及其附近的pH突跃范围,选择指示剂等。

(1) 计算滴定过程中溶液的pH值

① 滴定前 溶液中的[H$^+$]完全由HCl提供,即

$$[H^+]=c(HCl)=0.1000mol/L$$

$$pH=1.00$$

② 滴定开始至理论终点前 滴入的NaOH全部被HCl中和,溶液中的[H$^+$]取决于

剩余 HCl 的浓度。

当滴入 NaOH 18.00ml 时，
$$[H^+]=\frac{0.1000\times(20.00-18.00)}{20.00+18.00}mol/L=5.30\times10^{-3}mol/L$$
pH=2.28

当滴入 NaOH 19.80ml 时，
$$[H^+]=\frac{0.1000\times(20.00-19.80)}{20.00+19.80}mol/L=5.02\times10^{-4}mol/L$$
pH=3.30

当滴入 NaOH 19.96ml 时，
$$[H^+]=\frac{0.1000\times(20.00-19.96)}{20.00+19.96}mol/L=1.0\times10^{-4}mol/L$$
pH=4.00

当滴入 NaOH 19.98ml 时
$$[H^+]=\frac{0.1000\times(20.00-19.98)}{20.00+19.80}mol/L=5.0\times10^{-5}mol/L$$
pH=4.30

③ 理论终点时，滴入 NaOH 20.00ml，HCl 被 NaOH 全部中和，溶液呈中性，$[H^+]$ 来源于 H_2O 的离解，
$$[H^+]=[OH^-]=1.0\times10^{-7}mol/L \quad pH=7.00$$

④ 理论终点后　溶液的 pH 值取决于 NaOH 的浓度，即溶液的 $[OH^-]$。计算方法同前。

当滴入 NaOH 20.02ml，过量 0.02ml 时
$$[OH^-]=\frac{0.1000\times0.02}{20.00+20.02}mol/L=5.0\times10^{-5}mol/L$$
pOH=4.30　　pH=14-4.30=9.70

当滴入 NaOH 20.04ml，过量 0.04ml 时，
$$[OH^-]=\frac{0.1000\times0.04}{20.00+20.04}mol/L=1.0\times10^{-4}mol/L$$
pOH=4.00　　pH=14-4.00=10.00

当滴入 NaOH 20.20ml，过量 0.20ml 时，
$$[OH^-]=\frac{0.1000\times0.20}{20.00+20.20}mol/L=5.0\times10^{-4}mol/L$$
pOH=3.3　　pH=14-3.30=10.70

当滴入 NaOH 22.00ml，过量 2.00ml 时，
$$[OH^-]=\frac{0.1000\times2.00}{20.00+22.00}mol/L=5.0\times10^{-3}mol/L$$
pOH=2.30　　pH=14-2.30=11.70

当滴入 NaOH 40.00ml，过量 20.00ml 时，
$$[OH^-]=\frac{0.1000\times20.00}{20.00+40.00}mol/L=3.0\times10^{-2}mol/L$$
pOH=1.50　　pH=14-1.50=12.50

以上结果详见表 4.7。

表 4.7 用 0.1000mol/L NaOH 溶液滴定 20.00ml 0.1000mol/L HCl 溶液

加入 NaOH/ml	中和百分数	剩余 HCl/ml	过量 NaOH/ml	$[H^+]$/(mol/L)	pH 值	
0.00	0.00	20.00		1.00×10^{-1}	1.00	
18.00	90.00	2.00		5.26×10^{-3}	2.28	
19.80	99.00	0.20		5.02×10^{-4}	3.30	
19.96	99.80	0.04		1.00×10^{-4}	4.00	
19.98	99.90	0.02		5.00×10^{-5}	4.31	⎫
20.00	100.00	0.00		1.00×10^{-7}	7.00	⎬ 突跃范围
20.02	100.1		0.02	2.00×10^{-10}	9.70	⎭
20.04	100.2		0.04	1.00×10^{-10}	10.00	
20.20	101.0		0.20	2.00×10^{-11}	10.70	
22.00	110.0		2.00	2.10×10^{-12}	11.70	
40.00	200.0		20.00	3.00×10^{-13}	12.50	

(2) 绘制滴定曲线 以表 4.7 中 NaOH 加入量[体积(ml)或中和百分数]为横坐标，pH 值为纵坐标，绘制酸碱滴定曲线(见图 4.4)。

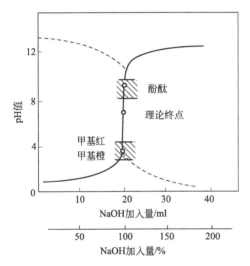

图 4.4 NaOH 溶液滴定 HCl 溶液(实线)
及 HCl 溶液滴定 NaOH 溶液(虚线)

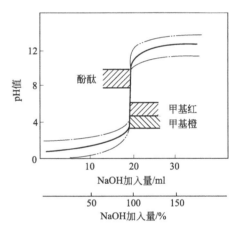

图 4.5 不同浓度的 NaOH 溶液滴定
不同浓度的 HCl 溶液的滴定曲线
————— 1mol/L; ————— 0.1mol/L;
————— 0.01mol/L

(3) 分析判断理论终点，确定理论终点附近的 pH 突跃，选择指示剂 NaOH 从 0.00ml 滴加至 19.80ml 时，pH 值仅改变了 2.3 个单位；滴加至 19.98ml 时，pH 值改变了一个单位；再滴加半滴(0.02ml)，pH 值迅速增加了 2.69 个单位(4.31~7.00)而达到 7.0，刚好是理论终点。过量半滴，pH 值一跃增至 9.70。在理论终点附近，NaOH 由不足 0.1% 到过量 0.1%，溶液的 pH 值由 4.31 增至 9.70，变化 5.4 个单位，此段称为理论终点附近的 pH 突跃。通过突跃后，溶液由酸性转化为碱性。

酸碱滴定要求指示剂的变色范围应处于或部分处于理论终点附近 pH 突跃范围内，才能正确地指示滴定终点。为此根据 pH4.31~9.70 的突跃范围，选择甲基橙(滴定误差不大于 -0.1%)，或酚酞(滴定误差不大于 0.1%)，指示滴定终点都能满足滴定分析准确度的要求。

4.8.1.2 强酸滴定强碱

强酸溶液滴定强碱溶液的滴定曲线，判断理论终点，选择指示剂等，基本与上面相同，只是滴定曲线的位置相反，如图4.4中虚线。

4.8.1.3 影响理论终点附近pH突跃的因素

影响理论终点附近pH突跃的主要因素是酸、碱溶液的浓度。如表4.8和图4.5所示，通过计算得到了不同浓度的NaOH溶液滴定不同浓度HCl溶液的pH突跃情况，从中可看出浓度愈大，pH突跃范围愈宽，同时对于指示剂的选择和确保滴定误差减小等都是有利的。

表4.8　不同浓度的NaOH溶液滴定不同浓度的HCl溶液pH突跃范围

NaOH 溶液/(mol/L)	HCl 溶液/(mol/L)	pH 突跃范围	指示剂
1	1	3.3~10.7	甲基橙
0.1	0.1	4.3~9.7	甲基橙　甲基红　酚酞
0.01	0.01	5.3~8.7	甲基红　酚酞

4.8.2 强碱滴定弱酸

以 $c(NaOH)=0.1000$ mol/L NaOH 溶液滴定 20.00ml $c(HAc)=0.1000$ mol/L 的 HAc 溶液为例。

(1) 计算滴定过程中溶液的pH值　滴定开始前，溶液的 $[H^+]$ 主要由 $c(HAc)=0.1000$ mol/L 的 HAc 溶液提供。$K_a=1.8\times10^{-5}=10^{-4.74}$ 考虑到滴定曲线对pH值的精度要求，$[H^+]$ 的计算采用最简式。

$$[H^+]=\sqrt{K_a c(HAc)}=\sqrt{10^{-4.74}\times0.1000}\,\text{mol/L}=10^{-2.87}\,\text{mol/L}$$
$$pH=2.87$$

滴定开始至理论终点，溶液中未反应的HAc和反应产物同时存在，并组成一个缓冲体系。滴加18.00ml NaOH时，溶液中剩余的 $[HAc]$ 和反应生成物 $[Ac^-]$ 为：

$$[HAc]=\frac{0.1000\times(20.00-18.00)}{20.00+18.00}\,\text{mol/L}=5.0\times10^{-3}\,\text{mol/L}$$

$$[Ac^-]=\frac{0.1000\times18.00}{20.00+18.00}\,\text{mol/L}=4.7\times10^{-3}\,\text{mol/L}$$

$$[H^+]=K_a\frac{[HAc]}{[Ac^-]}=10^{-4.74}\times\frac{5.0\times10^{-3}}{4.7\times10^{-2}}\,\text{mol/L}=10^{-5.70}\,\text{mol/L}$$

$$pH=5.70$$

滴加19.80ml NaOH时，溶液剩余的 $[HAc]$ 和反应生成物 $[Ac^-]$ 为：

$$[HAc]=\frac{0.1000\times(20.00-19.80)}{20.00+19.80}\,\text{mol/L}=5.03\times10^{-4}\,\text{mol/L}$$

$$[Ac^-]=\frac{0.1000\times19.80}{20.00+19.80}\,\text{mol/L}=4.97\times10^{-2}\,\text{mol/L}$$

$$[H^+]=K_a\frac{[HAc]}{[Ac^-]}=1.8\times10^{-5}\times\frac{5.03\times10^{-4}}{4.97\times10^{-2}}\,\text{mol/L}=10^{-6.73}\,\text{mol/L}$$

$$pH=6.73$$

滴加19.98ml NaOH时，溶液剩余的 $[HAc]$ 和反应生成物 $[Ac^-]$ 为：

$$[HAc]=\frac{0.1000\times(20.00-19.98)}{20.00+19.98}\,\text{mol/L}=5.03\times10^{-5}\,\text{mol/L}$$

$$[Ac^-] = \frac{0.1000 \times 19.98}{20.00 + 19.98} \text{ mol/L} = 5.0 \times 10^{-2} \text{ mol/L}$$

$$[H^+] = K_a \frac{[HAc]}{[Ac^-]} = 1.8 \times 10^{-5} \times \frac{5.03 \times 10^{-5}}{5.0 \times 10^{-2}} \text{ mol/L} = 10^{-7.74} \text{ mol/L}$$

$$pH = 7.74$$

理论终点时，滴入 20.00ml NaOH，HAc 全部被中和成 NaAc，由一元弱碱 $[Ac^-]$ 计算 pH 值。

$$[OH^-] = \sqrt{K_b c(Ac^-)} = \sqrt{\frac{K_W}{K_a} c(Ac^-)} = \sqrt{\frac{10^{-14}}{10^{-4.74}} \times \frac{20.00 \times 0.1000}{20.00 + 20.00}} \text{ mol/L}$$

$$= 10^{-5.28} \text{ mol/L}$$

$$pH = 14 - pOH = 14 - 5.28 = 8.72$$

理论终点时溶液呈弱碱性。

理论终点后，根据过量的 NaOH 溶液的浓度计算 $[OH^-]$。当滴入 20.02ml NaOH 时，过量 0.02ml，

$$[OH^-] = \frac{0.1000 \times 0.02}{20.00 + 20.02} \text{ mol/L} = 5.0 \times 10^{-5} \text{ mol/L}$$

$$pOH = 4.30 \quad pH = 14 - 4.30 = 9.70$$

当滴入 20.20ml NaOH 溶液时，过量 0.20ml，

$$[OH^-] = \frac{0.1000 \times 0.20}{20.00 + 20.20} \text{ mol/L} = 10^{-3.3} \text{ mol/L}$$

$$pOH = 3.30 \quad pH = 14 - 3.30 = 10.70$$

当滴入 22.00ml NaOH 溶液时，过量 2.00ml，

$$[OH^-] = \frac{0.1000 \times 2.00}{20.00 + 22.00} \text{ mol/L} = 10^{-2.3} \text{ mol/L}$$

$$pOH = 2.30 \quad pH = 14 - 2.30 = 11.70$$

当滴入 40.00ml NaOH 溶液时，过量 20.00ml，

$$[OH^-] = \frac{0.1000 \times 20.00}{20.00 + 40.00} \text{ mol/L} = 10^{-1.5} \text{ mol/L}$$

$$pOH = 1.50 \quad pH = 14 - 1.50 = 12.50$$

以上结果列于表 4.9。

表 4.9 用 0.1000mol/L NaOH 溶液滴定 0.1000mol/L HAc 溶液

加入 NaOH/ml	中和百分数	剩余 HAc/ml	过量 NaOH/ml	pH 值	
0.00	0.00	20.00		2.87	
18.00	90.00	2.00		5.70	
19.80	99.00	0.20		6.73	
19.98	99.90	0.02		7.74	突跃范围
20.00	100.0	0.00		8.72	
20.02	100.1		0.02	9.70	
20.20	101.0		0.20	10.70	
22.00	110.0		2.00	11.70	
40.00	200.0		20.00	12.50	

(2) 绘制滴定曲线 滴定曲线见图 4.6。

(3) 分析判断理论终点，确定理论终点附的 pH 突跃，选择指示剂 7 滴定开始之后，

NaOH 中和 HAc 离解出来的 H⁺ 和 Ac⁻，生成 NaAc，由 Ac⁻ 的同离子效应，使 HAc 更难以离解，[H⁺] 降低较快，从而使 pH 值很快升高。滴加 NaOH，使 NaAc 不断增多，并形成 HAc-NaAc 缓冲体系，使 pH 值增加缓慢，曲线平缓，滴定接近理论终点时，溶液中剩余的 HAc 已很少，缓冲能力逐渐减弱，pH 值升高加快，达到理论终点（pH＝8.72）后，在其附近出现一个较短小的 pH 突跃，pH7.74～9.70。由于溶液［Ac⁻］较大，存在 Ac⁻ ＋ H₂O ⇌ HAc＋OH⁻ 反应，而使理论终点及其附近的 pH 突跃范围处于碱性范围，则可选择酚酞、百里酚酞、百里酚蓝等指示剂。

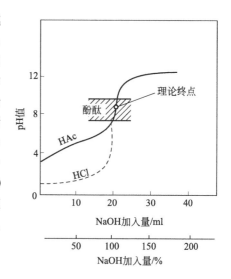

图 4.6 NaOH 溶液滴定 HCl 溶液及 HAc 溶液的滴定曲线

4.8.3 强碱滴定各种强度的酸

以 $c(NaOH)=0.1000mol/L$ 的 NaOH 滴定 $c_B=0.1000mol/L$ 各种强度的酸为例。从滴定曲线（见图 4.7）可看出，酸的浓度一定时，K_a 值愈大，即酸度愈强时，滴定的 pH 突跃范围愈大。$K_a=10^{-9}$ 时，已无明显突跃，指示剂法难以确定滴定终点，当 K_a 值一定时，酸的浓度愈大，pH 突跃范围也愈大。但弱酸的 K_a 太小时，pH 突跃不明显。为此，根据滴定分析的准确度要求，确定以 $c_B K_a \geq 10^{-8}$ 作为判断弱酸能否进行准确滴定的界限。

对于极弱的酸，在水溶液中难以直接滴定，可设法增大其离解度后进行滴定。

① 用生成稳定络合物的方法，使弱酸强化后滴定。如 H_3BO_3 为极弱的酸，甘油或甘露醇能与 BO_3^{3-} 形成稳定的络合物，从而增强了 H_3BO_3 的酸式离解，以酚酞作指示剂，用 NaOH 可准确滴定（见图 4.8）。甘油或甘露醇的浓度愈大，H_3BO_3 的离解愈强，pH 突跃愈明显。一般 100ml 溶液中加入 2～5g 甘露醇。

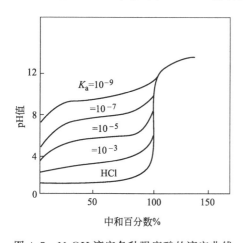

图 4.7 NaOH 滴定各种强度酸的滴定曲线

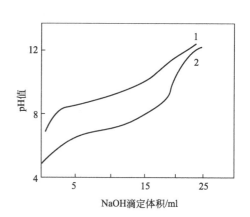

图 4.8 硼酸滴定曲线
1—硼酸；2—硼酸＋甘露醇

② 利用沉淀反应强化弱酸。如 H_3PO_4，$K_{a_3}=4.4×10^{-13}$，只能按二元酸滴定。若加入钙盐，生成 $Ca_3(PO_4)_2$ 沉淀，增强 HPO_4^{2-} 的离解，可按三元酸滴定。

③ 利用氧化还原法，使弱酸转变成强酸再滴定。如用 I_2、H_2O_2 等氧化剂，将 H_2SO_3 氧化为 H_2SO_4 后再滴定。

4.8.4 强酸滴定弱碱

用盐酸滴定氨、乙胺、乙醇胺等，反应如下：

$$NH_3 + H^+ \rightleftharpoons NH_4^+ \qquad K_b = 1.8 \times 10^{-5}$$
$$C_2H_5NH_2 + H^+ \rightleftharpoons C_2H_5NH_3^+ \qquad K_b = 5.6 \times 10^{-4}$$
$$HOCH_2CH_2NH_2 + H^+ \rightleftharpoons HOCH_2CH_2NH_3^+ \qquad K_b = 3.2 \times 10^{-5}$$

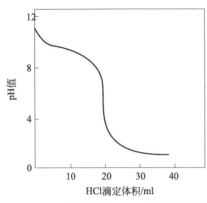

图 4.9　HCl 溶液滴定 NH_3 溶液的滴定曲线

滴定情况与强碱滴定弱酸相似，只是滴定曲线形状相反，如 $c(HCl) = 0.1000 mol/L$ HCl 溶液，滴定 $c(NH_3) = 0.1000 mol/L$ 的 NH_3 溶液滴定曲线（见图 4.9）。滴定过程中溶液 pH 值的计算结果见表 4.10。因滴定产物是质子化的弱酸，在水溶液中是酸式离解，并产生一定数量的 H^+，理论终点（pH=5.28），pH 突跃范围（pH=4.30～6.25）处，在微酸性范围，指示剂选用甲基红、溴甲酚绿、溴甲酚蓝皆可。以 $c_B \cdot K_b \geq 10^{-8}$ 作为弱碱能否被强酸准确滴定的判断式。

表 4.10　用 $c(HCl) = 0.1000 mol/L$ 溶液滴定 20.00ml 0.1000mol/L NH_3 溶液

加入 HCl/ml	中和 NH_3 百分数	pH 值
0.00	0.00	11.13
18.00	90.00	8.30
19.96	99.80	6.55
19.98	99.90	6.25 ⎫
20.00	100.00	5.28 ⎬ 突跃范围
20.02	100.1	4.30 ⎭
20.20	101.0	3.30
22.00	110.0	2.30
40.00	200.0	1.30

4.8.5 滴定误差

滴定分析中，由于指示剂的变色稍早或稍迟于理论终点，而使滴定终点与理论终点不一致而引起的误差，称为"滴定误差"，又称"终点误差"，用百分数表示。

$$\text{滴定误差}(TE) = \frac{\text{剩余或过量酸（碱）的物质的量}}{\text{理论终点时酸（碱）的总的物质的量}} \times 100\%$$

强酸强碱都是完全离解，计算滴定误差较简单，对于弱酸或弱碱，涉及离解平衡，需要引入分布系数参与计算。

【**例 4.13**】　用 $c(NaOH) = 0.1000 mol/L$ NaOH 溶液，滴定 20.00ml HCl 溶液时，用甲基橙作指示剂，终点 pH=4.0，或用酚酞作指示剂，终点 pH=9.0，分别计算滴定误差。

解：理论终点 pH=7.0，用甲基橙作指示剂，终点过早，加入 NaOH 量不够，溶液仍呈酸性，溶液中的 H^+ 主要是由未中和的 HCl 离解产生，此时 $[H^+] = 10^{-4} mol/L$，终点

时溶液的总体积为 40ml，则

$$TE = -\frac{10^{-4} \times 40}{0.1 \times 20} \times 100\% = -0.2\%$$

用酚酞作指示剂，终点拖后，加入 NaOH 溶液过量，溶液中的 OH^- 主要由过量的 NaOH 离解提供，此时 $[OH^-] = 10^{-5}$ mol/L，则

$$TE = +\frac{10^{-5} \times 40}{0.1 \times 20} \times 100\% = +0.02\%$$

用酚酞作指示剂误差较小，用甲基橙作指示剂也符合滴定分析的误差要求。

4.9 应用示例

【例 4.14】 电镀镍溶液中 H_3BO_3 的测定。

方法要点：H_3BO_3 是多元弱酸（$K_a = 5.8 \times 10^{-10}$），且 $c_B K_a < 10^{-8}$，用强碱不能直接滴定，用甘露醇或甘油与 H_3BO_3 络合生成硼络酸，强化 H_3BO_3 中 H^+ 的离解，以酚酞为指示剂，用 NaOH 标准溶液滴定该络酸的 H^+。另外为消除 $Ni(OH)_2$ 沉淀对 H_3BO_3 测定的干扰，滴定前加入 $K_4[Fe(CN)_6]$ 与 Ni^{2+} 形成复盐。

络合反应： $H_3BO_3 + C_6H_8(OH)_6 \rightleftharpoons H[C_6H_8(OH)_6 \cdot H_2BO_3]$

滴定反应： $H[C_6H_8(OH)_6 \cdot H_2BO_3] + NaOH \rightleftharpoons Na[C_6H_8(OH)_6 \cdot H_2BO_3] + H_2O$

分析步骤：准确吸取镀液 10.00ml，稀释至 100.00ml，分取 20.00ml，加沸水 100ml，加 10g/L $K_4[Fe(CN)_6]$ 10ml，加酚酞指示剂 4 滴，用 $c(NaOH) = 0.1000$ mol/L 的 NaOH 标准溶液滴定至溶液由浅绿色变为蓝灰紫色（记下读数）。加入甘露醇 2~3g，此时溶液又变为浅绿色，继续用上述的 NaOH 标准溶液滴定至溶液由浅绿色变为红色为终点，耗用 NaOH 标准溶液体积为 V。

计算结果：

$$H_3BO_3(g/L) = \frac{c_B V M(H_3BO_3)}{V_0}$$

式中　　c_B——NaOH 标准溶液物质的量浓度，mol/L；
　　　　V——NaOH 标准溶液耗用的体积，ml；
　　　　V_0——取试液量，ml；
$M(H_3BO_3)$——61.84g/mol。

【例 4.15】 烧碱中 NaOH 和 Na_2CO_3 含量的测定。

烧碱中 NaOH 和 Na_2CO_3 含量的测定，有双指示剂法和氯化钡法。现以双指示剂法为例。

方法要点：Na_2CO_3 是二元碱，用 HCl 标准溶液进行分步滴定。先以酚酞为指示剂，用 HCl 标准溶液滴定至红色消失，NaOH 全部中和掉，Na_2CO_3 发生一级离解，被中和成 $NaHCO_3$：

$$NaOH + HCl \rightleftharpoons NaCl + H_2O$$
$$Na_2CO_3 + HCl \rightleftharpoons NaCl + NaHCO_3 \text{（酚酞变色）}$$

以甲基橙为指示剂，用 HCl 标准溶液继续滴定至溶液呈橙红色，此时滴定 $NaHCO_3$，将其中和成 H_2CO_3，即 Na_2CO_3 发生二级离解：

$$NaHCO_3 + HCl \rightleftharpoons NaCl + H_2O + CO_2 \uparrow \text{（甲基橙变色）}$$

分析步骤：取一定量试样溶解后，稀释至 100ml，以酚酞为指示剂，用 HCl 标准溶液滴定至红色消失，耗用 HCl 标准溶液体积为 V_1。以甲基橙为指示剂，用 HCl 标准溶液继续滴定至溶液成橙红色（滴定至近终点时，应煮沸除 CO_2 后，再滴定至终点），耗用 HCl 标准溶液体积为 V_2。

Na_2CO_3 被中和成 $NaHCO_3$ 和 $NaHCO_3$ 被中和成 H_2CO_3 所耗用的 HCl 标准溶液是相等的。

计算公式：
$$w(Na_2CO_3) = \frac{c_B V_2 M(Na_2CO_3)}{G} \times 100\%$$

$$w(NaOH) = \frac{c_B (V_1 - V_2) M(NaOH)}{G} \times 100\%$$

式中　　c_B——HCl 标准溶液物质的量浓度，mol/L；

V_1——以酚酞为指示剂时，消耗 HCl 标准溶液的体积，ml；

V_2——以甲基橙为指示剂时，消耗 HCl 标准溶液的体积，ml；

$M(Na_2CO_3)$——106.0g/mol；

$M(NaOH)$——40.00g/mol；

G——试样取样量，g。

第 5 章 氧化还原滴定法

氧化还原滴定法,是一种以氧化还原反应为基础的滴定方法,氧化还原滴定法有直接滴定法、间接滴定法和返滴定法。实践中具体采取哪种方法,应根据测定的不同对象、不同要求来确定。

5.1 氧化还原反应的基本概念

5.1.1 氧化、还原及氧化剂、还原剂

氧化还原反应是电子得失或转移的反应。

在氧化还原反应中,失去电子的物质(分子、原子、离子),元素的化合价升高,这个过程叫做氧化,这种物质叫还原剂;在氧化还原反应中,得到电子的物质(分子、原子、离子),元素的化合价降低,这个过程叫做还原,这种物质叫氧化剂。

在氧化还原反应中,电子的得失总是同时进行而且是相等的。例如,重铬酸钾标准溶液在酸性溶液中滴定硫酸亚铁,其化学反应方程式如下:

$$Cr_2O_7^{2-} + 6e^- + 14H^+ = 2Cr^{3+} + 7H_2O \quad \text{(还原反应)}$$
$$6Fe^{2+} - 6e^- = 6Fe^{3+} \quad \text{(氧化反应)}$$
$$Cr_2O_7^{2-} + 6Fe^{2+} + 14H^+ = 2Cr^{3+} + 6Fe^{3+} + 7H_2O \quad \text{(总反应)}$$

反应中铬(Ⅵ)得到电子,被还原为铬(Ⅲ),重铬酸钾是氧化剂;铁(Ⅱ)失去电子,被氧化为铁(Ⅲ),硫酸亚铁是还原剂。

5.1.2 氧化还原滴定法中氧化还原反应必须符合的条件

在氧化还原反应中,并不是所有的氧化还原反应都可用于氧化还原滴定分析,作为滴定分析的氧化还原反应必须符合下列条件:

(1) 反应要有确切的定量关系 氧化还原反应应按一定的化学反应方程式进行,有一定的定量关系而且要反应完全。

(2) 反应迅速 氧化还原反应较为复杂,是分步进行的,其反应速率主要是由慢反应决定的。能通过对测定条件(如介质的变化、酸度的改变、沉淀的产生、络合物的形成、反应温度的改变及催化剂的加入等)的选择,使反应符合测定的要求并迅速完成。改变反应温度或者加催化剂,通常是使反应加速的常用方法。

(3) 能有较简便的方法确定终点 能有合适的指示剂,其电极电位值在氧化还原反应的

突跃范围内,所选用指示剂的氧化型和还原型,或者它们与被滴定溶液的混合色有较明显的差别,或者直接根据其电极电位值的变化来确定终点。

在氧化还原反应中,除了发生主反应外,常常可能发生副反应(也常因为条件不同,而生成不同的产物)。对于副反应,应予消除或者抑制,从而创造适宜条件,使主反应符合滴定分析的基本要求。

5.2 氧化还原反应与电极电位

当两种物质相互作用时,怎样判断它们能否进行氧化还原反应呢?

尽管实际情况比理论推导要复杂,但在通常情况下,判断氧化还原反应能否进行?向什么方向进行?以及进行的先后顺序?应该由有关的电极电位和电极电位差来决定。

5.2.1 原电池

如图 5.1,在两个烧杯中,分别盛有硫酸锌溶液和硫酸铜溶液,将一锌棒浸在硫酸锌溶液中,将一铜棒浸在硫酸铜溶液中,两溶液间由一个充满饱和氯化钾溶液和琼脂的 U 形管(盐桥)连接,锌棒和铜棒之间用导线连接,中间接一安培表。

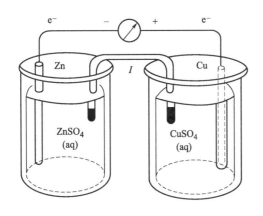

图 5.1 铜锌原电池

当两者接通时,安培表指针偏转,说明安培表有电流通过。

电流的产生是因为这种称为原电池的装置具有电动势(电位差),即由锌和锌盐溶液与铜和铜盐溶液各组成的半电池,都有电位而且两者的电位值不同(有电位差)。

在锌半电池中,锌给出电子,不断溶解。

$$Zn - 2e^- \Longrightarrow Zn^{2+}$$

组成原电池的负极,其氧化还原电对为:

$$Zn^{2+}/Zn(E^{\ominus}_{Zn^{2+}/Zn} = -0.76V)$$

在铜半电池中,铜离子得到电子,不断从溶液中析出。

$$Cu^{2+} + 2e^- \Longrightarrow Cu$$

组成原电池的正极,其氧化还原电对为:

$$Cu^{2+}/Cu(E^{\ominus}_{Cu^{2+}/Cu} = 0.34V)$$

它们的氧化还原电对的电位值开始是不同的,通常把此时的电位值,叫做电极电位。由于电极的电位不同,产生电位差,导致电子的得失和流动,使铜离子不断得到电子,从溶液中析出(被还原),锌棒不断失去电子,而被溶解(被氧化),这就产生了氧化还原反应。

对于每一个半反应,或者每一个电对来说,氧化数较高的物质为该物质电对的氧化型;氧化数较低的物质为该物质电对的还原型。如在电对 Zn^{2+}/Zn、Cu^{2+}/Cu、MnO_4^-/Mn^{2+}、Cl_2/Cl^- 中,Zn^{2+}、Cu^{2+}、MnO_4^-、Cl_2 都是电对的氧化型,Zn、Cu、Mn^{2+}、$2Cl^-$ 都是电对的还原型。

5.2.2 电极电位

5.2.2.1 标准电极电位

任何两种导体互相接触时，在接触处形成一个界面，由于两相（两种物质）的化学组成不同，因此在界面处将会发生物质迁移，如果迁移的物质带有电荷，则将在两相之间产生（存在）电位差，这个电位差称为电极电位。

氧化还原电对的电极电位，可用能斯特公式表示：

$$E = E^{\ominus} + \frac{RT}{nF} \ln \frac{a_{Ox}}{a_{Red}} \tag{5.1}$$

式中　　E——氧化型（Ox）、还原型（Red）电对的电极电位；

$E^{\ominus}$——标准电极电位；

a_{Ox}、a_{Red}——氧化型 Ox 及还原型 Red 物质的活度，mol/L；

R——气体常数，8.314J/(K·mol)；

T——热力学温度，K；

F——法拉第常数，96500C/mol；

n——反应中转移的电子数。

将以上常数代入式(5.1)中，取常用对数，在 25℃（298K），得到：

$$E = E^{\ominus} + \frac{0.059}{n} \lg \frac{a_{Ox}}{a_{Red}} \tag{5.2}$$

当 $a_{Ox} = a_{Red}$ 时，$E = E^{\ominus}$。就是说，这时的电极电位等于标准电极电位。所谓标准电极电位是指在一定温度下（通常 25℃），当 $a_{Ox} = a_{Red} = 1\text{mol/L}$ 时（若反应物有气体参加，则其分压等于 100kPa）的电极电位。它是以氢电极电位为零测得的相对电位。电位高的为正值，电位低的为负值。

各种电对的 $E^{\ominus}$ 值是不同的，但同一电对的 $E^{\ominus}$ 值，温度不同，$E^{\ominus}$ 也不同，在一定的温度下，则是一常数。对于固体金属来说，活度为 1，则金属-金属离子电对的电极电位为：

$$E = E^{\ominus} + \frac{0.059}{n} \lg a_{M^{n+}}$$

5.2.2.2 条件电极电位

由于通常知道的是溶液中离子的浓度，而不是活度，为简化起见，往往忽略了溶液中离子强度的影响。以浓度代替活度来计算，25℃时，式(5.2) 又可改写为：

$$E = E^{\ominus} + \frac{0.059}{n} \lg \frac{c_{Ox}}{c_{Red}} \tag{5.3}$$

式中，c_{Ox}、c_{Red} 分别氧化型和还原型浓度。

在实际工作中，溶液的离子强度常常是很大的，而且氧化型和还原型会发生副反应，如酸度的影响，沉淀与络合物的形成等，都使得电极电位发生很大的变化。若以浓度代替活度，需引入相应的活度系数 γ_{Ox}、γ_{Red}，考虑到副反应的发生，还需引入相应的副反应系数 α_{Ox}、α_{Red} 等。

此时　　$$a_{Ox} = [Ox]\gamma_{Ox} = c_{Ox}\gamma_{Ox}/\alpha_{Ox}$$
$$a_{Red} = [Red]\gamma_{Red} = c_{Red}\gamma_{Red}/\alpha_{Red}$$

将以上关系代入能斯特方程，当 $c_{Ox} = c_{Red} = 1\text{mol/L}$ 时，此时的电极电位称为条件电极电位。所谓条件电极电位是在特定条件下，氧化型和还原型的总浓度均为 1mol/L，校正了各种外界因素影响的实际电极电位。条件电极电位反映了离子强度与各种副反应影响的总结果，它在一定条件下为一常数值，当条件改变时，它也将随着改变。

在处理有关电极电位计算时，采用条件电极电位是较为合理的，但是，由于条件电极电位的数据目前较少，在缺乏数据的情况下，可采用相似条件的条件电极电位的数据，或采用标准电极电位数据。

根据电对的电极电位的大小，可以判断氧化剂和还原剂的强弱，电对的电极电位值越大，其氧化型的氧化能力越强；电对的电极电位值越小，其还原型的还原能力越强。

例如：$E^{\ominus}_{MnO_4^-/Mn^{2+}}=1.49V$，$E^{\ominus}_{Sn^{4+}/Sn^{2+}}=0.15V$，显然，$MnO_4^-$ 氧化能力强，$KMnO_4$ 是强氧化剂；Sn^{2+} 还原能力强，$SnCl_2$ 是强还原剂。

对于同一种物质，与它有关的氧化还原电对的电极电位可能有好几个，而每一个电对的电极电位又有不同，这与电对所处的环境或者介质有很大关系。如 $E^{\ominus}_{Fe^{3+}/Fe^{2+}}$ 的值，一般是用 0.77V 表示，但在 1mol/L 的 H_3PO_4 介质中，$E^{\ominus}_{Fe^{3+}/Fe^{2+}}=0.44V$，在 0.5mol/L 的 H_2SO_4 介质中，$E^{\ominus}_{Fe^{3+}/Fe^{2+}}=0.68V$，在 1mol/L 的 $HClO_4$ 介质中，$E^{\ominus}_{Fe^{3+}/Fe^{2+}}=0.75V$。

5.3 氧化还原反应的方向

氧化还原方向的判断，主要是根据其参与反应的电对的电极电位来判断。一般来说，两个电对中，电极电位高的氧化型与电极电位低的还原型进行反应。当几个电对同时存在时，在所有可能发生的氧化还原反应中，电极电位差值最大的电对首先发生反应。

例如：在酸性溶液中，以硝酸银为催化剂，用过硫酸铵氧化溶液中的锰(Ⅱ)和铬(Ⅲ)。

$$E^{\ominus}_{S_2O_8^{2-}/2SO_4^{2-}}=2.00V$$
$$E^{\ominus}_{Cr_2O_7^{2-}/2Cr^{3+}}=1.33V$$
$$E^{\ominus}_{MnO_4^-/Mn^{2+}}=1.49V$$

显然 $S_2O_8^{2-}$ 与 Cr^{3+}、Mn^{2+} 都能发生反应。但是，当它们同时存在于溶液中时，按照电对的电极电位差值大的先反应的规律，$S_2O_8^{2-}$ 应首先跟 Cr^{3+} 发生氧化还原反应，使 Cr^{3+} 氧化成 $Cr_2O_7^{2-}$，当 Cr^{3+} 全部氧化为 $Cr_2O_7^{2-}$ 后，$S_2O_8^{2-}$ 再与 Mn^{2+} 发生氧化还原反应，使 Mn^{2+} 氧化成 MnO_4^-。实验中，当试液中出现了 MnO_4^- 紫红色时，说明溶液中 Cr^{3+} 已完全被氧化。因此，有时当测定 Cr^{3+} 的试液中没有锰时，为了便于观察溶液中 Cr^{3+} 氧化完全程度，往往在试液中加入少量的 Mn^{2+} 就是这个道理。

同样，硫酸亚铁标准溶液滴定锰(Ⅶ)、铬(Ⅵ)混合溶液，也是这个原因。由于它们的标准电极电位分别是：

$$E^{\ominus}_{Fe^{3+}/Fe^{2+}}=0.77V$$
$$E^{\ominus}_{MnO_4^-/Mn^{2+}}=1.49V$$
$$E^{\ominus}_{Cr_2O_7^{2-}/2Cr^{3+}}=1.33V$$

锰和铁两电对的电极电位差值大于铬和铁两电对的电极电位差值，因此，用硫酸亚铁标准溶液进行滴定时，首先反应的是 MnO_4^-，当 MnO_4^- 被滴定完之后，Fe^{2+} 再跟 $Cr_2O_7^{2-}$ 离子作用，根据这个道理可以进行锰、铬的连续测定。

在实际工作中，情况比较复杂，并不是所有反应只要符合上述条件就可以进行；也不是不符合上述条件的氧化还原反应就完全不能发生。

例如：
$$O_2 + 4H^+ + 4e^- = 2H_2O \quad E^\ominus_{O_2/H_2O} = 1.23V$$
$$Ce^{4+} + e^- = Ce^{3+} \quad E^\ominus_{Ce^{4+}/Ce^{3+}} = 1.44V$$

从两个电对的电极电位判断，Ce^{4+} 可与 H_2O 发生氧化还原反应，生成 Ce^{3+} 和 O_2，事实上，Ce^{4+} 在水溶液中很稳定。这是因为，在化学反应中，只有参与反应的物质发生有效碰撞时，反应才有可能发生，而 Ce^{4+} 与 H_2O 没有发生这种有效碰撞，故 Ce^{4+} 在水溶液中很稳定。

在可逆反应中，按照能斯特公式（5.3）：
$$E = E^\ominus + \frac{0.059}{n} \lg \frac{c_{Ox}}{c_{Red}}$$

其电极电位高低，除了条件电极电位（或标准电极电位）外，还有一个很重要的因素，就是氧化剂和还原剂的浓度。因此，如果增加还原剂浓度、或者减少氧化剂浓度，就可能使两电对的电极电位差值降低。当氧化剂和还原剂的条件电极电位（或标准电极电位）在相差不大的情况下，由于浓度的变化而导致了电极电位的顺序改变，就可能使它们的位置互换。此外，溶液酸度的改变（当氧化还原反应有 H^+ 或 OH^- 参加时），络合物的形成（当氧化还原反应有络合物形成时），沉淀的产生（当氧化还原反应有沉淀产生时）等都有可能改变氧化还原反应进行的方向。

5.4 氧化还原反应的速率

多数氧化还原反应较为复杂，通常需要一定的时间才能完成，所以，在氧化还原滴定分析中，不仅要从平衡的观点来考虑反应的可能性，还应从反应速率来考虑反应的现实性。

不同的氧化还原反应有不同的速率。在较复杂的反应中，其各步的速率也是不同的，有的快，有的慢，而氧化还原反应速率是由反应最慢的一步影响和决定的。

影响氧化还原反应速率的因素，除氧化剂、还原剂本身固有的性质（电极电位）外，反应物的浓度、反应时的酸度、温度以及催化剂的使用等，都会给反应速率带来影响。

5.4.1 反应物的浓度

根据质量作用定律，反应速率与反应物浓度的乘积成正比。在氧化还原反应中，由于其反应机理比较复杂，虽然不能从总的氧化还原方程式来判断反应物浓度对反应速率的影响程度，但一般来说反应物浓度越大，反应速率越快。

例如：在酸性溶液中，一定量的 $K_2Cr_2O_7$ 和 KI 作用
$$Cr_2O_7^{2-} + 6I^- + 14H^+ = 2Cr^{3+} + 3I_2 + 7H_2O$$

反应中，增加反应物 $Cr_2O_7^{2-}$、I^- 或 H^+ 的浓度，或减少 I_2 的浓度等，都可以使反应速率加快。

5.4.2 反应温度

温度对反应速率的影响是很大的。对大多数反应来说，升高溶液的温度可提高反应速率。这是由于反应温度的提高，不仅增加了反应物之间的碰撞概率，而且增加了反应物的活化分子、活化原子或活化离子的数目，所以提高了反应速率。实验证明：一般温度升高 10℃，反应速率可增加 2～4 倍。

例如：用滴定法（$K_2Cr_2O_7$ 或 $KMnO_4$ 法）测定铁时，必须首先使铁（Ⅲ）还原成铁（Ⅱ），若用二氯化锡还原铁（Ⅲ），$2Fe^{3+}+Sn^{2+}\Longleftrightarrow 2Fe^{2+}+Sn^{4+}$，其反应在热溶液中比在冷溶液中不但快得多，而且完全得多。因此，用二氯化锡还原铁（Ⅲ）时，一定要在体积较小的热溶液中还原，否则，还原反应较慢，而且很难还原完全。

又如：在酸性溶液中，高锰酸钾和草酸钠的反应，

$$2MnO_4^- + 5C_2O_4^{2-} + 16H^+ \Longleftrightarrow 2Mn^{2+} + 10CO_2 + 8H_2O$$

实践证明，该反应在室温下，开始的反应速率很慢，似乎不反应，但是，当把草酸钠溶液加热后，反应则加快了速率。

上述实验证明，升高温度能提高反应速率。但是，并不是在所有情况下，升高溶液的温度都能提高反应的速率，或者说温度越高对正反应越有利。如上面反应，在酸性溶液中，草酸钠溶液加热至沸腾，易造成草酸的分解；有些物质（如 I_2）温度较高时具有较大的挥发性，此时如将溶液加热则会引起挥发损失；另一些物质（如 Fe^{2+}、Sn^{2+}），很容易被空气中的氧所氧化，如将溶液加热，就会促进它们的氧化。显然，在这种情况下，就宜降低温度，即使开始为了加速反应而加热，此时也应迅速冷却。如用二氯化锡还原铁（Ⅲ），为了加速反应，开始要加热，当还原反应完成后，就应迅速冷却溶液，以免铁（Ⅱ）被空气氧化。

5.4.3 催化剂

由于某些物质的存在，而使反应速率发生改变，该物质本身的性质不变，这类物质称为催化剂，这种作用称为催化作用。

催化剂有正催化剂和负催化剂之分，正催化剂加快反应速率，负催化剂减慢反应速率。

在催化反应中，由于催化剂的存在，可能产生了一些不稳定的中间价态的离子、自由基或活泼的中间络合物，从而改变了原来的氧化还原反应的历程，或者说改变了原来进行反应时所需的活化能，因此导致了反应速率的变化。

例如：过硫酸铵对锰的氧化，在酸性溶液中，如果没有催化剂，过硫酸铵只能将锰（Ⅱ）氧化为四价的二氧化锰，或者氧化慢，如果溶液中有 Ag^+、Co^{2+}、Cu^{2+} 等催化剂存在时，则会很快将锰（Ⅱ）氧化为七价的 MnO_4^-。当 Ag^+ 的存在量比较大时，即使在常温下，不加热，过硫酸铵也能将锰（Ⅱ）氧化为七价锰（MnO_4^-）。其反应机理可能如下：

$$(NH_4)_2S_2O_8 + 2AgNO_3 \Longleftrightarrow 2NH_4NO_3 + Ag_2S_2O_8$$
$$Ag_2S_2O_8 + 2H_2O \Longleftrightarrow Ag_2O_2 + 2H_2SO_4$$
$$5Ag_2O_2 + 2Mn(NO_3)_2 + 6HNO_3 \Longleftrightarrow 2HMnO_4 + 10AgNO_3 + 2H_2O$$

上述反应在热溶液中 10~30s 就可以完成。因此，该反应广泛地用于光度法和滴定法测定锰的含量。

又如，在高锰酸钾和草酸钠的反应中，加热提高反应温度，能使反应加速，但在开始滴定时，反应速率仍是相当慢的（MnO_4^- 的紫红色褪去很慢），只有当氧化还原反应开始后，随着锰（Ⅱ）的生成量的增加，反应越来越快。锰（Ⅱ）也起着催化剂的作用。像这种生成物本身就起催化剂作用的反应叫做自动催化反应。

以上讲的都是正催化剂催化的情况。在分析化学中，还常常用到负催化剂，它可减慢反应速率。随着分析化学的发展和分析精度要求的提高，负催化剂的运用会越来越多。

5.4.4 诱导反应

在氧化还原滴定分析中，除了通常遇到的催化反应（或自动催化反应）外，还有诱导反

应对滴定分析的影响。所谓诱导反应，是由于某一氧化还原反应的进行，而促进（或诱导）了另一氧化还原反应的发生。

例如：$KMnO_4$ 法测定铁，主要反应如下：

$$MnO_4^- + 5Fe^{2+} + 8H^+ \Longrightarrow Mn^{2+} + 5Fe^{3+} + 4H_2O$$

反应中，要消耗大量的 H^+，因此，测定应在强酸性溶液中进行。实验结果表明，当反应在盐酸溶液中进行时，就要消耗过多的 $KMnO_4$ 溶液，而使测定结果偏高。这主要是因为一部分 MnO_4^- 和溶液中的 Cl^- 发生了如下反应：

$$2MnO_4^- + 10Cl^- + 16H^+ \Longrightarrow 2Mn^{2+} + 5Cl_2 \uparrow + 8H_2O$$

从而消耗了过多的高锰酸钾。当溶液中不含有 Fe^{2+} 时，在滴定反应条件下，MnO_4^- 和 Cl^- 间的反应进行得极其缓慢，实际上可以忽略不计；但当有 Fe^{2+} 存在时，Fe^{2+} 和 MnO_4^- 间的氧化还原反应却能促使（诱导）上述反应的进行。

5.5 氧化还原反应的平衡常数及理论终点的电极电位

5.5.1 氧化还原反应的平衡常数

在分析化学中，要求氧化还原反应定量进行，进行得越完全越好。反应的完全程度，可以从它的平衡常数看出，或者说，可用反应平衡常数的大小，来衡量反应完全的程度。

氧化还原反应的平衡常数，可以根据能斯特方程，从有关电对的条件电极电位（或标准电极电位）求得。

例如：下列氧化还原反应

$$n_2 Ox_1 + n_1 Red_2 \Longrightarrow n_2 Red_1 + n_1 Ox_2 \tag{5.4}$$

两个电对的电极电位分别为：

$$Ox_1 + n_1 e^- \Longrightarrow Red_1$$

$$E_{Ox_1/Red_1} \Longrightarrow E^{\ominus}_{Ox_1/Red_1} + \frac{0.059}{n_1} \lg \frac{c_{Ox_1}}{c_{Red_1}}$$

$$Ox_2 + n_2 e^- \Longrightarrow Red_2$$

$$E_{Ox_2/Red_2} \Longrightarrow E^{\ominus}_{Ox_2/Red_2} + \frac{0.059}{n_2} \lg \frac{c_{Ox_2}}{c_{Red_2}}$$

反应达到平衡时，两电对的电极电位相等。

即

$$E_{Ox_1/Red_1} = E_{Ox_2/Red_2}$$

亦即：

$$E^{\ominus}_{Ox_1/Red_1} + \frac{0.059}{n_1} \lg \frac{c_{Ox_1}}{c_{Red_1}} = E^{\ominus}_{Ox_2/Red_2} + \frac{0.059}{n_2} \lg \frac{c_{Ox_2}}{c_{Red_2}} \tag{5.5}$$

$$E^{\ominus}_{Ox_1/Red_1} - E^{\ominus}_{Ox_2/Red_2} = \frac{0.059}{n_2} \lg \frac{c_{Ox_2}}{c_{Red_2}} - \frac{0.059}{n_1} \lg \frac{c_{Ox_1}}{c_{Red_1}} = \frac{0.059}{n_1 n_2} \lg \left[\left(\frac{c_{Ox_2}}{c_{Red_2}} \right)^{n_1} \left(\frac{c_{Red_1}}{c_{Ox_1}} \right)^{n_2} \right] \tag{5.6}$$

当氧化还原反应(5.4)达到平衡时，c_{Ox_1}、c_{Ox_2}、c_{Red_1}、c_{Red_2} 相对不变，则

$$\left(\frac{c_{Ox_2}}{c_{Red_2}} \right)^{n_1} \left(\frac{c_{Red_1}}{c_{Ox_1}} \right)^{n_2} = K（常数） \tag{5.7}$$

此常数 K 即为氧化还原平衡常数,将式(5.7) 代入式(5.6)中,可得到:

$$E^{\ominus}_{Ox_1/Red_1} - E^{\ominus}_{Ox_2/Red_2} = \frac{0.059}{n_1 n_2} \lg K$$

即
$$\lg K = \frac{n_1 n_2 (E^{\ominus}_{Ox_1/Red_1} - E^{\ominus}_{Ox_2/Red_2})}{0.059} \tag{5.8}$$

式中　　　　K——平衡常数;

n_1、n_2——氧化还原半反应中的电子转移数;

$E^{\ominus}_{Ox_1/Red_1}$、$E^{\ominus}_{Ox_2/Red_2}$——两个电对的条件电极电位(或标准电极电位)值。

由式(5.8)可见,根据氧化还原反应两个电对的条件电极电位(或标准电极电位)值,就可计算出反应的平衡常数 K 值;也就是说,K 值的大小,直接由氧化剂和还原剂两电对的条件电极电位(或标准电极电位)之差决定,两者的差值越大,K 值越大,反应进行得越完全,两者的差值越小,则反应较不完全。氧化还原反应的平衡常数的对数与氧化剂和还原剂两电对的条件电极电位(或标准电极电位)之差成正比。

要使反应的完全程度达到99.9%以上,对反应式(5.4)来说,要求:

$$\frac{c_{Ox_2}}{c_{Red_2}} \geqslant \frac{99.9}{0.1} \approx 10^3$$

$$\frac{c_{Red_1}}{c_{Ox_1}} \geqslant \frac{99.9}{0.1} \approx 10^3$$

当电对的反应中转移的电子数 $n_1 = n_2 = 1$ 时,代入式(5.7)中,得到:

$$K = 10^3 \times 10^3 = 10^6$$
$$\lg K = 6$$

即当 $\lg K \geqslant 6$ 时,反应符合滴定分析的要求(反应完全程度达 99.9% 以上)。

然而,$E^{\ominus}_{Ox_1/Red_1}$ 与 $E^{\ominus}_{Ox_2/Red_2}$ 要相差多大才能满足滴定分析的要求呢?

将式(5.8)移项得:

$$E^{\ominus}_{Ox_1/Red_1} - E^{\ominus}_{Ox_2/Red_2} = \frac{0.059}{n_1 n_2} \lg K$$

当两电对的电子转移数 $n_1 = n_2 = 1$ 时,将 $\lg K \geqslant 6$ 及 $n_1 = n_2 = 1$ 代入上式得:

$$E^{\ominus}_{Ox_1/Red_1} - E^{\ominus}_{Ox_2/Red_2} \geqslant \frac{0.059}{1} \times 6 \approx 0.35 \text{V}$$

即两氧化还原电对的条件电极电位(或标准电极电位)之差,必须大于0.4V,这样的氧化还原反应才能用于滴定分析。

5.5.2　理论终点时的电极电位

理论终点时的电极电位,同样可用能斯特公式求得。当反应进行到理论终点时,两电对的电极电位值相等。此时的电极电位,也就是理论终点时的电极电位(E_{eq})。

例如:在氧化还原反应方程式(5.4)中,当反应进行到理论终点时

$$E_{eq} = E_{Ox_1/Red_1} = E^{\ominus}_{Ox_1/Red_1} + \frac{0.059}{n_1} \lg \frac{c_{Ox_1}}{c_{Red_1}}$$

$$E_{eq} = E_{Ox_2/Red_2} = E^{\ominus}_{Ox_2/Red_2} + \frac{0.059}{n_2} \lg \frac{c_{Ox_2}}{c_{Red_2}}$$

或者

$$n_1 E_{eq} = n_1 E^{\ominus}_{Ox_1/Red_1} + 0.059 \lg \frac{c_{Ox_1}}{c_{Red_1}} \tag{5.9}$$

$$n_2 E_{eq} = n_2 E^{\ominus}_{Ox_2/Red_2} + 0.059 \lg \frac{c_{Ox_2}}{c_{Red_2}} \tag{5.10}$$

将式(5.9)和式(5.10)相加得：

$$(n_1 + n_2) E_{eq} = n_1 E^{\ominus}_{Ox_1/Red_1} + n_2 E^{\ominus}_{Ox_2/Red_2} + 0.059 \lg \frac{c_{Ox_1} c_{Ox_2}}{c_{Red_1} c_{Red_2}} \tag{5.11}$$

由反应式(5.4)可以看出，当反应达到理论终点时

$$\frac{c_{Ox_2}}{c_{Red_1}} = \frac{n_1}{n_2} \quad \frac{c_{Ox_1}}{c_{Red_2}} = \frac{n_2}{n_1}$$

所以：

$$\lg \frac{c_{Ox_1} c_{Ox_2}}{c_{Red_1} c_{Red_2}} = \lg \frac{n_2 n_1}{n_1 n_2} = 0$$

因此，由式(5.11)得：

$$E_{eq} = \frac{n_1 E^{\ominus}_{Ox_1/Red_1} + n_2 E^{\ominus}_{Ox_2/Red_2}}{n_1 + n_2}$$

由上式可知，理论终点时的电极电位（E_{eq}），是由参与氧化还原反应的两电对的条件电极电位（或标准电极电位）决定的。

5.6 氧化还原滴定

5.6.1 氧化还原滴定曲线

在氧化还原滴定过程中，随着滴定剂的加入，试液中氧化剂和还原剂的浓度不断地发生变化，相应电对的电极电位也随之不断地发生变化，这些电极电位改变的情况，可用氧化还原反应滴定曲线来表示。滴定曲线表示氧化还原反应滴定过程中，随着滴定液（氧化剂或还原剂）的加入，电极电位的变化曲线，滴定曲线可以通过电位滴定法测定，也可以用能斯特公式计算得到。

5.6.1.1 可逆氧化还原体系的滴定曲线

例如，在浓度为0.5mol/L的H_2SO_4溶液中，用0.1000mol/L的$Ce(SO_4)_2$标准溶液滴定20.00mL 0.1mol/L的$FeSO_4$溶液。

滴定反应的离子式为：

$$Ce^{4+} + Fe^{2+} \rightleftharpoons Ce^{3+} + Fe^{3+}$$

反应中：

$$Ce^{4+} + e^- \rightleftharpoons Ce^{3+} \quad E^{\ominus}_{Ce^{4+}/Ce^{3+}} = 1.44V$$

$$Fe^{2+} - e^- \rightleftharpoons Fe^{3+} \quad E^{\ominus}_{Fe^{3+}/Fe^{2+}} = 0.68V$$

由于反应的平衡常数$K = 1.6 \times 10^{13}$，说明该反应进行得很完全。

滴定过程中，电极电位的变化可计算如下。

(1) 滴定开始前 0.1mol/L $FeSO_4$在酸性溶液中，虽然有空气中氧的氧化，会有极少

量 Fe^{3+} 存在，但由于 Fe^{3+} 的准确浓度不知道，故此时溶液中的电极电位无法计算。

(2) 滴定开始至理论终点前 溶液中存在着 Fe^{3+}/Fe^{2+} 和 Ce^{4+}/Ce^{3+} 两个电对，因为反应的平衡常数很大，可以认为 Ce^{4+} 和 Fe^{2+} 在酸溶液中的反应是完全的，也就是说，可以近似地认为，从滴定反应开始至理论终点之前，Ce^{4+} 消耗多少摩尔，Fe^{2+} 与其反应后就会有多少摩尔 Fe^{3+} 生成。由于在理论终点前的溶液中，存在的 Ce^{4+} 浓度极低，计算它也比较麻烦，因此，此时溶液的电极电位可根据 $c_{Fe^{3+}}$ 和 $c_{Fe^{2+}}$ 值通过计算 $E_{Fe^{3+}/Fe^{2+}}$ 而求得。

$$E_{Fe^{3+}/Fe^{2+}} = E^{\ominus}_{Fe^{3+}/Fe^{2+}} + 0.059 \lg \frac{c_{Fe^{3+}}}{c_{Fe^{2+}}}$$

式中，$c_{Fe^{3+}}$ 可根据 $c_{Ce^{4+}}$ 求出。反应中，由于平衡常数很大，而且由化学反应方程式可知，有 1mol 的 Fe^{3+} 生成，就必然要消耗 1mol Ce^{4+}。所以，知道了 Ce^{4+} 的浓度和体积，也就知道了 Fe^{3+} 的浓度，$c_{Fe^{2+}}$ 则可根据 $c_{Fe^{3+}}$ 求得。

假设加入了 $a\%$ 的 Ce^{4+}（用滴定的 Fe^{2+} 的百分数来表示），则有 $a\%$ 的 Fe^{2+} 被氧化为 Fe^{3+}，其中 $(100-a)\%$ 的 Fe^{2+} 未被氧化（还未被滴定），则上面的式子可表示为：

$$E_{Fe^{3+}/Fe^{2+}} = E^{\ominus}_{Fe^{3+}/Fe^{2+}} + 0.059 \lg \frac{a}{100-a}$$

例如当滴入 Ce^{4+} 标准溶液 12.00ml 时，生成 Fe^{3+}：

$$a\% = (12.00/20.00) \times 100\% = 60\%$$

未被滴定的 Fe^{2+}（溶液中剩余的 Fe^{2+}）：

$$(100-a)\% = (100-60)\% = 40\%$$

此时溶液的电极电位：

$$E_{Fe^{3+}/Fe^{2+}} = E^{\ominus}_{Fe^{3+}/Fe^{2+}} + 0.059 \lg \frac{a}{100-a}$$

$$= 0.68 + 0.059 \lg \frac{60}{40}$$

$$= 0.69 \text{V}$$

同样可计算滴入 Ce^{4+} 1.00ml、2.00ml、4.00ml、8.00ml、10.00ml、18.00ml、19.80ml、19.98ml 时的电极电位。

(3) 理论终点时 此时溶液中氧化剂和还原剂的电极电位应当相等。

根据理论终点时的电极电位计算公式(5.12)，求得：

$$E_{eq} = \frac{n_1 E^{\ominus}_{Ox_1/Red_1} + n_2 E^{\ominus}_{Ox_2/Red_2}}{n_1 + n_2}$$

$$= \frac{1 \times E^{\ominus}_{Ce^{4+}/Ce^{3+}} + 1 \times E^{\ominus}_{Fe^{3+}/Fe^{2+}}}{1+1}$$

$$= \frac{1.44 + 0.68}{2} \text{V}$$

$$= 1.06 \text{V}$$

即理论终点时，溶液的电极电位为 1.06V。

(4) 理论终点后 当滴定达到理论终点后，$c_{Fe^{3+}}$ 和 $c_{Fe^{2+}}$ 基本不变化，溶液中的电极电位，可根据 Ce^{4+}/Ce^{3+}（滴定剂）电对来进行计算。

设加入了 $a\%$ 的 Ce^{4+}，反应完全（理论终点）时需要 Ce^{4+} 的量为 100%，即溶液中被还原而生成的 Ce^{3+} 为 100%，理论终点后，Ce^{4+} 过量，此时多余 Ce^{4+} 应为 $(a-100)\%$。

溶液的电极电位：

$$E_{Ce^{4+}/Ce^{3+}} = E^{\ominus}_{Ce^{4+}/Ce^{3+}} + 0.059 \lg \frac{a-100}{100}$$

例如，当滴入的 0.1000mol/L $Ce(SO_4)_2$ 标准溶液达 20.02ml 时，此时溶液的电极电位计算如下：

加入的 Ce^{4+} $a\% = (20.02/20.00) \times 100\% = 100.1\%$

还原后生成的 Ce^{3+} $(20.00/20.00) \times 100\% = 100\%$

多余的 Ce^{4+} $(a-100)\% = (100.1-100)\% = 0.1\%$

溶液的电极电位

$$E_{Ce^{4+}/Ce^{3+}} = E^{\ominus}_{Ce^{4+}/Ce^{3+}} + 0.059 \lg \frac{c_{Ce^{4+}}}{c_{Ce^{3+}}}$$

$$= \left(1.44 + 0.059 \lg \frac{0.1}{100}\right) V$$

$$= 1.26V$$

同样可计算加入 Ce^{4+} 标准溶液 22.00ml、30.00ml、40.00ml 时溶液的电极电位值。

根据各个不同的滴定阶段滴定剂 $Ce(SO_4)_2$ 标准溶液的加入量和电极电位值相应变化的计算，现将结果列于表 5.1。

根据表 5.1 的计算结果，以滴入的 Ce^{4+} 量（或 Fe^{2+} 被氧化的量）的百分数为横坐标，以电极电位（V）为纵坐标作图，即绘制成氧化还原滴定曲线图 5.2。

从计算和氧化还原滴定曲线可见，Ce^{4+} 标准溶液的加入从 99.9%（即 Fe^{2+} 剩余 0.1%）到 100.1%（即 Ce^{4+} 过量 0.1%），变化仅为 0.2%，电极电位值，从 0.86V 增加到 1.26V，即增加了 1.26-0.86=0.40V，有一个比较大的突跃。这个突跃范围，对选择氧化还原指示剂很有好处。与其他几种滴定类型相似，理论终点附近的电位突跃越大，越容易准确地确定滴定终点。

表 5.1 在 0.5mol/L 的 H_2SO_4 溶液中 0.1000mol/L 的 Ce^{4+} 滴定 0.1000mol/L Fe^{2+} 的电位变化

滴入 Ce^{4+} 标准溶液		剩余 Fe^{2+}/%	过量 Ce^{4+}/%	电位/V
x/ml	$x/20 \times 100\%$			
0.00	0.0	100		—
1.00	5.0	95.0		0.60
2.00	10.0	90.0		0.62
4.00	20.0	80.0		0.64
8.00	40.0	60.0		0.67
10.00	50.0	50.0		0.68
12.00	60.0	40.0		0.69
18.00	90.0	10.0		0.74
19.80	99.0	1.0		0.80
19.90	99.5	0.5		0.82
19.98	99.9	0.1		0.86
20.00	100.0	0		1.06
20.02	100.1		0.1	1.26
20.20	101.0		1.0	1.32
22.00	110.0		10.0	1.38
30.00	150.0		50.0	1.42
40.00	200.0		100.0	1.44

（0.86~1.26 为突跃部分）

5.6.1.2 不可逆体系的滴定曲线

氧化还原体系中,当涉及有不可逆的氧化还原电对参加时(如 MnO_4^-/Mn^{2+}、$2CO_2/C_2O_4^{2-}$ 等),实际测定的曲线与理论计算所得的滴定曲线常有差别。这种差别主要表现在溶液的电极电位由不可逆氧化还原电对控制(影响)的时候。

例如,在硫酸溶液中,用 $KMnO_4$ 滴定 Fe^{2+}。

由于 MnO_4^-/Mn^{2+} 为不可逆氧化还原电对,Fe^{3+}/Fe^{2+} 为可逆氧化还原电对,在理论终点以前,溶液的电极电位主要由 Fe^{3+}/Fe^{2+} 控制,此时,实测滴定曲线与理论计算滴定曲线并无明显差别;而在理论终点后,溶液的电极电位主要由 MnO_4^-/Mn^{2+} 控制,此时,实测的滴定曲线与理论计算值差别较大(见图 5.3)。尽管如此,但用理论计算的结果作为初步判断,仍具有一定的实际意义。

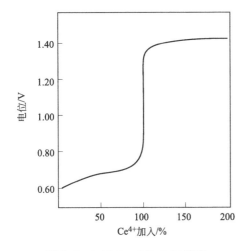

图 5.2 0.1000mol/L Ce^{4+} 滴定 0.1000mol/L Fe^{2+} 的滴定曲线

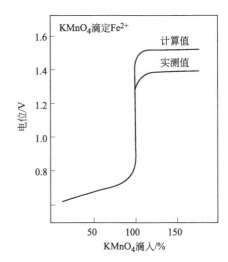

图 5.3 理论与实测的滴定曲线比较

5.6.1.3 氧化还原反应滴定突跃及终点

在氧化还原滴定中,由于少量滴定剂(氧化剂或还原剂)的加入,而使溶液的电极电位有较大的改变,这种改变称为氧化还原滴定突跃。在氧化还原滴定曲线中,这种突跃很明显(见表 5.1 和图 5.2)。

氧化还原滴定曲线突跃的长短,与氧化剂和还原剂的条件电极电位(或者它们的标准电极电位)差值的大小有关。电极电位相差大,滴定突跃较长,电极电位相差小,滴定突跃较短。一般来说,反应物的两个电对的条件电极电位的差值大于 0.20V,此时,突跃范围才明显,才有可能进行滴定。实际工作中,往往电位差值在 0.20~0.40V 之间,采用电位滴定法,用仪器指示终点,差值大于 0.40V,方可选用适当的氧化还原指示剂指示滴定终点。

实践中,氧化还原滴定曲线,常因滴定时介质的不同,而改变其位置和突跃的长短。例如,用 $KMnO_4$ 在不同的介质中滴定 Fe^{2+},在分别有 H_3PO_4 和 $HClO_4$ 存在的溶液中,它们的滴定终点的颜色变化,虽然都比较敏锐,但滴定曲线的位置和突跃的长短却是不同的(见图 5.4)。

在 H_3PO_4 存在的溶液中,$KMnO_4$ 滴定 Fe^{2+} 的曲线位置最低,滴定突跃最大;在 $HClO_4$ 存在的溶液中,$KMnO_4$ 滴定 Fe^{2+} 的曲线位置最高。当氧化还原滴定曲线有几个滴定突跃时,通常以滴定曲线中突跃最大的部分作为滴定终点。值得注意的是:滴定曲线的中点（中部）并不一定是反应的理论终点。

根据氧化还原反应的理论终点时电极电位的计算公式：

$$E_{eq} = \frac{n_1 E^{\ominus}_{Ox_1/Red_1} + n_2 E^{\ominus}_{Ox_2/Red_2}}{n_1 + n_2}$$

显然，只有在氧化剂和还原剂两个半电池的反应中转移的电子数相等，即 $n_1 = n_2$ 时，理论终点才在滴定突跃的中点（中部）。

例如，在 $c(H_2SO_4) = 0.5 mol/L$ 的硫酸溶液中，用 $Ce(SO_4)_2$ 标准溶液滴定 $FeSO_4$（$n_1 = n_2$）。

$$E^{\ominus}_{Ce^{4+}/Ce^{3+}} = 1.44V$$
$$E^{\ominus}_{Fe^{3+}/Fe^{2+}} = 0.68V$$
$$n_1 = n_2$$

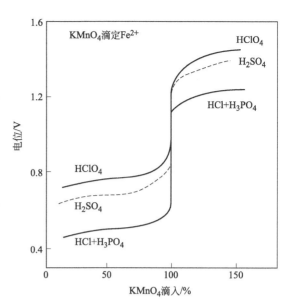

图 5.4 $KMnO_4$ 溶液在不同介质滴定 Fe^{2+} 的滴定曲线

理论终点电位

$$E_{eq} = \frac{1 \times 1.44 + 1 \times 0.68}{1+1}V = 1.06V$$

理论终点电位恰好是滴定曲线突跃的中点。

若 $n_1 \neq n_2$，则理论终点电位会偏向电子转移数较多（即 n 值较大）的电对一方，n_1 和 n_2 相差越大，理论终点电位偏向 n 值大的电对一方越多。

例如：在 $c(HClO_4) = 1.0 mol/L$ 的高氯酸溶液中，用 $KMnO_4$ 标准溶液滴定 $FeSO_4$

$$E^{\ominus}_{MnO_4^-/Mn^{2+}} = 1.44V, \quad E^{\ominus}_{Fe^{3+}/Fe^{2+}} = 0.75V$$
$$n_1 = 5, \quad n_2 = 1$$

理论终点电位

$$E_{eq} = \frac{n_1 E^{\ominus}_{Ox_1/Red_1} + n_2 E^{\ominus}_{Ox_2/Red_2}}{n_1 + n_2}$$
$$= \frac{5 \times 1.44 + 1 \times 0.75}{5+1}V = 1.32V$$

理论终点电位明显偏向 n 值大的电对一方，即偏向 $n=5$ 的电对（MnO_4^-/Mn^{2+}）一方。

5.6.1.4 终点误差

在滴定分析中，如果用指示剂确定滴定终点，则滴定终点的判断取决于指示剂颜色的变化。滴定终点可能与理论终点一致，也可能不一致，而且大部分是不一致的，这种滴定终点与理论终点之间的误差，称为滴定误差，或者叫做终点误差。氧化还原滴定的终点误差，是由氧化还原指示剂变色的电极电位与氧化还原滴定时理论终点电极电位的不一致引起的。

5.6.2 氧化还原指示剂

在氧化还原滴定中，除了用电位滴定法外，大多是利用某些物质在理论终点附近颜色的改变来指示终点，这些物质可用作氧化还原滴定中的指示剂。

氧化还原指示剂，除个别指示剂外，一般都是比较复杂的有机化合物，本身具有氧化性和还原性，而且其氧化型和还原型具有不同的颜色。在氧化还原滴定中加入指示剂指示滴定终点，就是通过指示剂的氧化型和还原型的颜色不同来判断的。

氧化还原指示剂也有一定的电极电位，在滴定反应中，指示剂变色时的电极电位，决定了滴定终点时的电极电位。也就是说，滴定终点时的电极电位并不一定是氧化还原滴定反应的理论终点时的电极电位。

如果以 In(Ox) 代表指示剂的氧化型，以 In(Red) 代表指示剂的还原型，n 代表反应中指示剂的得（失）电子数，若反应中没有 H^+ 参加，则氧化还原指示剂的变化可简写如下：

$$In(Ox) + ne^- = In(Red)$$

在上述反应中，In(Ox) 和 In(Red) 分别为两种不同的颜色（在实际应用中，其色差越大越好），而且滴定剂在反应条件下，在滴定至近理论终点时，能使这两种型态发生改变，从而指示滴定终点的到达。

氧化还原指示剂变色时的电极电位可由能斯特公式算出：

$$E_{In} = E_{In}^{\ominus} + \frac{0.059V}{n} \lg \frac{c_{In(Ox)}}{c_{In(Red)}}$$

式中　　$E_{In}^{\ominus}$——指示剂的条件电极电位（或标准电极电位）；

n——指示剂变色时得（失）的电子数；

$c_{In(Ox)}$——指示剂氧化型浓度；

$c_{In(Red)}$——指示剂还原型浓度。

随着指示剂的不同，$E_{In}^{\ominus}$ 亦不同，即使是同一种指示剂，溶液的介质不同，条件电极电位（$E_{In}^{\ominus}$）也不同。

与酸碱指示剂的变色情况相似，当 $c_{In(Ox)}/c_{In(Red)} \geqslant 10$ 时，溶液呈现氧化型的颜色，此时：

$$E_{In} \geqslant E_{In}^{\ominus} + \frac{0.059V}{n} \lg 10 = E_{In}^{\ominus} + \frac{0.059V}{n}$$

当 $c_{In(Ox)}/c_{In(Red)} \leqslant 1/10$ 时，溶液呈现还原型的颜色，此时：

$$E_{In} \leqslant E_{In}^{\ominus} + \frac{0.059V}{n} \lg 0.1 = E_{In}^{\ominus} - \frac{0.059V}{n}$$

故指示剂的电位范围为：

$$E_{In}^{\ominus} \pm \frac{0.059}{n} V$$

在实际滴定操作中，由于指示剂的加入量极少，真正大量显示的颜色是被滴定溶液的颜色（氧化型和还原型），或者是被滴定溶液和指示剂的氧化型（或还原型）显示的混合颜色。根据理论终点前电极电位变化计算，可以知道在滴定进行到99.9%以前，其电位值的变化不是很大的，滴定液滴到99.9%~100.1%之间，滴定曲线才可能产生突跃。因此，指示剂的变色电极电位应在该区间。此时氧化还原滴定反应的理论终点电极电位，与指示剂的变色电位值，有可能不一致。但在实际操作中，它所造成的误差（即终点误差）对分析结果的影响不大，可以忽略不计。如果标准滴定溶液浓度很小（如0.01mol/L），或作精密分析时，就要作空白试验，测出指示剂所消耗的标准溶液，然后从消耗的标准滴定溶液的总体积中将空白值减去。

常用的氧化还原指示剂有下列几类。

(1) 自身指示剂　在氧化还原滴定中，有些标准滴定溶液或被滴定的物质本身，具有很深的颜色，反应后变成无色或浅色。在滴定过程中，这种试剂稍有过量就很容易检出，因此在滴定时,不要另加指示剂,通过反应物质自身在理论终点前后颜色的明显变化就能判断滴定终点。

例如,在高锰酸钾法中(高锰酸钾作滴定剂),MnO_4^-本身呈紫红色,在酸性溶液中,还原为几乎是无色的Mn^{2+},滴定终点后,稍过量的MnO_4^-就可使溶液呈粉红色,从而指示滴定终点的到达。

(2) 专用指示剂 在氧化还原滴定法中,反应物或生成物能与某一特定物质作用而显色,这一特定物质常用作有关氧化还原的指示剂。这种指示剂只对某一特定物质的存在与否有指示作用,这种指示剂叫做专用指示剂。

例如,可溶性淀粉与碘溶液反应呈深蓝色,当I_2被还原为I^-时,深蓝色立即消失,反应极其灵敏。

又如,硫氰酸盐与Fe^{3+}反应,生成深红色络合物,一旦Fe^{3+}被还原,其络合物的深红色立即消失。

(3) 氧化还原指示剂 在氧化还原滴定分析中,除了自身指示剂、专用指示剂外,大量的氧化还原反应是通过氧化还原指示剂来指示反应终点的。

例如,用$K_2Cr_2O_7$滴定Fe^{2+},常用二苯胺磺酸钠作指示剂,二苯胺磺酸钠还原态为无色,氧化态为紫色,二苯胺磺酸钠的电极电位是0.85V。当Fe(Ⅱ)被滴定后,$K_2Cr_2O_7$则与二苯胺磺酸钠作用,使它由原来的还原态转换成氧化态,使试液呈紫色,从而指示滴定终点的到达。

现将常用氧化还原指示剂性能及配制方法列于表5.2。

表5.2 常用的氧化还原指示剂

编号	名称	$E_{In}^{\ominus}$/V		颜色		溶液配制
		pH=0	pH=7	Ox	Red	
1	中性红	0.24	−0.33	红	无	0.05%乙醇(60%)溶液
2	酚藏红	0.28	−0.28	红	无	0.05%水溶液
3	藏红(碱性藏红)	0.24	−0.29	紫	无	0.05%水溶液
4	靛蓝草磺酸钾	0.26	−0.16	蓝	无	0.05%水溶液
5	靛蓝二磺酸钾	0.29	−0.13	蓝	无	0.05%水溶液
6	靛蓝三磺酸钾	0.33	−0.081	蓝	无	0.05%水溶液
7	靛蓝四磺酸钾	0.37	−0.046	蓝	无	0.05%水溶液
8	次甲基蓝(亚甲蓝)	0.53	0.011	蓝	无	0.05%水溶液
9	劳氏紫(硫堇)	0.56	0.064	紫	无	0.05%乙醇(60%)溶液
10	邻甲靛酚钠盐	0.62	0.19	蓝	无	0.02%水溶液
11	2,6-二氯靛酚钠盐	0.67	0.22	蓝	无	0.02%水溶液
12	2,6-二溴靛酚钠盐	0.67	0.22	红或蓝	无	0.02%水溶液
13	二苯胺	0.76		紫	无	0.1%水溶液
14	二苯联苯胺	0.76		紫	无	0.1%水溶液
15	二苯胺磺酸钠(钾)	0.85		红紫	无	0.05%水溶液
16	邻苯二茴香胺	0.85		红	无	0.025mol/L稀盐酸溶液
17	5,6-二甲基-1,10-二氮菲亚铁络合物	0.97		黄绿	红	水溶液
18	对乙氧菊橙	1.00		浅黄	红	0.1%水溶液

续表

编号	名称	$E_{In}^{\ominus}$/V		颜色		溶液配制
		pH=0	pH=7	Ox	Red	
19	N-苯基代邻氨基苯甲酸	1.08		紫红	红	0.1%碳酸钠溶液(0.2%)
20	邻二氮菲(邻菲啰啉)	1.06		浅蓝	红	0.025mol/L水溶液
21	硝基邻二氮菲亚铁络合物	1.25		浅蓝	红	0.025mol/L水溶液
22	钨酸钠	0.26 (HCl介质)		无	蓝	5%磷酸溶液(5%)
23	中性红		−0.34	红	无	0.1%乙醇溶液(60%)

在选择氧化还原指示剂时，要特别注意两个问题：①指示剂变色的电极电位值应在滴定突跃范围之内。如：Ce^{4+}滴定Fe^{2+}（在硫酸介质中），其滴定突跃范围为0.86~1.26V，此时如选择二苯胺磺酸钠（$E_{In}^{\ominus}=0.85V$）为指示剂，则滴定误差就比较大，如选择N-苯基代邻氨基苯甲酸（$E_{In}^{\ominus}=1.08V$）或邻菲啰啉（$E_{In}^{\ominus}=1.06V$）作指示剂就比较好。当然，如果在含有磷酸的硫酸溶液中进行滴定，由于磷酸很容易跟Fe^{3+}形成稳定的无色络离子$Fe(HPO_4)_2^-$，而使Fe^{3+}/Fe^{2+}电对的条件电极电位降低（在H_3PO_4介质中$E_{Fe^{3+}/Fe^{2+}}^{\ominus}=0.438V$），使滴定突跃范围增大，这时如果再用二苯胺磺酸钠作指示剂，其变色电极电位就处于突跃范围了。②在氧化还原滴定中，滴定剂和被滴定的物质常是有色的，因此，选择指示剂时，应注意理论终点前后混合色变化是否明显，否则滴定终点难以判断。

5.7 氧化还原滴定法中的预处理

5.7.1 预氧化和预还原

氧化还原滴定法中的预处理，即在进行氧化还原滴定之前，必须使欲测组分处于一定的价态。因此，往往需要对待测组分及其试液进行预处理。

例如，滴定法测定合金中的钒。试样用盐酸和硝酸的混酸溶解，硫酸和磷酸的混酸冒烟后，溶液中钒并非全部都是高价的，即溶液中有五价钒，也有四价钒。此时如果用Fe^{2+}滴定，其结果必然误差很大。为此，需要进行一系列的处理。首先加入$KMnO_4$，使溶液中的钒都氧化成高价，随后滴加$NaNO_2$还原过量的$KMnO_4$，过量的$NaNO_2$再用尿素分解（过量的尿素不影响测定结果）。溶液在经过这一系列的预处理后，再加指示剂，用Fe^{2+}标准溶液进行滴定。

预处理时，所用的氧化剂或还原剂，必须符合以下条件：

① 反应速度快，要在较短的时间内完成。如前面例子所述，作为预处理氧化剂用的$KMnO_4$，对钒和铬的氧化都比较快。

② 反应具有一定的选择性。

例如，用金属锌作为预还原剂，由于$E_{Zn^{2+}/Zn}^{\ominus}$值（−0.76V）较低，凡是电极电位值比它高的金属离子都可以被还原，所以金属锌的选择性较差，而$SnCl_2$（$E_{Sn^{4+}/Sn^{2+}}^{\ominus}=0.15V$）的选择性则较高。

③ 过量的氧化剂或者还原剂要容易除去。除去的方法，通常有如下几种。

a. 加热分解：如$(NH_4)_2S_2O_8$、H_2O_2等，可借加热分解而除去。b. 过滤：如$NaBiO_3$

不溶于水,可借过滤除去。c. 利用化学反应:如锰钢中锰的测定,试样被溶解后,在160~250℃在大量磷酸存在下,用固体硝酸铵将二价锰氧化为三价,多余的硝酸铵则可采用加尿素的办法来消除,然后用硫酸亚铁标准溶液进行滴定。

5.7.2 有机物的去除或金属化合物的破坏

试样中的有机物,对测定往往发生干扰。具有氧化还原性质或络合性质的有机物,往往使溶液的电极电位发生变化;金属化合物的存在,将造成试样分解不完全,而给测定结果带来较大的误差。为此,必须除去试样中的有机物,破坏金属化物。

除去有机物常用的办法有干法灰化和湿法灰化等。干法灰化是在高温下,使有机物被空气中的氧或纯氧(氧瓶燃烧法)氧化而破坏。如碘量法测硫,如果试样中含氧化还原物质,其测定结果必然受到影响,为了避免此种情况发生,往往先将试样高温处理后(不能熔化),再置氧气流中燃烧。湿法灰化是使用氧化性酸,例如 HNO_3、H_2SO_4 或 $HClO_4$ 于它们的沸点或冒烟时,使有机物得以除去。

金属化合物,如碳化物、氮化物、氧化物、硅化物、锰化物等,在一般酸不能溶解(或碱不能溶解)的情况下,可加 HNO_3、H_2O_2、HF、$KMnO_4$、过硫酸盐等破坏,或者加硫磷酸冒烟,或者加高氯酸冒烟,或者熔融等,都能使金属化物破坏,从而进行准确测定。

5.7.3 常用的氧化剂和还原剂

在日常分析工作中,经常要用到各种氧化剂和还原剂。这些氧化剂和还原剂,除了在滴定分析中作为滴定剂外,很多情况下,都用作预处理剂(预氧化或预还原)。

(1) 过硫酸铵 在酸性溶液中,有银盐存在时,是强氧化剂。

$$S_2O_8^{2-} + 2e^- = 2SO_4^{2-} \qquad E^{\ominus}_{S_2O_8^{2-}/2SO_4^{2-}} = 2.00V$$

可将锰(Ⅱ)氧化为锰(Ⅶ),铈(Ⅲ)氧化为铈(Ⅳ),铬(Ⅲ)氧化为铬(Ⅵ),钒(Ⅳ)氧化为钒(Ⅴ)等。在没有银盐存在时,反应速度缓慢,氧化不完全。

在碱性溶液中,它可将锰(Ⅱ)氧化为水合二氧化锰沉淀(此法常用来分离锰)。

在钢铁分析中,有时用它来破坏一些难溶性的碳化物。

在实际的氧化还原操作中,如果用过硫酸铵作氧化剂,剩余的过硫酸铵一定要分解完全,否则进行氧化还原滴定之后,剩余的过硫酸铵又有可能使被还原了的铬(Ⅲ)重新被氧化,尤其是在不使用银盐催化而改用钴盐或铜盐等催化的情况下,使测定结果偏高。

(2) 高锰酸钾 高锰酸钾是强氧化剂,除可作滴定剂外,还可以作其他选择性的氧化剂。

$$MnO_4^- + 5e^- + 8H^+ = Mn^{2+} + 4H_2O \qquad E^{\ominus}_{MnO_4^-/Mn^{2+}} = 1.49V$$

例如,在铬(Ⅲ)、钒(Ⅳ)共存的溶液中,加入冷的高锰酸钾溶液,可将钒(Ⅳ)氧化为钒(Ⅴ),但不能将铬(Ⅲ)氧化(在冷的稀酸性溶液中,反应速率很慢);在热的强酸性溶液中,加入浓的高锰酸钾溶液,可将铬(Ⅲ)氧化为铬(Ⅵ),但在碱性溶液中,很容易将铬(Ⅲ)氧化为铬(Ⅵ)。

过量的高锰酸钾,可加入亚硝酸盐将它还原,也可以加入 EDTA、乙醇、六亚甲基四胺等,使锰(Ⅶ)还原。当用亚硝酸盐还原高锰酸钾时,为了避免过量的亚硝酸盐给测定造成影响,在加入亚硝酸盐之前,先加入一定量的尿素,使过量的亚硝酸盐和尿素反应,其反应方程式如下:

$$2MnO_4^- + 5NO_2^- + 6H^+ = 2Mn^{2+} + 5NO_3^- + 3H_2O$$

$$2NO_2^- + CO(NH_2)_2 + 2H^+ =\!=\!= 3H_2O + CO_2\uparrow + 2N_2\uparrow$$

此外，加入硫酸锰溶液煮沸，也可使 MnO_4^- 还原，生成水和二氧化锰沉淀。

$$2MnO_4^- + 3Mn^{2+} + 2H_2O =\!=\!= 5MnO_2\downarrow + 4H^+$$

除去剩余 MnO_4^- 的方法，使用最多的还是加亚硝酸盐或氯化钠（或盐酸）

(3) 高氯酸 高氯酸在不受热情况下，比较稳定；浓热的高氯酸具有很强的氧化性，遇有机物时会发生爆炸。在钢铁分析中，它不但可以用来分解试样，而且可以直接将铬(Ⅲ)氧化为铬(Ⅵ)，钒(Ⅳ)氧化为钒(Ⅴ)，铈(Ⅲ)氧化为铈(Ⅳ)；有磷酸存在的情况下，在一定含量范围内，锰(Ⅱ)可被定量地氧化为锰(Ⅲ)。由于高氯酸能够定量地将铬(Ⅲ)氧化为铬(Ⅵ)，因而可直接利用高氯酸的氧化来测定铬。

过量的高氯酸不必除去，将溶液稀释并冷却后，它就失去氧化能力。

(4) 高碘酸盐

$$H_5IO_6 + H^+ + 2e^- =\!=\!= IO_3^- + 3H_2O \qquad E^{\ominus}_{H_5IO_6/IO_3^-} = 1.60V$$

高碘酸盐常用于锰的氧化，在酸性溶液中，锰(Ⅱ)被氧化为锰(Ⅶ)。

$$2Mn^{2+} + 5H_5IO_6 =\!=\!= 2MnO_4^- + 5IO_3^- + 11H^+ + 7H_2O$$

高碘酸盐氧化锰(Ⅱ)较之过硫酸铵氧化锰(Ⅱ)，其优越性在于不用催化剂，而且很稳定。但要注意的是，加热氧化时，应注意有一定的时间，如果加热时间太短，氧化不完全往往会使测定结果偏低。

对过量的高碘酸盐，可加入汞(Ⅱ)盐，使其析出。

(5) 亚硝酸钠 由于亚硝酸根（NO_2^-）中的氮为正三价，因此，在使用亚硝酸钠时，NO_2^- 既可失去电子生成 NO_3^- 作还原剂，也可得到电子生成 NO 或 N_2O 作氧化剂。遇到氧化剂时，如与 $KMnO_4$、MnO_2、Cl_2 等，它失去电子，能被氧化成硝酸根；在弱酸性溶液中遇到还原剂时，如 Fe^{2+} 等，它能被还原生成 NO、N_2O 等。其电极电位变化关系如下：

在酸性溶液中作氧化剂

$$2HNO_2 + 4e^- + 4H^+ =\!=\!= N_2O + 3H_2O \qquad E^{\ominus}_{2HNO_2/N_2O} = 1.29V$$

$$HNO_2 + e^- + H^+ =\!=\!= NO + H_2O \qquad E^{\ominus}_{HNO_2/NO} = 0.99V$$

在酸性溶液作中还原剂

$$HNO_2 - 2e^- + H_2O =\!=\!= NO_3^- + 3H^+ \qquad E^{\ominus}_{NO_3^-/HNO_2} = 0.94V$$

在碱性溶液中作氧化剂

$$2NO_2^- + 4e^- + 3H_2O =\!=\!= N_2O + 6OH^- \qquad E^{\ominus}_{HNO_2/N_2O} = 0.15V$$

在碱性溶液中作还原剂

$$NO_2^- - 2e^- + 2OH^- =\!=\!= NO_3^- + H_2O \qquad E^{\ominus}_{NO_3^-/NO_2^-} = 0.01V$$

在氧化还原滴定法中，过量的亚硝酸盐可加入尿素消除。

(6) 过氧化氢 过氧化氢既是氧化剂，又是还原剂。

$$H_2O_2 + 2e^- + 2H^+ =\!=\!= 2H_2O \qquad E^{\ominus}_{H_2O_2/2H_2O} = 1.78V \qquad (氧化剂)$$

$$H_2O_2 - 2e^- =\!=\!= O_2 + 2H^+ \qquad E^{\ominus}_{(O_2 + 2H^+)/H_2O_2} = 0.69V \qquad (还原剂)$$

它遇到强氧化剂时，显还原性，遇到强还原剂时，显氧化性。

它常用于碱性溶液（如 2mol/L NaOH）中将铬(Ⅲ)氧化为铬(Ⅵ)，锰(Ⅱ)氧化为锰(Ⅳ)，以 MnO_2 形式析出，在有 HCO_3^- 存在的介质中，能将钴(Ⅱ)氧化为钴(Ⅲ)，在酸性溶液中，有时表现出还原性，能将铬(Ⅵ)缓慢还原成铬(Ⅲ)。

过量的过氧化氢，可借煮沸而除去，也可加氨水将它分解。

(7) 氯化亚锡

$$Sn^{2+} - 2e \Longrightarrow Sn^{4+} \qquad E^{\ominus}_{Sn^{4+}/Sn^{2+}} = 0.15V$$

在 0.1mol/L HCl 介质中： $E^{\ominus}_{Sn^{4+}/Sn^{2+}} = 0.07V$

在 1mol/L HCl 介质中： $E^{\ominus}_{Sn^{4+}/Sn^{2+}} = 0.14V$

氯化亚锡是强还原剂，在酸性溶液中，加热能使铁(Ⅲ)还原为铁(Ⅱ)；同时，Sn^{2+} 也可将钼(Ⅵ)还原为钼(Ⅴ)、砷(Ⅴ)还原为砷(Ⅲ)；当加入铁(Ⅲ)作催化剂时，也可将铀(Ⅵ)还原为铀(Ⅳ)。

过量的 Sn^{2+}，可以加入汞(Ⅱ)除去，或用其他氧化剂除去。

氯化亚锡易水解，故常配制于盐酸溶液中。氯化亚锡不稳定，易被空气中的氧所氧化，使久置的试剂失效。如配成溶液，一般是现用现配，如需存放，可加入大量多元醇，则可减慢空气中氧对氯化亚锡的氧化。

(8) 抗坏血酸（又称维生素 C）

$$C_6H_6O_6 + 2H^+ + 2e^- \Longrightarrow C_6H_8O_6 \qquad E^{\ominus}_{C_6H_6O_6/C_6H_8O_6} = 0.18V \text{（pH=7）}$$

它常用于将铁(Ⅲ)还原为铁(Ⅱ)、铜(Ⅱ)还原为铜(Ⅰ)、钼(Ⅵ)还原为钼(Ⅴ)、硒(Ⅵ)还原为硒(Ⅳ)、碲(Ⅵ)还原为碲(Ⅳ)。

随着抗坏血酸存放时间的增长，其还原能力逐渐消失。

(9) 盐酸羟胺（或硫酸羟胺）

$$N_2O + 4e^- + 4H^+ + H_2O \Longrightarrow 2NH_2OH \qquad E^{\ominus}_{2NH_2OH/N_2O} = -0.05V$$

盐酸羟胺（$NH_2OH \cdot HCl$）是强还原剂，与氧化剂作用时，$NH_2OH \cdot HCl$ 氧化为 N_2O。

在酸性介质中，将砷(Ⅴ)还原为砷(Ⅲ)，铁(Ⅲ)还原为铁(Ⅱ)，金、银等还原为金属，锑(Ⅴ)还原为锑(Ⅲ)。在光度分析中，应用也比较多。

过量的盐酸羟胺，可于硫酸溶液中煮沸破坏。在实际工作中，盐酸羟胺易被空气中的氧所氧化而变质，因此，使用时应注意其是否已失效。

(10) 三氯化钛

$$Ti^{3+} - e^- + H_2O \Longrightarrow TiO^{2+} + 2H^+ \qquad E^{\ominus}_{TiO^{2+}/Ti^{3+}} = 0.1V$$

钛(Ⅲ)是强还原剂，可用作滴定剂，但三氯化钛很不稳定，易被空气中的氧所氧化，溶液碱性越强，氧化越快。因而，三氯化钛通常配制在酸性溶液中，一般是当日使用当日配制，由于其不稳定性，在配制好的溶液，需加少许锌粒。

三氯化钛主要用于还原铁(Ⅲ)为铁(Ⅱ)，消除铁(Ⅲ)对其他元素测定的干扰。由于其电极电位不及氯化亚锡，利用氯化亚锡和三氯化钛联合还原铁(Ⅲ)进行铁的测定，还原时，可用钨酸钠磷酸溶液作为指示剂，当铁(Ⅲ)被还原后，钛(Ⅲ)将磷钨酸络合物还原为钨蓝，可用于指示氯化亚锡和三氯化钛联合还原铁(Ⅲ)时的还原终点。

对过量钛(Ⅲ)的消除：如果钛(Ⅲ)量少，可在溶液中迅速加入大量冷水（热还原后），利用水中溶解氧使钛(Ⅲ)被氧化；或在溶液中加入少量 Cu^{2+} 作催化剂，可加速钛(Ⅲ)的氧化。如果量多，则应滴加氧化剂氧化成钛(Ⅳ)使其影响消除。

(11) 金属　常用的金属有铝、锌、铁、瓦德合金（50%Cu、45%Al、5%Zn）、锌-汞齐还原柱等都可作还原剂。合金研成细粉，能使反应平稳，煮沸还原时，无暴沸现象。在使用金属作还原剂时，用单一金属较好。

铝片常用来还原钛(Ⅲ)：

$$Al + 3Ti^{4+} = Al^{3+} + 3Ti^{3+}$$

锌粉常用于还原铜（Ⅱ）和硝酸：

$$Zn + Cu^{2+} = Zn^{2+} + Cu$$

$$4Zn + 10HNO_3 = N_2O + 4Zn(NO_3)_2 + 5H_2O$$

锌-汞齐还原柱在硫酸介质中，能使 Cr(Ⅲ)还原为 Cr(Ⅱ)、Fe(Ⅲ)还原为 Fe(Ⅱ)、Ti(Ⅳ)还原为 Ti(Ⅲ)。

过量金属的存在，对测定结果虽然不会带来影响，但也应将其分离。

5.8 氧化还原滴定法的计算

氧化还原法滴定结果的计算与其他滴定法的计算一样，也是以等物质的量反应规则为基础的，根据标准溶液的浓度和消耗的体积进行计算。

【例 5.1】 称取基准 KIO_3 0.3000g，在酸性溶液中与过量的 KI 反应，析出的 I_2 用 $Na_2S_2O_3$ 标准溶液滴定，用去 48.00ml。求 $c(Na_2S_2O_3) = ?$

解一： 用 KIO_3 为基准，标定 $Na_2S_2O_3$ 溶液的反应为：

$$IO_3^- + 6S_2O_3^{2-} + 6H^+ = I^- + 3S_4O_6^{2-} + 3H_2O$$

在此滴定反应中，1 分子 KIO_3 得到 6 个电子，1 分子 $Na_2S_2O_3$ 给出一个电子，可以选取 $(1/6KIO_3)$ 和 $Na_2S_2O_3$ 作为基本单元，按等物质的量反应规则：

则有 $\qquad n(Na_2S_2O_3) = n(1/6KIO_3)$

所以 $\qquad c(Na_2S_2O_3)V(Na_2S_2O_3) = m(KIO_3)/M(1/6KIO_3)$

即

$$c(Na_2S_2O_3) = \frac{m(KIO_3)}{M(1/6KIO_3)V(Na_2S_2O_3)}$$

$$= \frac{0.3000}{1/6 \times 214.0 \times 48.00 \times 10^{-3}} mol/L$$

$$= 0.1752 mol/L$$

解二： 选取 $Na_2S_2O_3$ 和 KIO_3 分子为基本单元，按换算因数计算：

则 $\qquad n(KIO_3) : n(Na_2S_2O_3) = 1 : 6$

所以 $\qquad c(Na_2S_2O_3)V(Na_2S_2O_3) = 6 \times \dfrac{m(KIO_3)}{M(KIO_3)}$

即

$$c(Na_2S_2O_3) = \frac{6m(KIO_3)}{M(KIO_3)V(Na_2S_2O_3)}$$

$$= \frac{6 \times 0.3000g}{214.0 \times 48.00 \times 10^{-3}} mol/L$$

$$= 0.1752 mol/L$$

答：$c(Na_2S_2O_3) = 0.1752 mol/L$。

【例 5.2】 称取苯酚试样 0.4083g，用 NaOH 溶解后，转移至 250.00ml 容量瓶中，稀释至刻度，摇匀。移取 25.00ml 于碘量瓶中，加入 $KBrO_3$-KBr 标准溶液 25.00ml 及 HCl 溶液，使苯酚溴化为三溴苯酚。加入 KI 溶液，与多余的 Br_2 反应，析出的 I_2 用 0.1084mol/L $Na_2S_2O_3$ 标准溶液滴定，消耗 20.04ml，记为 $V_{Na_2S_2O_3}$。另取 25.00ml $KBrO_3$-KBr 标准溶液，加入 KI 及 HCl 溶液，析出的 I_2 用同浓度的 $Na_2S_2O_3$ 标准溶液滴定，消耗 41.60ml，

记为 $V_{Na_2S_2O_3总}$。试计算样品中苯酚的含量。

解：碘量法测苯酚的化学反应为：

$$BrO_3^- + 5Br^- + 6H^+ == 3H_2O + 3Br_2$$
$$C_6H_5OH + 3Br_2 == C_6H_2Br_3OH\downarrow + 3H^+ + 3Br^-$$
$$Br_2 + 2I^- == 2Br^- + I_2$$
$$I_2 + 2Na_2S_2O_3 == 2NaI + Na_2S_4O_6$$

可见，$n(C_6H_5OH) = n(3Br_2) = n(3I_2) = n(6Na_2S_2O_3)$，则可分别选取 $Na_2S_2O_3$ 和 $1/6C_6H_5OH$ 为基本单元，根据等物质的量反应规则，由题意可知：

$$n(Na_2S_2O_3)_总 = n(1/6C_6H_5OH) + n(Na_2S_2O_3)$$
$$n(1/6C_6H_5OH) = n(Na_2S_2O_3)_总 - n(Na_2S_2O_3)$$

故：
$$n(1/6C_6H_5OH) = c_{Na_2S_2O_3}(V_{Na_2S_2O_3总} - V_{Na_2S_2O_3})$$
$$m(C_6H_5OH) = n(1/6C_6H_5OH)M(1/6C_6H_5OH)$$
$$m(C_6H_5OH) = c_{Na_2S_2O_3}(V_{Na_2S_2O_3总} - V_{Na_2S_2O_3})M(1/6C_6H_5OH)$$
$$w(C_6H_5OH) = m(C_6H_5OH)/G \times 100\%$$
$$= \frac{0.1084 \times (41.60 - 20.04) \times 10^{-3} \times 94.05}{6 \times 0.4083 \times \frac{25.00}{250.00}} \times 100\%$$
$$= 89.2\%$$

答：样品中苯酚的含量为 89.2%。

5.9 氧化还原滴定法的应用

氧化还原反应，无论在滴定分析、光度分析及其他分析中，应用都相当广泛。常用于滴定分析的氧化还原法主要有高锰酸钾法、重铬酸钾法及碘量法，此外还有亚硝酸钠-亚砷酸钠法、铈量法、溴酸钾法等。

5.9.1 高锰酸钾法

5.9.1.1 高锰酸钾法的原理

利用高锰酸钾作氧化剂来进行滴定分析的方法叫做高锰酸钾法。

高锰酸根的氧化作用，与溶液的酸度有关，在较强的酸性溶液中，MnO_4^- 定量地还原 Mn^{2+}。

$$MnO_4^- + 5e^- + 8H^+ == Mn^{2+} + 4H_2O \qquad E^\ominus = 1.49V$$

在中性、微酸性或弱碱性溶液中，MnO_4^- 定量地还原为锰(Ⅳ)

$$MnO_4^- + 3e^- + 2H_2O == MnO_2\downarrow + 4OH^- \qquad E^\ominus = 0.58V$$

在强碱性溶液中（pH12~13），MnO_4^- 还原为 MnO_4^{2-}

$$MnO_4^- + e^- == MnO_4^{2-} \qquad E^\ominus = 0.56V$$

由上述半反应可见，随着反应试液酸度的不同，MnO_4^- 的还原产物也不一样。

在无机分析中，一般是在强酸性溶液中进行滴定，还原产物为 Mn^{2+}，但在有机分析中，由于有机物的氧化通常在碱性条件下进行，反应速率较快，其还原产物则不是 Mn^{2+}。高锰酸钾可直接滴定铁(Ⅱ)、砷(Ⅲ)、锑(Ⅲ)、草酸根、过氧化氢、钨(Ⅴ)、钒(Ⅳ)、铀

(Ⅳ)等。

用高锰酸钾作滴定剂时，根据被测物质的性质，可采用不同的滴定方式。

(1) 直接滴定法　利用$KMnO_4$作氧化剂，可以直接滴定许多还原性物质。除了上述物质外，还有亚硝酸根（NO_2^-）等。

(2) 返滴定法　有些氧化性物质，不能用$KMnO_4$直接滴定，可用返滴定法。例如，测定MnO_2含量时，可用返滴定法，在H_2SO_4溶液中，加入一定量的草酸钠标准溶液，待MnO_2与$C_2O_4^{2-}$作用完毕后，用$KMnO_4$标准溶液滴定过量的$C_2O_4^{2-}$。

又如测定钢中的铬时，先将试样中铬全部转化为$Cr_2O_7^{2-}$，再加入过量的硫酸亚铁标准溶液，使$Cr_2O_7^{2-}$还原为Cr^{3+}，然后再用高锰酸钾标准溶液滴定剩余的硫酸亚铁，从硫酸亚铁的总量中减去剩余的（被滴定）亚铁量，即为与$Cr_2O_7^{2-}$反应消耗的硫酸亚铁量，从而求出铬的含量。

(3) 间接滴定法　某些非氧化-还原性物质，可用间接法进行测定。如测定钙，可先将Ca^{2+}用草酸盐沉淀为草酸钙，过滤分离，再把分离后的草酸钙，溶解于稀硫酸中，然后用高锰酸钾标准溶液滴定$C_2O_4^{2-}$，从而测得钙含量。显然，凡是能与$C_2O_4^{2-}$定量地沉淀为草酸盐的金属离子，如Sr^{2+}、Ba^{2+}、Ni^{2+}、Cd^{2+}、Zn^{2+}、Cu^{2+}、Pb^{2+}、Hg^{2+}、Bi^{3+}、Ce^{3+}、La^{3+}等，都能用同样方法测定。

高锰酸钾法的优点是：氧化力强，应用范围广，同时MnO_4^-在反应过程中，本身颜色的变化，可以指示终点的到达。缺点是高锰酸钾标准溶液浓度不够稳定，又由于高锰酸钾氧化能力较强，它可以和很多还原性物质作用，所以干扰也比较严重，且在滴定时，终点容易褪色。

5.9.1.2　高锰酸钾标准溶液的配制和标定

纯的高锰酸钾溶液是相当稳定的，但在一般的高锰酸钾试剂中，常含有少量杂质，如二氧化锰、氯化物、硝酸盐、硫酸盐等，这些杂质的存在，都会促使高锰酸钾溶液的分解。此外由于配制高锰酸钾标准溶液的蒸馏水，也难免会含有少量的有机物或还原性物质，这些物质的存在，可与MnO_4^-反应，而析出$MnO(OH)_2$沉淀，MnO_2和$MnO(OH)_2$又能进一步促使$KMnO_4$标准溶液的分解，因此先用高锰酸钾配制一近似浓度的溶液，然后再进行标定。此外，热、光、酸、碱等也能促进$KMnO_4$溶液分解。

鉴于上述原因，在配制高锰酸钾标准溶液时，应当注意以下几点：

① 称取高锰酸钾试剂的质量，应稍多于理论计算值。如配制$c(1/5KMnO_4)=0.1mol/L$，可取$3.3\sim3.5g$高锰酸钾试剂，溶解在1L水中（理论计算值为3.16g）；

② 将配好的$KMnO_4$溶液，加热并保持微沸1h，然后在暗处放置$2\sim3d$，使各种还原物质完全氧化，再进行标定；

③ 用玻璃砂芯漏斗过滤，滤去二氧化锰沉淀；

④ 置棕色瓶中，于暗处保存，同时应注意放在阴凉处，避免有机物和灰尘进入。

高锰酸钾标准溶液配好后，其浓度是不断变化的。一般来说，正确配制的高锰酸钾溶液一个月内，浓度无显著变化。如果长期使用，应定期标定，遇特殊情况，应随时标定。

标定高锰酸钾标准溶液的基准物质很多，如$Na_2C_2O_4$、As_2O_3、$H_2C_2O_4 \cdot 2H_2O$等。其中以草酸钠较好，因为草酸钠容易提纯，性质稳定，不含结晶水，不吸潮，使用前于$105\sim110℃$烘干2h，冷却称量即可。

草酸钠和高锰酸钾的反应，为自动催化氧化还原反应。为了此反应能定量、迅速地进行，标定时应注意以下滴定条件。

(1) 温度 高锰酸钾和草酸钠的反应，室温下进行缓慢，故需加热溶液至 75~85℃，再进行滴定，边滴定边加热，或者间隔加热，滴定完毕时，温度应不低于 60℃，但温度不宜过高，因为高于 90℃，在酸性溶液中，草酸会分解。

$$H_2C_2O_4 = CO_2\uparrow + CO\uparrow + H_2O$$

(2) 酸度 为了使滴定反应能正常顺利地进行，溶液应保持足够的酸度。一般控制溶液的酸度为 1.0~0.5mol/L H_2SO_4 较为适宜，在滴定反应开始时，溶液的酸度约为 1.0mol/L H_2SO_4，反应终了时，约为 0.5mol/L H_2SO_4 即可。如果酸度不够，容易生成二氧化锰沉淀，使高锰酸钾标准溶液的标定结果（浓度）偏低。如果酸度太高，使草酸钠或草酸加热时被分解，使高锰酸钾标准溶液的标定结果（浓度）偏高。

(3) 滴定速度 由于 MnO_4^- 和 $C_2O_4^{2-}$ 的反应是自动催化反应，滴定开始时，当第一滴高锰酸钾溶液滴入后，高锰酸钾颜色变化很慢，所以，开始滴定速度要慢，一定要等紫红色褪了以后，再滴第二滴，否则结果是不可靠的，因为大量的高锰酸钾在热的酸性溶液中会自动分解，其化学反应式如下：

$$4MnO_4^- + 12H^+ = 4Mn^{2+} + 5O_2 + 6H_2O$$

随着反应的不断进行，溶液中 Mn^{2+} 不断增多，高锰酸钾紫红色消失的速度加快。其滴定速度也可以适当加快，待试液呈现的红色不变时，则终点到达。

(4) 滴定终点 $KMnO_4$ 法滴定终点是不太稳定的。这是由于空气中的还原性气体及尘埃等杂质落入溶液中，能使 $KMnO_4$ 缓慢分解，而使紫红色消失，所以当溶液中出现紫红（粉红）色，经过 30s 不褪色，即可认为已到达滴定终点。

5.9.1.3 应用示例

(1) H_2O_2 的测定 在酸性溶液中，H_2O_2 能还原 MnO_4^-，其反应为：

$$5H_2O_2 + 2MnO_4^- + 6H^+ = 2Mn^{2+} + 5O_2 + 8H_2O$$

可用 $KMnO_4$ 标准溶液直接滴定。但开始加入的几滴 $KMnO_4$ 溶液褪色较慢，若于滴定前加入少量 Mn^{2+} 作催化剂，可以加快反应速度。

H_2O_2 不稳定，工业品中一般加入某些有机化合物（如乙酰苯胺）作为稳定剂，但这些有机化合物大多能与 MnO_4^- 作用而干扰测定。因此，采用碘量法或硫酸铈法测定 H_2O_2 较高锰酸钾法好。

(2) 有机物的测定 在强碱性溶液中，过量 $KMnO_4$ 能定量地氧化某些有机物。例如，它与甲酸的反应为：

$$HCOO^- + 2MnO_4^- + 3OH^- = CO_3^{2-} + 2MnO_4^{2-} + 2H_2O$$

反应后，将溶液酸化，然后用还原剂标准溶液（例如硫酸亚铁标准溶液）滴定溶液中剩余的 $KMnO_4$，使之还原为锰(Ⅱ)，计算出消耗的还原剂的物质的量。用同样的方法，测定出与相同量碱性 $KMnO_4$ 标准溶液反应的还原剂的物质的量，根据这二者之差，即可计算出与相同量碱性标准溶液反应的还原剂的物质的量，即可计算出该有机物的含量。

此法可用于测定甘醇酸（羟基乙酸）、酒石酸（酒石酸钾钠）、柠檬酸（柠檬酸铵）、苯酚、水杨酸、甲醛、葡萄糖等。

(3) 铁的测定 用 $KMnO_4$ 标准溶液滴定铁(Ⅱ)，如测定铁合金、中间合金、金属盐类及矿石、硅酸盐等的铁含量，具有很大的实用价值。

试样被溶解和处理后，铁常以铁(Ⅲ)存在于盐酸溶液（介质）中，用过量的 $SnCl_2$ 还原铁(Ⅲ)为铁(Ⅱ)。多余的 $SnCl_2$，可借加入 $HgCl_2$ 而除去，然后用 $KMnO_4$ 标准溶液滴定 Fe^{2+}。

由于 $HgCl_2$ 系剧毒试剂，造成环境污染。现广泛使用无汞测铁法。其准确程度、操作步骤的简化等，都不比有汞测定铁的方法差，因而使用更加广泛。

在使用 $KMnO_4$ 标准溶液滴定前，还应加入硫酸锰、硫酸及磷酸的混合溶液，其作用是便于滴定终点的观察，避免 Cl^- 存在下发生的诱导反应，扩大电位突跃。

5.9.2 重铬酸钾法

利用重铬酸钾作氧化剂进行滴定分析的方法叫做重铬酸钾法。在酸性溶液中与还原剂作用时，$Cr_2O_7^{2-}$ 还原为 Cr^{3+}。

$$Cr_2O_7^{2-} + 6e^- + 14H^+ \rightleftharpoons 2Cr^{3+} + 7H_2O \qquad E^{\ominus}=1.33V$$

在酸性溶液中，$K_2Cr_2O_7$ 还原时的条件电极电位常较标准电极的电位小。如在 1mol/L HCl 溶液中，$E^{\ominus}_{条件}=1.00V$；在 2mol/L HCl 的溶液中，$E^{\ominus}_{条件}=1.05V$；在 3mol/L HCl 的溶液中，$E^{\ominus}_{条件}=1.08V$；在 1mol/L $HClO_4$ 溶液中，$E^{\ominus}_{条件}=1.025V$；在 4mol/L H_2SO_4 溶液中，$E^{\ominus}_{条件}=1.15V$。随着溶液酸度增大，$K_2Cr_2O_7$ 的条件电极电位亦随之增大。

重铬酸钾法与高锰酸钾法比较，具有以下优点：

① 重铬酸钾容易提纯，可以通过再结晶得到比较纯的重铬酸钾；

② 在 140～150℃干燥后，可按理论值直接称量，配成标准溶液，不需另行标定；

③ 重铬酸钾标准溶液非常稳定，与高锰酸钾、硫代硫酸钠等标准溶液不同，重铬酸钾标准溶液的浓度不变，因此可以长期保存；

④ 重铬酸钾标准溶液，室温下与 Cl^- 作用缓慢，因此，重铬酸钾标准溶液可在盐酸溶液中进行滴定，但当 Cl^- 浓度比较大时，或者将溶液煮沸时，$K_2Cr_2O_7$ 也能部分地被 Cl^- 还原。

重铬酸钾滴定法大量而且经常用来测定铁。

5.9.2.1 硫酸亚铁滴定法

硫酸亚铁是常用的还原剂之一，硫酸亚铁标准溶液相当不稳定，它无法与高锰酸钾标准溶液和重铬酸钾标准溶液相提并论，溶液的酸度[一般配制在 H_2SO_4(5+95) 中]、室内温度等，都对硫酸亚铁标准溶液浓度的稳定性有较大影响。

我们通常使用的是硫酸亚铁铵标准溶液，如滴定法测定合金中的铬、锰、钒等元素。

在使用硫酸亚铁标准溶液滴定时，试液中一定要加入一定量的磷酸，使氧化以后的铁(Ⅲ)，与磷酸形成稳定的络合物，使溶液中 Fe^{3+} 浓度减少，从而使 Fe^{3+}/Fe^{2+} 电对的电极电位降低，使滴定突跃范围加大。反之，如果试液中不加入一定量的磷酸，其滴定突跃范围小，而且测定结果也不稳。

如果用硫酸亚铁标准溶液滴定铬(Ⅵ)，则铬(Ⅵ)在被还原成铬(Ⅲ)的同时，钒、锰、铈等元素的高价也能被还原，即钒(Ⅴ)还原为钒(Ⅳ)，锰(Ⅶ、Ⅵ、Ⅲ)还原为锰(Ⅱ)，铈(Ⅳ)还原为铈(Ⅲ)。

硫酸亚铁标准溶液，虽然使用范围相当广泛，但是，在使用硫酸亚铁标准溶液时，应当注意：

① 硫酸亚铁标准溶液应配制在酸性溶液中，否则，标准溶液的不稳定度更大（因为 Fe^{3+} 和 Fe^{2+} 很容易互相转换，尤其是 Fe^{2+}，由于空气中和水中氧化性物质的作用，很容易

氧化为 Fe^{3+}，而且，在中性和碱性溶液中，Fe^{2+} 的存在时间都是相当短的，在碱性溶液中主要以 Fe^{3+} 存在）。

② 由于亚铁标准溶液不稳定，采用硫酸亚铁作为滴定标准溶液时，不宜按理论值计算，应当采用滴定度或标准钢样进行计算。

5.9.2.2 应用示例

(1) 铝铁合金中铁的测定 铝铁合金是一种中间合金，航空工业上常用作渗铝剂，合金的主要成分是铝和铁。

试样用 $HCl-H_2O_2$ 溶解，在热的盐酸溶液中，试液体积比较小的情况下，用 $SnCl_2$ 将溶液还原至浅黄色（大部分 Fe^{2+}、少量的 Fe^{3+}），然后加入钨酸钠（内指示剂），再用 $TiCl_3$ 将剩余的 Fe^{3+} 还原为 Fe^{2+}：

$$Fe^{3+} + Ti^{3+} + H_2O = Fe^{2+} + TiO^{2+} + 2H^+$$

Fe^{3+} 定量还原为 Fe^{2+} 后，过量一滴 $TiCl_3$ 溶液，即可使钨酸钠（Na_3WO_4）还原为蓝色的较低价钨化合物（俗称钨蓝），溶液显蓝色。为了除去过量的 Ti^{3+}，立即加入冷水，此时水中的溶解氧，使钨蓝褪去。然后在 $1\sim 2mol/L$ 的 H_2SO_4 介质中，以二苯胺磺酸钠为指示剂，用 $K_2Cr_2O_7$ 标准溶液滴定 Fe^{2+}。

(2) 铬的测定 氧化还原滴定法中，铬的测定大多是通过硫酸亚铁标准溶液的滴定来完成的，即先将铬(Ⅲ)氧化为铬(Ⅵ)，再用硫酸亚铁标准溶液滴定。

将铬(Ⅲ)氧化为铬(Ⅵ)比较常用的方法有下述三种。

① 银盐催化过硫酸铵氧化 试样溶解后（普通钢、低合金钢、低碳铬铁、高速钢等采用硫磷混酸溶样，高速钢、高铬高镍钢、高温合金等采用 $HCl-HNO_3$ 或 $HCl-H_2O_2$ 溶样，生铁采用硝酸溶样，有色合金如铬青铜等采用 $HCl-H_2O_2$ 溶样），经硫酸和磷酸的混酸冒烟处理，以硝酸银为催化剂，在 $c(1/2H_2SO_4) = 2\sim 3mol/L$ 的 H_2SO_4 介质中，用 $(NH_4)_2S_2O_8$ 将三价铬氧化到六价（$Cr_2O_7^{2-}$）。同时，试样中的锰也被氧化为 MnO_4^- 而呈红色。

$$Cr_2(SO_4)_3 + 3(NH_4)_2S_2O_8 + 7H_2O = H_2Cr_2O_7 + 3(NH_4)_2SO_4 + 6H_2SO_4$$
$$2MnSO_4 + 5(NH_4)_2S_2O_8 + 8H_2O = 2HMnO_4 + 5(NH_4)_2S_2O_8 + 7H_2SO_4$$

氧化完全后（溶液呈现 MnO_4^- 颜色），加入 HCl 或 NaCl 溶液，使 MnO_4^- 还原为 Mn^{2+}，Ag^+ 成为 AgCl 沉淀析出后，用硫酸亚铁标准溶液进行滴定。

铬(Ⅲ)在被氧化时，除了锰(Ⅱ)被同时氧化外，V、Ce 等也都同时被氧化（它们的干扰是无法用 HCl 或 NaCl 消除的），用 Fe^{2+} 滴定 $Cr_2O_7^{2-}$ 时，钒(Ⅴ)、铈(Ⅳ)也同时被还原，也消耗滴定剂而干扰测定。但是，它们的干扰是定量的，可在计算结果中采用校正系数予以扣除（1%钒相当于 0.34%铬，1%铈相当于 0.124%铬）。

滴定是在有磷酸存在的酸性溶液中进行的，这里磷酸的作用是：与氧化以后的 Fe^{3+} 络合，降低 Fe^{3+}/Fe^{2+} 电对的电极电位，扩大滴定突跃范围；络合试样中的钨、铌，避免钨酸等沉淀析出带下部分铬；防止在煮沸时 MnO_2 沉淀的析出。

用硝酸银催化过硫酸铵氧化铬。在操作中应该注意：铬被氧化完全之后，溶液中剩余的过硫酸铵，一定要加热分解完全（冒大气泡），否则将使测定结果偏高；同时还应该注意：加热煮沸后，被滴定的溶液应该维持一定的体积，以免给溶液的酸度带来较大的影响。

② 高氯酸冒烟氧化 浓热高氯酸具有很强的氧化性，目前尽管氧化机理表述不尽一致，但是用高氯酸冒烟，能定量地将 Cr(Ⅲ)氧化到 Cr(Ⅵ)。

高氯酸氧化铬后,在硫磷酸介质中,用硫酸亚铁铵标准溶液进行滴定。

由于高氯酸冒烟氧化铬,在许多情况下都是溶样后直接冒烟氧化,然后补加硫磷酸,利用 Fe^{2+} 滴定,方法简单、快速,而且测定结果不亚于硝酸银催化过硫酸铵氧化 Fe^{2+} 的测定结果。但由于高氯酸的价格比较贵和它的危险性,从而影响了高氯酸冒烟氧化法的使用。

高氯酸冒烟氧化铬成功与否,关键在于冒烟时氧化的程度,一般以 250~300ml 锥形瓶内无烟、清亮为宜。操作中,冒烟太小,铬氧化不完全,测定结果偏低,冒烟过大,铬形成了氯化铬酰（CrO_2Cl_2）挥发,测定结果也会偏低。

$$H_2Cr_2O_7 + 4HCl = 2CrO_2Cl_2\uparrow + 3H_2O$$

造成测定结果偏低的第三个原因是,Cr(Ⅵ)又被还原。其化学反应如下:

$$2HClO_4 \xrightarrow{\triangle} Cl_2 + 3O_2 + H_2O_2$$

$$2CrO_3 + 6HClO_4 + 3H_2O_2 = 2Cr(ClO_4)_3 + 3O_2 + 6H_2O$$

在实际操作中,如果氧化用的电炉温度较低,氧化时间可增加,电炉温度较高,氧化时间可缩短。如果高氯酸中含有磷酸,氧化时间也可长些。总之,氧化时间应根据具体情况而定,以氧化完全又不损失为原则。

③ **高锰酸钾氧化**　利用高锰酸钾的强氧化能力,可将铬氧化为高价,但其氧化能力较过硫酸铵为弱。过量的高锰酸钾加入硫酸锰,煮沸分解为二氧化锰。

$$6KMnO_4 + 5Cr_2(SO_4)_3 + 11H_2O = 5H_2Cr_2O_7 + 6H_2SO_4 + 3K_2SO_4 + 6MnSO_4$$

$$2KMnO_4 + 3MnSO_4 + 2H_2O = 5MnO_2\downarrow + 2H_2SO_4 + K_2SO_4$$

在氧化过程中,高锰酸钾必须过量,量不足时,氧化不完全,但过量太多,同样会影响测定结果。

5.9.3　碘量法

碘量法也是常用的氧化还原滴定方法之一,它是利用 I_2 的氧化性和 I^- 的还原性进行滴定分析的方法。其半反应为:

$$I_2 + 2e^- = 2I^-$$

由于固体 I_2 在水中的溶解度很小（20℃ 1.33×10^{-3} mol/L）,通常将碘溶解在碘化钾溶液中,此时,碘在溶液中,以 I_3^- 形式存在,为方便起见,一般简写为 I_2。

$$I_2 + I^- = I_3^-$$

半电池反应:

$$I_3^- + 2e^- = 3I^- \qquad E^\ominus = 0.54V$$

从 $E^\ominus$ 可见,I_2 是一种较弱的氧化剂,只能与较强的还原剂作用;而 I^- 是一种中等强度的还原剂,能与许多氧化剂作用。

碘量法可分为直接法和间接法两种。

5.9.3.1　直接碘量法

直接碘量法,也叫碘滴定法。利用 I_2 的氧化性,用碘标准溶液进行滴定。但是,能使用直接碘量法进行测定的物质不多,因为这种方法只限于较强的还原剂,如 S^{2-}、SO_3^{2-}、Sn^{2+}、$S_2O_3^{2-}$、AsO_3^{3-}、SbO_3^{3-} 和维生素 C 等。从电极电位来说,它仅能与电极电位比 $E^\ominus_{I_2/2I^-}$ 低的还原性物质进行作用。

必须指出:直接碘量法测定不能在碱性溶液中进行,因为 I_2 在碱性溶液中发生如下歧化反应:

$$I_2 + 2OH^- =\!=\!= IO^- + I^- + H_2O$$
$$3IO^- =\!=\!= IO_3^- + 2I^-$$

总反应：
$$3I_2 + 6OH^- =\!=\!= IO_3^- + 5I^- + 3H_2O$$

因此，使测定结果偏高，或者使反应无法进行。

5.9.3.2 间接碘量法

间接碘量法，也叫滴定碘法。利用 I^- 的还原性，即在一定的（酸度）条件下，反应物与 I^- 发生化学反应，定量地析出碘。然后用硫代硫酸钠标准溶液滴定析出的碘。

利用间接碘量法，可以测定很多氧化性物质，如 ClO_3^-、ClO^-、CrO_4^{2-}、IO_3^-、BrO_3^-、MnO_4^-、MnO_2、AsO_4^{3-}、NO_2^-、Cu^{2+}、H_2O_2 等，从电极电位来说，它能与电极电位比 $E^{\ominus}_{I_2/I^-}$ 高的氧化性物质进行作用，其使用范围相当广泛。

间接碘量法的基本反应为：
$$2I^- - 2e^- =\!=\!= I_2$$

析出的 I_2 与硫代硫酸钠定量反应生成连四硫酸钠（$Na_2S_4O_6$）：
$$I_2 + 2S_2O_3^{2-} =\!=\!= S_4O_6^{2-} + 2I^-$$

使用间接碘量法进行滴定分析时，必须注意两个问题。

一是反应应在中性或弱酸性溶液中进行。因为当用 $Na_2S_2O_3$ 标准溶液滴定析出的碘时，如果是在碱性溶液中，I_2 和 $Na_2S_2O_3$ 将会发生副反应：
$$S_2O_3^{2-} + 4I_2 + 10OH^- =\!=\!= 2SO_4^{2-} + 8I^- + 5H_2O$$

而且 I_2 在碱性溶液中，还会发生歧化反应。

如果在强酸性溶液中，$Na_2S_2O_3$ 会发生分解。
$$S_2O_3^{2-} + 2H^+ =\!=\!= SO_2 + S\downarrow + H_2O$$

同时，在酸性溶液中，I^- 也容易被空气中的氧所氧化。此外，光线照射也能促进 I^- 被空气中的氧氧化：$4I^- + 4H^+ + O_2 =\!=\!= 2I_2 + 2H_2O$。二是要防止碘的挥发和空气中的氧氧化 I^-。第一点，在有关工艺规程的操作条件中，可以进行控制；而第二点却是我们日常工作中碰到的主要问题，也是间接碘量法误差的主要来源。为减小间接碘量法误差通常采取的办法如下。

(1) 防止 I_2 挥发

① 加入过量的碘化钾（一般比理论值大 2~3 倍），与反应中析出的碘结合，生成 I_3^-，使之稳定地存在于溶液中：$I_2 + I^- =\!=\!= I_3^-$，从而减少 I_2 的挥发；

② 反应时溶液的温度不能高，一般在室温下进行；

③ 反应应在碘量瓶中进行，如果没有用碘量瓶，滴定前静置时，应用塞子将锥形瓶口塞住，以阻止碘的挥发；

④ 滴定时，不要剧烈摇动溶液，特别是滴定开始时，应缓慢摇动，以减少 I_2 的挥发。

(2) 防止 I^- 被氧氧化

① 溶液酸度不宜太高；

② 由于 Cu^{2+}、NO_2^- 等能够催化氧（O_2）对 I^- 的氧化，故应设法消除其影响；日光亦有催化作用，故应避免阳光直接照射；

③ 滴定速度宜适当地快些。

5.9.3.3 淀粉指示剂

碘量法常用淀粉作指示剂（专用指示剂），淀粉与碘作用，形成蓝色络合物，灵敏度很高,即使在 $c(1/2I_2)=10^{-5}$ mol/L 溶液中亦能显色。温度升高,可使指示剂灵敏度降低,醇类的存在,也能使灵敏度降低,加入少量硫氰酸盐可使灵敏度提高。

实验证明:淀粉指示剂(的灵敏度)与溶液的酸度也有关,在弱酸溶液中最灵敏;若溶液 pH<2,则淀粉易水解而成糊精,遇碘显红色;若溶液 pH>9,则 I_2 生成 IO_3^-,而不显蓝色。大量电解质存在,能与淀粉结合而降低灵敏度。

淀粉指示剂的使用,应注意其加入顺序,用直接碘量法测定时,可先加入淀粉指示剂,用间接碘量法进行测定,尤其是被测物浓度高,析出的碘较多时,应先用硫代硫酸钠滴定试液呈淡黄色,再加入淀粉指示剂。加入硫氰酸盐溶液以提高终点颜色变化的稳定性。

5.9.3.4 碘标准溶液和硫代硫酸钠标准溶液

碘量法中,经常使用的标准溶液有碘标准溶液和硫代硫酸钠标准溶液,下面分别介绍这两种标准溶液的配制和标定方法。

(1) 碘标准溶液的配制和标定 用升华制得的纯碘,可以直接配制标准溶液,但由于碘的挥发性及对天平的腐蚀性,不宜在分析天平上称量,故通常先配制一个近似浓度的溶液,然后再进行标定(配制方法见第 1 章)。

具体配制步骤及注意事项如下。

配制:先在托盘天平上称取一定量的碘,加入过量(比理论值大 2~3 倍)KI,置于研钵中,加少量水研磨,使 I_2 全部溶解,然后将溶液稀释,倾于棕色瓶中,于暗处保存。

应注意避免碘溶液与橡皮等有机物接触,也要防止溶液见光和遇热,否则浓度将发生变化。

标定:可用已标定好的 $Na_2S_2O_3$ 标准溶液,也可用 As_2O_3(基准)。As_2O_3 难溶于水,但可溶于碱溶液中。

$$As_2O_3 + 6OH^- \rightleftharpoons 2AsO_3^{3-} + 3H_2O$$

$$AsO_3^{3-} + I_2 + H_2O \rightleftharpoons AsO_4^{3-} + 2I^- + 2H^+$$

这个反应是可逆的。在中性或微酸性溶液中(加 $NaHCO_3$ 使溶液 pH≈8),反应能定量地向右边进行。在酸性溶液中,AsO_4^{3-} 氧化 I^- 而析出 I_2。由于 As_2O_3 有剧毒,实际工作中,应尽量避免使用。

(2) 硫代硫酸钠标准溶液的配制和标定

配制:硫代硫酸钠一般含有少量 S、Na_2SO_3、Na_2SO_4、Na_2CO_3、NaCl 等杂质,因此,不能直接配制成标准溶液。$Na_2S_2O_3$ 标准溶液不稳定,容易分解,其原因是:

① 溶解在水中的 CO_2 会促进 $Na_2S_2O_3$ 分解

$$Na_2S_2O_3 + CO_2 + H_2O \rightleftharpoons NaHCO_3 + NaHSO_3 + S\downarrow$$

此分解作用一般在配成溶液后的最初 10 天内进行。分解后,一分子 $Na_2S_2O_3$ 变成了一分子 $NaHSO_3$,生成的 HSO_3^- 虽然也有还原性,但它和 I_2 的反应能力却与 $Na_2S_2O_3$ 不同:

$$HSO_3^- + I_2 + H_2O \rightleftharpoons HSO_4^- + 2I^- + 2H^+$$

即一分子的 $NaHSO_3$ 消耗一分子 I_2,而两分子的 $Na_2S_2O_3$ 才能和一分子的 I_2 作用,这将使 $Na_2S_2O_3$ 对 I_2 的滴定度增加。

② 空气的氧化作用

$$2Na_2S_2O_3 + O_2 \rightleftharpoons 2Na_2SO_4 + 2S\downarrow$$

③ 微生物的作用

$$Na_2S_2O_3 \xrightarrow{微生物} Na_2SO_3 + S\downarrow$$

为了避免微生物的分解作用，可加入少量 HgI_2。

配制溶液时，为了减少溶解在水中的 CO_2 和杀死水中的微生物，应使用新近煮沸过并已冷却的蒸馏水，并加入少量的 Na_2CO_3，使溶液呈碱性，以防止 $Na_2S_2O_3$ 分解。

日光能促进 $Na_2S_2O_3$ 溶液的分解，所以 $Na_2S_2O_3$ 应贮于棕色瓶中，放置暗处，经 8~14 天后再标定。长期保存的溶液，应每隔一定时间，重新加以标定。一般两个月一次，如发现溶液浑浊应重配。

标定：一般可用 KIO_3、$KBrO_3$ 或 $K_2Cr_2O_7$ 等基准物质标定，由于 $K_2Cr_2O_7$ 价廉、易提纯，故常用。

标定时，取一定量的基准物，在酸性溶液中，与过量的 KI 作用，反应如下：

$$Cr_2O_7^{2-} + 6I^- + 14H^+ = 2Cr^{3+} + 3I_2 + 7H_2O$$

析出定量的 I_2，以淀粉为指示剂，用 $Na_2S_2O_3$ 溶液滴定。

标定时，应注意如下事项。

① $K_2Cr_2O_7$ 与 KI 反应时，溶液的酸度越大，反应进行得愈快，但酸度太大时，I^- 容易被空气中的氧所氧化，所以酸度一般以 $c(1/2H_2SO_4)=0.2~0.4mol/L$ 为宜。

② $K_2Cr_2O_7$ 与 KI 的反应进行较慢，应将溶液在暗处放置一定时间（5min），待反应完全后，再以 $Na_2S_2O_3$ 溶液滴定。

③ 滴定前需将溶液稀释，这样既可以降低酸度，使 I^- 被空气氧化的速度减慢，又可使 $Na_2S_2O_3$ 的分解作用减小。

滴定至终点后，再经过几分钟，溶液又会出现蓝色，这是由于空气氧化 I^- 所引起的，不影响分析结果。

5.9.3.5 应用示例

(1) 燃烧碘量法测定硫

试样置于高温炉中，通氧燃烧，使硫氧化成二氧化硫，燃烧后的混合气体，经除尘管除尘后，用含有淀粉的水溶液吸收，生成亚硫酸，用碘标准溶液滴定。过量的碘使淀粉变蓝，从而指示终点的到达。

燃烧碘量法测定硫，受炉温、助熔剂及仪器设备等方面因素的影响，硫的转化率往往达不到 100%（可能还有少量的 SO_3），所以不能用理论值计算。

(2) 铜合金中铜的测定

试样经硝酸分解，硫酸冒烟，赶去硝酸（或用 HCl-H_2O_2 溶样，煮沸分解过量的 H_2O_2），加水溶盐，调节酸度，并加 HAc-NaAc 或 HAc-NH_4Ac 或 NH_4F 等缓冲溶液，将酸度控制在 pH3.2~4.2，加入过量的 KI，使碘析出。

$$2Cu^{2+} + 4I^- = 2CuI\downarrow + I_2$$
$$I_2 + 2S_2O_3^{2-} = S_4O_6^{2-} + 2I^-$$

生成的碘，以淀粉作指示剂，用硫代硫酸钠标准溶液滴定。

5.9.4 其他氧化还原滴定法

在氧化还原滴定法中，除了上述滴定方法外，还有亚砷酸钠-亚硝酸钠法、硫酸铈法、溴酸钾法等。

5.9.4.1 亚砷酸钠-亚硝酸钠法

亚砷酸钠-亚硝酸钠法，是用亚砷酸钠-亚硝酸钠作滴定剂（还原剂）的方法。这种方法主要应用于普通钢和低合金钢中锰的测定。

试样用酸分解后,锰转化为 Mn^{2+}。在酸性溶液中,以 $AgNO_3$ 为催化剂,用过硫酸铵将 Mn^{2+} 氧化为 MnO_4^-,然后用 Na_3AsO_3-$NaNO_2$ 混合溶液滴定。

$$2MnO_4^- + 5AsO_3^{3-} + 6H^+ \Longrightarrow 2Mn^{2+} + 5AsO_4^{3-} + 3H_2O$$

$$2MnO_4^- + 5NO_2^- + 6H^+ \Longrightarrow 2Mn^{2+} + 5NO_3^- + 3H_2O$$

如果单独用 Na_3AsO_3 溶液滴定 MnO_4^-,在硫酸介质中,Mn(Ⅶ)只能被还原为平均氧化数+3.3的 Mn。如果单独用 $NaNO_2$ 溶液滴定 MnO_4^-,在酸性溶液中,Mn(Ⅶ)可定量地还原为 Mn(Ⅱ),但作用缓慢,且 NO_2^- 不稳定,在与氧化剂反应前就有可能部分分解了。采用 Na_3AsO_3-$NaNO_2$ 混合液滴定 MnO_4^-,则可发挥两者的优势,从而快速准确地对 Mn(Ⅶ)进行滴定。

5.9.4.2 硫酸铈滴定法

硫酸铈滴定法,也叫铈量法。它是利用硫酸铈作为滴定剂(氧化剂)的一种方法。

$$Ce^{4+} + e^- \Longrightarrow Ce^{3+} \qquad E^\ominus = 1.44V$$

由电极电位可见,其氧化能力比较强。但是铈离子易于水解,故需在酸度较高的溶液中使用。

Ce^{4+}/Ce^{3+} 电对的条件电极电位与酸的种类和浓度有关,在 1mol/L HCl 溶液中,$E^\ominus_{条件} = 1.23V$;在 1mol/L H_2SO_4 溶液中,$E^\ominus_{条件} = 1.44V$;在 1mol/L $HClO_4$ 溶液中,$E^\ominus_{条件} = 1.70V$。显然,Ce^{4+}/Ce^{3+} 电对在 H_2SO_4 中的条件电极电位介于 MnO_4^-/Mn^{2+} 和 $Cr_2O_7^{2-}/2Cr^{3+}$ 两电对的条件电极电位之间,跟 MnO_4^-/Mn^{2+} 电对的条件电极电位更接近,因此,凡是能用 MnO_4^- 滴定的物质,一般也能用 Ce^{4+}(硫酸铈)滴定。

铈量法具有如下优点:

① 标准溶液很稳定,较长时间的放置或加热煮沸也不易分解;

② $Ce(SO_4)_2$ 虽是强氧化剂,但不会被盐酸还原,因而,可以在较高浓度的盐酸溶液中进行滴定;

③ 可由易于提纯的 $Ce(SO_4)_2 \cdot (NH_4)_2SO_4 \cdot 2H_2O$ 直接配制标准溶液,而不必再进行标定;

④ Ce^{4+} 还原为 Ce^{3+} 时,只有一个电子转移,不形成中间产物,反应简单;

⑤ $Ce(SO_4)_2$ 呈黄色,Ce^{3+} 无色,因而,可作自身指示剂,但灵敏度不高,一般采用邻菲啰啉-亚铁作指示剂,则终点变化敏锐,效果更好;

⑥ 无毒。

5.9.4.3 溴酸钾法

溴酸钾法,是用溴酸钾作滴定剂(氧化剂)的滴定方法。在酸性溶液中,$KBrO_3$ 是强氧化剂,它与还原性物质作用时,BrO_3^- 被还原为 Br_2。

$$2BrO_3^- + 10e^- + 12H^+ \Longrightarrow Br_2 + 6H_2O, \quad E^\ominus = 1.52V$$

$KBrO_3$ 容易提纯,可用直接法配制成标准溶液。$KBrO_3$ 的浓度,也可用间接法标定。$KBrO_3$ 法常用碘量法配合使用。

$KBrO_3$ 主要用于测定有机物,通常在 $KBrO_3$ 标准溶液中加入过量的 KBr,将溶液酸化,BrO_3^- 与 Br^- 发生如下反应:

$$BrO_3^- + 5Br^- + 6H^+ \Longrightarrow 3Br_2 + 3H_2O$$

生成的 Br_2 可与某些有机物反应。因而应用此类方法，可测定苯酚、苯胺、8-羟基喹啉等。

参 考 文 献

[1] 苑广武. 实用化学分析. 北京：石油工业出版社，1993.
[2] 艾同娟，李林. 金属化学分析技术指南. 贵阳：贵州人民出版社，1990.
[3] 武汉大学. 分析化学. 北京：高等教育出版社，2008.
[4] 高职高专化学教材编写组. 北京：高等教育出版社，2008.
[5] 夏玉宇. 化学实验室手册. 第 2 版. 北京：化学工业出版社，2008.
[6] 机械工业理化检验人员技术培训和资格鉴定委员会. 化学分析. 北京：中国计量出版社，2008.

第 6 章

络合滴定法

6.1 概述

6.1.1 络合物的组成

由中心离子（或原子）和配位体所组成的复杂离子称为络离子，包含络离子的化合物称为络合物。

络合物的中心离子和配位体之间，是以配位体提供孤对电子，与中心离子共用而形成配位键相结合的。络离子具有一定的稳定性，在水溶液中不易离解。

中心离子（或原子）亦称络合物的形成体或接受体，是络合物的核心部分，位于络离子的中心，具有可接受电子对的空轨道。中心离子（或原子）绝大多数是金属离子，特别是过渡金属离子，如 Fe^{3+}、Co^{2+}、Ni^{2+}、Cu^{2+} 等，是较强的络合物形成体；其次为中性原子，如 $Ni(CO)_4$、$Fe(CO)_5$ 中的 Ni 和 Fe；还有少数阴离子，如在多碘化合物中的 I_3^-、I_5^-、I_9^- 等离子中的 I^-，以及高氧化态的非金属元素，如 SiF_6^{2-} 中的 Si^{4+}、BF_4^- 中的 B^{3+} 离子等。

配位体亦称给予体，围绕中心离子按一定空间构型与中心离子成键，具有提供孤对电子的能力。它可以是中性分子，如 NH_3、H_2O、CO、醇、胺、醚等；也可以是阴离子，如 X^-（卤素离子）、OH^-、CN^-、SCN^-、$C_2O_4^{2-}$、PO_4^{3-} 等。配位体主要由非金属负离子或分子组成。配位体中直接与中心离子成键的原子称为配位原子。在配位原子上含有未键合的孤对电子，如

$$:\ddot{\underset{..}{Cl}}: \quad :C\equiv N: \quad H-\underset{..}{\overset{..}{O}}-H \quad H-\underset{H}{\overset{..}{N}}-H$$

等。只含有一个可提供孤对电子的配位原子的配位体称为单基配位体，如 X^-、NH_3、H_2O 等。含有两个以上的可提供孤对电子的配位原子的配位体称为多基配位体，如乙二胺、草酸根等。直接同中心离子（或原子）键合的配位原子的数目，称为该中心离子（或原子）的配位数。例如 $[Cu(NH_3)_4]^{2+}$ 中 Cu^{2+} 配位数为 4，而$[Fe(CN)_6]^{3-}$ 中 Fe^{3+} 配位数为 6。配位数的多少，决定于中心离子和配位体的性质，即体积大小，电荷多少，彼此间的极化作用，络合物生成时的外界条件（浓度、温度）等。形成体的配位数一般有 2、4、6、8，最常见的是 4 和 6。

6.1.2 简单络合物和螯合物

(1) 简单络合物 由一个中心离子和单基配位体所形成的络合物称为简单络合物。简单

络合物稳定性较差，具有分级络合的特性，由于逐级络合的稳定常数相差很小，在溶液中常有多种络合物同时存在的现象，使平衡关系复杂，对金属离子的选择性很差。所以，除了CN^-、Hg^{2+}等个别离子形成的简单络合物可用于滴定分析外，其他的不能用于滴定，但可作显色剂、掩蔽剂及指示剂等。

（2）螯合物　由一个中心离子和两个或两个以上的配位原子形成的具有环状结构的络合物称为螯合物。常见的配位原子是 N、O、S。由于多基配位体的两个或两个以上的配位原子同时与中心离子成键，形成环状结构，使螯合物具有特殊的稳定性，与简单络合物相比较，其稳定性要大得多，很少有逐级解离现象，有时即或存在分级络合现象，若适当控制反应条件，也可得到所需要的络合物。部分螯合剂对金属离子具有一定的选择性，故广泛用作滴定剂和掩蔽剂等。

6.1.3　化学分析中常用的螯合剂类型

螯合剂的类型是以与中心离子键合的原子的不同来划分的。

"OO 型"螯合剂：此类螯合剂是以两个氧原子为键合原子，如羟基酸、多元酸、多元醇、多元酚等。

"NN 型"螯合剂：此类螯合剂以两个氮原子为键合原子，如有机胺类或含氮杂环化合物等。

"NO 型"螯合剂：此类螯合剂以氮原子和氧原子为键合原子，与金属离子形成稳定的螯合物，如氨羧络合剂、羟基喹啉和一些邻羟基偶氮染料等。

含硫螯合剂：按键合原子的不同，分为"SS 型"、"SO 型"和"SN 型"等。如由二个硫原子作为键合原子的"SS 型"螯合剂，二乙氨基二硫代甲酸钠（铜试剂）。此类螯合物多数具有较稳定的四元环结构。"SO 型"和"SN 型"螯合剂，能与许多金属离子形成较稳定的五元环螯合物。

6.1.4　乙二胺四乙酸的基本性质

乙二胺四乙酸是含有—N$(CH_2COOH)_2$基团的"NO 型"氨羧螯合剂，含有络合能力很强的氨氮和羧氧两种配位原子，能与较多的金属离子形成稳定的可溶性络合物。在化学分析中，主要用作络合滴定剂，其次用作掩蔽剂。其分子式为：

$$\begin{array}{c}^-OOCH_2C\\HOOCH_2C\end{array}\!\!>\!\!N\!-\!CH_2\!-\!CH_2\!-\!N\!\!<\!\!\begin{array}{c}CH_2COO^-\\CH_2COOH\end{array}$$

（上标 H^+ 标示在两个 N 上）

两个羧基上的 H 转移到氨基 N 上，形成双极离子。

乙二胺四乙酸简称 EDTA 或 EDTA 酸，用 H_4Y 表示。它呈白色结晶状粉末，不溶于无水乙醇、苯、丙酮，难溶于酸，易溶于 NH_3 或 NaOH 溶液，微溶于水（22℃，每 100ml 水可溶解 0.02g）。故在化学分析中，应用其二钠盐，简称为 EDTA 或 EDTA 二钠盐，用 $Na_2H_2Y·2H_2O$ 表示，在水中溶解度较大（22℃，每 100ml 水可溶解 11.1g，约为 0.3mol/L，pH≈4.4）。无水的 EDTA 二钠盐可作基准物质，但具有吸水性，最多可吸收 0.3%水分。

乙二胺四乙酸的水溶液在较高酸度时，羧基可接受 H^+，形成 H_6Y^{2+}，相当于六元酸，有六级离解平衡：

$$H_6Y^{2+} \rightleftharpoons H^+ + H_5Y^+$$

$$K_{a_1}=\frac{[H^+][H_5Y^+]}{[H_6Y^{2+}]}=1.3\times10^{-1}=10^{-0.9}$$

$$H_5Y^+ \rightleftharpoons H^+ + H_4Y$$

$$K_{a_2}=\frac{[H^+][H_4Y]}{[H_5Y^+]}=2.5\times10^{-2}=10^{-1.6}$$

$$H_4Y \rightleftharpoons H^+ + H_3Y^-$$

$$K_{a_3}=\frac{[H^+][H_3Y^-]}{[H_4Y]}=10^{-2.0}$$

$$H_3Y^- \rightleftharpoons H^+ + H_2Y^{2-}$$

$$K_{a_4}=\frac{[H^+][H_2Y^{2-}]}{[H_3Y^-]}=2.14\times10^{-3}=10^{-2.67}$$

$$H_2Y^{2-} \rightleftharpoons H^+ + HY^{3-}$$

$$K_{a_5}=\frac{[H^+][HY^{3-}]}{[H_2Y^{2-}]}=6.92\times10^{-7}=10^{-6.16}$$

$$HY^{3-} \rightleftharpoons H^+ + Y^{4-}$$

$$K_{a_6}=\frac{[H^+][Y^{4-}]}{[HY^{3-}]}=5.50\times10^{-11}=10^{-10.26}$$

上述六级离解关系,存在下列平衡:

$$H_6Y^{2+} \underset{+H^+}{\overset{-H^+}{\rightleftharpoons}} H_5Y^+ \underset{+H^+}{\overset{-H^+}{\rightleftharpoons}} H_4Y \underset{+H^+}{\overset{-H^+}{\rightleftharpoons}} H_3Y^- \underset{+H^+}{\overset{-H^+}{\rightleftharpoons}} H_2Y^{2-} \underset{+H^+}{\overset{-H^+}{\rightleftharpoons}} HY^{3-} \underset{+H^+}{\overset{-H^+}{\rightleftharpoons}} Y^{4-}$$

七种形式的分布系数与溶液的pH值有关,见图6.1。

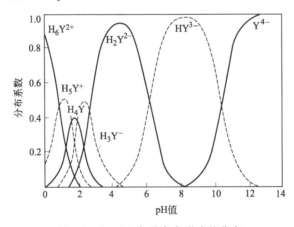

图6.1 EDTA各种存在形式的分布

在pH<1的强酸性溶液中,EDTA的主要存在形式是H_6Y^{2+};在pH2.67~6.16的溶液中,EDTA的主要存在形式是H_2Y^{2-};在pH>10.26的碱性溶液中,EDTA的主要存在形式是Y^{4-}。

6.1.5 乙二胺四乙酸的螯合物

EDTA分子中含有六个可与金属离子形成配位键的原子,即两个氨基氮和四个羧基氧,N、O都含有孤对电子,能与金属离子形成配位键,生成含有多个五元环的螯合物,多数生成四个 O—C—C—N（M) 五元环和一个 N—C—C—N（M) 五元环。金属离子的配位数一般不超过6,所以EDTA与金属离子一般形成化学计量系数比为1∶1的络合物,只有少数高价金属离子如Zr

(Ⅳ)和 Mo(Ⅴ)例外。EDTA 与金属离子形成的络合物都比较稳定，络合反应比较完全，易溶于水，使滴定能在水溶液中进行，而且一般络合反应迅速，可瞬时完成。大多数不存在分步络合现象。在水溶液中，以 H_2Y^{2-} 代表 EDTA 或 EDTA 二钠盐，它与金属离子反应生成螯合物的反应式如下：

$$M^{2+} + H_2Y^{2-} \rightleftharpoons MY^{2-} + 2H^+$$

$$M^{3+} + H_2Y^{2-} \rightleftharpoons MY^- + 2H^+$$

$$M^{4+} + H_2Y^{2-} \rightleftharpoons MY + 2H^+$$

在酸度较高的条件下，EDTA 与金属离子生成酸式螯合物；在碱度较高的条件下，EDTA 与金属离子生成碱式螯合物，两者多数不稳定。EDTA 与无色金属离子生成无色螯合物，与有色金属离子生成颜色更深的螯合物（见表 6.1）。

表 6.1 有色的 EDTA 螯合物

螯合物	颜色	螯合物	颜色
CoY^-	紫红	$Fe(OH)Y^{2-}$	褐($pH\approx 6$)
CrY^-	深紫	FeY^-	黄
$Cr(OH)Y^{2-}$	蓝($pH>10$)	MnY^{2-}	紫红
CuY^{2-}	蓝	NiY^{2-}	蓝绿

6.2 络合物的离解平衡

6.2.1 络合物的稳定性及其稳定常数

络合物的稳定性是络合物的重要性质，一般是指络合物在水溶液中离解的难易程度。EDTA 与大多数金属离子形成 1∶1 络合物：

$$M + Y \rightleftharpoons MY \quad \text{（为简化计,省去电荷）}$$

当络合反应达到平衡时

$$K_{\text{稳}} = \frac{[MY]}{[M][Y]} \tag{6.1}$$

式中，$K_{\text{稳}}$ 称为络合物 MY 的稳定常数（或形成常数），以此对络合物的稳定性进行定量。$K_{\text{稳}}$ 值越大，络合物的稳定性越高；相反，也可用不稳定常数（或离解常数）来说明络合物稳定性的情况。

$$K_{\text{不稳}} = \frac{[M][Y]}{[MY]} \tag{6.2}$$

$$K_{\text{稳}} = \frac{1}{K_{\text{不稳}}} \qquad \lg K_{\text{稳}} = pK_{\text{不稳}} \tag{6.3}$$

$K_{\text{不稳}}$ 越小，说明络合物离解的倾向越小，即络合物越稳定。例如，Ca^{2+} 与 EDTA 的络合反应：

$$Ca^{2+} + Y^{4-} \rightleftharpoons CaY^{2-}$$

$$K_{\text{稳}} = \frac{[CaY^{2-}]}{[Ca^{2+}][Y^{4-}]} = 4.90 \times 10^{10} \qquad \lg K_{\text{稳}} = 10.69$$

$$K_{\text{不稳}} = \frac{[Ca^{2+}][Y^{4-}]}{[CaY^{2-}]} = 2.04 \times 10^{-11} \qquad pK_{\text{不稳}} = 10.69$$

$$K_{稳} = \frac{1}{K_{不稳}} \qquad \lg K_{稳} = pK_{不稳}$$

一般用 $\lg K_{稳}$ 值来比较络合物的稳定性，EDTA 螯合物的 $K_{稳}$ 值见表 6.2。这些数据是在指定温度和离子强度下的浓度常数或混合常数。

表 6.2 EDTA 螯合物的 $\lg K_{稳}$ ($I=0.1$, 20~25℃)

离子	$\lg K_{稳}$	离子	$\lg K_{稳}$	离子	$\lg K_{稳}$
Li^+	2.79	Dy^{3+}	18.30	Co^{3+}	36
Na^+	1.66	Ho^{3+}	18.74	Ni^{2+}	18.62
Be^{2+}	9.3	Er^{3+}	18.85	Pd^{2+}	18.5
Mg^{2+}	8.7	Tm^{3+}	19.07	Cu^{2+}	18.80
Ca^{2+}	10.69	Yb^{3+}	19.57	Ag^+	7.32
Sr^{2+}	8.73	Lu^{3+}	19.83	Zn^{2+}	16.50
Ba^{2+}	7.86	Ti^{3+}	21.3	Cd^{2+}	16.46
Sc^{3+}	23.1	TiO^{2+}	17.3	Hg^{2+}	21.7
Y^{3+}	18.09	ZrO^{2+}	29.5	Al^{3+}	16.3
La^{3+}	15.50	HfO^{2+}	19.1	Ga^{3+}	20.3
Ce^{3+}	15.98	VO^{2+}	18.8	In^{3+}	25.0
Pr^{3+}	16.40	VO_2^+	18.1	Tl^{3+}	37.8
Nd^{3+}	16.6	Cr^{3+}	23.4	Sn^{2+}	22.11
Pm^{3+}	16.75	MoO_2^+	28	Pb^{2+}	18.04
Sm^{3+}	17.14	Mn^{2+}	13.87	Bi^{3+}	27.94
Eu^{3+}	17.35	Fe^{2+}	14.32	Th^{4+}	23.2
Gd^{3+}	17.37	Fe^{3+}	25.1	$U(IV)$	25.8
Tb^{3+}	17.67	Co^{2+}	16.31		

EDTA 与碱金属离子的络合物，$\lg K_{稳}$ 值越小，说明这类络合物稳定性越差。EDTA 与碱土金属离子的络合物，$\lg K_{稳}$ 值为 8~11；EDTA 与过渡金属离子、稀土金属离子、Al^{3+} 等离子的络合物，$\lg K_{稳}$ 值为 15~19；EDTA 与三价、四价金属离子和 Hg^{2+}、Sn^{2+} 的络合物，$\lg K_{稳}$ 值大于 20。上述各类 EDTA 螯合物的稳定性各不相同，差别也较大，其原因主要在于金属离子本身的电子层结构、离子电荷、离子半径不同，这是内因；而外因主要是溶液的酸度，其次为溶液的温度和其他络合物的存在。

对于非 1:1 络合物，同一级的 $K_{稳}$ 与 $K_{不稳}$ 不是倒数关系。对于 1:n 络合物，第一级稳定常数是第 n 级离解常数的倒数，第二级稳定常数是第 $n-1$ 级离解常数的倒数，依此类推。设 MX_n 型 (1:n) 络合物的逐级稳定常数为 $K_1, K_2, \cdots, K_n$，则各级积累稳定常数
$$\beta_{n-x} = K_1 K_2 \cdots K_{n-x} \quad (x=0, 1, 2, \cdots, n-1)。$$

6.2.2 副反应及副反应系数

金属离子 M 与络合剂 Y 反应，生成络合物 MY 的反应称为主反应。而影响主反应中反应物或生成物的平衡浓度的反应称为副反应。主、副反应式如下：

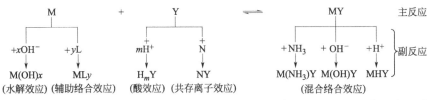

反应物 M 或 Y 发生副反应，不利于主反应的进行；反应产物 MY 发生副反应，有利于主反

应的进行。上述副反应中，Y 与 H$^+$ 的副反应和 M 与 L 的副反应是影响主反应的两个主要因素，尤其是酸效应的影响更为重要。M、Y 及 MY 的各种副反应进行的程度可由其副反应系数表示出来。

6.2.2.1　络合剂 Y 的副反应及副反应系数

(1) EDTA 的酸效应及酸效应系数 $\alpha_{Y(H)}$　EDTA(Y) 是一种广义的碱，由于 H$^+$ 存在，与 EDTA(Y) 发生反应，形成它的共轭酸，减小了 Y 的平衡浓度，降低了 Y 参加主反应能力的现象称为酸效应。用酸效应系数 $\alpha_{Y(H)}$ 表示酸效应的大小。$\alpha_{Y(H)}$ 是各种形态络合剂的总浓度 [Y′] 与游离 [Y^{4-}] 的平衡浓度的比值。

$$\alpha_{Y(H)} = \frac{[Y']}{[Y^{4-}]}$$

$$= \frac{[Y^{4-}]+[HY^{3-}]+[H_2Y^{2-}]+[H_3Y^-]+[H_4Y]+[H_5Y^+]+[H_6Y^{2+}]}{[Y^{4-}]}$$

$$= 1 + \frac{[H^+]}{K_{a_6}} + \frac{[H^+]^2}{K_{a_6}K_{a_5}} + \frac{[H^+]^3}{K_{a_6}K_{a_5}K_{a_4}} + \frac{[H^+]^4}{K_{a_6}K_{a_5}K_{a_4}K_{a_3}} +$$

$$\frac{[H^+]^5}{K_{a_6}K_{a_5}K_{a_4}K_{a_3}K_{a_2}} + \frac{[H^+]^6}{K_{a_6}K_{a_5}K_{a_4}K_{a_3}K_{a_2}K_{a_1}} \tag{6.4}$$

式中，$\alpha_{Y(H)}$ 表示 EDTA 的总浓度 [Y′] 是平衡浓度 [Y^{4-}] 的多少倍。$\alpha_{Y(H)}$ 越大，说明参加络合物反应的 EDTA 浓度 [Y^{4-}] 越小，即副反应越严重。当 $\alpha_{Y(H)}=1$ 时，[Y′]＝[Y^{4-}]，表示 EDTA 全部以 Y^{4-} 形式存在，未发生酸效应。EDTA 的 $\alpha_{Y(H)}$ 与 δ_Y 互为倒数关系，即

$$\delta_Y = \frac{[Y^{4-}]}{[Y']}$$

$$\alpha_{Y(H)} = \frac{1}{\delta_Y}$$

【例 6.1】　计算 pH＝5.0 时，EDTA 的酸效应系数 $\alpha_{Y(H)}$。如果此时 EDTA 各种存在形式的总浓度为 0.02mol/L，则 [Y^{4-}] 为多少？

已知 EDTA 的各级离解常数分别为 $10^{-0.9}$、$10^{-1.6}$、$10^{-2.0}$、$10^{-2.67}$、$10^{-6.16}$、$10^{-10.26}$，则

$$\alpha_{Y(H)} = 1 + \frac{10^{-5.0}}{10^{-10.26}} + \frac{10^{-10}}{10^{-16.42}} + \frac{10^{-15}}{10^{-19.09}} + \frac{10^{-20}}{10^{-21.09}} + \frac{10^{-25}}{10^{-22.69}} + \frac{10^{-30}}{10^{-23.59}}$$

$$= 1 + 10^{5.26} + 10^{6.42} + 10^{4.09} + 10^{1.09} + 10^{-2.41} + 10^{-6.51}$$

$$= 10^{6.45}$$

$$[Y^{4-}] = \frac{[Y']}{\alpha_{Y(H)}} = \frac{0.02}{10^{6.45}} = 7 \times 10^{-9} (\text{mol/L})$$

$\alpha_{Y(H)}$ 变化范围较大，取其对数值使用方便。EDTA 在不同 pH 值时的 $\lg\alpha_{Y(H)}$ 值见表 6.3，其他一些络合剂在不同 pH 值时的 $\lg\alpha_{Y(H)}$ 见表 6.4。从表 6.3 可看出，EDTA 在多数情况下 $\alpha_{Y(H)}$ 不等 1，[Y′] 总是大于 [Y^{4-}]。只有当 pH≥12 时，$\alpha_{Y(H)}=1$，[Y′]＝[Y^{4-}]，因此，K_{MY} 不能在 pH<12 时直接应用，要考虑 EDTA 的酸效应。在不同酸度下考察络合物的稳定性，要考虑 [Y^{4-}] 与 [Y′] 的关系：[Y^{4-}]＝[Y′]/$\alpha_{Y(H)}$。图 6.2 为 EDTA 的酸效应曲线，即 pH-$\lg\alpha_{Y(H)}$ 关系曲线，从图中可查出单独滴定某种金属离子时允许的最小 pH 值。不同金属离子与 EDTA 形成络合物的 K_{MY} 值不同，则允许的最小 pH 值不同。例如 FeY$^-$，$\lg K_{FeY}=25.1$，很稳定，可在强酸性（pH≥1）溶液中滴定；而 ZnY^{2-}，$\lg K_{ZnY}=16.5$，稳

定性比 FeY⁻ 稍差，要在弱酸性（pH≥3.9）溶液中滴定；CaY^{2-} 络合物的稳定性更差些，$lgK_{CaY}=10.69$，要在碱性（pH≥7.7）溶液中滴定。

表 6.3 不同 pH 值时 EDTA 的 $lg\alpha_{Y(H)}$ 值

pH 值	$lg\alpha_{Y(H)}$	pH 值	$lg\alpha_{Y(H)}$	pH 值	$lg\alpha_{Y(H)}$
0.0	23.64	3.4	9.70	6.8	3.55
0.4	21.32	3.8	8.85	7.0	3.32
0.8	18.08	4.0	8.44	7.5	2.78
1.0	18.01	4.4	7.64	8.0	2.26
1.4	16.02	4.8	6.84	8.5	1.77
1.8	14.27	5.0	6.45	9.0	1.29
2.0	13.51	5.4	5.69	9.5	0.83
2.4	12.19	5.8	4.98	10.0	0.45
2.8	11.09	6.0	4.65	11.0	0.07
3.0	10.60	6.4	4.06	12.0	0.00

表 6.4 部分络合剂的 $lg\alpha_{Y(H)}$ 值

络合剂＼pH 值	0	1	2	3	4	5	6	7	8	9	10	11	12
DCTA	23.77	19.79	15.91	12.54	9.95	7.87	6.07	4.75	3.71	2.70	1.71	0.78	0.18
EGTA	22.96	19.00	15.31	12.48	10.33	8.31	6.31	4.32	2.37	0.78	0.12	0.01	0.00
DTPA	28.06	23.09	18.45	14.61	11.58	9.17	7.10	5.10	3.19	1.64	0.62	0.12	0.01
氨三乙酸	16.80	13.80	10.84	8.24	6.75	5.70	4.70	3.70	2.70	1.71	0.78	0.18	0.02
乙酰丙酮	9.0	8.0	7.0	6.0	5.0	4.0	3.0	2.0	1.04	0.30	0.04	0.00	
草酸盐	5.45	3.62	2.26	1.23	0.41	0.06	0.00						
氰化物	9.21	8.21	7.21	6.21	5.21	4.21	3.21	2.21	1.23	0.42	0.06	0.01	0.00
氟化物	3.18	2.18	1.21	0.40	0.06	0.01	0.00						

注：DCTA—1,2-二氨基环己烷四乙酸；EGTA—乙二醇二乙醚二胺四乙酸；DTPA—二乙烯三胺五乙酸。

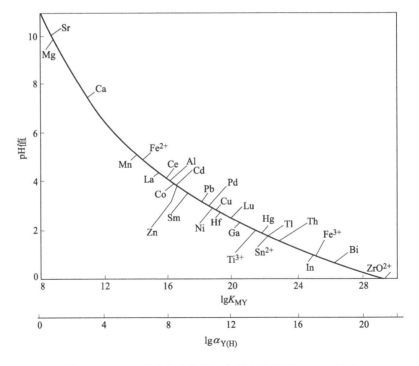

图 6.2 EDTA 的酸效应曲线（金属离子浓度 0.01mol/L）

(2) 共存离子效应 除金属离子 M 与络合剂 Y 进行络合反应外，共存离子 N 也能与 Y 发生络合反应，从而减小了 Y 的平衡浓度 [Y^{4-}]，降低了 Y 主反应的能力，这种现象称为共存离子效应。共存离子效应的副反应系数称为共存离子效应系数，用 $\alpha_{Y(N)}$ 表示。

$$\alpha_{Y(N)} = \frac{[Y']}{[Y]} = \frac{[NY]+[Y^{4-}]}{[Y^{4-}]} = 1 + K_{NY}[N] \tag{6.5}$$

式中，[Y′] 是 [NY] 的浓度与游离的 [Y^{4-}] 浓度之和；K_{NY} 为 NY 的稳定常数；[N] 为游离 N 的平衡浓度；$\alpha_{Y(N)}$ 表示共存离子效应的大小，共存离子效应系数 $\alpha_{Y(N)}$ 越大，则 [Y^{4-}] 越小，副反应越严重。

(3) Y 的总副反应系数 α_Y 当体系中既有共存离子 N，又有酸效应时，Y 的总副反应系数为：

$$\alpha_Y = \alpha_{Y(H)} + \alpha_{Y(N)} - 1 \tag{6.6}$$

【例 6.2】 在 pH=6.0 的溶液中含有浓度均为 0.010mol/L 的 EDTA、Zn^{2+}、Ca^{2+}，计算 $\alpha_{Y(Ca)}$ 及 α_Y 的值。

解：已知 $K_{CaY} = 10^{10.69}$，pH=6.0 时，$\alpha_{Y(H)} = 10^{4.65}$

$\alpha_{Y(Ca^{2+})} = 1 + K_{CaY}[Ca^{2+}] = 1 + 10^{10.69} \times 0.010 \approx 10^{8.69}$

$\alpha_Y = \alpha_{Y(H)} + \alpha_{Y(Ca)} - 1 = 10^{4.65} + 10^{8.69} - 1 \approx 10^{8.69}$

6.2.2.2 金属离子 M 的副反应及副反应系数

(1) 络合效应及络合效应系数 络合效应是指与 EDTA 共存的其他络合剂，能与金属离子 M 发生络合反应，改变了络合平衡时的 [M]，降低了 M 参加主反应的能力。例如，在 pH=10 时滴定 Zn^{2+}，加入 NH_3-NH_4Cl 缓冲溶液，控制 pH 值，另一方面 NH_3 与 Zn^{2+} 络合，生成 $[Zn(NH_3)_4]^{2+}$，防止 Zn^{2+} 在 pH=10 有 $Zn(OH)_2$ 沉淀析出，其中 NH_3 与 Zn^{2+} 发生的络合反应，即属络合效应。

除 EDTA 以外，能与金属离子 M 发生络合反应的络合剂称为辅助络合剂 L，它能与金属离子生成一系列络合物，ML_1、ML_2、…、ML_n，用络合效应系数 $\alpha_{M(L)}$ 表示络合效应的大小，

$$\alpha_{M(L)} = \frac{[M']}{[M]} \tag{6.7}$$

即未与 EDTA 络合的金属离子各种存在形式的总浓度 [M′] 与游离金属离子浓度 [M] 之比。$\alpha_{M(L)}$ 越大，M 被 L 络合得越完全，副反应也越严重，当 $\alpha_{M(L)} = 1$ 时，M 无副反应。

按络合平衡关系式，可得

$$[M'] = [M] + [ML_1] + [ML_2] + [ML_3] + \cdots + [ML_n]$$
$$= [M] + K_1[M][L] + K_1K_2[M][L]^2 + \cdots + K_1K_2\cdots K_n[M][L]^n$$
$$= [M]\{1 + K_1[L] + K_1K_2[L]^2 + \cdots + K_1K_2\cdots K_n[L]^n\}$$

代入式 (6.7) 得

$$\alpha_{M(L)} = 1 + K_1[L] + K_1K_2[L]^2 + \cdots + K_1K_2\cdots K_n[L]^n$$
$$= 1 + \beta_1[L] + \beta_2[L]^2 + \cdots + \beta_n[L]^n \tag{6.8}$$

当 [L] 一定时，$\alpha_{M(L)}$ 为定值。

游离金属离子分布系数为

$$\delta_M = \frac{1}{\alpha_{M(L)}} \tag{6.9}$$

游离金属离子浓度为

$$[M] = \delta_M [M'] = \frac{[M']}{\alpha_{M(L)}} \qquad (6.10)$$

(2) 水解效应与水解效应系数 水解效应属于一种特殊的聚合效应。某些金属离子在水溶液中，能与 OH^- 生成各种羟基络离子，如 Fe^{3+}，在水溶液中随着 pH 值的升高，能形成 $Fe(OH)^{2+}$、$Fe(OH)_2^+$、$Fe_2(OH)_2^{4+}$ 等羟基络离子，从而降低了金属离子参与主反应的络合物平衡的浓度和能力，这种副反应称为水解效应。水解效应实际上来讲就是氢氧基络合效应。其大小用水解效应系数 $\alpha_{M(OH)}$ 表示，即未参加主反应的各种形式金属离子的羟基络合物和游离金属离子的总浓度 [M′] 与游离金属离子浓度 [M] 之比：

$$\begin{aligned}\alpha_{M(OH)} &= \frac{[M']}{[M]} = \frac{[M]+[MOH]+[M(OH)_2]+\cdots+[M(OH)_n]}{[M]} \\ &= 1 + K_1[OH^-] + K_1 K_2 [OH^-]^2 + \cdots + K_1 K_2 \cdots K_n [OH]^n \\ &= 1 + \beta_1 [OH^-] + \beta_2 [OH^-]^2 + \cdots + \beta_n [OH^-]^n \end{aligned} \qquad (6.11)$$

高价金属离子易于水解，而低价的如碱土金属离子即使 pH 值较高，也难以水解。某些金属离子的水解效应系数见表 6.5。

表 6.5 金属离子的 $\lg\alpha_{M(OH)}$ 值

金属离子	1	pH 值												
		1	2	3	4	5	6	7	8	9	10	11	12	13	14
Ag(Ⅰ)	0.1										0.1	0.5	2.3	5.1
Al(Ⅲ)	2				0.4	1.3	5.3	9.3	13.3	17.3	21.3	25.3	29.3	33.3
Ba(Ⅱ)	0.1													0.1	0.5
Bi(Ⅲ)	3	0.1	0.5	1.4	2.4	3.4	4.4	5.4						
Ca(Ⅱ)	0.1													0.3	1.0
Cd(Ⅱ)	3									0.1	0.5	2.0	4.5	8.1	12.0
Ce(Ⅳ)	1-2	1.2	3.1	5.1	7.1	9.1	11.1	13.1						
Cu(Ⅱ)	0.1									0.2	0.8	1.7	2.7	3.7	4.7	5.7
Fe(Ⅱ)	1									0.1	0.6	1.5	2.5	3.5	4.5
Fe(Ⅲ)	3				0.4	1.8	3.7	5.7	7.7	9.7	11.7	13.7	15.7	17.7	19.7	21.7
Hg(Ⅱ)	0.1				0.5	1.9	3.9	5.9	7.9	9.9	11.9	13.9	15.9	17.9	19.9	21.9
La(Ⅲ)	3										0.3	1.0	1.9	2.9	3.9
Mg(Ⅱ)	0.1										0.1	0.5	1.3	2.3
Ni(Ⅱ)	0.1									0.1	0.7	1.6			
Pb(Ⅱ)	0.1							0.1	0.5	1.4	2.7	4.7	7.4	10.4	13.4
Th(Ⅳ)	1					0.2	0.8	1.7	2.7	3.7	4.7	5.7	6.7	7.7	8.7	9.7
Zn(Ⅱ)	0.1										0.2	2.4	5.4	8.5	11.8	15.5

(3) 金属离子 M 总副反应系数 α_M 若溶液中有两种络合剂 L 和 A 同时对金属离子产生副反应，则其影响可用 M 的总副反应系数 α_M 表示：

$$\begin{aligned}\alpha_M &= \frac{[M']}{[M]} = \frac{[M]+[ML]+\cdots+[ML_n]}{[M]} + \frac{[M]+[MA]+\cdots+[MA_m]}{[M]} - \frac{[M]}{[M]} \\ &= \alpha_{M(L)} + \alpha_{M(A)} - 1 \\ &\approx \alpha_{M(L)} + \alpha_{M(A)}\end{aligned} \qquad (6.12)$$

如果有多种络合剂 L_1、L_2、L_3、$\cdots$、L_n，同时能与金属离子 M 发生络合反应而产生副反应，可用 M 的总副反应系数 α_M 表示：

$$\alpha_M = \frac{[M']}{[M]} = \alpha_{M(L_1)} + \alpha_{M(L_2)} + \alpha_{M(L_3)} + \cdots + \alpha_{M(L_n)} - (n-1)$$

$$\approx \alpha_{M(L_1)} + \alpha_{M(L_2)} + \alpha_{M(L_3)} + \cdots + \alpha_{M(L_n)} \tag{6.13}$$

在多种络合剂共存时,只有一种或少数几种络合剂的副反应是主要的,对 α_M 起主要作用,其他络合剂的 α_M 可略去,从而使计算简化。

6.2.2.3 络合物 MY 的副反应及副反应系数 α_{MY}

酸度较高时,MY 与 H^+ 发生副反应,生成酸式络合物 MHY,碱度较高时,MY 与 OH^- 发生副反应,生成碱式络合物 $M(OH)Y$、$M(OH)_2Y$······这些副反应是在原主要络合反应的基础上再生成的,使总的络合物浓度 $[MY']$ 略有增加,这些络合物称为混合络合物,这种副反应称为混合络合效应,它使 EDTA 对 M 的总络合能力有所增强,对主反应有利。混合络合物一般不太稳定,在计算时可忽略不计。部分酸式和碱式的 EDTA 络合物 $\lg K_{稳}$ 见表 6.6。

表 6.6 EDTA 酸式和 EDTA 碱式络合物 $\lg K_{稳}$ 示例

$\lg K_{稳}$	Al^{3+}	Ca^{2+}	Cu^{2+}	Fe^{3+}	Mg^{2+}	Zn^{2+}
MY	16.3	10.69	18.8	25.1	8.7	16.5
MHY	2.5	3.1	3.0	1.4	3.9	3.0
MOHY	8.1		2.5	6.5		

形成酸式或碱式 EDTA 络合物时的副反应系数为:

$$\alpha_{MY(H)} = \frac{[MY']}{[MY]} = \frac{[MY] + [MHY]}{[MY]} = 1 + K_{MHY}^H[H^+] \tag{6.14}$$

式中
$$K_{MHY}^H = \frac{[MHY]}{[MY][H^+]}$$

同理得到,
$$\alpha_{M(OH)Y} = 1 + K_{MOHY}^{OH}[OH^-] \tag{6.15}$$

式中
$$K_{MOHY}^{OH} = \frac{[MOHY]}{[MY][OH^-]}$$

6.2.3 条件稳定常数 K'_{MY}

在络合反应中,M、Y 及 MY 若无副反应发生,当达到络合平衡时,衡量此络合反应进行的程度是以 K_{MY} 为依据的。实际上在络合滴定中影响因素很多,但主要是 EDTA 的酸效应和金属离子 M 的络合效应,其次为 MY 的混合络合效应,即络合反应将受到 M、Y 及 MY 的副反应影响。设未参加主反应的 M 总浓度为 $[M']$,Y 的总浓度为 $[Y']$,生成的 MY、MHY 和 $M(OH)Y$ 的总浓度为 $[MY']$,当达到平衡时,以条件稳定常数 K'_{MY} 来表示在有副反应发生的情况下络合物的实际稳定程度。

$$K'_{MY} = \frac{[MY']}{[M'][Y']} \tag{6.16}$$

其中
$$[M'] = \alpha_M[M]$$
$$[Y'] = \alpha_Y[Y]$$
$$[MY'] = \alpha_{MY}[MY]$$

将上式代入式(6.16)得

$$K'_{MY} = \frac{\alpha_{MY}[MY]}{\alpha_M[M] \times \alpha_Y[Y]} = K_{MY}\frac{\alpha_{MY}}{\alpha_M \alpha_Y} \tag{6.17}$$

取对数得

$$\lg K'_{MY} = \lg K_{MY} - \lg \alpha_M - \lg \alpha_Y + \lg \alpha_{MY} \tag{6.18}$$

在一定条件下，α_M、α_Y、α_{MY} 为定值，故 K'_{MY} 为常数。其中以 α_Y 为主，其次为 α_M，而 α_{MY} 可忽略，则得

$$\lg K'_{MY} = \lg K_{MY} - \lg \alpha_Y - \lg \alpha_M \tag{6.19}$$

若溶液中无共存离子效应和辅助络合效应，酸度高于 M 的水解酸度，则 α_M 可忽略，而以 $\alpha_{Y(H)}$ 为主，得

$$\lg K'_{MY} = \lg K_{MY} - \lg \alpha_{Y(H)} \tag{6.20}$$

条件稳定常数 K'_{MY} 亦称表观稳定常数，它能定量地说明在某些外因影响下，络合物的实际稳定性，可正确判断 M 和 EDTA 络合反应进行的程度。EDTA 与较多金属离子生成的稳定络合物，其 K_{MY} 值较大，但由于副反应存在，致使 $K_{MY} > K'_{MY}$，且相差较大。部分金属离子与 EDTA 络合物的 $\lg K'_{MY}$ 见表 6.7。

表 6.7 部分金属-EDTA 络合物 $\lg K'_{MY}$

离子 \ pH 值	0	1	2	3	4	5	6	7	8	9	10	11	12	13	14
Ag^+					0.7	1.7	2.8	3.9	5.0	5.9	6.8	7.1	6.8	5.0	2.2
Al^{3+}			3.0	5.4	7.5	9.6	10.4	8.5	6.6	4.5	2.4				
Ba^{2+}					1.3	3.0	4.4	5.5	6.4	7.3	7.7	7.8	7.7	7.3	
Bi^{3+}	1.4	5.3	8.6	10.6	11.8	12.8	13.6	14.0	14.1	14.0	13.9	13.3	12.4	11.4	10.4
Ca^{2+}					2.2	4.1	5.9	7.3	8.4	9.3	10.2	10.7	10.4	10.4	9.7
Cd^{2+}			1.0	3.8	6.0	7.9	9.9	11.7	13.1	14.2	15.0	15.5	14.4	12.0	8.4	4.5
Co^{2+}				3.7	5.9	7.8	9.7	11.5	12.9	3.9	14.5	14.7	14.1	12.1	
Cu^{2+}		3.4	6.1	8.3	10.2	12.2	14.0	15.4	16.3	16.6	16.6	16.1	15.7	15.6	15.6
Fe^{2+}	5.1		1.5	3.7	5.7	7.7	9.5	10.9	12.0	12.8	13.2	12.7	11.8	10.8	9.9
Fe^{3+}	3.5	8.2	11.5	13.9	14.7	14.8	14.6	14.1	13.7	13.6	14.0	14.3	14.4	14.4	14.4
Hg^{2+}			6.5	9.2	11.1	11.3	11.3	11.1	10.5	9.6	8.8	8.4	7.7	6.8	5.8	4.8
La^{2+}				1.7	4.6	6.8	8.8	10.6	12.0	13.1	14.0	14.6	14.3	13.5	12.5	11.5
Mg^{2+}						2.1	3.9	5.3	6.4	7.3	8.2	8.5	8.2	7.4	
Mn^{2+}			1.4	3.6	5.5	7.4	9.2	10.6	11.7	12.6	13.4	13.4	12.6	11.6	10.6
Ni^{2+}		3.4	6.1	8.2	10.1	12.0	13.8	15.2	16.3	17.1	17.4	16.9			
Pb^{2+}		2.4	5.2	7.4	9.4	11.4	13.2	14.5	15.2	15.2	14.8	13.9	10.6	7.6	4.6
Sr^{2+}	1.8				2.0	3.8	5.2	6.3	7.2	8.1	8.5	8.6	8.5	8.0	
Th^{4+}			5.8	9.5	12.4	14.5	15.8	16.7	17.4	18.2	19.1	20.0	20.4	20.5	20.5	20.5
Zn^{2+}			1.1	3.8	6.0	7.9	9.9	11.7	13.1	14.2	14.9	13.6	11.0	8.0	4.7	1.0

【例 6.3】 计算在 pH=3.00 和 pH=5.00 时，ZnY 的 $\lg K'_{MY}$。

查表 6.2 和表 6.3，代入式 (6.20) 得：

pH=3.00 时，$\lg K_{MY} = 16.50$，$\lg \alpha_{Y(H)} = 10.60$

$$\lg K'_{MY} = 16.50 - 10.60 = 5.90$$

pH=5.00 时，$\lg \alpha_{Y(H)} = 6.45$

$$\lg K'_{MY} = 16.50 - 6.45 = 10.05$$

6.3 络合滴定的基本原理

络合滴定法是以络合反应为基础的滴定分析方法，主要使用 EDTA 等氨羧络合剂作滴定剂。

6.3.1 络合滴定曲线

在络合滴定中，随着滴定剂的不断加入，被滴定的金属离子不断被络合，其浓度[M]不断减小，在理论终点附近pM′值（$-\lg[M']$）发生突变，用适当的方法可以指示滴定终点。

特别强调的是理论终点pM′值（$-\lg[M']$）的计算，它是选择指示剂的依据。按条件稳定常数式：

$$K'_{MY} = \frac{[MY']}{[M'][Y']}$$

当理论终点（sp）时，$[M'] = [Y']$（注意：不是$[M] = [Y]$）。若络合物比较稳定，$[MY'] = c_M - [M'] \approx c_M$，将其代入上式，整理得

$$[M']_{sp} = \sqrt{\frac{c_M^{sp}}{K'_{MY}}}$$

取负对数形式

$$\begin{aligned}pM'_{sp} &= \frac{1}{2}(\lg K'_{MY} - \lg c_M^{sp}) \\ &= \frac{1}{2}(\lg K'_{MY} + pc_M^{sp})\end{aligned} \quad (6.21)$$

这就是计算等物质的量点时pM′值（$-\lg[M']$）的公式。式中c_M^{sp}表示理论终点时金属离子的分析浓度。若滴定剂与被滴定剂浓度相等，c_M^{sp}即为金属离子原始浓度之半。

EDTA与金属离子形成1∶1络合物。若只考虑酸效应，可用$\frac{[MY]}{[M'][Y']} = \frac{K_{MY}}{\alpha_{Y(H)}} = K'_{MY}$计算出不同pH值溶液中，在滴定的不同阶段的被滴定金属离子的浓度，用pM即$-\lg[M^{n+}]$对EDTA加入百分数绘制滴定曲线。

例如，用$c(H_2Y^{2-}) = 0.01\text{mol/L}$ EDTA标准溶液滴定20.00ml $c(Ca^{2+}) = 0.01\text{mol/L}$ Ca^{2+}溶液，求在不同pH值溶液中的pCa值。

pH=12时滴定曲线的计算
查表6.2和表6.3得：
$K_{CaY} = 10^{10.69}$，pH=12时，$\lg\alpha_{Y(H)} = 0$
即$\alpha_{Y(H)} = 1$，$K'_{CaY} = K_{CaY} = 10^{10.69}$
滴定前溶液中，$[Ca^{2+}] = 0.01\text{mol/L}$，pCa=2.0
当滴入18.00ml EDTA时，Ca^{2+}剩余2.00ml，

$$[Ca^{2+}] = \frac{0.01 \times 2.00}{20.00 + 18.00}\text{mol/L} = 5.26 \times 10^{-4}\text{mol/L} \quad pCa = 3.3$$

当滴入19.80ml EDTA时，Ca^{2+}剩余0.20ml，

$$[Ca^{2+}] = \frac{0.01 \times 0.20}{20.00 + 19.80}\text{mol/L} = 5.03 \times 10^{-5}\text{mol/L} \quad pCa = 4.3$$

当滴入19.98ml EDTA时，Ca^{2+}剩余0.02ml，

$$[Ca^{2+}] = \frac{0.01 \times 0.02}{20.00 + 19.98}\text{mol/L} = 5.00 \times 10^{-6}\text{mol/L} \quad pCa = 5.3$$

理论终点时，滴入20.00ml EDTA，Ca^{2+}与EDTA几乎全部络合成CaY^{2-}络离子，求出$[CaY^{2-}]$

$$[CaY^{2-}] = \frac{0.01 \times 20.00}{20.00 + 20.00}\text{mol/L} = 5.00 \times 10^{-3}\text{mol/L}$$

此时［CaY^{2-}］有少量离解，且［Ca^{2+}］=［Y$^{4-'}$］，$K'_{CaY}=K_{CaY}$

$$\frac{[CaY^{2-}]}{[Ca^{2+}][Y^{4-'}]}=K'_{CaY}$$

$$[Ca^{2+}]^2=\frac{[CaY^{2-}]}{K'_{CaY}}=\frac{5.00\times 10^{-3}}{10^{10.69}}$$

$$[Ca^{2+}]=\sqrt{5.00\times 10^{-13.69}}\ mol/L=3.00\times 10^{-7}\ mol/L$$

$$pCa=6.5$$

理论终点后，滴入 20.02ml EDTA，则过量 0.02ml

$$[Y^{4-'}]=\frac{0.01\times 0.02}{20.00+20.02}\ mol/L=5.00\times 10^{-6}\ mol/L$$

$$[Ca^{2+}]=\frac{[CaY^{2-}]}{[Y^{4-}]K_{CaY}}=\frac{5.00\times 10^{-3}}{5.00\times 10^{-6}\times 10^{10.69}}\ mol/L=10^{-7.69}\ mol/L$$

$$pCa=7.7$$

将上面计算数字列入表 6.8。

表 6.8　EDTA 溶液滴定 Ca^{2+} 溶液过程中 pCa 值的变化①

加入 EDTA 溶液量		剩余 Ca^{2+} 溶液	过量 EDTA 溶液	pCa
体积/ml	体积分数/%	体积/ml	体积/ml	
0.00	0.0	20.00		2.0
18.00	90.0	2.00		3.3
19.80	99.0	0.20		4.3
19.98	99.9	0.02		5.3
20.00	100.0	0.00		6.5
20.02	100.1		0.02	7.7

① $c(H_2Y^{2-})=0.01$ mol/L EDTA 滴定 20.00ml $c(Ca^{2+})=0.01$ mol/L。

同样可计算出其他 pH 值时各点的 pCa 值，并以 pCa 对 EDTA 加入体积分数绘制滴定曲线，如图 6.3 所示。

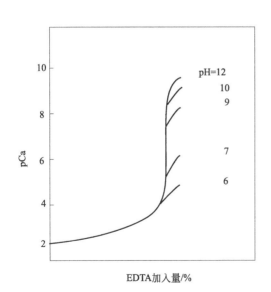

图 6.3　EDTA 滴定 Ca^{2+} 的滴定曲线
$c(H_2Y^{2-})=0.01$mol/L，$c(Ca^{2+})=0.01$mol/L

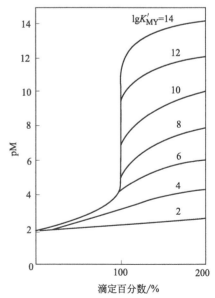

图 6.4　不同 $\lg K'_{MY}$ 的滴定曲线

从图 6.3 可看出，pH 值越大，滴定曲线在理论终点附近的 pCa 突跃越大，反之则小。因 pH 值越大，K'_{CaY} 越大，络合物越稳定。而 K'_{MY} 越大，滴定突跃也越大，见图 6.4。所以 pH 值较大对滴定突跃的增长是有利的。但 pH 值也不可太大，要考虑被滴定离子的水解和辅助络合剂的副反应作用。

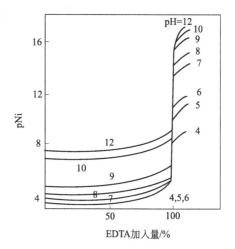

图 6.5 EDTA 滴定 Ni^{2+} 溶液的滴定曲线
$[Ni^{2+}]=0.001mol/L$,
$[NH_3]+[NH_4^+]=0.1mol/L$

EDTA 滴定 Ca^{2+} 时，在理论终点前一段曲线的位置，仅由 Ca^{2+} 的初始浓度确定，而不受溶液 pH 值的影响，但当被滴定离子存在水解和辅助络合剂的副反应作用时，则 [M] 受 $\alpha_{M(L)}$ 和 $\alpha_{M(OH)}$ 的影响发生变化，且直接影响理论终点前滴定曲线位置的高低。理论终点后的一段滴定曲线的位置，主要受 pH 值对 $\alpha_{Y(H)}$ 的影响而变化。如图 6.5 所示，pH=9 时，理论终点附近的 pM 突跃最大，滴定终点指示剂变色最敏锐。所以，在络合滴定中，存在一个合适的 pH 值范围。溶液 pH 值的选择还必须综合考虑被滴定离子的水解和辅助络合效应，EDTA 的酸效应，以及所选用指示剂的颜色变化，共存离子干扰等因素。

6.3.2 影响络合滴定 pM′突跃大小的因素

影响络合滴定 pM′突跃大小的主要因素是 K'_{MY} 和 c_M，具体情况如下。

(1) 金属离子浓度对 pM′突跃大小的影响　c_M 越大，滴定曲线的起点就越低，pM′突跃就越大；反之，pM′突跃就小。

(2) K'_{MY} 对 pM′突跃大小的影响　K'_{MY} 值的大小是影响 pM′突跃的重要因素之一，由

$$\lg K'_{MY} = \lg K_{MY} - \lg \alpha_{Y(H)} - \lg \alpha_M$$

可见 K'_{MY} 值由 K_{MY}、$\alpha_{Y(H)}$ 和 α_M 的值决定。

① K_{MY} 值越大，K'_{MY} 值相应增大，pM′突跃也大；反之变小；

② 滴定体系的酸度越大，pH 值越小，$\alpha_{Y(H)}$ 值越大，K'_{MY} 值越小，引起滴定曲线尾部平台下降，使 pM′突跃变小。

滴定反应

$$M^{n+} + H_2Y^{2-} \rightleftharpoons MY^{(4-n)-} + 2H^+$$

会释放出 H^+，使溶液酸性变大，造成 K'_{MY} 值在滴定过程中逐渐变小。因此，一般的络合滴定过程中都要使用缓冲溶液，使体系的 pH 值基本保持不变。

【例 6.4】　溶液 pH=10.00，游离氨浓度 $c(NH_3)=0.20mol/L$，$c(H_2Y^{2-})=2.0\times10^{-2}mol/L$ EDTA 滴定 $c(Cu^{2+})=2.0\times10^{-2}mol/L$ Cu^{2+} 溶液，计算理论终点时的 pCu′，如被滴定的是 $c(Mg^{2+})=2.0\times10^{-2}mol/L$ Mg^{2+} 溶液，理论终点时的 pMg′又是多少？

解：理论终点时，$c_{Cu}^{sp}=1.0\times10^{-2}mol/L$

$$[NH_3]=0.10mol/L$$

$$\begin{aligned}\alpha_{Cu(NH_3)} &= 1+\beta_1[NH_3]+\beta_2[NH_3]^2+\beta_3[NH_3]^3+\beta_4[NH_3]^4+\beta_5[NH_3]^5 \\ &= 1+10^{4.31}\times0.10+10^{7.98}\times(0.10)^2+10^{11.02}\times(0.10)^3+10^{13.22}\times(0.10)^4 \\ &\quad +10^{12.86}\times(0.10)^5 = 1.8\times10^9 = 10^{9.26}\end{aligned}$$

pH=10 时，$\alpha_{Cu(OH)}=10^{1.7} \ll 10^{9.26}$，故 $\alpha_{Cu(OH)}$ 可忽略
$\lg \alpha_{Y(H)}=0.45$，故
$\lg K'_{CuY}=\lg K_{CuY}-\lg \alpha_{Y(H)}-\lg \alpha_{Cu(NH_3)}=18.80-0.45-9.26=9.09$

$$pCu'=\frac{1}{2}(pc_{Cu}^{sp}+\lg K'_{CuY})=\frac{1}{2}\times(2+9.09)=5.54$$

滴定 Mg^{2+} 时，Mg^{2+} 不形成氨络合物和羟基络合物，故 $\lg \alpha_{Mg}=0$
$$\lg K'_{MgY}=\lg K_{MgY}-\lg \alpha_{Y(H)}=8.7-0.45=8.25$$
$$pMg'=\frac{1}{2}(pc_{Cu}^{sp}+\lg K'_{MgY})=\frac{1}{2}\times(2+8.25)=5.13$$

6.4 金属指示剂

金属指示剂是一些有机络合剂，能与金属离子形成有色络合物，在滴定过程中，依其颜色与游离的指示剂的不同来指示金属离子浓度的变化。它也可称为金属离子指示剂。

6.4.1 作用原理

金属指示剂（In）先与被滴定的金属离子（M）形成与其本身颜色不同的有色络合物（MIn）：

$$M+In(甲色) \rightleftharpoons MIn(乙色)$$

当滴入的 EDTA 与全部游离的金属离子形成 MY 络合物后，由于 $K'_{MY}>K'_{MIn}$，在理论终点时，发生如下反应：

$$MIn(乙色)+Y \rightleftharpoons MY+In(甲色)$$

当 [MIn]=[In] 时，颜色发生转变而显甲色，指示滴定到达终点。

6.4.2 金属指示剂应具备的条件

金属离子有机显色络合剂较多，其中只有具备下列条件者，方可用作金属指示剂。

① 金属指示剂必须具有与被滴定离子形成有色络合物的络合能力。有色络合物（MIn）的稳定性要适当，即满足 $K'_{MY}>K'_{MIn}$，若 K'_{MIn} 太小，使终点提前；若 K'_{MIn} 太大，使终点拖后，以致显色反应失去可逆性而得不到滴定终点；

② 游离金属指示剂（In）与有色络合物（MIn）两者颜色差别显著，反衬度大，终点变色敏锐；

③ 金属指示剂应具有一定的选择性；

④ 有色络合物（MIn）应易溶于水；

⑤ 金属离子与指示剂反应必须迅速，具有良好的可逆性；显色反应灵敏，变色的可逆性好；

⑥ 金属指示剂稳定性好，便于贮藏和使用。

6.4.3 金属指示剂的选择

金属指示剂 In 与金属离子 M 形成 1:1 的络合物时，即
$$M+In \rightleftharpoons MIn$$
考虑到指示剂的酸效应，其条件稳定常数为：

$$K'_{MIn}=\frac{[MIn]}{[M][In']}$$

$$\lg K'_{MIn}=pM+\lg\frac{[MIn]}{[In']}$$

当[MIn]=[In']时,颜色发生转变,则得:

$$pM_{ep}=\lg K'_{MIn}=\lg K_{MIn}-\lg\alpha_{In(H)} \tag{6.22}$$

可见指示剂变色点的 pM_{ep} 等于有色络合物的 $\lg K'_{MIn}$。

络合滴定中所用指示剂一般是有机弱酸,存在酸效应,K'_{MIn}将随pH值的变化而变化,pM_{ep}也将随pH值的变化而变化。因此,金属离子指示剂不可能像酸碱指示剂那样,有一个确定的变色点。在选择络合滴定金属指示剂时,必须考虑体系的酸度,尽量使 pM_{ep} 与 pM_{sp} 一致,并在理论终点附近的pM突跃范围内。若M也存在副反应,也应使 pM'_{ep} 与 pM'_{sp} 尽量一致,否则将产生较大误差。

络合滴定常用的指示剂铬黑T和二甲酚橙其 $\lg\alpha_{In(H)}$ 及有关常数见表6.9。

表6.9 铬黑T和二甲酚橙 $\lg\alpha_{In(H)}$ 及有关常数

(一)铬黑T						
pH	红 $pK_{a_1}=6.3$		蓝	$pK_{a_2}=11.6$		橙
	6.0	7.0	8.0	9.0	10.0	11.0
$\lg\alpha_{In(H)}$	6.0	4.6	3.6	2.6	1.6	0.7
pCa_{ep}(至红)			1.8	2.8	3.8	4.7
pMg_{ep}(至红)	1.0	2.4	3.4	4.4	5.4	6.3
pMn_{ep}(至红)	3.6	5.0	6.2	7.8	9.7	11.5
pZn_{ep}(至红)	6.9	8.3	9.3	10.5	12.2	13.9

(二)二甲酚橙									
pH	黄					$pK_a=6.3$			红
	0	1.0	2.0	3.0	4.0	4.5	5.0	5.5	6.0
$\lg\alpha_{In(H)}$	35.0	30.0	25.1	20.7	17.3	15.7	14.2	12.8	11.3
pLi_{ep}(至红)		4.0	5.4	6.8					
pCd_{ep}(至红)						4.0	4.5	5.0	5.5
pHg_{ep}(至红)							7.4	8.2	9.0
pLa_{ep}(至红)						4.0	4.5	5.0	5.6
pPb_{ep}(至红)				4.2	4.8	6.2	7.0	7.6	8.2
pTh_{ep}(至红)		3.6	4.9	6.3					
pZn_{ep}(至红)						4.1	4.8	5.7	6.5
pZr_{ep}(至红)	7.5								

注:对数常数:$\lg K_{CaIn}=5.4$,$\lg K_{MgIn}=7.0$,$\lg K_{MnIn}=9.6$,$\lg K_{ZnIn}=12.9$,$c(In)=10^{-5}$ mol/L。

6.4.4 金属指示剂的封闭、僵化现象及其消除方法

(1) 金属指示剂的封闭现象

金属指示剂与金属离子形成的有色络合物极其稳定,即 $K'_{MIn}>K'_{MY}$,以致加入过量的EDTA也不能将金属离子从金属-指示剂络合物中夺取出来,在理论终点附近没有颜色的转变,此现象称为指示剂的封闭现象。其产生的原因和消除办法如下。

① 溶液中某些共存离子N与In形成十分稳定的有色络合物,即 $K'_{NIn}>K'_{MY}$,不能被EDTA置换而产生封闭现象。对此情况,加入适当的掩蔽剂使干扰离子N生成更稳定的络合物而不再与指示剂作用,即可消除共存离子的干扰。如铬黑T能被 Fe^{3+}、Al^{3+}、Cu^{2+}

和 Ni^{2+} 等离子封闭,当用 EDTA 滴定 Ca^{2+}、Mg^{2+} 时,用三乙醇胺掩蔽 Fe^{3+}、Al^{3+},用 KCN 或 Na_2S 掩蔽 Cu^{2+}、Ni^{2+} 和 Co^{2+},以消除它们对铬黑 T 的封闭作用。

② 被滴定金属离子 M 与 In 形成十分稳定的有色络合物,即 $K'_{MIn} > K'_{MY}$,同样不能被 EDTA 置换产生封闭现象。可通过加入过量的 EDTA,增强 EDTA 置换 MIn 中 In 的能力和速度,消除指示剂的封闭现象。

③ 虽然 $K'_{MIn} < K'_{MY}$,但由于动力学方面的原因,有色络合物 MIn 不能很快地被 EDTA 置换而使颜色的转变不可逆,引起指示剂的封闭。可用先加入过量的 EDTA 然后进行返滴定的方法消除指示剂的封闭。

(2) 金属指示剂的僵化现象 金属指示剂与被滴定的金属离子形成难溶性有色络合物,在理论终点时与 EDTA 置换的反应缓慢,使终点拖长,此现象称为指示剂的僵化现象。如以 PAN 作指示剂且温度较低时,易发生僵化。对此现象可采取加入有机溶剂或将溶液适当加热,以增大有关物质的溶解度和反应速率的方法予以消除。另外,也可采取在接近终点时缓慢滴定并剧烈摇动等方法消除僵化现象。

6.4.5 常用金属指示剂

6.4.5.1 铬黑 T(简称 BT 或 EBT)

属于 O,O'-二羟基偶氮类染料,化学名称是 1-(1-羟基-2-萘偶氮基)-6-硝基-2-萘酚-4-磺酸钠。

EBT 为黑褐色粉末,具有金属光泽,溶于水时,磺酸基上的 Na^+ 全部离解,形成 H_2In^-,在溶液中存在如下酸碱平衡:

$$H_2In^- \underset{紫红色}{\overset{pK_{a_1}=6.3}{\rightleftharpoons}} HIn^{2-} \underset{蓝色}{\overset{pK_{a_2}=11.55}{\rightleftharpoons}} In^{3-}$$
$$pH<6.0 \qquad pH8.0\sim12.0 \qquad pH>12.0$$
$$\qquad\qquad\qquad\qquad\qquad\qquad\qquad\qquad 橙色$$

EBT 与金属离子形成红色络合物,在 pH<6.0 或 pH>12.0 时,EBT 本身颜色接近红色而不能使用,最适宜的酸度是 pH8.0~12.0。在 pH=10.0 缓冲溶液中,用 EDTA 直接滴定 Mg^{2+}、Zn^{2+}、Cd^{2+}、Pb^{2+}、Hg^{2+} 等时,铬黑 T 是良好的指示剂。而 Al^{3+}、Fe^{3+}、Co^{2+}、Ni^{2+}、Cu^{2+}、Ti^{4+} 等对 EBT 有封闭作用。

固体的 EBT 较稳定,而其水溶液易发生分子聚合而变质,尤其在 pH<6.5 时更为严重,加入三乙醇胺可减缓聚合速率。在碱性溶液中,EBT 易被空气中氧及氧化性离子(如 Mn^{4+}、Ce^{4+})氧化而褪色,加入盐酸羟胺或抗坏血酸可防止氧化。

使用时多将 EBT 与 NaCl 或 KNO_3 按 1∶100 配制成固体混合物,密封保存,每次用 0.1g 即可。

6.4.5.2 钙指示剂(NN)

其化学名称是 1-(2-羟基-4-磺酸基-1-萘偶氮基)-2-羟基-3-萘甲酸。

钙指示剂呈紫黑色粉末,其水溶液在 pH7 时呈紫色,pH12~13 时呈蓝色。在 pH12~14 时,它与 Ca^{2+} 络合呈酒红色,灵敏度高。当 Ca^{2+}、Mg^{2+} 共存时,先调溶液至 pH>12,Mg^{2+} 形成 $Mg(OH)_2$ 沉淀,以钙指示剂为指示剂,用 EDTA 在 Mg^{2+} 存在下滴定 Ca^{2+}。Ti^{4+}、Fe^{3+}、Al^{3+}、Co^{2+}、Cu^{2+}、Ni^{2+}、Mn^{2+} 等能封闭钙指示剂,可用三乙醇胺掩蔽 Ti^{4+}、Al^{3+} 和少量 Fe^{3+},用 KCN 掩蔽 Cu^{2+}、Ni^{2+}、Co^{2+}。

钙指示剂的水溶液及乙醇溶液均不稳定,常以 NaCl、KNO_3 或 K_2SO_4(1∶100 或 1∶200)粉末稀释,配成固体指示剂。钙指示剂也称为钙红。

6.4.5.3 二甲酚橙（简称 XO）

其化学名称是 $3,3'$-双(二羧甲基氨甲基)邻甲酚磺。

二甲酚橙是紫色结晶，易溶于水，它有六级酸式离解，其中 $H_6In \sim H_2In^{4-}$ 都是黄色，$HIn^{5-} \sim In^{6-}$ 是红色，在 pH5～6 时，二甲酚橙主要以 H_2In^{4-} 形式存在，H_2In^{4-} 的酸碱离解平衡如下：

$$H_2In^{4-} \underset{\text{黄色}}{\xrightarrow{pK_a=6.3}} H^+ + \underset{\text{红色}}{HIn^{5-}}$$

二甲酚橙与金属离子形成紫红色络合物，它只能在 pH<6.3 的酸性溶液中使用。

许多金属离子，如 ZrO^{2+}（pH<1）、Bi^{3+}（pH1～2）、Th^{4+}（pH2.5～3.5）、Sc^{3+}（pH3～5）、Pb^{2+}、Zn^{2+}、Cd^{2+}、Hg^{2+}、Ti^{3+} 等和稀土元素的离子（pH5～6），都可用二甲酚橙作指示剂，以 EDTA 直接滴定，终点由红色变为亮黄色，很敏锐。对 Fe^{3+}、Al^{3+}、Ni^{2+} 和 Cu^{2+} 等，也可加入过量 EDTA 后用 Zn^{2+} 溶液回滴。

Al^{3+}、Fe^{3+}、Ni^{2+}、Ti^{4+} 和 pH5～6 时的 Th^{4+}，对二甲酚橙有封闭作用。可用 NH_4F 掩蔽 Al^{3+}、Ti^{4+}；抗坏血酸掩蔽 Fe^{3+}；邻二氮菲掩蔽 Ni^{2+}；乙酰丙酮掩蔽 Th^{4+}、Al^{3+} 等，以消除封闭现象。

一般使用二甲酚橙四钠盐，配制成 5g/L 的水溶液，可保存 2～3 周。

6.4.5.4 PAN

PAN 属于吡啶偶氮类显色剂，其化学名称是 1-(2-吡啶偶氮)-2-萘酚。

PAN 是橙红色针状结晶，难溶于水，可溶于碱、氨溶液和甲醇、乙醇等有机溶剂。其乙醇溶液很稳定，多配制成 0.1% 乙醇溶液使用。

PAN 的杂环氮原子能发生质子化，因而表现为二级酸式离解：

$$\underset{\text{黄绿色}}{H_2In^+} \xrightarrow{pK_{a_1}=1.9} \underset{\text{黄色}}{HIn} \xrightarrow{pK_{a_2}=12.2} \underset{\text{淡红色}}{In^-}$$

可见，PAN 在 pH1.9～12.2 范围内呈黄色，而与金属离子如 Cu^{2+}、Bi^{3+}、Cd^{2+}、Hg^{2+}、Pb^{2+}、Zn^{2+}、In^{3+}、Fe^{2+}、Ni^{2+}、Mn^{2+}、Th^{4+} 及稀土金属离子，形成紫红色络合物，故可在此 pH 值范围内使用 PAN 指示剂。但这些紫红色络合物的水溶性差，易形成胶体或沉淀，使终点变色缓慢，不敏锐，使 PAN 僵化。加入乙醇或加热，可加速终点变色速率。

Cu^{2+} 与 PAN 的络合物稳定性较好（$lgK_{Cu-PAN}=16$），CuY 与 PAN 混合溶液，可配制成 Cu-PAN 指示剂，它是一种广泛性的指示剂，可与较多金属离子发生置换显色反应。某些与 PAN 络合不稳定或其络合物不显色的离子，都可用 Cu-PAN 指示剂进行滴定。如在 pH10 时，用此指示剂，以 EDTA 滴定 Ca^{2+}。CuY 比 CaY 稳定（$lgK_{CuY}=18.8$，$lgK_{CaY}=10.7$），PAN 不存在时，Ca^{2+} 不能置换 CuY 中的 Cu^{2+}；当 PAN 存在时，由于 Cu-PAN 稳定性好，降低了 CuY 的稳定性，Ca^{2+} 置换出 CuY 中的 Cu^{2+}，而形成 CaY，游离出的 Cu^{2+} 与 PAN 络合而显红色，当 EDTA 与 Ca^{2+} 反应完全后，过量一滴 EDTA 即可从 Cu-PAN 中夺取 Cu^{2+}，溶液由红色变为黄色，指示滴定终点到达。由于滴定前加入的 CuY 和最后生成的 CuY 的量是相等的，故加入的 CuY 不影响滴定结果。

$$\underbrace{\underset{\text{黄色}}{CuY} + \underset{\text{黄色}}{PAN}}_{\text{绿色}} + Ca^{2+} \rightleftharpoons \underset{\text{无色}}{CaY} + \underset{\text{红色}}{Cu\text{-}PAN}$$

采用这种方法，可以滴定较多的能与 EDTA 形成稳定络合物的金属离子，而且还可以连续指示滴定多种离子的终点。

6.4.5.5 酸性铬蓝 K

酸性铬蓝 K 的化学名称是 1,8-二羟基-2-(2-羟基-5-磺酸基-1-偶氮苯)-3,6-二磺酸萘钠盐。

酸性铬蓝 K 的水溶液在 pH<7 时呈玫瑰红色，pH8~13 时呈蓝色，与 Ca^{2+}、Mg^{2+}、Zn^{2+}、Mn^{2+} 等形成红色络合物，它对 Ca^{2+} 的灵敏度比铬黑 T 高。为提高滴定终点变色的敏锐性，将酸性铬蓝 K 与萘酚绿 B 按 1:(2~2.5) 混合使用，简称为 K-B 指示剂。由于酸性铬蓝 K 的水溶液不稳定，故一般将 K-B 指示剂与 NaCl 或 KNO_3 等中性盐以 1:50 配制成固体混合物，可较长期保存。它可在 pH10 时用于测定 Ca^{2+}、Mg^{2+} 总量，在 pH12.5 时可单独测定 Ca^{2+}。

6.4.6 终点误差

终点误差是指滴定终点与理论终点不一致所引起的误差，亦称滴定终点误差，以 E_t 表示。

设滴定终点时的 [Y'] 为 $[Y']_{ep}$，[M'] 为 $[M']_{ep}$；M 的初始浓度为 c_M，滴定终点浓度为 c_M^{ep}，理论终点浓度为 c_M^{sp}，则滴定误差：

$$E_t\% = \frac{[Y']_{ep} - [M']_{ep}}{c_M^{ep}} \times 100\% \tag{6.23}$$

设滴定终点（ep）与理论终点（sp）的 pM 值之差为 $\Delta pM'$，即

$$\Delta pM' = pM'_{ep} - pM'_{sp}$$
$$[M']_{ep} = [M']_{sp} \times 10^{-\Delta pM'}$$

同理得 $[Y']_{ep} = [Y']_{sp} \times 10^{-\Delta pY'}$

$$E_t\% = \frac{[Y']_{sp} \times 10^{-\Delta pY'} - [M']_{sp} \times 10^{-\Delta pM'}}{c_M^{ep}} \times 100\%$$

理论终点时 K'^{sp}_{MY} 和滴定终点时 K'^{ep}_{MY} 近似相等，且 $[MY']_{sp} \approx [MY']_{ep}$，所以

$$\frac{[MY']_{sp}}{[M']_{sp}[Y']_{sp}} = \frac{[MY']_{ep}}{[M']_{ep}[Y']_{ep}}$$

$$\frac{[M']_{ep}}{[M']_{sp}} = \frac{[Y']_{sp}}{[Y']_{ep}}$$

取上式负对数，得

$$pM'_{ep} - pM'_{sp} = pY'_{sp} - pY'_{ep}$$
$$\Delta pM' = -\Delta pY'$$

理论终点时，由式(6.21)

$$[M']_{sp} = [Y']_{sp} = \sqrt{\frac{c_M^{sp}}{K'_{MY}}}$$

$$c_M^{sp} \approx c_M^{ep}$$

则得

$$E_t\% = \frac{\left(\frac{c_M^{sp}}{K'_{MY}}\right)^{\frac{1}{2}} \times (10^{\Delta pM'} - 10^{-\Delta pM'})}{c_M^{sp}} \times 100\%$$

$$= \frac{10^{\Delta pM'} - 10^{-\Delta pM'}}{(K'_{MY} c_M^{sp})^{1/2}} \times 100\% \tag{6.24}$$

此式称为林邦误差公式。可见，滴定误差的大小取决于 K'_{MY}、滴定终点与理论终点 pM 的差值 ΔpM 及金属离子的初始浓度 c_M。

即使指示剂的变色点在理论终点处，目测终点仍会有 0.2～0.5pM 单位的误差。

6.4.7　单一金属离子准确滴定的条件

对于只有一种金属离子的络合滴定，一般要求 $E_t\% = 0.1$，$\Delta pM = 0.2$，则由林邦误差公式可求得 $c_M K'_{MY}$ 是多少才能满足上述要求，即：

$$E_t\% = \frac{10^{0.2} - 10^{-0.2}}{(c_M^{sp} K'_{MY})^{1/2}} \approx \frac{10^{0.2} - 10^{-0.2}}{(c_M K'_{MY})^{1/2}}$$

$$c_M K'_{MY} = \frac{(10^{0.2} - 10^{-0.2})^2}{(E_t)^2}$$

$$\lg c_M K'_{MY} = 6 \tag{6.25}$$

则准确滴定的条件是：$\lg(c_M K'_{MY}) \geqslant 6$。

6.4.8　多种离子共存时准确滴定的条件

溶液中两种以上能与络合剂如 EDTA 络合的金属离子存在时，滴定存在相互干扰。两种金属离子络合物的稳定常数相差（$\Delta \lg K$）越大，被测离子浓度（c_M）越大，干扰离子浓度（c_N）越小，则在 N 离子存在下准确滴定 M 离子的可能性就越大。而 $\Delta \lg K$ 为多大时才能进行分步滴定，这样取决于所要求的准确度、浓度比 $\left(\dfrac{c_M}{c_N}\right)$ 及滴定终点和理论终点 pM 的差值 ΔpM 等因素。

对于有干扰离子存在时的络合滴定，一般允许有 $E_t \leqslant \pm 0.5\%$ 的相对误差，当用指示剂指示终点时，$\Delta pM \approx 0.3$，若不考虑酸效应，则：

$$K'_{MY} = \frac{K_{MY}}{\alpha_{Y(N)}} = \frac{K_{MY}}{1 + c_N K_{NY}} \approx \frac{K_{MY}}{c_N K_{NY}}$$

由林邦公式

$$\lg(c_M K'_{MY}) \geqslant 5$$

$$\frac{c_M K_{MY}}{c_N K_{NY}} \geqslant 10^5$$

$$\lg(c_M K_{MY}) - \lg(c_N K_{NY}) \geqslant 5 \tag{6.26}$$

若 $c_M = c_N$，则

$$\lg K_{MY} - \lg K_{NY} \geqslant 5，\text{即 } \Delta \lg K \geqslant 5 \tag{6.27}$$

即当干扰离子 N 存在时，要准确滴定 M 离子，必须满足 $\lg(c_M K'_{MY}) \geqslant 6$ 及 $\lg(c_M K_{MY}) - \lg(c_N K_{NY}) \geqslant 5$ 的要求。

若要实现分别滴定，则在满足上述条件的同时，还必须满足滴定 N 的准确度的要求。

6.5　提高络合滴定选择性的途径

6.5.1　控制溶液的酸度

当溶液中存在两种以上能与 EDTA 形成络合物的金属离子时，可采用控制溶液酸度的方法，提高络合滴定的选择性，进行分别滴定，控制溶液的酸度的实质是改变金属离子（M）与滴定剂（Y）及指示剂（In）的条件稳定常数（K'_{MY}、K'_{MIn}），以满足被测离子准确滴定的条件；$\lg(c_M K'_{MY}) \geqslant 6$ 同时使干扰离子不与指示剂产生络合色（$\lg K'_{MIn} \leqslant 1$），然后从EDTA的酸效应曲线（见图 6.2）上查出被滴定离子的允许最大酸度，根据被滴定金属离子开始水解的 pH 值，确定滴定允许的最小酸度，再结合指示剂的合适 pH 值范围，最终得到滴定的最佳 pH 值范围，实现控制溶液的酸度进行分别滴定。

如溶液中含有 Fe^{3+}、Al^{3+}、Ca^{2+} 和 Mg^{2+}，通过控制溶液酸度分别滴定 Fe^{3+}、Al^{3+}。从表 6.6 得 $\lg K_{FeY} = 25.1$，$\lg K_{AlY} = 16.3$，$\lg K_{CaY} = 10.69$，$\lg K_{MgY} = 8.7$，K_{FeY} 最大，K_{AlY} 次之，若它们的浓度都是 10^{-2} mol/L，则得 $\Delta\lg K = 25.1 - 16.3 = 8.8 > 5$，据此可知，滴定 Fe^{3+} 时，共存的 Al^{3+}、Ca^{2+} 和 Mg^{2+} 皆无干扰。另从图 6.2 查出滴定 Fe^{3+} 时允许的最小 pH 值为 1，Fe^{3+} 开始水解时的 pH 值为 2.2，采用指示剂磺基水杨酸，pH 值范围是 1.5～2.2 与 Fe^{3+} 形成红色络合物，最终确定滴定 Fe^{3+} 的最佳 pH 值范围为 1.5～2.2，溶液由红色变成亮黄色指示终点，Al^{3+}、Ca^{2+}、Mg^{2+} 不干扰滴定。滴定 Fe^{3+} 后，将溶液 pH 值调至 3，加入过量 EDTA，煮沸，使大部分 Al^{3+} 与 EDTA 络合，再加入六亚甲基四胺缓冲溶液，控制 pH 值在 4～6，Al^{3+} 与 EDTA 络合完全，用 PAN 作指示剂，以 Cu^{2+} 标准溶液回滴过量的 EDTA，最后测得 Al^{3+} 的含量。

6.5.2 利用掩蔽和解蔽的方法

当被测金属离子 M 的络合物 MY 与干扰离子 N 的络合物 NY，其稳定常数相差不大时，即 $\dfrac{c_M K_{MY}}{c_N K_{NY}} < 10^5$，不能用控制酸度的方法进行分别滴定，而要用掩蔽的方法来降低干扰离子的浓度，提高滴定选择性，消除干扰。此法要求干扰离子的浓度不能太大，加入掩蔽剂的量要适当而且少，以防止副反应的发生。

6.5.2.1 掩蔽方法

掩蔽方法按其反应类型不同，可分为络合掩蔽法、氧化还原掩蔽法和沉淀掩蔽法，其中络合掩蔽法应用较广。

(1) 络合掩蔽法 此法基于干扰离子与掩蔽剂形成稳定的络合物的反应。如 Al^{3+}、Zn^{2+} 共存时，Al^{3+} 干扰 Zn^{2+} 的测定，用 NH_4F 掩蔽 Al^{3+}，生成 AlF_6^{3-}，其 $K_{AlF_6^{3-}} > K_{AlY}$，当 pH5～6 时，用 EDTA 滴定 Zn^{2+}，Al^{3+} 的干扰被消除。又如，测定水的硬度，Al^{3+}、Fe^{3+} 干扰 Ca^{2+}、Mg^{2+}，加入三乙醇胺使之与 Al^{3+}、Fe^{3+} 生成更稳定的络合物，可消除其干扰。使用络合掩蔽法的条件是：①干扰离子与掩蔽剂形成的络合物应比与 EDTA 形成的络合物稳定得多，且络合物无色或浅色，不干扰观察终点；②掩蔽剂不能与待测离子络合，或能络合，但其络合物的稳定性远小于 MY 的稳定性；③掩蔽作用能在滴定的条件下进行。

(2) 氧化还原掩蔽法 此法是利用氧化还原反应改变干扰离子的价态，消除干扰。如用 EDTA 滴定 Bi^{3+}、ZrO^{2+}、Th^{4+}、Sc^{3+}、In^{3+}、Hg^{2+} 等，Fe^{3+} 共存时，$K_{Fe(Ⅲ)Y}$ 与上述离子的 K_{MY} 差值小而产生干扰；而 $K_{Fe(Ⅱ)Y}$ 与上述离子的 K_{MY} 差值大，故用抗坏血酸或羟胺等还原剂将 Fe^{3+} 还原成 Fe^{2+} 消除干扰。常用的还原剂有抗坏血酸、羟氨、联氨、硫脲、半胱胺酸、硫代硫酸钠等。相反，有些干扰离子在低价态时存在干扰，当它处于低价态时，常用 $(NH_4)_2S_2O_8$、$KMnO_4$、H_2O_2、$HClO_4$、$Ce(SO_4)_2$、KIO_4 等氧化剂，将其氧化为高价态而消除干扰，如 Cr^{3+}、VO^{2+} 等氧化为 Cr^{6+}、VO_3^-。

(3) 沉淀掩蔽法 利用干扰离子与掩蔽剂生成沉淀，降低干扰离子的浓度，在不分离沉淀的情况下直接滴定。如 Ca^{2+}、Mg^{2+} 共存，以 EDTA 滴定 Ca^{2+} 时，Mg^{2+} 有干扰，则加入 NaOH，pH>12 时，生成 $Mg(OH)_2$ 沉淀，可用钙指示剂指示滴定终点，以 EDTA 滴定 Ca^{2+}。此法不是理想的掩蔽方法，存在沉淀反应不完全，以及共沉淀、沉淀吸附或沉淀有色等现象，从而影响终点观察，影响滴定的准确度。所以此法要求沉淀反应完全、沉淀溶解度要小、沉淀物应是无色或浅色的晶形沉淀。

常用的掩蔽剂见表 6.10 及表 6.11。

表 6.10 常用络合掩蔽剂

名称	pH 值范围	被掩蔽的离子	备注
KCN	>8	Co^{2+}, Ni^{2+}, Cu^{2+}, Zn^{2+}, Cd^{2+}, Hg^{2+}, Ag^+, Tl^+ 及铂族元素	
NH_4F	4~6 10	Al^{3+}, $Ti(IV)$, Sn^{4+}, Zr^{4+}, $W(VI)$ 等 Al^{3+}, Mg^{2+}, Ca^{2+}, Sr^{2+}, Ba^{2+} 及稀土元素	NH_4F 加入溶液 pH 值变化不大
三乙醇胺(TEA)	10 11~12	Al^{3+}, Sn^{4+}, $Ti(IV)$, Fe^{3+} Fe^{3+}, Al^{3+} 及少量 Mn^{2+}	与 KCN 并用可提高掩蔽效果
二巯基丙醇	10	Hg^{2+}, Cd^{2+}, Zn^{2+}, Bi^{3+}, Pb^{2+}, Ag^+, As^{3+}, Sn^{4+} 及少量 Cu^{2+}, Co^{2+}, Ni^{2+}, Fe^{3+}	
酒石酸	1.2 2 5.5 6~7.5 10	Sb^{3+}, Sn^{4+}, Fe^{3+} 及 5mg 以下的 Cu^{2+} Fe^{3+}, Sn^{4+}, Mn^{2+} Fe^{3+}, Al^{3+}, Sn^{4+}, Ca^{2+} Mg^{2+}, Cu^{2+}, Fe^{3+}, Al^{3+}, Mo^{4+}, Sb^{3+}, $W(VI)$ Al^{3+}, Sn^{4+}	在抗坏血酸存在下
邻菲啰啉	5~6	Mn^{2+}, Co^{2+}, Ni^{2+}, Cu^{2+}, Zn^{2+}, Cd^{2+}, Hg^{2+}	
硫脲	5~6	Cu^{2+}, Hg^{2+}	
乙酰丙酮	5~6	Fe^{3+}, Al^{3+}, Be^{2+}, Cu^{2+}, Hg^{2+}, Pb^{2+}, $U(IV)$	
乳酸	5~6	$Ti(IV)$, Sn^{4+}	
巯基乙酸	10	Ag^+, Cd^{2+}, Cu^{2+}, Pb^{2+}, Zn^{2+}, Bi^{3+}, Sn^{4+}, Hg^{2+}	
磺基水杨酸	酸性介质	Al^{3+}, Th^{4+}, $Zr(IV)$	
乙二胺	碱性介质	Cu^{2+}, Ni^{2+}, Co^{2+}, Zn^{2+}, Cd^{2+}, Hg^{2+}	

表 6.11 常用沉淀掩蔽剂

名称	被掩蔽的离子	待测定的离子	pH 范围	指示剂
NH_4F	Ca^{2+}, Sr^{2+}, Ba^{2+}, Mg^{2+}, Ti^{4+}, Al^{3+}, 稀土	Zn^{2+}, Cd^{2+}, Mn^{2+}（在还原剂存在下）	10	铬黑 T
NH_4F	Ca^{2+}, Sr^{2+}, Ba^{2+}, Mg^{2+}, Ti^{4+}, Al^{3+}, 稀土	Cu^{2+}, Co^{2+}, Ni^{2+}	10	紫脲酸铵
K_2CrO_4	Ba^{2+}	Sr^{2+}	10	Mg-EDTA 铬黑 T
Na_2S 或铜试剂	微量重金属	Ca^{2+}, Mg^{2+}	10	铬黑 T
H_2SO_4 $K_4[Fe(CN)_6]$	Pb^{2+} 微量 Zn^{2+}	Bi^{3+} Pb^{2+}	1 5~6	二甲酚橙 二甲酚橙

使用掩蔽剂必须知道它的性质、使用条件和用量。如剧毒物 KCN 只允许在碱性溶液中使用，若在酸性溶液中使用，会有剧毒的 HCN 气体逸出，对人体危害严重。三乙醇胺掩蔽 Fe^{3+}，必须在酸性溶液中进行，若在碱性溶液中进行则生成 $Fe(OH)_3$ 沉淀而不能络合掩蔽。掩蔽剂用量要适当，既要过量一些使其掩蔽完全，又不能过量太多，否则会使待测离子

部分被掩蔽。

6.5.2.2 解蔽方法

干扰离子已掩蔽，在待测离子被滴定后，使用一种试剂破坏干扰离子与掩蔽剂的络合物，将干扰离子从络合物中置换出来，这一过程称为解蔽，所用试剂称为解蔽剂。

例如，用苦杏仁酸、氟化物解蔽法测定 Sn^{4+}、Al^{3+}、Ti^{4+}。在多种金属离子的 EDTA 络合物溶液中，加入苦杏仁酸，从 SnY 或 TiY 中置换出 EDTA，用锌标准溶液滴定 EDTA，即可求得 Sn^{4+} 或 Ti^{4+} 含量。又如 Al^{3+}、Ti^{4+} 共存时，它们与 EDTA 络合生成 AlY^- 和 TiY，加入 NH_4F 或 NaF，从 AlY^- 和 TiY 中置换出 EDTA，可测得 Al^{3+}、Ti^{4+} 合量；取另一份溶液，加入苦杏仁酸，置换出 TiY 中的 EDTA，则可测得 Ti^{4+} 量，再从 Al^{3+}、Ti^{4+} 合量中减去 Ti^{4+}，即得 Al^{3+} 量。

用甲醛解蔽法可测定 Zn^{2+} 或 Cd^{2+}。如铜合金中 Cu^{2+}、Zn^{2+}、Pb^{2+} 三种离子共存时，在 pH10 氨性溶液中，用 KCN 掩蔽 Cu^{2+}、Zn^{2+}，以铬黑T作指示剂，用 EDTA 测定 Pb^{2+} 后，在溶液中加入甲醛（也可用三氯乙醛）作解蔽剂，置换 $[Zn(CN)_4]^{2-}$ 中 Zn^{2+}，用 EDTA 继续滴定可测得 Zn^{2+}。$[Cu(CN)_4]^{2-}$ 较稳定，醛类解蔽较困难。甲醛用量不宜过多且要分次滴加，温度不能太高，以防 $[Cu(CN)_4]^{2-}$ 部分被解蔽，使 Zn^{2+} 结果偏高。

6.5.3 应用其他络合滴定剂

除 EDTA 外，可用其他氨羧络合滴定剂，以提高滴定的选择性。如：EGTA（乙二醇二乙醚二胺四乙酸）与 Ca^{2+}、Mg^{2+} 形成的络合物，其稳定性相差较大，如表 6.12 所示，故可用 EGTA 直接滴定 Ca^{2+} 而 Mg^{2+} 无干扰。

表 6.12 几种离子与 EGTA、EDTA 的络合物的 $\lg K_{稳}$

$\lg K_{稳}$ 金属离子	Mg^{2+}	Ca^{2+}	Sr^{2+}	Ba^{2+}
$\lg K_{M-EGTA}$	5.21	10.97	8.50	8.41
$\lg K_{M-EDTA}$	8.7	10.69	8.73	7.86

EDTP（乙二胺四丙酸）与金属离子形成的络合物，其稳定性较相应的 EDTA 络合物差，但 Cu-EDTP 络合物却很稳定，见表 6.13。所以可在 Zn^{2+}、Cd^{2+}、Mn^{2+}、Mg^{2+} 存在下，用 EDTP 直接滴定 Cu^{2+}。

表 6.13 几种离子与 EDTP、EDTA 的络合物的 $\lg K_{稳}$

$\lg K_{稳}$ 金属离子	Cu^{2+}	Zn^{2+}	Cd^{2+}	Mn^{2+}	Mg^{2+}
$\lg K_{M-EDTP}$	15.4	7.8	6.0	4.7	1.8
$\lg K_{M-EDTA}$	18.8	16.50	16.46	13.87	8.7

其他如三亚乙基四胺滴定 Ni^{2+} 或 Cu^{2+} 等也在逐渐应用。

DCTA（C_yDTA、CDTA）（环己烷二胺四乙酸）在室温下与 Al^{3+} 定量络合，准确度高，手续简便。

TTHA（三乙基四胺六乙酸）是六元酸，含有 4 个氨氮和六个羧氧，共有 10 个配位原子，可与较多金属离子形成 1∶1(MY) 或 2∶1(M_2Y) 的螯合物，稳定性好，尤其是与 Al^{3+} 形成的螯合物，如分析钢铁中的 Al^{3+}，在 Mn^{2+} 大量存在下可直接滴定 Al^{3+}，效果很好。

6.5.4 预先分离法

当不能用控制酸度进行分别滴定或不能掩蔽干扰离子时,则采用沉淀、萃取、离子交换等方法将被滴定金属离子或干扰离子分离出来再进行测定。例如,钢中镍的测定,在 NH_3-NH_4Cl 介质中沉淀分离 Fe^{3+},再测定镍。

在进行沉淀分离中应该注意,为了避免待测离子的损失,绝不允许先沉淀分离大量的干扰离子后,再测定少量离子。其次,还应尽可能选用能同时沉淀多种干扰离子的试剂来进行分离,以简化分离操作过程。

6.6 络合滴定的方式及应用

络合滴定方式包括直接滴定、返滴定、置换滴定和间接滴定四种。若滴定方式选择合适,可提高络合滴定的选择性并扩大应用范围。

6.6.1 直接滴定

将试液调节至需要的酸度,加入必要的其他试剂和指示剂,直接用 EDTA 滴定待测离子。直接滴定迅速方便,引入误差较少。采用直接滴定的条件如下:

① $\lg(c_M K'_{MY}) \geqslant 6$,当有共存离子存在进行分别滴定时,要满足 $\lg \dfrac{c_M K_{MY}}{c_N K_{NY}} \geqslant 5$;

② 络合反应速率快;

③ 被测离子不发生水解或沉淀反应;

④ 应有变色敏锐的指示剂,且无封闭现象。

6.6.2 返滴定

返滴定也称为剩余量滴定。在试液中先加入过量的 EDTA 标准溶液,使待测离子与其络合完全,再用另一种金属离子标准溶液滴定过量的 EDTA,根据两种标准溶液的浓度和用量,求得被测离子的浓度。返滴定适用于如下范围:

① 被测金属离子虽然能与 EDTA 络合,但无适当的指示剂,或被测金属离子对指示剂有封闭作用;

② 被测金属离子与 EDTA 络合反应缓慢;

③ 被测金属离子在滴定的 pH 值条件下发生水解等副反应。

络合滴定 Al^{3+} 是返滴定的典型例子。Al^{3+} 与 EDTA 的络合反应缓慢;Al^{3+} 对二甲酚橙指示剂有封闭作用;酸度不高时,Al^{3+} 发生水解生成一系列多核羟基络合物,故以直接滴定方式不能准确滴定 Al^{3+}。为此,先加入过量的 EDTA,于 pH3~3.5 时煮沸,虽然 K'_{AlY} 较小,但 EDTA 过量,使 Al^{3+} 与 EDTA 络合完全。然后将溶液酸度调至 pH5~6,以二甲酚橙为指示剂,用 Zn^{2+} 或 Pb^{2+} 标准溶液返滴定过量的 EDTA,也可在 pH5 时,以 PAN 为指示剂,用 Cu^{2+} 标准溶液返滴定。

6.6.3 置换滴定

基于置换反应置换出等物质的量的另一种金属离子或 EDTA,然后滴定,这种方式称为置换滴定。置换滴定方式对于提高滴定的选择性是有效的。

(1) 置换出金属离子 被测金属离子与EDTA反应不完全或其络合物不稳定，但它可置换出另一络合物中的金属离子，然后用EDTA滴定。如Ag^+与EDTA的络合物不稳定（$\lg K_{AgY}=7.8$），不能用EDTA直接滴定。在pH10的氨性溶液中加入过量的$Ni(CN)_4^{2-}$溶液时，发生如下置换反应：

$$2Ag^+ + Ni(CN)_4^{2-} \Longleftrightarrow 2Ag(CN)_2^- + Ni^{2+}$$

用EDTA滴定置换出来的Ni^{2+}，可求得Ag^+的量。

(2) 置换出EDTA 用EDTA将待测金属离子、干扰离子全部络合，然后用选择性高的络合剂将待测金属离子夺取出来，置换出来EDTA，再用其他金属离子标准溶液滴定置换出来的EDTA，可求得待测金属离子的浓度。如测定Cu^{2+}、Zn^{2+}等共存时的Al^{3+}。先加入过量的EDTA，加热，使Al^{3+}、Cu^{2+}、Zn^{2+}等全部与EDTA络合，在pH5~6时，以PAN为指示剂，用Cu^{2+}标准溶液返滴定过量的EDTA（也可以用二甲酚橙作指示剂，用Zn^{2+}标准溶液返滴定）。然后加入NH_4F，选择性地将AlY中的Al^{3+}夺取出来，生成更稳定的AlF_6^{3-}络合物，置换出的EDTA以PAN为指示剂，用Cu^{2+}标准溶液滴定，或以二甲酚橙为指示剂，用Zn^{2+}标准溶液滴定，即可求得Al^{3+}的量。

利用置换滴定原理，还可以改善指示剂指示滴定终点的敏锐性。如在pH10时，以铬黑T为指示剂，用EDTA滴定Ca^{2+}，但铬黑T与Ca^{2+}的显色敏锐性差，而与Mg^{2+}显色敏锐。为此，在溶液中先加入少量MgY，发生置换反应：

$$MgY^{2-} + Ca^{2+} \Longleftrightarrow CaY^{2-} + Mg^{2+}$$

置换出来的Mg^{2+}与铬黑T形成深红色络合物，当滴定至EDTA与Ca^{2+}络合完全到达滴定终点时，EDTA从Mg-EBT中夺取Mg^{2+}，生成MgY而置换出EBT显蓝色，指示滴定终点变色明显。其中滴定前加入的MgY和最后生成的MgY是等量的，不影响滴定结果。另外，用CuY-PAN作指示剂，也属于置换滴定。

6.6.4 间接滴定

某些酸根等非金属离子（如SO_4^{2-}、PO_4^{3-}等）及一价金属离子，如Na^+等，与EDTA不络合或其络合物不稳定，可用间接滴定方式滴定。

如将Na^+沉淀为乙酸铀酰锌钠$[NaAc \cdot Zn(Ac)_2 \cdot 3UO_2(Ac)_2 \cdot 9H_2O]$，将其分离、洗净、溶解后，用EDTA滴定$Zn^{2+}$可求得$Na^+$量。另如测定$PO_4^{3-}$时，可先加入过量的$Bi(NO_3)_3$生成$BiPO_4$沉淀，再用EDTA滴定过量的$Bi^{3+}$，求得$PO_4^{3-}$的量。

6.7 应用示例

6.7.1 铜铁试剂分离——EDTA容量法测定钛合金中铝含量

(1) 方法原理 试样用硫酸溶解，在硫酸介质中，以铜铁试剂和铜试剂沉淀钛、锡、铜、钒、铁和锆等元素，用三氯甲烷萃取分离。在pH值为5~6的弱酸介质中，加入过量的EDTA络合铝离子，以PAN为指示剂，用铜标准滴定溶液滴定过量的EDTA，加入氟化钠取代出与铝络合的EDTA，再用铜标准滴定溶液滴定。根据第二次滴定所消耗的体积，计算铝含量。

$$2Al + 6H^+ \rightleftharpoons 2Al^{3+} + 3H_2$$
$$Al^{3+} + H_2Y^{2-} \rightleftharpoons AlY^- + 2H^+$$
$$AlY^- + 6F^- + 2H^+ \rightleftharpoons AlF_6^{3-} + H_2Y^{2-}$$
$$H_2Y^{2-} + Cu^{2+} \rightleftharpoons CuY^{2-} + 2H^+$$

本方法的测定范围为：1.00%～7.00%。

(2) 分析条件与操作关键

① 试样称样量，根据试样中含铝量多少而定，一般控制在称取的试样量中含铝20～70mg为宜。

② 试样用1+1的H_2SO_4溶解，控制在10ml左右。

③ 试样溶解后，溶液会呈现紫色，这是Ti^{3+}的颜色，加入几滴浓HNO_3后，紫色消失。

$$2Ti + 6H^+ \rightleftharpoons 2Ti^{3+} + 3H_2$$
$$Ti^{3+} + 2H^+ + NO_3^- \rightleftharpoons Ti^{4+} + NO_2 + H_2O$$

④ 试样铬含量大于5%时，加入5ml高氯酸，加热溶液至呈红棕色，滴加盐酸至无黄烟冒出，加入少许氯化钠继续加热使铬挥发，除去铬。

⑤ 使用铜试剂溶液（200g/L）和铜铁试剂溶液（100g/L）都应新制并过滤后使用。分别加入20ml铜铁试剂和5ml铜试剂共同沉淀钛、锡、铜、钒、铁和锆等元素。

⑥ 使用三氯甲烷将钛、锡、铜、钒、铁和锆等元素的沉淀萃取至有机相，铝离子则在水相中，使铝离子与其他离子实现分离。至少使用三氯甲烷从水相萃取三次，以实现分离完全。

⑦ 滴定溶液的pH值应控制在5～6之间，用醋酸钠或六亚甲基四胺作为pH缓冲剂。

⑧ EDTA溶液的加入量一定要过量，否则，铝和EDTA反应不完全，试验无法进行。使用PAN作为指示剂，终点颜色为由黄绿色变为蓝紫色。

⑨ 使用氟化钠析出EDTA-Al中的EDTA时，溶液应煮沸1min以上，加速AlF_6^{3-}的形成，并使EDTA完全析出。

⑩ 用铜标准滴定溶液滴定溶液时，第一次滴定是溶液中过量的EDTA，终点读数不用记录。第二次滴定是与Al络合的EDTA，需要准确记录滴定溶液的消耗体积。两次终点的颜色应控制一致，减小滴定误差。

6.7.2 铝合金化铣槽液中铝含量的测定

铝合金化铣溶液是航空工业广泛使用的表面处理溶液，其主要成分为NaOH、Al^{3+}、三乙醇胺、Na_2S。对铝合金化铣溶液中Al^{3+}测定就是使用EDTA容量法进行测定的。

(1) 方法原理　取一定量的槽液用盐酸酸化，加热除去溶液中的S^{2-}。调节溶液酸度至pH5左右，加入六亚甲基四胺缓冲溶液，加入过量的EDTA与铝络合。以二甲酚橙为指示剂，用锌标准溶液滴定过量的EDTA后，加入氟化铵，使氟离子取代出与铝络合的EDTA，再用锌标准溶液滴定至紫红色即为终点。根据第二次滴定所用的锌标准溶液的物质的量浓度和消耗的体积及槽液取样量和铝的摩尔质量$M(Al)$可求得Al含量。

测定过程主要反应：

$$NaAlO_2 + 4H^+ \rightleftharpoons Na^+ + Al^{3+} + 2H_2O$$
$$Al^{3+} + H_2Y^{2-} \rightleftharpoons AlY^- + 2H^+$$

$$AlY^- + 6F^- + 2H^+ \rightleftharpoons AlF_6^{3-} + H_2Y^{2-}$$
$$H_2Y^{2-} + Zn^{2+} \rightleftharpoons ZnY^{2-} + 2H^+$$

(2) 分析条件与操作关键

① 化铣槽液一般较为黏稠，首先要进行稀释后再进行分析，槽液最终取样量应控制在 0.50~1.00ml 为宜。

② 溶液使用盐酸(1+1)进行酸化，并过量，加热除去溶液中的 S^{2-}：
$$S^{2-} + 2H^+ \rightleftharpoons H_2S\uparrow$$

③ 用氨水将溶液 pH 值调节至 5 左右后，加入六亚甲基四胺缓冲溶液作为缓冲剂。

④ EDTA 溶液的加入量一定要过量，否则，铝和 EDTA 反应不完全，试验无法进行。使用二甲酚橙作为指示剂，终点颜色由黄色变为紫红色。

⑤ 使用氟化钠析出 EDTA-Al 中 EDTA 时，溶液应煮沸 1min 以上，加速 AlF_6^{3-} 的形成，并使 EDTA 完全析出。

⑥ 用锌标准滴定溶液滴定溶液时，第一次滴定是溶液中过量的 EDTA，终点读数不用记录。第二次滴定是与 Al 络合得 EDTA，需要准确记录滴定溶液的消耗体积。两次终点的颜色应控制一致，减小滴定误差。

第 7 章 紫外-可见分光光度法

紫外-可见分光光度法又称紫外-可见吸收光谱分析法，是基于物质对不同波长的单色光的吸收程度不同而建立起来的分析方法。此法具有仪器普及、操作简便且灵敏度高等特点，被广泛用于无机和有机化合物的定量分析中，在整个化学分析方法中占有重要地位。

7.1 概述

7.1.1 物质对光的吸收作用

当某种物质受到光照射时，物质分子就会与光子发生碰撞，光子的能量传递到了分子上，使处于稳定状态的基态分子跃迁到不稳定的高能态，也就是激发态，这就是物质对光的吸收作用。不同的物质分子因其结构不同，因此对光的吸收也不同。

7.1.2 吸收光谱

吸收光谱也称吸收曲线，是以波长为横坐标，吸光度 A 或透光率 T 为纵坐标绘制的曲线，如图 7.1，吸收谷对应的波长为最小吸收波长，吸收峰对应的波长为最大吸收波长。

7.1.3 分光光度法的特点

分光光度法与重量分析、滴定分析等方法比较，主要具有如下特点。

① 高灵敏度。分光光度法测定溶液浓度的下限一般为 $10^{-5} \sim 10^{-6}$ mol/L，相当于质量分数为 $0.001\% \sim 0.0001\%$，个别元素的灵敏度还可以更高。

② 较高准确度。分光光度法的相对误差一般为 $2\% \sim 5\%$，对于常量组分的测定，其准确度虽比重量法和滴定法低，但对于微量组分的测定，已完全

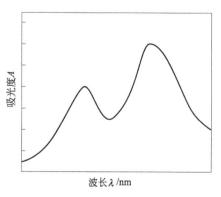

图 7.1 吸收光谱

能满足要求。如采用精密的分光光度计测量,相对误差可减少至1%~2%。

③ 应用范围广。由于有机显色剂的迅速发展,几乎元素周期表中所有元素都可直接或间接地用分光光度法测定。

④ 操作简便快速。随着许多新的高灵敏度、选择性好的显色剂和掩蔽剂的不断出现,样品可不需分离,直接被处理成溶液,经显色和测量后得到分析结果。

⑤ 仪器设备构造简单、价格便宜、使用方便、应用普遍。

尽管分光光度法有许多优点,但也有一定的局限性。如对于超纯物质的分析,分光光度法还存在灵敏度达不到的问题。某些元素(如碱金属)尚无合适的显色剂,有些显色反应的选择性还比较差等,这些问题都有待于进一步的研究。

7.2 紫外-可见分光光度法的基本原理

紫外-可见分光光度法的依据是朗伯-比耳定律(Lambert-Beer Law),朗伯-比耳定律是光吸收的基本定律。

7.2.1 透射比(透光度)和吸光度

(1) 透射比(透光度) 当一束平行的单色光通过含有吸光物质的溶液时,由于溶质吸收光能,透过溶液后入射光线的强度要减弱,透过光强度 I 与入射光强度 I_0 之比称为透射比或透光度,又称透光率,用 T 表示,即

$$T = \frac{I}{I_0} \tag{7.1}$$

式中,T 越大,表示溶液对光的吸收越小;反之,T 越小,表示溶液对光的吸收越大。

(2) 吸光度 透光率倒数的对数称为吸光度,用 A 表示,即:

$$A = \lg\frac{I_0}{I} = \lg\frac{1}{T} \tag{7.2}$$

A 代表了溶液对光的吸收程度,是量纲为1的量;A 越大,则溶液对光的吸收越大,反之亦然。

7.2.2 朗伯-比耳定律

朗伯-比耳定律指出,当一束平行的单色光通过均匀的含有吸光物质的溶液时,溶液的吸光度与溶液的浓度和液层厚度的乘积成正比。数学表达式为:

$$A = abc \tag{7.3}$$

式中,A 为吸光度;a 为比例常数,称为吸收系数(亦称吸光系数);b 为液层厚度;c 为溶液浓度。

当溶液浓度以 mol/L 表示,则此时的吸收系数称为摩尔吸收系数(亦称摩尔吸光系数),通常用 ε 表示,则

$$A = \varepsilon bc \tag{7.4}$$

7.2.3 摩尔吸收系数(ε)

摩尔吸收系数 ε 表示溶液浓度为 1mol/L,液层厚度为 1cm 时溶液的吸光度,单位为 L/

(mol·cm)。它是各种吸光物质对一定波长单色光吸收的特征常数,是物质吸光能力的量度,可作为定性分析的参考和估量定量分析方法的灵敏度。ε越大,方法的灵敏度越高。一般认为:$ε<2.0×10^4$ 为方法不够灵敏,当ε达 $2.0×10^4 \sim 6.0×10^4$ 为中等灵敏,$ε>6.0×10^4$ 则为高灵敏。如ε为 10^4 数量级时,测定该物质的尝试范围可以达到 $10^{-6} \sim 10^{-5}$ mol/L,当 $ε<10^3$,其测定范围为 $10^{-4} \sim 10^{-3}$ mol/L。

由于不能直接测量1mol/L高浓度吸光物质的吸光度,ε一般采用较稀浓度溶液的吸光度计算求得,数学表达式为:

$$\varepsilon = \frac{A}{bc} \tag{7.5}$$

式中 A——吸光度值;

b——液层(比色皿)的厚度,cm;

c——溶液的浓度,mol/L。

(1) 摩尔吸收系数(ε)的测定 将测得的 A 值,已知的 b 和 c 值代入 $A = \varepsilon bc$ 即得ε值。从理论上讲,测定一个吸收体系的ε值,只要在给定波长处测定一次已知浓度溶液的吸光度即可。实际上通常取三个或三个以上不同浓度(所取溶液的浓度范围应包括待测溶液的浓度),并且对每个浓度都取几个读数,取平均值后求ε值,再求各种浓度的ε的平均值。对于一具体体系,当改变 b 和 c 时,若ε保持一致,则该体系遵守朗伯-比耳定律。

(2) 摩尔吸收系数(ε)的计算 溶液中有色物质的浓度常因离解等化学反应而改变,故计算ε值时,必须知道吸光物质的平衡浓度。但在实际测试中,往往以被测物质的总浓度计算。在计算ε值时,必须将浓度单位换算为mol/L才能代入公式计算。

【例 7.1】 用偶氮胂Ⅲ测定La,La的浓度为30μg/25ml的溶液,在pH=3,加入过量的偶氮胂Ⅲ显色后,以2cm比色皿,在655nm波长处,测得吸光度 $A=0.87$,求 $\varepsilon=$?

解:已知La的相对原子质量为138.90,则 $M(La)=138.90$ g/mol

$$c(La) = \frac{30 \times 10^{-6}}{138.90} \times \frac{1000}{25} \text{mol/L} = 8.6 \times 10^{-6} \text{mol/L}$$

根据朗伯-比耳定律得:

$$\varepsilon = \frac{0.87}{8.6 \times 10^{-6} \times 2} \text{L/(mol·cm)} = 5.06 \times 10^4 \text{L/(mol·cm)}$$

7.2.4 朗伯-比耳定律的适用范围

朗伯-比耳定律成立必须满足以下前提:①入射光是单色光;②吸收发生在均匀介质中;③在吸收过程中,吸收物质不发生相互作用。根据朗伯-比耳定律,当溶液层厚度固定时,吸光度 A 与溶液浓度 c 应是通过原点的线性关系,但实际测量中常偏离线性关系,如图 7.2 所示,许多因素影响到朗伯-比耳定律的使用。

使用朗伯-比耳定律时应注意以下问题。

(1) 适宜的浓度范围 朗伯-比耳定律只有在吸光粒子是独立的、彼此之间无相互作用的均匀体系的稀溶液的情况下才适用。在高浓度时(通常 $c>0.01$ mol/L),吸光物质的分子或离子间的平均距离缩小,使相邻吸光微粒(分子或离子)

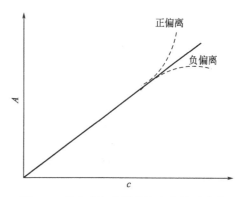

图 7.2 吸光度与待测物浓度的关系曲线

的电荷分布互相影响，从而改变了它们对特定波长光的吸收能力，由于这种互相影响的程度与浓度有关，因此使吸光度与浓度之间的线性关系发生偏离。当 $c \leqslant 0.01 \text{mol/L}$ 时，分子间的相互作用便可忽略不计（但对某些大的有机离子或分子也有例外），所以一般认为朗伯-比耳定律仅适用于稀溶液。

(2) 朗伯-比耳定律只适用于入射光是单色光的情况。但是，绝对纯粹的单色光是很难得到的，通过分光光度计的单色器所获得的光束并不是纯粹的单色光，而是具有一定波长范围的光带，这就有可能造成对朗伯-比耳定律的偏离。

(3) 杂散光的影响 杂散光通常是指仪器内部不通过试样，而到达检测器及单色器范围以外不被试样吸收的额外的光辐射。它主要由灰尘、反射以及光学系统的缺陷所引起的。目前市售的质量较好的紫外-可见分光光度计，在工作波长范围内杂散光的量通常小于1%。因此，杂散光的影响在大部分情况下是可以忽略不计的。但当波长小于200nm时，光源强度和检测器的灵敏度均减弱，杂散光就可能变成入射光的一个比较大的组成部分而干扰测定。

(4) 化学变化的影响 在进行显色反应时，有时因吸光物质发生缔合、离解等现象引起有色物质浓度发生变化，导致偏离朗伯-比耳定律。因此，必须根据吸光物质的性质及溶液化学平衡知识，对偏离朗伯-比耳定律的因素加以预防，同时也必须严格控制显色反应的条件，以得到较好的测定结果。

例如，用分光光度法测定合金钢中的铬时，将其氧化成 $Cr_2O_7^{2-}$ 进行吸光度测定。但该离子在水溶液中存在如下平衡：

$$Cr_2O_7^{2-} + H_2O \rightleftharpoons 2H^+ + 2CrO_4^{2-} \tag{7.6}$$
（橙色）　　　　　　　　　　（黄色）

可以看出，由 1mol $Cr_2O_7^{2-}$ 对应生成 2mol CrO_4^{2-}，在可见光范围内吸光度并不等值。为取得稳定的测定条件，避免偏离，可加入适量的硫酸使平衡向左移动，以保证 $Cr_2O_7^{2-}$ 稳定测定的化学条件。

实践中为抑制络合物的离解，常加入过量的络合剂，以保证金属离子络合物吸光度测定的稳定条件。

(5) 散射的影响 朗伯-比耳定律仅适用于均匀体系，如介质为胶体溶液或悬浮溶液时，由于介质颗粒对光的散射，将带来测量误差。

(6) 温度和时间的影响 在分光光度法测量中，由于介质对温度的敏感和对时间的不稳定性，也会引入误差，特别是有些显色反应，温度变化导致颜色的不同或随着时间的变化，颜色发生改变等，这些都必须引起注意。

7.3 显色反应和显色条件

7.3.1 对显色反应的要求

所谓显色反应，一般是指被测物质在某一种试剂的作用下，生成有色化合物（或络合物）或该试剂的颜色发生了变化的反应，这种试剂就叫做显色剂。通常按反应的类型划分，显色反应主要有氧化还原反应和络合反应两大类，其中络合反应是主要的。

对于显色反应，一般应满足下列要求。

(1) 显色反应的灵敏度要高 分光光度法通常用于测定试样中的微量组分，因此选择与欲测组分生成有色化合物的 ε 值高的显色反应，作为选择显色剂的主要依据之一。一般而言，ε 值为 $10^4 \sim 10^5$，可认为显色反应的灵敏度较高。但还应当指出，灵敏度高的显色反应，稳定性和选择性不一定好，选择时应全面考虑，如对高含量组分的测定，就不一定要选择灵敏度高的显色反应。

(2) 选择性好 选择性好是指显色剂仅与一个组分或少数几个组分发生显色反应。仅与某一种离子发生反应的称为特效的（或专属的）显色剂。这种显色剂实际上是不存在的，但干扰少或干扰容易消除的显色剂是可以找到的。

(3) 生成的有色化合物的组成要恒定，化学性质要稳定 这就要求有色化合物不容易受外界环境条件的影响，如日光照射、与空气中的氧和二氧化碳等的作用，同时也不受溶液中其他化学因素的影响。保证至少在测定过程中吸光度保持稳定，否则将影响分析结果的准确度和重现性。

(4) 化合物（MR）与显色剂（R）之间的颜色差别要大 即对比度（Δλ）应在 60nm 以上。Δλ 是 MR 和 R 的最大吸收波长之差：

$$\Delta\lambda = |\lambda_{max}^{MR} - \lambda_{max}^{R}| \tag{7.7}$$

这样，显色时颜色变化鲜明，而且在此情况下试剂空白一般较小，可以提高测定的准确度。一般认为，当 Δλ<40nm 时，对比度不够理想；Δλ 在于 40～80nm 为中等对比度；Δλ>80nm 时为高对比度。

7.3.2 显色条件的选择

(1) 显色剂用量 分光光度分析中，为使显色反应尽可能性地进行完全，常需要加入过量的显色剂，但又不能过量太多，否则将引起副反应，对测定反而不利。同时，不少显色剂是有色的，过量太多将导致空白增高。

显色剂的适宜用量，需要通过实验来确定，其方法是将欲测组分的浓度及其他条件固定，然后加入不同量的显色剂，测定吸光度，绘制吸光度（A）与显色剂用量（V）的关系曲线。一般可能出现三种情况，如图 7.3 所示。

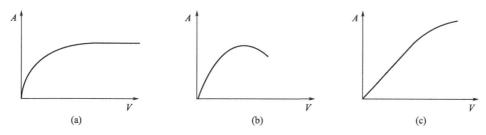

图 7.3 吸光度 A 与显色剂用量 V 的关系曲线

如果是图 7.3(a) 形状曲线，出现平坦部分，可以在平坦部分选择合适体积；如果是图 7.3(b) 形状曲线，曲线的平坦区域较窄或呈峰状，应严格控制，否则得不到正确的结果，一般是选用最高点；如是图 7.3(c) 形状曲线，吸光度随着显色剂用量增加而增加，例如 SCN^- 测定 Fe^{3+}，随着 SCN^- 用量的增加，生成颜色愈来愈深的高配位数络合物 $Fe(SCN)_3$、$Fe(SCN)_4^-$、$Fe(SCN)_5^{2-}$ 和 $Fe(SCN)_6^{3-}$，溶液颜色由橙黄变至血红色，遇到这种情况，必须十分严格控制显色剂的用量。

(2) 溶液的酸度

① 酸度对显色剂本身颜色的影响。不少有机显色剂具有酸碱指示剂的性质，在不同酸

度下,显色剂本身的颜色也不同,有的颜色可能干扰有色络合物的颜色。例如,1-(2-吡啶偶氮)间苯二酚(PAR),当溶液的pH<6时,它主要以黄色的H_2R形式存在;pH=7~12时,主要以橙色的HR^-形式存在;pH>13时,主要以红色R^{2-}的形式存在。如下式

$$H_2R \underset{6.9}{\overset{pK_{a_1}}{\rightleftharpoons}} H^+ + HR^- \underset{12.4}{\overset{pK_{a_2}}{\rightleftharpoons}} H^+ + R^{2-}$$
$$\text{黄色} \qquad\qquad \text{橙色} \qquad\qquad \text{红色}$$

又如偶氮胂Ⅲ,在pH≤3时,呈玫瑰红色;pH≥4时,呈紫色;碱性溶液中呈蓝色。

② 酸度对显色剂离解度的影响。由于不少有机显色剂是弱酸,因而溶液的酸度影响其离解度,即显色剂浓度,并影响显色反应的完全程度。

③ 酸度对溶液中金属离子价态的影响。某些高价金属离子,如Fe^{3+}、Al^{3+}、TiO^{2+}、ZrO^{2+}、Nb(Ⅴ)、Ta(Ⅴ)等易水解,在酸度较小的情况下,能生成碱式盐或氢氧化物沉淀,影响欲测离子的测定。

④ 对络合物组成的影响。对于某些生成逐级络合物的显色反应,酸度不同,络合物的络合比不同,其颜色也不同。如磺基水杨酸与Fe^{3+}的显色反应,在不同酸度的条件下,可能生成1∶1、1∶2和1∶3三种颜色不同的络合物,故测定时应控制溶液的酸度。选择显色反应的适宜酸度范围,可通过绘制酸度-吸光度曲线来确定,其方法是:固定待测组分及显色剂浓度,改变溶液的pH值,绘制吸光度与pH值的关系曲线,选择曲线平坦部分对应的pH值作为最佳酸度范围。

(3) 显色温度 显色反应一般在室温下进行,有的反应则需要加热至一定温度才能完成,而有的有色物质当温度较高时又容易分解。为此,对不同的反应应通过实验找出各自适宜的温度范围。例如,磺基水杨酸法测铁,可在室温下进行;硅钼蓝法测硅,形成硅钼黄的反应在室温下需要10min以上才能完成,而在沸水浴中只需30s。

(4) 显色时间 大多数显色反应需经一定的时间才能完成,时间的长短又与温度的高低有关。

① 加入显色剂后,有色络合物立即生成,且达到最大吸光度,生成的络合物又很稳定,测定时间比较宽松。

② 有色络合物瞬间生成,但放置一段时间后,就增色或褪色,显色后应在较短时间内测定完毕。

③ 有色络合物的生成需要一段时间,但生成的络合物很稳定。在此情况下,显色后应放置一段时间再进行测定。

为研究时间的影响,可配制一份显色溶液,从加入显色剂操作开始计时,测定显色后吸光度的变化,作出一定温度下(一般指室温)的吸光度与时间的关系曲线,求出适宜的显色时间。

(5) 溶剂的影响 有机溶剂能降低有色络合物的离解度,从而提高了显色反应的灵敏度。同时,有机溶剂还能提高显色反应的速率,以及影响有色络合物的溶解度和组成。如用偶氮氯膦Ⅲ测定Ca^{2+},加入乙醇后吸光度显著增加。又如用氯代磺酚S测定Nb,在水溶液中显色需几小时,加入丙酮后只需30min。

(6) 溶液中共存离子的影响 共存离子的干扰,有下述几种情况。

① 本身有色,妨碍测定。例如,用过氧化氢为显色剂测定Ti(Ⅳ)时,当有Fe^{3+}存在时,Fe^{3+}的黄色干扰钛的测定。

② 与显色剂生成有色络合物,使测定结果偏高,产生正误差。如用过氧化氢测定Ti(Ⅳ)时,Mo(Ⅵ)、V(Ⅴ)、Ce(Ⅳ)与过氧化氢同样也能生成黄色络合物而干扰

测定。

③ 与显色剂或欲测离子生成无色络合物，而使其浓度降低，有色络合物无法生成或生成不完全。如磺基水杨酸法测 Fe^{3+}，F^-、PO_4^{3-} 与 Fe^{3+} 形成无色络合物，产生负误差；Al^{3+} 与磺基水杨酸形成无色络合物，既消耗了显色剂，也干扰了 Fe^{3+} 的测定。

④ 强氧化剂或还原剂存在时，显色剂易被破坏。如 Mn(Ⅶ)、Cr(Ⅵ)、V(Ⅴ) 存在时，能破坏偶氮胂Ⅲ影响显色。

7.4 分光光度法分析消除干扰的方法

(1) 控制溶液的酸度，使干扰离子不显色 控制溶液的酸度可以提高显色反应的选择性。如用杂多酸法测硅、磷时，消除它们相互干扰的办法是控制溶液的酸度。测磷时，可将溶液的酸度控制在 $c(1/2H_2SO_4)=0.8mol/L$ 以上，此时磷和钼酸铵可以生成磷钼杂多酸，而硅钼杂多酸则不能生成，消除了硅的干扰。反之，测硅时，先将溶液酸度控制在pH=1左右，加入钼酸铵使硅、磷都生成杂多酸，然后将酸度增至 $c(1/2H_2C_2O_4)=2.5mol/L$ 以上，此时磷钼杂多酸全部分解，而硅钼杂多酸却分解得很慢，再立即加入还原剂，将硅钼黄还原成硅钼杂多蓝，磷不干扰测定。

(2) 改变干扰离子的价态 有些显色剂对变价元素的不同价态的离子具有不同的显色能力，如硫氰酸盐法测定钼时 Fe^{3+} 有干扰，当加入氯化亚锡或抗坏血酸时，Fe^{3+} 还原为 Fe^{2+} 就不与 SCN^- 显色了，从而消除了 Fe^{3+} 的干扰。

(3) 加入掩蔽剂 加入掩蔽剂，使它与干扰元素的离子形成很稳定的络合物，而与被测元素的离子不形成或只形成极不稳定的络合物，消除了干扰元素的影响。如 BCO 法测定铜可用柠檬酸掩蔽 Fe^{3+}；乙酸丁酯萃取法测定磷时，钛、铌、钽有干扰，加入少量氢氟酸即可消除。

(4) 利用校正系数 在分光光度法中能定量共存元素带来的干扰，可用校正系数法来消除。例如用硫氰酸盐法测定钢中 W 时，V(Ⅳ) 与 CNS^- 生成蓝色的 $(NH_4)_2[V(SCN)_4]$ 络合物而干扰测定，可在同样条件下，绘制吸光度与钒量的显色曲线。这样，试样中钒量事先测得后，就可以从钨的测定结果中扣除钒的影响，可利用校正系数进行校正，从而求得钨的含量。

(5) 选择适当的测定波长使干扰最小 用氯代磺酚 S 法测定铌时，Nb(Ⅴ) 与氯代磺酚 S 的络合物的 λ_{max} 在 620nm 处，但此处试剂的吸收也较大，因此选用对试剂吸收较小的 650nm 作为测定波长。

(6) 利用参比液 某些有色干扰离子与被测离子共存时，可利用参比液抵消。如用铬天青 S 测定铝时，共存的 Ni^{2+}、Cr^{3+} 干扰测定。为此，可将显色液倒入比色皿后，于剩下的部分溶液中加入少量氟化铵溶液与 Al^{3+} 生成 AlF_6^{3-}，以此作参比溶液，从而消除了 Ni^{2+}、Cr^{3+} 等有色离子的干扰。

(7) 分离干扰元素 在没有合适的方法掩蔽干扰元素的情况下，可采用沉淀、离子交换或溶剂萃取等分离方法除去干扰离子。例如，萃取分离-偶氮胂Ⅲ光度法测定钢中稀土总量，在 $c(HCl)=7.5mol/L$ 的酸度下，分别用甲基异丁基酮和钽试剂-磷酸三丁酯-四氯化碳混合溶剂萃取分离铁、钛、锆、钒、铬等干扰元素。

7.5 常用显色剂

由于分光光度分析法应用广泛,已成为目前常用的测试手段之一,所以显色剂也就显得尤为重要。显色剂中有一些是无机化合物,如硫氰酸盐、过氧化氢、钼酸铵等。无机显色剂的灵敏度一般比较低,有时选择性不够理想,并且数目也有限。随着有机试剂合成的发展,有机试剂的应用日益增多,曾有过一段发展比较迅速的时期。分光光度分析中常用的有机显色剂有以下几类。

7.5.1 偶氮类显色剂

偶氮类显色剂是指分子中含有偶氮基(—N═N—)的一类有机化合物,它们具有很高的灵敏度和良好的对比度。例如:偶氮胂Ⅲ、偶氮氯膦Ⅲ、PAN 及 DBC-偶氮胂。

(1) 偶氮胂Ⅲ 同锆、铀、钍、镎等元素的显色反应,属最灵敏反应,摩尔吸收系数可达 10^5。

(2) 偶氮氯膦Ⅲ 在不同酸度下,试剂的离解度不同,因而颜色各异。在浓盐酸或浓硫酸中呈亮绿色,在强碱性溶液中呈蓝色,pH=1.5~7 时紫色,pH>7 时呈蓝色。此试剂宜测定铀和碱土金属。

(3) PAN PAN 溶液在 pH<1.8 时呈黄绿色,在弱酸性时为黄色;pH>12 呈淡红色;PAN 与金属离子形成的络合物呈紫红色,而 PAN 本身在 pH<2.9 及 pH>11.5 亦呈紫红色,故用 PAN 测定金属离子的 pH 值宜在 2.9~11.5 之间。PAN 与金属离子一般生成 1:1 或 1:2 的紫红色络合物。

(4) DBC-偶氮胂 DBC-偶氮胂可在盐酸、硝酸、磷酸等多种介质中与稀土显色,在 $c(HCl)=1.7mol/L$ 介质中,它与铈组稀土生成 3:1 的蓝紫色络合物,试剂的最大吸收峰为 530nm,络合物的最大吸收峰在 630nm 处。该试剂与稀土的显色反应灵敏度极高,ε 均在 10^5 以上,对铈的摩尔吸收系数 $\varepsilon_{630}=1.3×10^5$,线性范围为 0~20μg/25ml,可准确分析 $0.x\%$~$0.00x\%$ 的铈。

该试剂对合金元素 Ni、Cr、Mn 等的允许量超过其他同类试剂,因而是测定高温合金、有色合金和钢铁中稀土较理想的显色剂,可不经任何分离就能直接进行测定,方法简便、快速、准确,大大缩短了分析周期,减轻了劳动强度。

7.5.2 三苯甲烷类显色剂

根据显色剂的结构特点和所含的基团,可分为碱性显色剂和酸性显色剂两大类。碱性显色剂包括碱性三苯甲烷类和罗丹明类两种,酸性显色剂包括铬天青 S、二甲酚橙、茜素紫等。

(1) 铬天青 S(缩写名为 CAS) 暗红色粉末,易溶于水,水溶液在 pH1~4 时,呈橙红色,接近中性呈黄色,碱性时为蓝色。在醇中溶解度比水中小,呈红色。由于铬天青 S 能与一系列金属离子反应,可用于测定铍(Ⅱ)、铝(Ⅲ)、钇(Ⅲ)、钛(Ⅳ)、锆(Ⅳ)、钍(Ⅳ)、铁(Ⅲ)、铜(Ⅱ)、镓(Ⅲ)等。

(2) 二甲酚橙(缩写名为 XO) 黄色固体,易溶于乙醇。常用的二甲酚橙为钠盐,是紫红色粉末,潮解性强,极易溶于水,但不溶于乙醇。遇过氧化氢、浓硫酸、Ce^{4+}、

MnO_4^- 及 PbO_2 等氧化剂,即分解为甲酚红。XO 常被用作络合滴定指示剂,也广泛用于分光光度法中,具有较高的灵敏度和选择性,它是高价离子如锆(Ⅳ)、铪(Ⅳ)、铌(Ⅴ)等的较好的显色剂之一。

7.5.3 邻菲啰啉类显色剂

(1) **邻菲啰啉**(缩写名为 phen),也叫邻二氮杂菲 该试剂为白色结晶(或粉末),熔点 93~94℃(无水物为 117~119℃),沸点 300℃,水中的溶解度为 0.3%,易溶于苯、乙醇、丙酮及酸性溶液,不溶于乙醚。邻菲啰啉为铁(Ⅱ)的优良显色剂,它与铁(Ⅱ)在 pH2~9 的溶液中生成水溶性的红橙色络合物,此络合物非常稳定,吸光度几天保持不变,并且在相当广泛的浓度范围内(0.01~0.6mg/100mL)符合朗伯-比耳定律。

(2) **新亚铜灵**(即新铜试剂Ⅱ) 该试剂为白色结晶物质,易溶于乙醇、甲醇和丙酮,也溶于乙醚、苯、热水及无机酸中,微溶于水,常配制 0.1% 的乙醇溶液。新亚铜灵是目前认为最有选择性的试剂之一,可在大量铁存在下测定痕量铜。在测定条件下,于 20mg 试样中,小于 9mg 的铬、锰,小于 3mg 的钛,小于 2mg 的钴、钼、铝、钨、钒,大量的阴离子 F^-、$C_2O_4^{2-}$、PO_4^{3-}、柠檬酸根和酒石酸根均不干扰铜的测定。

7.5.4 安替比林类显色剂

典型和常用的是二安替比林甲烷(缩写名为 DAM),该试剂为白色结晶,微溶于水,易溶于稀酸及氯仿、乙醇等有机溶剂中。二安替比林甲烷在稀酸溶液中,溶液逐渐变黄,但速度较慢;在浓酸溶液中,溶液很快变黄,故不能使用;溶液如直接在阳光照射下,会加快变质速度。因此二安替比林甲烷的稀酸溶液需配制在棕色瓶中。常用二安替比林甲烷测定钛,其特点是酸度范围较宽,$c(HCl)=0.1~6mol/L$,易于掌握,选择性比较理想。生成的黄色可溶性络合物,最大吸收位于 390nm,$\varepsilon_{390}=1.5\times10^4 L/(mol\cdot cm)$,在 0~0.1mg/100mg 范围内符合朗伯-比耳定律。

7.5.5 含肟基和亚硝基显色剂

(1) **丁二酮肟即丁二肟或镍试剂** 该试剂为白色结晶粉末,熔点 237~240℃,微溶于水,易溶于乙醇、乙醚和丙酮,常用 1% 的乙醇溶液。对于镍的测定,在氧化剂存在下,丁二酮肟与镍(Ⅱ)生成灵敏度较高的水溶性红色络合物,络合物的组成比目前尚有不同的看法,一般认为在 pH12 左右的碱性介质中,其络合比为 1:4,最大吸收在 470~480nm 处,而在 pH9~10 的氨性介质中,其络合比为 1:2,最大吸收在 440nm 和 530nm 处。无论其络合比为 1:2 或 1:4,对镍的测定均无影响。在氨性介质中显色速度快,但灵敏度和稳定性均不太理想,在碱性介质中显色速度虽慢,但灵敏度比氨性介质高,稳定性也好,在 24h 内吸光度基本不变。

(2) **亚硝基 R 盐即亚硝基红盐** 该试剂为金黄色结晶,易溶于水呈黄色(溶液在空气中很快被氧化),在乙醇和甲醇中溶解度很小。亚硝基 R 盐在微酸性、碱性介质中能与钴(Ⅲ)生成可溶性的 1:3 的红色络合物,最大吸收位于 420nm 处,$\varepsilon_{420}=2.3\times10^4$,生成络合物的适宜 pH 值为 5~6,可用乙酸或柠檬酸-磷酸-硼酸的混合溶液调节,若 pH>2.5 则不形成络合物。由于试剂在 420nm 处也有较大吸收,常用选择波长的方法来消除过量试剂的影响,通常选在 525nm 处测定。此处灵敏度虽较 420nm 处有所降低,但亚硝基 R 盐试剂吸光度甚小,试剂颜色的干扰大大减少。

7.6 工作曲线的制作及测量误差

7.6.1 工作曲线的制作

工作曲线在有些情况下可用标准曲线代替。根据不同情况，常用的配制方法有下列三种。

(1) 用标准溶液配制 如含 Cu^{2+} $2\mu g/mL$ 的标准溶液分别加入 0ml、1.00ml、2.00ml、3.00ml、4.00ml、5.00ml、……，然后与试样同步显色，以吸光度对含量绘制成标准曲线，以加入标准溶液的体积为零的溶液作为参比液。但在测定试样溶液时，还要根据实际情况选择适当的参比液，这种标准曲线，当试样中的干扰元素没有消除或消除不完全时，查得的结果是不可靠的。

(2) 用标准溶液加试样基体配制 当试样基体有色或试样基体对显色反应有某种影响时，可采用这种方法。例如，测定钢中的稀土元素时，可称取若干份不含稀土的类似钢样，分别加入不同量的稀土标准溶液，显色后绘制成工作曲线，用加入标准溶液的体积为零的溶液作为参比溶液。

(3) 用标准试样配制 取一系列被测物质含量不同而其他成分与被测试样相近的标准试样，制备标准系列，用被测物质含量为零而其他成分相近的试样或标准制备参比溶液。这种用标准试样配制标准系列的方法是一种简单、快速方法，能抵消共存元素的干扰，然而标准物质配制曲线有一定局限性，条件允许时，最好采用基准物质配制标准系列，并在试样溶液中妥善地分离和掩蔽干扰物质。不管是工作曲线或标准曲线，制作时都应遵循朗伯-比耳定律。

7.6.2 测量条件的选择

(1) 入射光波长的选择 入射光波长应根据吸收光谱曲线，以选择溶液具有最大吸收时的波长为宜，如遇在此波长处干扰物质也有强烈吸收时，则可选择非最大吸收处的波长，即以"吸收最大，干扰最小"为原则。

(2) 吸光度范围的控制 吸光度测量的误差通常随吸光度增大而增大，因此定量分析时，若要获得较小的相对测量误差，测量获得的吸光度不宜太大，吸光度太大或太小都会影响测定的准确度，故标准溶液和试样溶液的吸光度，宜控制在 0.2~0.7 范围内。控制方法可以采用如下措施：

① 调节溶液的浓度，如被测组分含量较高时，可少取样或稀释试液；含量低时，应多取样或预先用适当的方法富集。

② 选择适当厚度的比色皿，如溶液已显色，常用变更比色皿厚度的方法，使吸光度控制在适宜的范围内。

③ 选择适当的参比溶液。

(3) 参比溶液的选择原则

参比液又叫空白溶液，常用来调节仪器的吸光度零点，以消除显色液中其他有色物质的干扰，抵消比色皿以及溶剂、试剂等对吸光度的影响，这样才能保证入射光强度的减弱仅与溶液中待测物质的浓度有关。因此，分光光度分析中参比液的作用是很重要的，故必须选择适宜才能保证光度测量的准确度。

① 溶剂空白。如试验溶液、显色剂均为无色，可用溶剂作空白溶液。例如，用过硫酸铵将 Mn^{2+} 氧化为 MnO_4^-，测定金属铝中微量锰时，由于过硫酸铵、试样溶液均无色，故可用水作空白溶液。又如，用硫氰酸作显色剂，以乙酸乙酯萃取光度法测定钼时，可用乙酸乙酯作空白溶液。

② 试剂空白。如显色剂有色，试样溶液在测定条件下吸收又很小时，可按操作步骤，只是不加试样溶液，同样加入各种试剂和溶剂作为空白溶液，叫做试剂空白。

③ 试样空白。试样基体溶液有色，显色剂无色，也不与试样基体显色，应按操作步骤，取同样量的试样溶液，不加显色剂作为空白溶液。例如用铜试剂光度法测定钢中铜时，可用试样空白。

④ 褪色空白。如试样基体溶液和显色剂均有色时，可将显色液倒入比色皿后，于剩余的显色液中，加入褪色剂（络合剂、氧化剂或还原剂），选择性地把被测离子络合或改变价态，使显色产物褪色后用作空白溶液，称为褪色空白。如铬天青 S 光度法测定钢中铝时，可取试样溶液两份，其中一份加少量氟化铵溶液，摇匀，其他按显色液操作，以此作为参比液。氟化铵即是褪色剂，与 Al^{3+} 形成了 AlF_6^{3-}。

⑤ 不显色空白。在某些显色反应中，如改变试剂加入顺序或改变某一操作（如将加热改为不加热），使显色反应不能发生，这样制得的空白溶液，其中含有试样基体和试样的颜色，但欲测离子不显色，称为不显色空白。例如，用草酸-硫酸亚铁铵硅钼蓝法测定钢中硅时，取试液两份，分别作为显色液和参比液。显色液，试液+钼酸铵+草酸+硫酸亚铁；参比液，试液+草酸+钼酸铵+硫酸亚铁，硅不显色。

⑥ 平行操作空白。测定钢中的低含量硅时，可用含硅小于 0.002% 的纯铁作空白试样，与试样平行操作，测得的结果称为空白值，从试样分析结果中减去。

7.6.3 测量误差

分光光度分析中，除了各种化学条件所引起的误差之外，仪器测量不准也是误差的主要来源。

(1) 仪器误差　任何分光光度计都有一定的测量误差，主要来源于下列几种情况。

① 光源性能是否稳定对仪器的正常工作有很大的影响，因此，要求电源无漂移，无抖动现象。

② 光电池或光电倍增管疲劳，会引起光电效应不呈线性关系，造成测量误差，如出现此现象，应使其恢复正常后再使用。

③ 波长不正确，引起测量误差。

④ 比色皿厚度不完全相同，给测定结果引入误差，为此，在 JIG 375—81《单光束紫外-可见分光光度计》中对比色皿的成套性有一定的指标要求，规定其成套皿间在一定的条件下（440nm，30μg/ml 的重铬酸钾标准溶液），透射比（透光度）的偏差不能超过 0.5% 时才可配成一套。

⑤ 仪器透光度标尺"0"和"100"调节要正确。测量吸光度时，如果 $T=0$ 事先没调准或后又有变动，将会引起较大的误差。

(2) 读数误差　根据相对误差和透光率的关系曲线可知，当 $T=36.8\%$（$A=0.434$）时光度测量的相对误差最小，约为 2.73%；而当 $A=0.2\sim0.7$ 时，相当于透光率为 20%～65%，相对误差最大约为 3.5%；当透光率小 20% 或大于 65% 时，由于读数误差而导致测定的相对误差急剧增加。

7.7 提高紫外-可见分光光度法灵敏度的方法

7.7.1 三元及多元络合物的应用

(1) 三元络合物 所谓三元络合物是指由三种不同的组分所组成的络合物，在三种不同的组分中至少有一种组分是金属离子，另外两种是配位体，或者至少有一种是配位体，另外两种是不同的金属离子，前者称单核三元络合物，后者叫做双核三元络合物。

(2) 多元络合物 一般是指多于三种组成的络合物，如四、五元络合物等。所以三元络合物也不必叫多元络合物，而是指多于三元的则统称为多元络合物。目前，应用较多的是由一种金属离子与两种配位体所组成的三元络合物。

(3) 三元络合物的特性

① 三元络合物比较稳定，可提高测定的准确度和重现性。例如，甲基三苯基胂-硫酸盐法测定铁，生成了组成一定的 $[(C_6H_5)_3CH_3As] \cdot [Fe(SCN)_6]$，其颜色稳定，较普通的硫氰酸盐光度法测定铁优越得多。又如锑磷钼蓝光度法测定磷，磷在硫酸介质中与锑、钼酸铵生成络合物，再用抗坏血酸还原为锑磷钼蓝，室温显色迅速，色泽稳定，有较高的灵敏度和重现性。实验证明，生成的锑磷杂多酸，其组成为：$P:Sb:Mo=1:2:12$。

② 三元络合物对光有较大的吸收容量，所以比二元络合物体系具有更高的灵敏度和更大的对比度。

三元络合物的吸收曲线，最大吸收峰明显地向长波方向移动（红移），因而提高了光度法的测定灵敏度。如 V(V)、H_2O_2 和 PAR（吡啶偶氮间苯二酚）形成的紫红色的三元络合物，灵敏度大大提高 $[\varepsilon=1.27\times10^4 \text{L}/(\text{mol}\cdot\text{cm})]$，最大吸收波长也移至 540nm 处，呈现很大的红移。Al^{3+} 与铬天青 S 在氯化十六烷基三甲基铵（CTMAC）存在下，形成的蓝色三元络合物比相应的二元络合物红移了 75nm，摩尔吸收系数提高近一个数量级（$\varepsilon=4\times10^4\sim1\times10^5$）。

③ 形成三元络合物的反应比二元体系具有更高的选择性。由于金属离子与两种不同的配位体络合，减少了其他金属离子形成类似络合物的可能性，因而提高了反应的选择性。例如，铌和钽都可和邻苯三酚生成有色的二元络合物，但在草酸介质中，只有钽能与邻苯三酚形成黄色的钽-邻苯三酚-草酸盐三元络合物，铌则不能形成类似的三元络合物，因而提高了反应的选择性。

④ 应用三元络合物可以改善显色反应的条件。光度分析中，溶液 pH 值的控制是相当重要的。如在微量铝的测定中，常用的显色剂是铬天青 S，此显色剂与 Al^{3+} 反应的 pH 值范围很窄，几乎没有平坦出现，因此，在实际操作中，试验条件苛刻，方法的重现性也较差。但是，在表面活性剂氯化十六烷基三甲基铵（CTMAC）的存在下，形成的三元络合物的 pH 值范围就比较宽（pH5.3～6.3），这样就大大简化了操作中严格控制反应 pH 值的麻烦，并使分析准确度得到了相当的提高。

⑤ 三元络合物具有较好的萃取性能。三元络合物的萃取性能比二元络合物要好，特别是产生了协同萃取效应，便于金属离子的分离、富集与测定。

例如，Mn(Ⅱ) 在 pH≥11 时能与双硫腙形成有色络合物，但因在萃取过程中易被空气氧化而破坏，故不能用于分析，如在萃取时加入吡啶，能生成 $Mn(HDz)_2(Py)_n$（Py 为吡啶），不仅在 CCl_4 中的萃取率大大增加，同时在 15s 即可达到萃取平衡，而且被萃取的络合物也足够稳定，颜色至少可稳定 90min。

⑥ 三元络合物为测定阴离子提供了新的途径。长期以来，氟（F^-）的测定都是采用间接方法，这是因为没有直接显色反应的缘故。自从合成了茜素氟蓝后，发现它与某些稀土金属离子［如镧（Ⅲ）、铈（Ⅲ）等］和氟离子能形成一种蓝色的三元络合物，从而可以直接用分光光度法测定氟，此反应灵敏度高，选择性好。

(4) 几种重要的三元络合物的类型

① 三元混配络合物。中心金属离子与一种配位体形成未饱和络合物，然后与另一种配位体结合，在络合物内界形成三元混合配位络合物，简称三元混配络合物。

此类络合物中，中心离子一般具有较高的配位数，当一种配位体与中心离子结合时，不容易达到最高配位数，即易形成一种不饱和络合物，可让第二配位体进入络合物的内界，直接与金属离子配位，以满足金属离子的配位数要求，这就是三元混配络合物的结构特点。例如，Fe^{3+}（Ⅲ）、EDTA、H_2O_2 三者混合，在 pH=10 的条件下可形成 1∶1∶1 的紫色三元络合物，其他离子多数可被 EDTA 所掩蔽，唯有铜和钴干扰测定，但选择适当的参比液即可消除，方法的选择性很高，适用于铜合金、铝合金中铁的测定。

② 离子缔合物。中心金属离子与配位体形成络阳离子或络阴离子，然后与带相反电荷的离子借静电引力在络合物外界形成离子缔合物。离子缔合物与三元混配络合物显著的不同点是：第一种配位体往往已被金属离子的配位数满足，形成饱和的配位络合物，但金属离子的电荷未被完全补偿，因此可与带相反电荷的离子缔合。例如，B^{3+}-F^--亚甲蓝、Co^{2+}-SCN^--孔雀绿、Fe^{3+}-Br^--丁基罗丹明 B、Ti^{3+}-Cl^-结晶紫均属此类络合物。这类络合物在元素的萃取分离和萃取光度法方面应用很广。

③ 胶束增溶络合物（金属离子-显色剂-表面活性剂体系）。许多金属离子与显色剂反应时，加入某些长碳链的有机表面活性剂，可以形成三元胶束络合物，吸收峰向长波方向红移，测定的灵敏度显著提高。例如，稀土元素与二甲酚橙在 pH5.5～6 形成红色螯合物，显色的灵敏度不够高，如有溴化十六烷基吡啶（CPB）参加反应，即生成稀土-二甲酚橙-CPB 为 1∶2∶2（或 1∶2∶4）的三元络合物，在 pH8～9 时呈蓝紫色，灵敏度提高数倍，适于痕量稀土元素总量的测定。

(5) 常用的表面活性剂

① 阳离子型的有：氯化十六烷基三甲基铵（CTMAC）、氯化十四烷基二甲基苄基铵（Zeph）、溴化十六烷基三甲基铵（CTMAB）、氯化十六烷基二甲基苄基铵（CDMB）、溴化羟基十二烷基三甲基铵（DTM）、氯化十六烷基吡啶（CPC）、溴化十六烷基吡啶（CPB）、溴化十四烷基吡啶（TPB）等。

② 阴离子型的有：十二烷基硫酸钠（SLS）、十二烷基苯磺酸钠（DBS）等。

③ 非离子型的有：Triton X-100、OP 乳化剂（聚乙二醇辛基苯基醚）、Tween-80、聚乙烯醇等。

7.7.2 萃取分光光度法

化学分析中，溶剂萃取是常用的分离干扰元素和富集微量待测元素的方法之一。这种方法主要是利用一种与水不相溶的有机溶剂，与试剂一起振荡，然后静置分层，一种或几种组分进入有机溶剂中，另一种或几种组分仍留在试液中，从而达到分离和富集的目的。

所谓萃取光度法，就是将水相显色的被测元素的有色络合物萃取到有机相中，或用配制在有机溶剂中的显色剂溶液萃取被测元素（萃取与显色同时进行），然后利用有机相进行分光光度法测定。这种方法具有下列特点：

① 由于被测元素由体积较大的水相转移到体积较小的有机相中，有富集作用，所以能提高灵敏度；

② 选择合适的条件，可将被测元素与干扰元素较好地分离，有利于克服干扰；

③ 省去单独的分离步骤，操作简便、快速。

7.7.3 差示分光光度法

在分光光度法中，样品中待测元素的浓度过大（吸光度过高）或浓度过低（吸光度过低），如果直接测量，测量误差均较大。为克服缺点，改用标准溶液代表空白溶液来调节仪器的100%或0%透光度，以提高方法的准确度，这种方法称为差示分光光度法。

差示分光光度法分为三种类型：浓溶液差示分光光度法、稀溶液差示分光光度法和高精度差示分光光度法，其中以浓溶液差示分光光度法应用较多。

7.7.3.1 基本原理

以溶液差示分光光度法为例，设参比标准溶液的浓度为c_s，试样溶液的浓度为c_x，且$c_x > c_s$，根据朗伯-比耳定律，得：

$$A_x = kbc_x \tag{7.8}$$

$$A_s = kbc_s \tag{7.9}$$

两式相减得：

$$A_r = A_x - A_s = kb(c_x - c_s) = kb\Delta c \tag{7.10}$$

上式表明，在符合朗伯-比耳定律的浓度范围内，被测试液与参比溶液的吸光度差值，与两溶液的浓度差成正比，这就是差示分光光度法的基本原理。

如果用c_s标准溶液作参比，测定一系列Δc已知的标准溶液的相对吸光度，绘制A_r-Δc工作曲线，则由测得的溶液的相对吸光度A_r即可从工作曲线上查得Δc，再根据$c_x = c_s + \Delta c$计算试样的浓度。

(1) 浓溶液差示分光光度法 浓溶液差示分光光度法是在光度计没有光线通过时调节仪器透光度读数为"0"（与一般光度法相同），然后用一个比试样溶液浓度稍低的已知浓度的标准溶液与试样溶液同条件显色作参比溶液，调节仪器的透光度读数为"100"（$A=0$），然后测量试样溶液的吸光度。

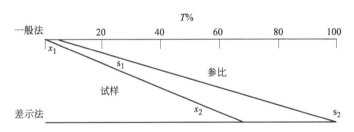

图7.4 浓溶液差示分光光度法与一般分光光度法比较示意图

由图7.4可见，设按一般分光光度法用试剂空白作参比液，测得浓度为c_x的试液的透光率$T_{x_1} = 7\%$，浓度为c_s的标准溶液的透光率$T_{s_1} = 10\%$的标准溶液作参比溶液，$T_{s_1} = 10\%$调至$T_{s_2} = 100\%$处，亦即相当于标尺扩大了10倍（$T_{s_2}/T_{s_1} = 100/10 = 10$），这时，被测试液的透光率将落在标尺上的$T_{x_2} = 70\%$处，因而减小误差，提高了浓溶液分光光度法的测定准确度。

(2) 稀溶液差示分光光度法 在测量低浓度有色溶液时，可采用此法。用一个浓度较试样溶液稍高的标准溶液制成有色参比溶液来调节光度计的透光度"0"（$A=\infty$）。仪器透光度为 100（$A=0$）的一点，则按一般光度法调节（用通常的空白溶液调节透光度为"100"）。然后用被测溶液代替空白溶液，放入光路就可读出试液的透光度（或吸光度）读数。使低浓度显色液的吸光度读数加大，如图 7.5。

这种方法适于吸光度小于 0.1 的试液，同时必须注意在稀溶液差示光度法中吸光度均不和浓度呈直线关系，所以绘制成的检量线通常为一曲线。

(3) 高精度差示分光光度法　高精度差示光度法也称为使用两个参比溶液差示法。可以采用一个比被测溶液浓度稍低的已知浓度溶液作参比来调节光度计的透光度至"100"，再用一个已知浓度略高于样品的溶液作另一参比溶液来调节仪器的透光度"0"（$A=\infty$），此时被测溶液的透光度将落在 0~100 之间，显然这样测量比一般光度法测量结果要精确得多，见图 7.6。

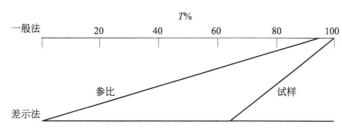

图 7.5　稀溶液差示分光光度法与一般分光光度法比较示意图

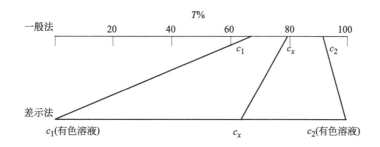

图 7.6　高精度差示分光光度法与一般分光光度法比较示意图

这种方法的吸光度与浓度的曲线也不是直线。

7.7.3.2　应用差示分光光度法的注意事项

虽然由于差示分光光度法扩大了标尺读数而减小了读数误差，采用了有色参比液，减小了光度误差，以及由于制备参比溶液和试样溶液采用了相同显色条件，减少了分析条件对测定结果的影响。若参比标准溶液选择适当，则差示分光光度法测定的准确度可与重量法或滴定法接近，但在实际应用中还必须注意以下几个问题。

① 有色参比溶液的吸光度越大越有利。但是由于参比溶液的浓度越浓，透过溶液的光线将越弱，相应地产生的光电流也就越小。当只有光电转换元件（光电池或光电管）以及光电流检测装置具有足够高的灵敏度时，才能将高浓度的参比液调节到吸光度为"0"，所以要求仪器应具有较高的灵敏度。

② 虽然参比溶液的浓度越大，对测定的准确度越有利，但对一般仪器来说，调节吸光度到"0"，还是有困难，而使测量不能进行。为此，有色参比溶液的浓度必须根据实际可能的情况来选择。

③ 由于差示分光光度法是根据试样溶液与参比溶液的吸光度差（A_r）与两溶液浓度之差（Δc）成正比来实现测定的，所以在实际工作中，要求盛试样溶液和参比溶液的两只比色皿厚度和光学性质应相同，即用两只比色皿盛有色参比溶液互相测量时 ΔA 应等于零。

④ 制备有色参比溶液的浓度一定要准确，分析条件与试样溶液一致，这样才能使被参比溶液抵消的那部分浓度（或吸光度）正确可靠。

⑤ 有时为了消除由于标准溶液浓度、比色皿厚度或光学性能不一致带来的误差，获得方便、准确的参比也可以用光阑、灰滤光片（玻璃减光片）来代替参比溶液，同样可获得良好效果。

7.7.4 双波长分光光度法

7.7.4.1 双波长分光光度法的基本原理

图 7.7 是双波长分光光度计的工作原理方框图。从光源发出的光分成两束，分别经过各自的单色器后，得到两束波长不同的单色光 λ_1 和 λ_2，借切光器调节，λ_1 和 λ_2 以一定的时间间隔交替照射到有试样溶液的同一吸收池上，由检测器显示出在波长 λ_1 和 λ_2 处的吸光度差值 ΔA。

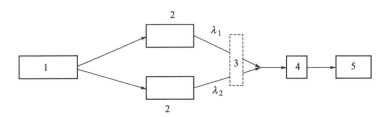

图 7.7 双波长分光光度计工作原理方框图
1—光源；2—单色器；3—切光器；4—吸收池；5—检测池

开始时，使交替照射的两束单色光 λ_1 和 λ_2 的强度相等，均为 I_0，对于波长 λ_1 有：

$$-\lg\left(\frac{I_1}{I_0}\right) = A_{\lambda_1} = \varepsilon_{\lambda_1} bc \tag{7.11}$$

$$-\lg\left(\frac{I_2}{I_0}\right) = A_{\lambda_2} = \varepsilon_{\lambda_2} bc \tag{7.12}$$

通过测定两束光经过吸收池后的光强度 I_1 及 I_2，即可得到溶液对两波长的光的吸光度之差 ΔA：

$$\Delta A = A_{\lambda_2} - A_{\lambda_1} = (\varepsilon_{\lambda_2} - \varepsilon_{\lambda_1}) bc \tag{7.13}$$

式(7.13)表明，试样溶液在两个波长 λ_2、λ_1 的吸光度差值与溶液中待测物质的浓度呈正比，这就是用双波长分光光度法进行定量分析的理论依据。

双波长分光光度法，由于测量时利用了两个波长的光通过同一吸收池，消除了制备参比液及两个吸收池之间的差异所引起的误差，又由于可以绘制导数吸收光谱，所以提高了测量的选择性和灵敏度。

该法的最大优点还在于能直接分析混合组分而不必经过化学分离或用烦琐的解联立方程式的方法。

7.7.4.2 选择 λ_1 和 λ_2 的基本要求

① 共存组分在这两个波长应具有相同的吸收（$A_{\lambda_2} - A_{\lambda_1} = 0$），以使其浓度变化不影响测量值。通常选择一个等吸收点作为参比波长。

② 待测组分在这两个波长处的吸光度差值应足够大。

7.7.4.3 双波长分光光度法选择 λ_1 和 λ_2 方法

为了进行双波长分光光度测定，需选择合适的波长 λ_1 和 λ_2，常采用下列几种方法：

(1) A_{λ_1}（等吸收点）$-A_{\lambda_2}$（络合物的最大吸收）　当金属离子与适当的显色剂进行反应时，在一组吸收曲线中通常具有一个或几个等吸收点。两个波长的合适位置，一个可以选择在络合物的最大吸收波长处，另一个可以选择在等吸收点。

所谓等吸收点，即是浓度一定的具有光吸收性质的化合物溶液，随着溶液条件或其他影响因素（如 pH 值、光、热分解）的变化，呈现不同形状的吸收曲线。在这一组吸收曲线中，可能有一个或几个共同的交点，此交点就是等吸收点。

(2) A_{λ_1}（试剂最大吸收）$-A_{\lambda_2}$（络合物的最大吸收）　应用试剂吸收峰作为参比波长 λ_1，有色络合物吸收峰为测定波长 λ_2，简称双峰波长法。该法最大的特点是可以消除显色剂背景的影响，并可以提高测定的灵敏度。

(3) 浑浊背景双波长法　要消除浑浊对背景的影响，与很好地选择波长是分不开的。在常见的浑浊样品的分光光度测定中，作为参比的溶剂并不像样品那样浑浊。而样品的浑浊产生的光散射就使吸收光谱产生背景吸收，并且这种"背景吸收"不能被无散射的溶剂作为参比来消除。这就使测试得到的吸光度 A，实际上是特征吸光度 ΔA 和背景吸光度 B 的总和。在双波长测定中，可把测试光束设在吸收峰 λ_2 上，参比光束设在样品无特征吸光度 λ_1 上。因此，在 λ_2 测得的是样品特征吸光度 ΔA 和背景吸收 B 的总和，在 λ_1 测得的是样品的背景吸光度。如果 λ_2 和 λ_1 选择合适，通过双波长分光光度计测得的将是 $A_{\lambda_2}-A_{\lambda_1}$，也即是样品的特征吸光度 ΔA。

$$A = A_{\lambda_2} - A_{\lambda_1} = (\Delta A + B) - B = \Delta A \tag{7.14}$$

由浑浊产生的背景吸光度就可消除。

7.8　常用分光光度计的结构及维护

7.8.1　常用分光光度计的一般结构

分光光度计是测量介质对不同波长的单色光吸收程度的精密仪器。按光源提供的光谱区的不同，可分为可见光分光光度计、紫外-可见分光光度计及红外分光光度计。按通过样品和通过参比液的光束为一个光束或两个光束而分别称为单光束或双光束分光光度计。近年来，有的分光光度计可同时提供两种不同波长的光，称为双波长分光光度计。

分光光度计主要包括光源、单色器、样品室、检测器、放大线路、结果显示器等部分。

(1) 光源　分光光度计所用的光源应具备两个条件。

① 在使用波长范围内提供连续辐射，即光源应发射连续光谱，并在该波长范围内有比较大的辐射强度。

② 光源要有好的稳定性。特别是单光束仪器，在用参比调零和测量样品的周期内，光源必须保持稳定否则测量必然会引入误差。在双光束仪器中，由于参比液和样品液同时测量，则光源不稳所产生的影响就小一些。

对于可见光区的分光光度计，常用钨丝白炽灯作光源；紫外区范围，早期用氢灯，现常用氘灯，波长范围在 180~360nm 之间，后者发射强度和寿命比前者大 2~3 倍。

(2) 单色器 从波长范围宽广的光线中分出波长单一的单色光的装置称为单色器。单色器通常由入口狭缝、准直元件、色散元件、聚焦元件和出口狭缝组成。最常用的色散元件有棱镜和光栅。

(3) 样品室 分光光度分析中盛样品的容器，用玻璃、石英或其他晶体材料制成，两透光面互相平行并具有精确的光程。在紫外光区测量时必须用石英比色皿，在可见光区测量可用玻璃比色皿。

比色皿的内壁和透光外壁应注意清洁，不能用硬质纤维或手指去摸擦。磨成毛玻璃的不透光两壁供操作人员拿取。使用比色皿时，也应注意其放置方向，因为比色皿透光方向换向后，透光本领可能会有所变化。通常在毛玻璃一面的上端，蚀刻有一个箭头作指示。

各种规格的比色皿的高度是足够的，光束入射狭缝和透光窗都比比色皿低、小，所以在操作时没有必要把溶液注得很满，以防止在拉动比色皿架时溶液溢出皿外，影响测定的准确度，同时又会使仪器内部受潮和腐蚀。

在光度分析操作中，应用镜头纸或纤维松软的织物等擦干擦净比色皿外壁才能进行光度测量，否则将引起测量误差。在用石英比色皿时，更应防止透光面的污染，即使手指印存在，对紫外线亦有很强的吸收。

测量挥发性溶液最好比色皿要加盖，以免气体挥发在样品室内，影响测定结果。

(4) 检测器 分光光度计中检测光信号的装置统称为接收器或检测器。透过比色皿中有色溶液的不同强度的透射光，由检测器把它变成不同强度的光电流。这种光直接进行测量，指示出吸光度或透光度读数。有的如光电管，其光电流不够大，就用电子放大器将它放大，再用电流表指示。检测器是分光光度计的特征元件，它的质量好坏对分析测定影响很大。常用的检测器有光电池、光电管和光电倍增管，以及近年来发展的一种新的光电二极管矩阵检测器。

(5) 放大线路 由检测器接收的光信号转变成电信号后，首先由前置放大器放大，再分别导入参比和样品放大器进一步放大，并通过解调线路解调，最后由样品信号减去参比信号，然后由数据显示器显示。

(6) 结果显示 测试结果显示，不同型号仪器各不相同，大体有电流表、检流计、数字显示并打印，屏幕显示等。

7.8.2 仪器的维护

① 仪器应安装在干燥的房间内，使用时放置在坚固平稳的工作台上，室内照明不宜太强，热天时不宜用电扇直接向仪器吹风，防止灯泡灯丝发光不稳。

② 仪器不要受强光照射，为防止灰尘和潮气进入，不用仪器时要用罩子将整台仪器罩住，并放置变色防潮硅胶。

③ 要经常更换仪器中装的干燥剂，发现变色就应调换或烘干后再用。

④ 为确保仪器工作稳定，在220V电源电压波动较大的地方，需采取稳压措施，最好另备一台稳压器。

⑤ 电源电压与仪器所用的电压要相符，仪器接地要良好。当仪器工作不正常时，如无输出，指示灯不亮或电表指针不动时，要先检查保险丝是否熔断，然后再检查线路。

⑥ 仪器按周期检定，如有临时搬动，要进行波长精确性检查。

⑦ 比色皿要保持洁净，每次用完后要用盐酸（1+3）洗涤并用蒸馏水冲洗干净，擦干后放入比色皿盒中。拿取比色皿时不要接触透光面，擦拭比色皿透光面最好用吸水性好的擦镜纸。

⑧ 仪器使用完毕要将所有开关、旋钮、调节器拨到零位或关闭,及时切断电源。

7.9 应用示例

7.9.1 差示光度法测定高温合金中高钨含量

(1) 方法原理　在盐酸介质中,钨经氯化亚锡和三氯化钛还原至五价,同硫氰酸盐生成黄色络合物,于400nm或420nm波长处测量吸光度,从工作曲线上查得钨量。

(2) 适用范围　本法适用于高温合金钨含量为10.0%～15.0%的测定。

(3) 分析步骤

① 试样溶液的制备　称取试样0.10g,精确至0.0001g,置于150ml烧杯中,加入20～25ml盐酸（ρ1.19g/ml）,3～5ml硝酸（ρ1.42g/ml）,微热至试样完全溶解。稍冷,加入12ml磷酸（ρ1.69g/ml）,12ml硫酸（1+1）,加热蒸发至冒硫酸烟1～2min。冷却,加入约50ml水溶解盐类。冷却至室温后,移入100ml容量瓶中,用水稀释至刻度,摇匀。

② 试样显色溶液的制备　移取5.00ml试液于100ml容量瓶中,加入60～70ml氯化亚锡溶液（5g/L）,准确加入2.00ml三氯化钛溶液［取5ml三氯化钛（15%～20%）于15ml盐酸（ρ1.19g/ml）中,加数颗锌粒,稍放置,用水稀释至约50ml,摇匀］6.00ml硫氰酸钾溶液（250g/L）；用氯化亚锡溶液（5g/L）稀释至刻度,摇匀,放置15min。

③ 试样参比溶液的制备　参比溶液同工作曲线的参比溶液。该参比溶液含钨为8.00%。

④ 工作曲线的制作　称取0.10g不含钨但基体和其他合金元素与待测试样相近的高温合金样品（或合成不含钨,但基体和其他合金元素与待测试样相近的合成溶液）一份,置于150ml烧杯中,然后按试样溶液制备程序进行,将制得的溶液移入100ml容量瓶中,用水稀释至刻度,摇匀。

分别移取5.00ml上述溶液五份于五个100ml容量瓶中,依次加入4.00ml、5.00ml、6.00ml、7.00ml、8.00ml钨标准溶液（0.1mg/ml）,分别按显色液制备方法进行显色操作。

⑤ 测量　于分光光度计上波长400nm或420nm处,以加入4.00ml钨标准溶液的试液为参比溶液,分别测量工作曲线溶液和试液的吸光度,以吸光度为纵坐标,相应的钨含量为横坐标绘制工作曲线。

由试液的吸光度,在工作曲线上查得相应的钨量,按计算公式计算试样中钨的含量。

⑥ 计算　钨的含量按下式计算:

$$w = \frac{G_1}{G} \times 100\% \tag{7.15}$$

式中　G_1——从工作曲线上查得钨量,mg;
　　　G——显色液中所含试样的质量,mg。

(4) 方法关键及操作要点

① 试样溶解:溶解试样后,若仍有碳化物,可在冒硫酸烟时滴加浓硝酸予以破坏。

② 共存元素干扰的消除

a. 钒的干扰。可用校正系数将其消除。1%的钒相当于0.19%的钨,该系数随显色条件、分光光度计计波长的不同而变化,因此需要根据测量吸光度的条件各自求得。

钒的校正系数测定方法如下。

工作曲线法:以不含钨、钒的试样溶液作底液,分别加入钨、钒标准溶液,按分析程序绘制钨、钒的工作曲线，两条工作曲线斜率之比即为钒的校正系数。

添加法：向一已知含钨（已知钨含量为w_0）、不含钒的样品中，加入一定量的钒（已知钨含量为V），按分析程序测量吸光度，从工作曲线上查得钨的含量为W_{w_0+v}，校正系数按下式求得：

$$f=\frac{w_{w_0+V}-w_0}{V} \tag{7.16}$$

b. 铌的干扰。可用草酸或草酸盐掩蔽消除。例如在溶解试样操作中，冒硫酸烟后加水溶盐时，加入10ml草酸溶液（100g/L），加热煮沸10min，然后冷却移入100ml容量瓶中，继续下面的分析操作。

c. 铜的干扰。可用草酸或草酸盐掩蔽消除。例如在溶解试样操作中，冒硫酸烟后加水溶盐时，加入20ml草酸铵溶液（5g/L），加热煮沸10min，然后冷却移入100ml容量瓶中，继续下面的分析操作。

d. 钼的干扰。可在制作工作曲线时，加入与试样相同含量的钼予以抵消；也可用校正系数法消除，1%的钼约为0.019%的钨，系数的测定方法同钒的校正系数测定方法。

e. 其他如铁、镍、铬、钴、铝等元素的干扰，可利用参比溶液抵消。

③ 氯化亚锡的质量对试验的吸光度测量影响很大，因此，配制氯化亚锡溶液时，要求溶解后的氯化亚锡溶液要清澈透明。

④ 三氯化钛溶液的加入量要严格控制在2ml，需要准确加入。用量在3ml以上溶液呈现紫红色，色泽不稳定。

⑤ 硫氰酸钾溶液的用量应控制在6ml，少则显色不完全，多则溶液出现玫瑰红色，而且显色不稳定，随着硫氰酸钾溶液加入量的增加，显色溶液的吸光度值也在增加，故硫氰酸钾溶液应准确加入6.00ml。

7.9.2 硅钼蓝分光光度法测定硅含量

(1) 方法原理 使用酸溶解试样时，试样溶解时产生的硅酸以氢氟酸络合；使用碱溶解试样时，试样溶解后采用硝酸进行酸化。

在微酸性介质中，硅与钼酸铵生成硅钼黄杂多酸，在酒石酸或草酸掩蔽下［或提高酸度加硫酸（1+3）20ml］，用抗坏血酸将其还原成硅钼蓝，于660nm或760nm或810nm波长处测量吸光度，从工作曲线上查得硅含量。

(2) 适用范围 适用于0.05%~1.00%硅含量的测定。

(3) 分析步骤

① 试样溶解：准确称取适量试样于塑料烧杯（或银烧杯，或镍皿）中，加酸或碱溶解试样（若加碱溶解试样，待试样溶解后，加硝酸酸化），如加氢氟酸溶解试样后，加入饱和硼酸溶液络合氟离子。试液移入容量瓶中，以水稀释至刻度，摇匀。

② 显色液制备：准确移取适量试液于容量瓶中，加入一定量的水及钼酸铵溶液，静置，加入酒石酸（或草酸）溶液，立即加入抗坏血酸（或硫酸亚铁铵溶液），以水稀释至刻度，摇匀，静置。

③ 参比溶液制备：准确移取适量试液于容量瓶中，加入一定量水及酒石酸（或草酸）溶液，静置，加入钼酸铵溶液，加入抗坏血酸溶液（或硫酸亚铁铵溶液），以水稀释至刻度，摇匀，静置。

④ 测量 以参比液为参比，于分光光度计上660nm或760nm或810nm波长处测量吸

光度,在工作曲线上查得相应的硅量。

(4) 方法关键及操作要点

① 称样量:碳钢、中低合金钢和生铁样品,通常称取0.50g试样,精确至0.0001g;高合金钢、高温合金、镁合金、铝合金、钛合金、铜合金通常称取试样0.10g,精确至0.0001g。

② 溶解样品用器皿:通常使用塑料烧杯、银烧杯或镍皿。

③ 加热方式

a. 热水浴:通常加氢氟酸前先用其他酸在沸水浴中加热试样将其溶解,稍冷,然后加入氢氟酸在50~60℃热水浴中保温一段时间。

b. 常温:在常温下溶解试样不需加热,例如多数钛合金、镁合金、铜合金等试样的溶解。

④ 试样溶解方法:酸溶法和碱溶法

酸溶法:分以下几种情况。

a. 生铁、铸铁:采用硫酸-硝酸混合酸、过硫酸铵、过氧化氢和氢氟酸溶解试样,然后加入饱和硼酸。

b. 碳钢、中低合金钢:可采用硝酸(1+3)、过硫酸铵、氢氟酸共同溶解试样,然后加入饱和硼酸。

c. 高合金钢、高温合金:可采用盐酸、硝酸(可以是不同比例,包括王水)和氢氟酸混合;盐酸、高氯酸和氢氟酸混合等混合酸溶解试样,然后加入饱和硼酸。

d. 铝、镁合金:通常采用盐酸(1+1)、双氧水(或硝酸)和氢氟酸溶解试样,然后加入饱和硼酸。

e. 钛合金:通常采用硫酸(1+1)和氢氟酸溶解试样,加入饱和硼酸,然后滴加高锰酸钾溶液。

f. 铜合金:通常采用硝酸(1+1)、双氧水和氢氟酸溶解试样,然后加入饱和硼酸。

碱溶法:通常碱溶法是采用氢氧化钠溶液将试样溶解后,再使用硝酸酸化,这种溶解试样的方法不需要加氢氟酸。

⑤ 常用显色方法

a. 草酸-抗坏血酸显色法。移取适量试样溶液于容量瓶中,加水20ml,加入5ml钼酸铵(50g/L),静置20min,加入5ml草酸溶液(100g/L)(或50g/L的酒石酸溶液),摇匀后立即加入5ml抗坏血酸溶液(或硫酸亚铁铵溶液)(50g/L),摇匀,以水稀释至刻度,摇匀,静置20~30min。此种方法使用比较广泛。

b. 硫酸-抗坏血酸显色法。移取适量试样溶液于容量瓶中,加入5ml钼酸铵(50g/L),静置20min,加入硫酸(1+3)20ml,摇匀后加入2ml抗坏血酸溶液(50g/L),摇匀,以水稀释至刻度,摇匀,静置20~30min。此种方法用于测定钛合金和铝合金中的硅含量。

⑥ 干扰因素及消除方法

共存离子的干扰:在硅钼蓝分光光度法中,不仅硅可以与钼酸铵生成硅钼黄杂多酸,其他许多元素都能与钼酸铵反应,例如钛可与钼酸铵生成钼酸钛沉淀,磷可以与之生成磷钼黄杂多酸,砷可与之生成砷钼杂多酸,钒可与之生成钒钼酸铵,钨可与之生成钨钼杂多酸,多种离子共存时还有磷钨钼钒杂多酸存在等。

消除方法:

a. 加入酒石酸或草酸作掩蔽剂消除干扰,酒石酸和草酸都易与许多元素络合,尤其是草酸的掩蔽作用要优于酒石酸。

b. 提高酸度消除干扰，利用硅钼蓝法测定钛合金中硅含量时通常采用此法。大量的钛阻碍钼黄发色，钛会与钼酸铵生成钼酸钛沉淀，此时可以采用加入过量的钼酸铵，使钼酸铵与硅和钛完全反应，然后提高酸度使钼酸钛沉淀溶解，从而达到消除干扰的作用。

酸度的影响及控制：

a. 此方法测硅，主要是保证在溶液中硅以单体硅酸（H_4SiO_4）存在，由于硅酸在溶液中容易聚合成多分子硅酸，其聚合程度与溶液酸度和硅的浓度有关。酸度越高，硅浓度越大，越易形成聚合硅酸。聚合硅酸易水解成偏硅酸（H_2SiO_3）胶体，偏硅酸很难与钼酸铵形成硅钼杂多酸，所以应以稀酸溶解试样，一般100ml溶液中硅含量不要超过4mg。

b. 硅钼黄杂多酸有α-和β-两种形态，α-型在较低酸度下（pH2.3～3.7）的热溶液中生成，很稳定，其最大吸收波长为314nm，还原后为蓝绿色，最大吸收波长为660nm和760nm；β-型在较高酸度（pH1.0～2.0）的溶液中生成，最大吸收波长为312nm，还原后为蓝色，最大吸收波长为810nm。β-型不稳定，容易转变成α-型，转变速度随温度升高、酸度降低及溶液中离子强度的增大而加快。

⑦ 温度对钼黄的影响：通常钼黄生成后，在20℃以下比较好，如果温度增高，将使分析结果偏低，试验中多选择控制温度在10～20℃。

⑧ 稳定时间控制

a. 钼黄稳定时间：通常钼黄生成后，放置30min以下比较稳定，超过30min将使分析结果偏低。

b. 钼蓝稳定时间：钼蓝显色后，放置10min后即可稳定，可保持5h不褪色，通常试验中选择放置10～20min。

⑨ 还原剂的选择　硅钼蓝分光光度法中通常使用的还原剂有四种：硫酸亚铁铵、抗坏血酸、1-氨基-2-萘酚-4-磺酸（简称1,2,4-磺酸）和硫酸铜-硫脲。其中抗坏血酸的还原性较好，目前采用比较广泛的是抗坏血酸和硫酸亚铁铵。

⑩ 操作注意事项

a. 硅在自然界中存在比较普遍，比如空气中的灰尘的主要元素就是硅，因此使用硅钼蓝法测硅的操作要求比较严格，所用试剂通常为优级纯，水必须用二次蒸馏水或相当纯度的水，但在不影响测量准确度的情况下，可使用分析纯试剂。所有试剂配制后必须储存于塑料器皿中，尤其是蒸馏水不允许存放在玻璃器皿中，并应使用同一批蒸馏水。

b. 此方法测硅，主要是保证在溶液中硅以单体硅酸（H_4SiO_4）存在，由于硅酸在溶液中容易聚合成多分子硅酸，其聚合程度与溶液酸度和硅的浓度有关。酸度越高，硅浓度越大越易形成聚合硅酸。聚合硅酸易水解成偏硅酸（H_2SiO_3）胶体，偏硅酸很难与钼酸铵形成硅钼杂多酸，所以应以稀酸溶解试样，一般100ml溶液中硅含量不要超过4mg。氟离子存在有利于硅酸以单体形式存在，使聚合产生的偏硅酸溶解，生成H_2SiF_6，可与钼酸铵反应生成硅钼杂多酸，过量氟离子用硼酸络合。

c. 在显色过程中，每加一种试剂，均需用水吹洗杯壁并摇匀，否则分析结果不稳。

7.9.3　偶氮胂Ⅲ直接光度法测定高温合金中锆含量

(1) 方法原理　试样用盐酸、硝酸及少量氢氟酸溶解后，试液经冒硫酸烟，驱尽氟离子，在约40%硝酸介质中，锆与偶氮胂Ⅲ生成蓝色络合物，于670nm波长处测量吸光度，从工作曲线上查得锆量。

(2) 适用范围 适用于高温合金中 0.02%～0.20% 锆含量的测定。

(3) 分析步骤 试样溶解：准确称取适量试样于石英烧杯中，加盐酸、硝酸和氢氟酸微热至试样溶解，准确加入适量硫酸，冒硫酸烟，冷却加入酒石酸，煮沸溶解盐类，加约 60ml 水，滴加过氧化氢，继续加热煮沸至试液盐类溶解。冷却后移入容量瓶中，以水稀释至刻度，摇匀。

显色液的制备：准确移取 10.00ml 试液于容量瓶中，加入 20ml 硝酸及 5ml 尿素溶液，立即沿容量瓶壁吹入少量水，放置 5min。先加入 5ml 氟化铵溶液，再准确加入 5.00ml 偶氮胂Ⅲ溶液，以水稀释至刻度，摇匀。放置 15～20min。

参比溶液的制备：准确移取 10.00ml 试液于容量瓶中，加入 20ml 硝酸及 5ml 尿素溶液，立即沿容量瓶壁吹入少量水，放置 5min。准确加入 5.00ml 偶氮胂Ⅲ溶液，以水稀释至刻度，摇匀。

测量：以参比液为参比，于分光光度计上 670nm 波长处测量吸光度，在工作曲线上查得相应锆量。

(4) 方法关键及操作要点

① 试验中防止锆水解 锆只有以 Zr^{4+} 状态存在时，才能与偶氮胂Ⅲ很好地反应，而锆水解后就不是以 Zr^{4+} 状态存在的，因此试验中要防止锆的水解。下面介绍了两种具体的方法。

a. 保证溶液高酸度：Zr^{4+} 是一个很易水解的离子，当酸度降低时，一般认为首先生成 ZrO^{2+}，进一步水解，聚合成多核羟基配合物，金属离子间以羟基桥结合。加热或长时间放置，羟基桥向氧桥转变，聚合体逐步变成另一种聚合形式。水解和聚合的程度，与溶液的酸度、锆的浓度及温度有关。因此为了保证锆以 Zr^{4+} 状态存在，溶液要维持相当高的酸度。偶氮胂Ⅲ在强酸性溶液中与锆生成蓝色配合物，在强酸介质中，不仅干扰少，而且可以防止锆的水解。

b. 锆已水解的补救措施：如果锆已水解沉淀，只有在 5mol/L 的酸溶液中煮沸几分钟才能解聚。如果沉淀已加热至干燥状态，仅氢氟酸能使之溶解。

向溶液中加入 F^- 和 $C_2O_4^{2-}$ 作为解聚剂是有效的。微量的锆，如在 10 倍以上铝的存在下用氨沉淀，则用稀盐酸溶解后，锆以 Zr^{4+} 状态存在。如果没有铝，锆就会聚合，因为铝有隔断 Zr—O—Zr 键的作用。

② 反应介质的选择很关键 高浓度 SO_4^{2-}、PO_4^{3-} 干扰偶氮胂Ⅲ分光光度法的测定，因此不能使用硫酸和磷酸介质；盐酸、硝酸、高氯酸都能用于偶氮胂Ⅲ分光光度法，但太高浓度的盐酸会出现酸雾，因此浓盐酸不适合，但盐酸浓度低时，方法灵敏度降低，因此也不适合。通常偶氮胂Ⅲ分光光度法选用硝酸介质比较好。

③ 沉淀不能直接过滤后弃掉 当溶解试样出现硅酸和钨酸沉淀时，可能在沉淀中有锆夹杂，因此要将沉淀用焦硫酸钾熔融，回收其中的锆。

④ 干扰因素及消除

a. 共存离子干扰及消除：钨、铌、钼的干扰，通常采用加入酒石酸或柠檬酸铵络合消除；钽的干扰可以采用加入过氧化氢消除；其他元素的干扰以参比液抵消。

b. 硝酸对测定的影响及消除：高浓度的硝酸也干扰测定，但硝酸酸度的变化对吸光度大小的影响比其他酸小，加入尿素后，消除了氧化氮对试剂的破坏，可以降低硝酸对测定的干扰。

⑤ 操作注意事项

a. 试样溶解时，煮沸分解过量的过氧化氢时，煮沸时间不宜过长，当试液由黄色变为原来溶解盐类后的颜色即可。否则试液又呈淡黄色,对分析结果有影响。

b. 显色操作中加入尿素后,要立即用水吹洗容量瓶壁,否则析出沉淀不易溶解。如有沉淀析出,可在水浴上加热溶解。

c. 偶氮胂Ⅲ分光光度法的参比溶液是褪色空白,解蔽剂氟化铵一定要在显色剂偶氮胂Ⅲ前加入,顺序不能出错。

d. 硫酸的加入量对测定有影响,因此要准确加入,并且不能加入过多。

参 考 文 献

[1] 苑广武. 实用化学分析. 北京:石油工业出版社,1993.
[2] 张正奇. 分析化学. 第 2 版. 北京:科学出版社,2006.
[3] 武汉大学化学系. 仪器分析. 北京:高等教育出版社,2001.
[4] 祁景玉. 现代分析测试技术. 上海:同济大学出版社,2006.
[5] 郭景文. 现代仪器分析技术. 北京:化学工业出版社,2004.
[6] 朱明华. 仪器分析. 第 3 版. 北京:高等教育出版社,2000.
[7] 田丹碧. 仪器分析. 北京:化学工业出版社,2004.
[8] 高俊杰,余萍,刘志江. 仪器分析. 北京:国防工业出版社,2005.
[9] 陈必友,李启华. 工厂分析化验手册. 第 2 版. 北京:化学工业出版社,2008.
[10] 戎关镰,陈鹏,柯瑞华,李宽亮,庞纪士. 钢铁和合金的化学分析方法问答与讨论. 北京:1992.

第8章 电化学分析法

电化学分析主要是研究物质的化学组成与它的电化学性质间的关系，并以电化学理论和技术来确定其组成和含量，这就组成了各种电化学分析方法。这类方法的共同特点是在进行测定时，试样溶液构成一个电化学电池的组成部分，然后测量电池的某些参数，对这些参数进行定量或定性分析。由于化学电池组成形式是多种多样的，因此电化学分析方法种类繁多。化学分析法中经常测量的电池参数有电位（或电动势）、电流、电阻（或电导）和电量等，由此相应的方法就有电位分析法、电导分析法、电解分析法、库仑分析法和极谱分析法等。

8.1 方法原理

8.1.1 原电池与电解池

简单的化学电池由两组金属——溶液体系构成，这种金属-溶液体系称为电极或半电池。如两个浸在同一个电解质溶液中，这样的电池称为无液体接界电池［见图8.1(a)］。如两个电极分别浸在不同的电解质溶液中，溶液用盐桥连接，这样构成的电池称为有液体接界电池［见图8.1(b)］。盐桥是为了避免两种电解质溶液机械混合，同时又能让离子通过。

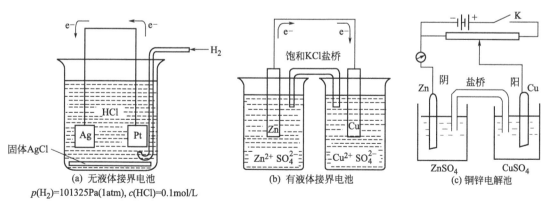

图8.1　原电池(a)、(b)和电解池(c)

化学电池是化学能与电能互相转换的装置，能自发地将化学能转变为电能的装置称为原电池［见图8.1(a)和(b)］；而需要外部电源提供电能，迫使电流通过，使电池内部发生电极反应的装置称为电解池［见图8.1(c)］。当电池工作时，电流必须在电池内部和外部流通，构成回路。电流是电荷的流动，外部电路是金属导体，移动的是带负电荷的电子。电池内部是电解质溶液，移动的是带正、负电荷的离子。为使电流能在整个回路中通过，必须在两个电极的金属-溶液界面处发生有电子跃迁的电极反应，即离子从电极上取得电子或将电子交给电极。无论是原电池还是电解池，通常将发生氧化反应的电极（离子失去电子）称为阳极，发生还原反应的电极（离子得到电子）称为阴极。如图8.1(b)中的电极反应为

阳极：$Zn \rightleftharpoons Zn^{2+} + 2e^-$

阴极：$Cu^{2+} + 2e^- \rightleftharpoons Cu$

电池可以用一定的表达式来表示，如图8.1(b)中的电池可以表示为：

$$(-)Zn|ZnSO_4(a_1)\|CuSO_4(a_2)|Cu(+)$$

以｜表示金属和溶液的两相界面，以‖表示盐桥。

国际纯粹和应用化学学会（IUPAC）对电极电位符号有专门的规定：凡是电子从标准氢电极流向此电极（如铜电极）的电极电位定为正号。而电子由此电极流出（如锌电极），经外电路流向标准氢电极的电极电位定为负号。

电池的表达式习惯将阳极写在左边，阴极写在右边，电池的电动势 E_{cell} 为右边的电极电位减去左边的电极电位，即

$$E_{cell} = E_{右} - E_{左} \tag{8.1}$$

根据式(8.1)算得的电池电动势 E_{cell} 为正值，表示电池反应能自发地进行，是一个原电池；反之，是非自发进行的电池，要使其电池反应进行，必须外加一个大于该电池电动势的外加电压，构成一个电解池。

8.1.2 能斯特方程

Nernst（能斯特）方程式表示电极电位 E 与溶液对应离子活度之间的关系。对于一个氧化还原体系：

$$氧化态 + ne^- \rightleftharpoons 还原态$$

则有：

$$E = E^{\ominus} + \frac{2.303RT}{nF} \lg \frac{a_{Ox}}{a_{Red}} \tag{8.2}$$

纯金属、纯固体的活度为1，水或溶剂的活度比其他反应物大得多，而其消耗又少，实际上可近似认为活度无什么变化，是个常数。当活度为1时表明该物质的量不影响电极反应的平衡。

通常认为溶液较稀时，或者在溶液中总离子强度不变的情况下，以浓度代替活度，则式(8.1)可改写为

$$E = E^{\ominus} + \frac{2.303RT}{nF} \lg \frac{[Ox]}{[Red]} \tag{8.3}$$

从式(8.3)可见，如果用电极电位的数值 E 对离子浓度比值的对数作图，可得一条直线，这条直线的斜率为 $2.303RT/nF$，其截距为 $E^{\ominus}$ 项。

$2.303RT/nF$ 的数值称为能斯特电极功能系数，简称电极系数，也称能斯特斜率。它相当于每一数量级浓度变化所相应的电极电位变化的数值。如果 $n=1$，温度为25℃，则能斯特斜率为 0.05915V。如果反应时温度发生变化，其数值亦发生变化。不同温度时 $2.303RT/F$ 的数值见表8.1。

表 8.1　温度与 $2.303RT/F$ 的关系

温度/℃	$(2.303RT/F)$/V	温度/℃	$(2.303RT/F)$/V
0	0.05420	30	0.06015
5	0.05519	35	0.06114
10	0.05618	40	0.06213
20	0.05816	45	0.06312
25	0.05915	50	0.06412

表 8.1 中列出的能斯特斜率是 $n=1$ 时的值。如果 $n=2$（即二价离子），温度为 25℃，其数值为 0.02958V。由此可见，n 值越大，电极电位对离子浓度变化的响应（即由浓度变化引起电极电位的变化）越不敏感。

从式（8.2）、式（8.3）可见，当参与电极反应的所有物质都处于标准状态（即氧化态和还原态的活度或浓度均等于 1）时，公式中右边第 2 项为零，于是 $E=E^{\ominus}$，即此时电极的电位等于标准电极电位。

电极电位的绝对值不能单独测定或从理论上计算，它必须和另一个作为标准的电极相连构成一个原电池，在电流等于零的条件下测量该电池的电动势。IUPAC 推荐以标准氢电极为标准电极，并人为地规定在任何温度下，标准氢电极的电极电位为零。

表 8.2　标准电极电位

电极反应	$E^{\ominus}$/V	电极反应	$E^{\ominus}$/V
$MnO_4^- + 8H^+ + 5e^- \rightleftharpoons Mn^{2+} + 4H_2O$	1.491	$Cu^{2+} + 2e^- \rightleftharpoons Cu$	0.337
$Cl_2(气) + 2e^- \rightleftharpoons 2Cl^-$	1.3595	$AgCl(固) + e^- \rightleftharpoons Ag + Cl^-$	0.2223
$O_2(气) + 4H^+ + 4e^- \rightleftharpoons 2H_2O$	1.229	$2H^+ + 2e^- \rightleftharpoons H_2$	0.000
$Ag^+ + e^- \rightleftharpoons Ag$	0.7995	$Ni^{2+} + 2e^- \rightleftharpoons Ni$	−0.246
$Hg^{2+} + 2e^- \rightleftharpoons 2Hg$	0.793	$Cd^{2+} + 2e^- \rightleftharpoons Cd$	−0.403
$Fe^{3+} + e^- \rightleftharpoons Fe^{2+}$	0.771	$Cr^{3+} + e^- \rightleftharpoons Cr^{2+}$	−0.41
$O_2(气) + 2H^+ + 2e^- \rightleftharpoons H_2O_2$	0.682	$Zn^{2+} + 2e^- \rightleftharpoons Zn$	−0.763

表 8.2 中列出了常见半反应的标准电极电位的数值，其中有些是用标准氢电极作参比电极直接测定的，也有些是通过理论计算出来的。根据 $E^{\ominus}$ 的大小可以比较各种物质氧化、还原的能力。$E^{\ominus}$ 越正，表示电对中氧化态的氧化能力越强；$E^{\ominus}$ 越负，表示电对中还原态的还原能力越强。

8.1.3　电极电位、电池电动势的测量和计算

单一电极的电位是无法测量的，必须把它和另一个电极连在一起组成一个电池，用电位计测定这个电池的电动势。只要一电极的电位恒定并已知，可以根据下列关系式求出欲测电极的电位。

$$E_{电池} = E_{正极} - E_{负极}$$

式中，$E_{正极}$ 代表电位较高一极的电极电位；$E_{负极}$ 代表电位较低一极的电极电位。在原电池中，正极发生还原反应，负极发生氧化反应，其电池电动势是发生还原反应电极的电位与发生氧化反应电极的电位之差。

例如，锌插入 Zn^{2+} 浓度为 1mol/L 的溶液中，和标准氢电极组成电池，测得 $E_{电池}$ 为 0.763V，求 Zn 的标准电极电位 $E^{\ominus}_{Zn^{2+}/Zn}$。

解：锌-氢组成原电池，在氢电极上发生还原反应，是正极。

$$2H^+ + 2e^- \rightleftharpoons H_2$$

第 8 章　电化学分析法　181

在锌电极上发生氧化反应,是负极。

$$Zn \rightleftharpoons Zn^{2+} + 2e^-$$

该电池电动势应为

$$E_{电池}^{\ominus} = E_{H^+/H_2}^{\ominus} - E_{Zn^{2+}/Zn}^{\ominus} = 0.763V$$

因为 $E_{H^+/H_2}^{\ominus} = 0$,

故 $E_{Zn^{2+}/Zn}^{\ominus} = -0.763V$

8.2 pH 值的电位测定法

电位法测溶液的 pH 值,就是用电极系统直接测量溶液中 H^+ 的浓度(或活度)。目前都用玻璃电极作为指示电极,饱和甘汞电极作为参比电极,插入待测溶液后组成电池;将玻璃电极接负,甘汞电极接正。用 pH 计测量电池电动势并将其转换为 pH 值读数。

8.2.1 指示电极和参比电极

在电位分析中,构成电池的两个电极,其中一个电极的电位随待测离子浓度(活度)的变化而变化,能指示待测离子的浓(活)度,称为指示电极;而另一个电极的电位则不受试液组成变化的影响,具有较恒定的数值,称为参比电极。当指示电极和参比电极共浸入试液中构成一个电池时,通过测量电池的电动势,求出待测离子的浓度。

8.2.1.1 指示电极

(1) 第一类电极 第一类电极是指金属电极,当它浸在含有该金属离子的溶液中时,其电极电位决定于金属离子的浓度,符合能斯特方程。

$$M^{n+} + ne^- \rightleftharpoons M$$

$$E = E^{\ominus} + \frac{0.059}{n} \lg a_{M^{n+}} \quad (25℃)$$

(2) 第二类电极 是指金属及其微溶盐所组成的电极系统,它能间接地反映与该金属离子生成微溶盐的阴离子活度。例如,Cl^- 能与 Ag^+ 生成 AgCl 沉淀,在 AgCl 饱和的、含有 Cl^- 的溶液中,用银电极可以指示 Cl^- 的活度,成为一个 Cl^- 指示电极。电极反应包括下述两个平衡关系:

$$Ag^+ + e^- \rightleftharpoons Ag$$
$$AgCl(s) \rightleftharpoons Ag^+ + Cl^-$$

总反应为 $AgCl(s) + e^- \rightleftharpoons Ag + Cl^-$

$$E = E_{AgCl/Ag}^{\ominus} - 0.059 \lg a_{Cl^-} \quad (25℃)$$

从上式说明,电极电位是随溶液中 Cl^- 的活度而变化的,Cl^- 活度越大,电位越向负的方向变化,其关系仍符合能斯特方程。

实验室中最常用的甘汞电极也属于第二类电极,其电极电位符合能斯特方程。

$$Hg_2Cl_2 + 2e^- \rightleftharpoons 2Hg + 2Cl^-$$

$$E = E_{Hg_2Cl_2/Hg}^{\ominus} + \frac{2.303RT}{nF} \lg \frac{1}{a_{Cl^-}^2} = E_{Hg_2Cl_2/Hg}^{\ominus} - 0.059 \lg a_{Cl^-}^2 \quad (25℃)$$

可见,当溶液中 Cl^- 的活度不变时,甘汞电极的电位也不变化。

(3) 均相氧化还原电极(也称惰性金属电极) 惰性金属如铂或金电极,能指示同时存在于溶液中的氧化态和还原态活度的比值。

例如，铂电极可用作下列这类平衡的指示电极。

$$Fe^{3+} + e^- \rightleftharpoons Fe^{2+}$$

$$E = E^{\ominus} + 0.0591 \lg \frac{a_{Fe^{3+}}}{a_{Fe^{2+}}} \quad (25℃)$$

铂电极的电位反映了 $a_{Fe^{3+}}/a_{Fe^{2+}}$ 的活度（或浓度）比，而惰性金属并不直接参与电极反应，只起导体的作用。凡是氧化还原电对，无论是阳离子还是阴离子均能借惰性材料构成这类电极。它常用于氧化还原电位滴定中。

(4) 膜电极 这类电极是以固态或液态膜为传感器，它能指示溶液中某种离子的活（浓）度，膜电位与离子活度符合能斯特方程的关系，但是膜电位的产生机理不同于上述各类电极，电极上没有电子的转移，而电极电位的产生是由于离子交换和扩散的结果。这类电极有各种离子选择性电极，包括测量溶液的 pH 值用的玻璃电极。

8.2.1.2 参比电极

参比电极是测量电池电动势的基准，要求满足三个条件：可逆性、重现性及稳定性。这三者是彼此相关的。衡量可逆性的尺度是交换电池，参比电极应能负荷一定量的交换电池，使用时如有微量电流通过，其电极电位仍能保持恒定。重现性是当温度或浓度改变时，电极能按能斯特方程响应而无滞后现象，以及用标准方法制备的电极应具有非常相近的电位值。稳定性是指在测量过程中，电极电位能保持恒定，较长时间不改变。

一般还要求参比电极装置简便，容易制备，使用寿命长。

(1) (NHE) 标准氢电极是最精确的参比电极。它由一镀铂黑的铂电极浸入 H^+ 浓度为 1mol/L 的盐酸溶液中构成，通氢气，使铂电极表面上不断有氢气泡通过，以保证电极既与溶液又与气体保持连续接触，在液相上面氢的分压保持 1atm(101325Pa)。电极反应是

$$H^+ + e^- \rightleftharpoons \frac{1}{2}H_2$$

$$E = E^{\ominus}_{H^+/H_2} + \frac{2.303RT}{F} \lg \frac{a_{H^+}}{p_{H_2}^{1/2}}$$

式中，$E^{\ominus}_{H^+/H_2}$ 是氢气的压力为 1atm(101325Pa)，H^+ 浓度为 1mol/L 时的标准氢电极电位。电化学中规定此电极在任何温度下，其电极电位都为零。这就是最基本的参比电极。这种电极制作不容易，要求条件严格，在日常工作中很少使用（通常使用甘汞电极或银-氯化银电极）。

(2) 甘汞电极（SCE） 它是由汞、糊状的 Hg_2Cl_2（甘汞）和 KCl 溶液组成。在一定温度下，当 Cl^- 活度一定时，其电极电位亦为一固定值。常用的甘汞电极见表 8.3。

表 8.3 常用的甘汞电极

电极名称	KCl 的浓度	电位(对 NHE,25℃)/V
饱和甘汞电极	饱和(4.2mol/L)	+0.2443
1mol/L 甘汞电极	1mol/L	+0.2851
0.1mol/L 甘汞电极	0.1mol/L	+0.3376

使用甘汞电极时，借助盐桥与试液相连，通过导线与测量仪器连接。

其中饱和甘汞电极是实验中最常用的一种参比电极，常以符号 SCE 表示。市售的甘汞电极有几种形式，有的可直接插入待测试液（如 232 型甘汞电极），有的自身带盐桥，如

217型甘汞电极等。饱和甘汞电极的特点是其电极电位相当稳定，测量时，通过的电流比较小，其电极电位不会发生显著变化。因此，它是一种供测量用的标准电极。

8.2.2 pH值的定义和pH标准缓冲溶液

8.2.2.1 pH值的定义

pH值的概念是1909年丹麦化学家提出的，即用pH表示溶液中氢离子的浓度，定义为：

$$pH = -\lg c_{H^+}$$

随着电化学的发展，知道氢离子在溶液中的行为，并非决定于其浓度，而是取决于它的活度。于是重新定义为：

$$pH = -\lg a_{H^+}$$

活度与溶液的离子强度有关，所以溶液的pH值与溶液中存在的所有电解质都有关系，而单种离子的活度是难以确定的。为了实用的方便，采用操作定义来标度溶液的pH值，方法是以氢电极与参比电极组成电池，测定一标准溶液（pH_s）的电动势E_s及未知试液（pH_x）的电池电动势E_x，相互比较来求得试液的pH值（pH_x）。E_x及E_s分别为：

$$E_x = E_{SCE} - \frac{2.303RT}{F} \lg a_{H_x}$$

$$E_s = E_{SCE} - \frac{2.303RT}{F} \lg a_{H_s}$$

两式相减

$$E_x - E_s = \frac{2.303RT}{F}(pH_x - pH_s)$$

则

$$pH_x = \frac{(E_x - E_s)F}{2.303RT} + pH_s$$

上式表明了未知试液与标准溶液pH值的关系，称为pH值的操作定义。

在实际应用中，是用1~2个pH标准溶液来校正酸度计，由于液体的接界电位可能因溶液的pH值不同而改变，为了减少误差，选用的标准溶液其pH值应该与待测溶液的pH值相近。

8.2.2.2 pH标准缓冲溶液

pH标准缓冲溶液是pH值测量的基准，在用pH计测量pH值时用来校准pH值。根据pH值的操作定义，未知试液是与标准溶液相比较来测得pH值的。

国家标准计量局已颁布了六种标准缓冲溶液，它们的pH值经过精确的标定核对，作为pH值测定的统一标准。其pH值见表8.4。

表8.4 标准缓冲溶液的pH值

溶液 \ pH值 \ $t/℃$	5	10	15	20	25	30	35
0.05mol/L 四草酸氢钾[$KH_3(C_2O_4)_2 \cdot 2H_2O$]	1.67	1.67	1.67	1.68	1.68	1.68	1.69
饱和酒石酸氢钾(25℃)					3.56	3.55	3.55
0.5mol/L 邻苯二甲酸氢钾($KHC_8H_4O_4$)	4.00	4.00	4.00	4.01	4.01	4.02	4.02
0.025mol/L(KH_2PO_4)-0.025mol/L(Na_2HPO_4)	6.95	6.92	6.90	6.88	6.86	6.85	6.84
0.01mol/L 硼砂($Na_2B_4O_7 \cdot 10H_2O$)	9.40	9.33	9.28	9.22	9.18	9.14	9.10
饱和氢氧化钙(25℃)	13.21	13.01	12.82	12.64	12.46	12.29	12.13

制备pH标准缓冲溶液，需要用高纯度的试剂和蒸馏水或去离子水。水的电导率小于

5μS，pH值为6或6以上的溶液需保存在塑料容器中。为了防止酒石酸发霉，可加入百里酚（0.9g/L）。标准溶液一般可保存6周，但如发现有浑浊、发霉、沉淀等现象，不能继续使用。

标准缓冲溶液配制方法如下。

(1) 0.05mol/L 四草酸氢钾 $[KH_3(C_2O_4)_2·2H_2O]$ 溶液　称取在 (54±3)℃烘干 4~5h 的 $KH_3(C_2O_4)_2·2H_2O$ 12.61g，溶于蒸馏水，在容量瓶中稀释至1L。

(2) 饱和酒石酸氢钾 $(KHC_4H_4O_6)$ 溶液　称取预先在 (115±5)℃下烘干 2~3h 的 $KHC_4H_4O_6$ 粉末（约20g/L），温度控制在 (25±5)℃，剧烈摇动 20~30min，溶液澄清后，用倾泻法取其清液备用。

(3) 0.05mol/L 邻苯二甲酸氢钾 $(KHC_8H_4O_4)$ 溶液　称取预先在 (115±5)℃下烘干 2~6h 的 $KHC_8H_4O_4$ 10.12g，溶于蒸馏水，在容量瓶中稀释至1L。

(4) 0.025mol/L 磷酸二氢钾 (KH_2PO_4) 和 0.025mol/L 磷酸氢二钠 (Na_2HPO_4) 溶液　分别称取预先在 (115±5)℃下烘干 2~3h 的 Na_2HPO_4 3.53g 和 KH_2PO_4 3.39g，溶于蒸馏水，在容量瓶中稀释至1L。

(5) 0.01mol/L 硼砂 $(Na_2B_4O_7·10H_2O)$ 溶液　称取 $Na_2B_4O_7·10H_2O$ 3.80g（注意不能烘！）溶于蒸馏水，在容量瓶中稀释至1L。

(6) 25℃饱和氢氧化钙 $[Ca(OH)_2]$ 溶液　在玻璃磨口瓶或聚乙烯塑料瓶中装入蒸馏水和过量的 $Ca(OH)_2$ 粉末（约5~10g/L），温度控制在 (25±5)℃下，剧烈摇动 20~30min，迅速用抽滤法滤取清液备用。

8.2.3　玻璃电极的膜电位及玻璃电极的特性

8.2.3.1　玻璃电极的构造

玻璃电极是最早出现的膜电极，是一种 H^+ 的选择性电极。它是在一支玻璃管下端接上一个特殊软玻璃吹制的玻璃球薄膜（厚度在 0.03~0.10mm），电极的构造见图 8.2。球膜内盛有一定 pH 值的内参比溶液（通常为 0.1mol/L HCl 溶液），溶液中浸入一支 Ag-AgCl 电极作为内参比电极。由于玻璃电极的内阻很高（50~500MΩ），导线及电极引出端都要求高度绝缘，并有屏蔽隔离罩，以免发生旁路漏电及静电干扰。同时电极用金属隔离线与测量仪器连接，以消除周围交流电场及静电感应的影响。

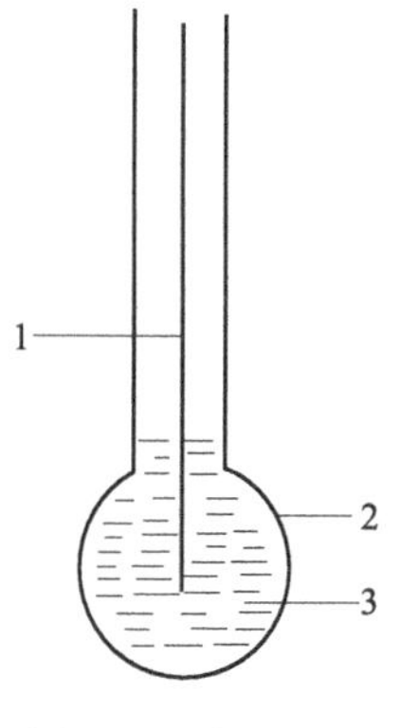

8.2.3.2　玻璃电极的膜电位（玻璃电极的响应机理）

为使玻璃电极能测定溶液的 pH 值，其表面必须水化。使用前没有在水中充分泡过的玻璃电极，对溶液中 H^+ 浓度的变化无能斯特响应。

一支泡过的玻璃电极薄膜剖面的示意图见图 8.3。构成膜厚度的主体是干玻璃层，它夹在两个很薄的水化胶层之间，水化胶层就是玻璃电极对 H^+ 的敏感层。

图 8.2　玻璃电极
1—Ag/AgCl内参比电极；
2—玻璃膜；
3—内参比溶液

当玻璃电极与溶液接触时，在玻璃表面与溶液接界处会产生电位差，此电位差只与溶液中的 H^+ 浓度有关，而使玻璃电极具有氢电极的功能。

玻璃电极的膜电位包括玻璃膜和溶液间的相界电位和玻璃膜内部的扩散电位。在理想的条件下，仅是相界电位与 pH 值有关。

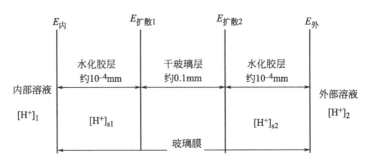

图 8.3 浸泡后的玻璃电极薄膜剖面的示意图

设内、外水化胶层的性质相同，表面上原有的 Na^+ 几乎都被 H^+ 所代替，令其浓度为 $[H^+]_s$（即水化胶层中 H^+ 浓度）。当电极插入 H^+ 浓度为 $[H^+]_2$ 的待测溶液中，由于溶液和硅胶层中 H^+ 浓度不同，浓度高的必将向浓度低的扩散；又因为负离子和其他正离子难以进出玻璃膜，所以只存在 H^+ 的扩散。如果溶液中的 H^+ 浓度较大，就会有 H^+ 自溶液扩散到水化胶层；相反，如溶液中的 H^+ 浓度很小，例如在碱性溶液中，则水化胶层中的 H^+ 也会扩散到溶液中。扩散的结果，破坏了界面附近原来正、负电荷分布的均匀性，于是在两相界面形成双电层结构而产生电位差。这种由于液相与固体接触而产生的电位差叫相界电位。这里的相界电位由两部分组成，即 $E_{外}$ 与 $E_{内}$。$E_{外}$ 为外硅胶表面对外部溶液（其 H^+ 浓度为 $[H^+]_2$）的相界电位；$E_{内}$ 为内硅胶表面对内部溶液（其 H^+ 浓度为 $[H^+]_1$）的相界电位。当 H^+ 在两相间相互扩散速度达到平衡后，建立稳定的相界电位。

$E_{外}$ 和 $E_{内}$ 可以用下式表示：

$$E_{外}=K_1+0.059\lg\frac{[H^+]_1}{[H^+]_{s_2}} \quad (25℃)$$

$$E_{内}=K_2+0.059\lg\frac{[H^+]_2}{[H^+]_{s_1}} \quad (25℃)$$

一般来说，玻璃膜内外表面结构状态可以看成是相同的，那么在两个表面上可能被 H^+ 交换的点位数目也是相同的，所以 K_1 和 K_2 两个常数相等。表面上所有原来的 Na^+ 几乎已全被 H^+ 所代替，则 $[H^+]_{s_1}$ 和 $[H^+]_{s_2}$ 相等。

玻璃电极的膜电位 $E_{膜}$ 为：

$$E_{膜}=E_{外}-E_{内}=0.059\lg\frac{[H^+]_2}{[H^+]_1} \quad (25℃)$$

因玻璃电极中，膜内溶液（内参比溶液）$[H^+]_1$ 保持恒定，可认为是个常数，所以

$$E_{膜}=常数+0.059\lg[H^+]_2 \quad (25℃)$$

可见，玻璃电极的膜电位与膜外溶液中的 H^+ 浓度有关，符合能斯特方程式。通过测定膜电位，即可求出膜外溶液的 $[H^+]_2$，这就是用玻璃电极测定溶液 pH 值的理论根据，即玻璃电极具有氢电极的功能。

由此可见，在膜电极上虽然没有电子的转移，但由于离子交换和扩散的结果，同样能建立双电层，产生电位差，从而存在相界电位。

除相界电位外，在内、外水化胶层和干玻璃层之间，还存在着扩散电位。这是由于 H^+ 和 Na^+ 浓度的差异，以及这些离子在玻璃膜内流动性的不同而产生的。如果内、外水化胶层的情况完全相同，于是内、外界面上的两个扩散电位的数值相等，符号相反，结果相互抵消。因此，玻璃电极的膜电位可认为只与相界电位有关。

8.2.3.3 玻璃电极的特性

(1) 不对称电位 当玻璃电极膜内外溶液的 pH 值相等时，其膜电位应该等于零，但实际上仍存在一定的电位差，即 $E_{膜}$ 不等于零。这说明玻璃膜的内外表面的性质是有差异的，也是不对称的，由此而引起的电位差称为不对称电位。它产生的主要原因，通常认为是由于玻璃膜内外表面的几何形状的不同，结构上的微小差异以及水化作用程度的差别而引起的。不对称电位的大小与玻璃的组成、膜的厚度及吹制过程的工艺条件等有关。

(2) 碱差（或钠差） 用普通玻璃电极测定 pH>9 的溶液时，电极响应偏离能斯特方程，即电极电位与 pH 值之间不再呈直线关系，测得的 pH 值比实际的数值低，且不稳定，如图 8.4 所示。这种现象称为"碱差"，它来源于溶液中 Na^+ 的扩散作用，故又称为"钠差"。说明电极在这时除了 H^+ 响应外，还对 Na^+ 有响应。

(3) 酸差 当用玻璃电极测定 pH 值小于 1 的强酸性溶液时，也会出现偏差，所测的 pH 值较实际数值偏高，称为"酸差"，见图 8.4。它产生的原因可能是由于酸的浓度高时，酸渗透入水化胶层，而使水化胶层中 H^+ 活度增加，这样，溶液中 H^+ 活度就相对地降低了，从而导致测得的 pH 值比实际的高。因此，玻璃电极不适合于测量强酸溶液的 pH 值。这在实用上关系不大，因为当 pH 值小于 1 时，一般应该采用酸碱滴定法进行测定。另外，锂玻璃电极的酸性偏差小，也可用于测量 pH 值小于 1 的溶液。

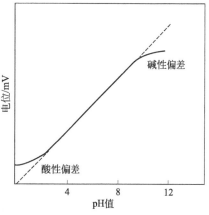

图 8.4 玻璃电极的偏差

(4) 玻璃电极的特点

① 璃璃电极的使用范围广，它不受溶液中存在的氧化剂或还原剂的影响，可用于有色、浑浊或胶态溶液的 pH 值的测量。普通玻璃电极的 pH 值适用范围为 1～10，锂玻璃电极为 0～13.5。

② 使用时，不破坏也不沾污试液。

③ 达到平衡快，在缓冲溶液中的响应时间约为 30ms。在高 pH 值、非缓冲介质或非水溶液中，响应时间慢，往往需几分钟甚至更长的时间才能达到平衡。

④ 玻璃电极的膜非常薄，易于破碎损坏。因此，使用时应注意勿与硬物碰撞，也不能用手触及薄膜。电极上所沾附的水珠只能用滤纸轻轻吸干，不得擦拭。

⑤ 不能用于含有 F^- 的溶液，也不能用浓硫酸、洗液、浓乙醇来洗涤电极，否则会使电极表面脱水而失去功能。

⑥ 玻璃电极经长期使用后，功能系数会逐渐降低，以致失去氢电极的功能，称为"老化"。当电极功能系数低于 52mV 时，就不宜再使用。

⑦ 玻璃电极的内阻很高（约几百兆欧），测量时不能用一般电位计，必须配用高阻抗的测量仪器。

8.2.4 测定 pH 值的工作电池及溶液 pH 值的测定法

使用玻璃电极测定溶液 pH 值时，必须另配一个外参比电极（常用饱和甘汞电极），同时插入待测 pH 值的试液中，这样内、外参比电极与玻璃膜组成一个电池，使用酸度计来测量电池的电动势。电池的图解表示式如下：

$$\underbrace{(-)Ag \cdot AgCl \left| \begin{array}{c} \text{(pH}_\text{已知}) \\ \text{内参比液} \end{array} \right| 玻璃膜}_{\text{玻璃电极}} \left| \underbrace{\begin{array}{c} \text{(pH}_\text{未知}) \\ 试\quad 液 \end{array}}_{\text{待测试液}} \right| \underbrace{KCl(饱和) | Hg_2Cl_2 \cdot Hg\ (+)}_{\text{饱和甘汞电极}}$$

用 $E_\text{电池}$ 表示该电池的电动势，则

$$E_\text{电池} = E_\text{正极} - E_\text{负极}$$

其中　　　　　　　$E_\text{正极} = E_\text{甘}$，$E_\text{负极} = E_\text{膜}$，由下式

$$E_\text{膜} = 常数 + 0.059 \lg [H^+]_2$$

可得　　　　　　　$E_\text{负极} = 常数 - 0.059 pH_\text{未知}$

故　　　　$E_\text{电池} = E_\text{甘} - (常数 - 0.059 pH_\text{未知}) = (E_\text{甘} - 常数) + 0.059 pH_\text{未知}$

式中，($E_\text{甘}$－常数)项为一常数。随玻璃的成分、内外参比电极的电位差、膜内的 pH 值、不对称电位以及温度的不同而不同。由于($E_\text{甘}$－常数)的数值不能确知，pH 值不可能由 pH 计测得 $E_\text{电池}$ 值后用公式算出。因此，实际测定 pH 值总是先配制已知的 pH 标准缓冲溶液来校正仪器上的标度，使标度上所指示的值恰为标准溶液的 pH 值，然后再换上待测溶液，便可直接测得其 pH 值。

由于玻璃电极的实际电极系数（即溶液的 pH 值改变一个单位时，电极电位变化的毫伏数）不一定恰好为 59mV（25℃），为了提高测量的准确度，测量时所选用的标准溶液的 pH 值应与所测试液的 pH 值相接近。仪器上有温度补偿装置，根据试液的温度，可以调整 pH 标度的电位系数。

8.2.5　pH 值的测定

用无二氧化碳的水将样品配制成 50g/L（除非另有规定）。

配制两种标准缓冲溶液，使其 pH 值分别位于待测样品溶液的 pH 值的两端，并接近样品溶液的 pH 值。用上述两种标准缓冲溶液校准酸度计，将温度补偿旋钮调至标准缓冲溶液的温度处。测得的斜率值在 90%～100% 范围内，电极使用状态正常。若酸度计不具备斜率系数调节功能，可用两种标准缓冲溶液互相校准，其 pH 值误差不得大于 0.1（如斜率值小于 90% 或 pH 值误差大于 0.1，则该电极应清洗或更换）。用 pH 值与样品溶液接近的标准缓冲溶液定位。用水冲洗电极，再用样品溶液洗涤电极，调节样品溶液的温度至 (25±1)℃，并将酸度计的温度补偿旋钮调至 25℃，测定样品溶液的 pH 值。为了测得准确的结果，将样品溶液分成两份，分别测定，测得的 pH 值读数至少稳定 1min。两次测定的 pH 值允许误差不得大于 ±0.02。

8.3　离子选择性电极

离子选择性电极也称离子敏感电极，就是对某种特定的离子具有一定选择性响应的电极，而对其他离子不响应或很少响应。它是以电位法测量溶液中某一种离子活度（或浓度）的指示电极。

8.3.1　离子选择性电极的构造和分类

各类离子选择性电极的构造虽各有特点，但它们都具有一个薄膜，膜内装有一定浓度的内参比溶液（也有不含内参比溶液的）。其中插入一支内参比电极，如图 8.5 所示为离子选

择性电极的基本构造。

离子选择性电极种类繁多，形式各不相同，目前仅就广泛应用的一些电极分类归纳如下。

离子选择性电极可分为单膜离子电极和复膜离子电极两类。其中，单膜离子电极分为固体膜电极和流动载体电极两类，固体膜电极包括玻璃电极和难溶盐膜电极。

玻璃电极用于测定 H^+、K^+、Na^+、Ag^+ 等；难溶盐膜电极用于测定 Cu^{2+}、Cd^{2+}、Pb^{2+}、卤素离子、CN^-、S^{2-} 等。流动载体电极中液态离子交换膜电极用于测定 Ca^{2+} 二价阳离子及 NO_3^-、BF_4^- 等；液膜电极用于测定 NO_3^- 等；中性载体电极用于测定 K^+、NH_4^+ 等。

复膜离子电极分气敏电极和酶电极。

气敏电极用于测定 NH_3、NO_2、SO_2、CO_2、H_2S 等；酶电极用于测定尿素、氨基酸、葡萄糖等。

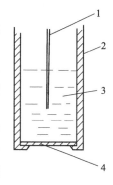

图 8.5 离子选择性电极的基本构造
1—内参比电极；
2—电极管；
3—内参比溶液；
4—电极膜

8.3.1.1 玻璃膜电极

这类电极出现较早，有 pH 玻璃电极、Na^+ 电极、K^+ 电极、Ag^+ 电极及 Li^+ 电极等对一价离子敏感的电极。其结构基本相似，敏感膜的组成不同，内参比液不同，而内参比电极大多采用 Ag-AgCl 电极。

8.3.1.2 难溶盐膜电极

这类电极的敏感材料一般都是金属难溶盐经加压成晶（或拉制、沉淀成晶）而制成单晶、多晶或混晶活性膜，故也称为晶体膜电极。

(1) 单晶膜电极　敏感膜由难溶盐的单晶片制成。测定 F^- 用的氟离子选择性电极是比较典型的。它的敏感膜 LaF_3 单晶，内参比溶液为：1.0×10^{-3} mol/L NaF+0.1mol/L NaCl 或 0.1mol/L NaF+0.1mol/L NaCl 两种体系，内参比电极为 Ag-AgCl。该电极对 F^- 有很宽的测量范围，而且对 F^- 有良好的选择性，一般阴离子除 OH^- 外均不干扰电极对 F^- 的响应。

(2) 多晶膜电极　难溶盐沉淀压片，可以是几种晶体，如 CuS-Ag_2S 压片制成 Cu^{2+} 电极，CdS-Ag_2S、PbS-Ag_2S 压片制成 Cd^{2+}、Pb^{2+} 电极。用相应的卤化银可制成 Cl^-、Br^-、I^- 等电极。

(3) 液膜电极　在流动载体电极中电极膜是将被测离子盐类、螯合物等溶在与水不相混溶的有机溶剂中，再使这种有机溶液深入惰性多孔的物质而制成。例如 Ca^{2+} 离子选择性电极就是典型代表。这种多孔性膜材料是疏水性的，仅支持离子交换剂液体形成一层薄膜，薄膜两界面发生离子交换反应而产生膜电位。

8.3.1.3 气敏电极

此类电极是由离子选择性电极与参比电极组成的复合电极，在敏感膜上，覆盖一层气透膜，膜与离子电极之间有一薄层内参比溶液。由于气透膜具有憎水性，故两侧的试液不致互相渗透，而溶解在试液中的气体分子可以自由地通过此膜，扩散进入内参比溶液薄层中，引起反应。例如测定试液中氮含量的氨气敏电极。

8.3.2　离子选择性电极的选择性

虽然离子选择性电极是多种多样的，性能各不相同，但它们都有一个对某一特定离子响应的敏感膜，其电极性能都是基于膜电位。

膜电位不能直接测定，通常是将指示电极与参比电极相连，如与饱和甘汞电极相连，组成电化学电池进行测定。如 $E_甘$ 为正极，离子选择性电极作为负极，设测定的离子为阴离子，则电池电动势为：

$$E_{电池}=E_甘-E_膜=E_甘-\left(常数-\frac{2.303RT}{nF}\lg a_阴\right)=(E_甘-常数)+\frac{2.303RT}{nF}\lg a_阴$$

因为（$E_甘$－常数）仍为常数，因此，在一定条件下，测得电池电动势就可求得待测离子的活度（或浓度）。

理想的离子选择性电极最好只对待测的离子有响应，但这只是一种理想状态。事实上电极不只对一种离子有响应，也与待测离子共存的某些离子有响应，只是响应程度不同而已。表示电极对待测离子和干扰离子响应程度的差别，叫做电极的选择性或选择性常数，设 i 为待测离子，j 为共存的干扰离子，若 i、j 均为一价离子，则膜电位一般式为：

$$E_膜=常数+0.059\lg(a_i+a_jK_{ij})$$

式中　a_i——待测离子活度；

　　　a_j——干扰离子活度；

　　　K_{ij}——选择性常数。

选择性常数 K_{ij} 是离子选择性电极选择性的指标。它可以理解为：引起离子选择性电极的电位有相同的变化时，所需的待测离子 i 的活度与干扰离子 j 活度的比值（即在其他条件相同时，提供相同电位的待测离子 a_i 和干扰离子 a_j 的比值 a_i/a_j）。

例如，当 $K_{ij}=0.1$，这意味着 a_j 10 倍于 a_i 时，j 离子所提供的电位才等于 i 离子所提供的电位。因此选择性常数越小越好，选择性常数小，表明电极对待测离子的选择性高，即受干扰离子 j 的影响小。

如 $K_{ij}<1$，表明电极选择性倾向于 i 离子，即使 a_j 较大，i 离子选择性电极对 j 离子的响应较小，即 j 离子对测定的干扰也较小。

如 $K_{ij}>1$，表明电极选择性倾向于 j 离子，即 i 离子选择性电极对 j 离子的响应比对 i 离子还灵敏。

如 $K_{ij}=1$，则表示 i 离子选择性电极对 i、j 离子的响应相同。

可见 K_{ij} 值越小越好。一般对于较好的离子选择性电极，K_{ij} 数值应低于 5×10^{-3}。

选择性常数的倒数称为选择比，在有些文献中，也常用来表示电极的选择性。此时，选择比越大越好。

8.3.3　离子选择性电极测定的浓度范围及准确度

检测下限是离子选择性电极的一个重要指标，表明它能够检测的最低浓度。一般离子选择性电极的可测范围为 $10^{-1}\sim10^{-5}$ mol/L，个别的可达 10^{-8} mol/L。

例如，一支晶体膜电极，由难溶盐晶体组成，当与溶液接触时，如果溶液中离子浓度低于该难溶盐的溶解度，膜电极上的难溶盐有溶解趋势，因而检测下限不可能低于难溶盐溶解而生成的离子浓度。难溶盐的溶解度越小，检测下限也越低。

一般对一支电极的检测下限可通过实验的方法来确定。对液膜电极来说，如被测溶液盐浓度高时，离子会渗透到交换相中，使选择性消失。而固体膜电极无此现象，测定上限的浓度可大一些，一般上限在 1 mol/L 左右。

离子选择性电极测定的准确度，常受溶液组分、液接电位、温度等因素变化的影响，特别是与测量仪器的精度有关，设测定时电池电动势为：

$$E_{电池} = E^{\ominus} + \frac{2.303RT}{nF}\lg c$$

将 $E_{电池}$ 对浓度 c 微分，则

$$\Delta E = \frac{RT}{nF} \cdot \frac{\Delta c}{c}$$

$$\frac{\Delta c}{c} = \frac{nF}{RT} \times \Delta E$$

式中，ΔE 的单位为 mV，温度为 25℃。

整理得测量的相对误差 $\Delta\% = 4n\Delta E_{电池}$，具体见表 8.5。

表 8.5 离子选择电极的测量误差

测量误差(25℃)/mV	相对误差/%		测量误差(25℃)/mV	相对误差/%	
	一价离子	二价离子		一价离子	二价离子
0.2	0.8	1.6	1.0	3.8	7.5
0.5	1.9	3.8	2.0	7.5	15.0

由上式可见：

① 测量的相对误差与被测离子的活度及体积大小无关，因此选择性电极用于测定低浓度的样品较为有利；

② 测量的相对误差与被测离子的价态有密切的关系。

在一般实验条件下，若能维持标准溶液和待测溶液的离子强度、活度等，则测量误差仍可保持在 ±0.5mV 以下。

8.3.4 离子选择性电极常用的名词术语

8.3.4.1 能斯特响应

当用离子选择性电极测定离子的浓度或活度时，如果该电极对离子的响应符合能斯特方程式，即 $E = E^{\ominus} \pm s\lg a$，且 s 值近似于电极功能系数时，称此电极对其测定的离子具有能斯特响应。

8.3.4.2 动态响应特性

(1) 漂移　电极的漂移是指在一定温度和组成的溶液中（通常指静置的溶液），由离子选择性电极和参比电极构成的测量电池的电动势随时间而缓慢有序地变化，通常具有单向性。实际观测的结果是测量仪器零点电位漂移和电池电动势漂移的代数和。在仪器的零点漂移与参比电极的零点漂移可以忽略不计时，电池电动势的漂移的测量值即为离子选择性电极本身的电位漂移。通常以 $\Delta E/\Delta t$（mV/24h 或 mV/8h）来表示。

电极电位漂移与构成电极的膜物质在溶液中的浸沥及溶解作用，膜与试液中某一组分的化学反应（例如某一新组分膜物质的生成）等因素有关。漂移大的电极性能较差。在需要连续测试的场合，要求选择性电极有尽可能小的漂移。

(2) 滞后现象（又称"记忆效应"或"迟滞效应"）　当电极从高浓度的测定转入低浓度的测定时，如果电极不能很快地达到低浓度的电位读数，却还显示较高浓度的电位值的现象，叫做滞后现象。所以测定时应从低浓度测到高浓度。

(3) pH 范围　离子选择性电极适用的 pH 范围主要取决于电极的活性物质，也与待测离子的化学性质有关。在实际应用中，对测定时的 pH 值均应做出规定。

(4) 中毒　电极表面活性材料与试样中离子发生化学反应，导致电极对被测离子活度不

再具有能斯特响应的功能,这种现象称为电极中毒。

(5) 老化 指电极使用后,内阻增加,灵敏度下降的现象。它与受温度引起的变化不一样,老化影响较慢。灵敏度的降低主要表现在斜率变小,原因是由于敏感膜中离子慢慢地转移到溶液中,引起载体减少,交换电流变小。另外,由于PVC膜中增塑剂的挥发,会使载体失去活力,因此所有的电极都希望避免光照和长期在溶液中浸泡。

(6) 斜率 离子选择性电极在线性响应范围内,其活度每变化10倍(一个数量级)所引起的电极电位变化的数值称为斜率,一般用 s 表示。理论上斜率应等于能斯特因子 $2.303RT/nF$ (或 $0.1984T/n$),在一定的温度下,对给定的离子是一个常数。例如在25℃时对一价离子,其斜率 s 为 59.15mV,对二价离子为 29.58mV,对三价离子则为 19.72mV。

(7) 总离子强度调节缓冲剂(TISAB) 因为溶液中离子强度对电极电位有影响,所以需加入离子强度调节剂。它是一种浓的电解质溶液,不与待测离子反应,不污染和损害电极敏感膜,可以调节试液的pH值,增高和控制离子强度及消除共存离子的干扰。

(8) 温度效应(温度系数) 在恒定的条件下,离子选择性电极的温度变化影响可由能斯特方程对温度微分得到:

$$\left(\frac{dE}{dT}\right)_{温度} = \left(\frac{dE^{\ominus}}{dT}\right)_{温度} + \frac{0.1984}{n_1}\lg a_1 + \frac{0.1984T}{n_1} \times \frac{d\lg a_1}{dT}$$

上式等号右边第一项为离子选择性电极的标准电位的温度系数项;第二项为能斯特温度系数斜率项;第三项为溶液温度系数项。

因此,温度对整个测定体系的影响是比较复杂的,所以准确地测定应控制温度。通常膜电极适宜温度范围为0~40℃,PVC胶电极为5~45℃,玻璃电极为0~95℃。

8.3.5 测定离子活度(或浓度)的方法

离子选择性电极可以直接用来测定离子的活度,也可以用来指示滴定终点,前者称为直接法,后者称为间接法。

8.3.5.1 标准曲线法

配制与试液具有相近基体成分的一系列标准溶液,与试样同样进行操作,测出不同浓度的电极电位值。然后以测得的 E 值对相应的浓度对数值绘制标准曲线。根据相同条件下对试液进行测定所得到的电位值,即可从标准曲线上查出被测溶液中离子的浓度。如果采用半对数坐标纸,可直接查出未知液的浓度或含量。

一般分析时,要求测定的是浓度,而不是活度,由于活度与浓度的关系为 $a=\gamma c$,式中 γ 为活度系数,在极稀的溶液中 $\gamma \approx 1$,而在较浓的溶液中 $\gamma < 1$。活度系数取决于溶液中的离子强度,因此必须将离子强度较高的溶液加到标准溶液和未知溶液中,使溶液中离子强度固定,从而使离子活度系数不变,这样可以测定被测溶液中离子的浓度。

本方法适用于大批同类试样的分析,实用价值较大。

8.3.5.2 标准加入法

当待测溶液的成分比较复杂,离子强度较大时,就难以使它的活度系数同标准溶液一致,这时用标准加入法比较适宜。

设某一待测离子浓度 c_x,体积为 V_x,测得电池电动势为 E_x。准确加入标准溶液,浓度为 c_s(为保证准确度,加入的标准溶液浓度应远大于待测离子的浓度,即 $c_s \gg c_x$),体积为

V_s(增加体积 $V_s \ll V_x$)。

混匀后,再测其电动势为 E_{x+s}。假定溶液中离子强度不变。

则
$$E_x = K' + s\lg C_x \tag{8.4}$$

$$E_{x+s} = K' + s\lg \frac{c_x V_x + c_s V_s}{V_x + V_s} \tag{8.5}$$

或式(8.5)减去式(8.4)得:

$$\Delta E = E_{x+s} - E_x = s\lg \frac{c_x V_x + c_s V_s}{c_x(V_x + V_s)} \tag{8.6}$$

将式(8.6)整理得:

$$\frac{\Delta E}{s} = \lg \frac{c_x V_x + c_s V_s}{c_x V_x} = \lg \left(1 + \frac{c_s V_s}{c_x V_x}\right)$$

$$10^{\frac{\Delta E}{s}} = 1 + \frac{c_s V_s}{c_x V_x}$$

则
$$C_x = \frac{c_s V_s}{V_x}(10^{\Delta E/s} - 1)^{-1}$$

若温度为 25℃,则 $s = \frac{0.059}{n}$。

以上是一次标准加入法(另外有二次加入)。

此法两次电动势的测定,基本上是在共存物质化学组成相同的同一试液中进行的,因此试液中其他组分的影响由此可完全抵消,减少了引入的误差,使此方法能适用于复杂体系中的测定。

8.4 电位滴定

8.4.1 电位滴定原理

电位滴定法属于电位分析。在普通滴定分析中,滴定终点是根据指示剂的变色来确定的,而电位滴定法是根据滴定过程中指示电极电位的变化来确定的。在理论终点附近,由于被测物质浓度发生突变而引起电位的突跃,据此可以确定滴定终点。因此电位滴定与普通滴定分析的基本原理是相同的,其区别仅在于确定终点的方法不同。与普通滴定分析相比较,电位滴定法的操作一般比较麻烦,需要一定的仪器设备,但是它也有其特点,主要应用于下述情况。

① 用于浑浊或有色溶液的滴定。例如,$CuSO_4$ 电解液中 Cl^- 的测定,用 $AgNO_3$ 作滴定剂,由于 Cu^{2+} 呈蓝色,难以用指示剂来判断终点,就可采用电位滴定法。

② 用于非水溶液的滴定。某些有机物溶液的滴定需要在非水溶液中进行,一般缺乏合适的指示剂,而要采用电位滴定法。

③ 能用于进行连续滴定和自动滴定。

④ 适用于微量分析。

8.4.2 电极与仪器

8.4.2.1 电位滴定的反应类型及指示电极的选择

电位滴定除了要求滴定反应必须足够快和完全,又必须只按固定的方向及按化学计量比进行外；还需要选择合适的指示电极及参比电极。因此，应根据不同类型的滴定反应来选择电极。

电位滴定主要有以下四种反应类型。

(1) 酸碱滴定　采用玻璃电极作指示电极，以饱和甘汞电极或 Ag-AgCl 电极作参比电极。在滴定过程中，H^+ 浓度发生变化，到达理论终点附近时，溶液的 pH 值出现"突跃"。

(2) 氧化还原滴定　利用氧化还原反应进行电位滴定时，可采用氧化还原电极，即惰性金属电极作为指示电极。一般采用铂电极，由螺旋状的铂丝或铂片制成（有时也采用其他电极）。

这些电极插入溶液中，本身不起化学反应，仅作为氧化态和还原态物质交换电子的场所，同时起导电作用。因此，它的电极电位能反映溶液中氧化态及还原态离子的浓度比。参比电极一般采用饱和甘汞电极；另外也可采用钨电极作为参比电极，但钨对电极的反应迟钝，在滴定过程中电位的变化很小。Pt-W 系统对氧化还原滴定也很适合。

(3) 沉淀滴定　应用沉淀反应进行电位滴定时，没有统一的指示电极，必须根据不同的沉淀反应选用不同的指示电极。例如用 $AgNO_3$ 滴定 Cl^-、Br^-、I^- 等时，在滴定过程中，卤离子的浓度发生变化，以银电极作为指示电极，也可采用相应的卤离子选择性电极为指示电极。饱和甘汞电极作参比电极（采用双盐桥类型，盐桥内装饱和硝酸铵或硝酸钾），也可采用饱和硫酸亚汞电极作参比电极，硝酸钾作盐桥。

(4) 络合滴定　利用络合反应进行电位滴定时，也应根据不同的络合反应，选用不同的指示电极。例如用 $AgNO_3$ 滴定氰化物时，生成 $Ag(CN)_2^-$ 络离子，滴定过程中 CN^- 的浓度发生变化，可采用银电极或碘化银沉淀型膜电极作为指示电极。当采用 NaF 滴定 Al^{3+} 时，可采用氟电极作为指示电极。

8.4.2.2　滴定终点的确定

以电池电动势 E 对所加滴定剂体积作图，得图 8.6(a) 的滴定曲线。在 S 形滴定曲线上的转折点（拐点）即为滴定终点。

如果滴定曲线比较平坦，突跃不太明显，则可以绘制如图 8.6(b) 所示的 $\Delta E/\Delta V$ 对 V 作图，可得一条呈尖峰状的曲线，尖峰所对应的 V 值即为滴定终点。

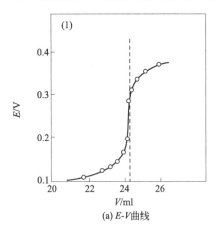
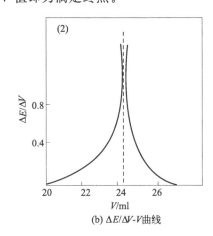

图 8.6　电位滴定曲线

$\Delta E/\Delta V$ 代表 E 的变化值（ΔE）与相对应的加入滴定剂体积的增量（ΔV）之比。

也可以 $\Delta^2 E/\Delta V^2$ 值对 V 作图（二阶微商曲线图）或通过计算求得终点的方法。绘图较费事，实际工作中，在测得 E 值后，即可算出 $\Delta E/\Delta V$，取最大值为终点，或参考最大值上下的次大值确定终点时的滴定体积。

8.5 电解分析法

电解分析是最早的经典电化学分析方法。在 19 世纪就出现了银及铜的电解分析方法。电解分析包括两方面的内容。

① 应用外加电源电解试液，电解后直接称量在电极上析出的被测物质的质量，即可计算出被测含量，这种方法称为电重量分析法。电重量分析法测定高含量的物质，其特点是不需要基准物质和标准溶液。

② 将电解的方法用于元素的分离，则称为电解分离法。

8.5.1 电解分析法的基本原理

8.5.1.1 电解

使电流通过电解质溶液（或熔融液）而引起氧化还原反应的过程称为电解。这种借助于电流引起氧化还原反应的装置，也就是将电能转变为化学能的装置，称为电解池或电解槽。

在电解池中，与直流电源的负极相连的极称为阴极；和直流电源的正极相连的极称为阳极。电解液中的正离子移向阴极，在阴极上得到电子，进行还原反应，负离子移向阳极，在阳极上给出电子，进行氧化反应。

因为电子从电源的负极沿导线进入电解池的阴极，另一方面，电子又从电解池的阳极离开，沿导线流回电源的正极。这样，在阴极上电子过剩，在阳极上电子缺少，所以发生了上述电子的转移。

在电解池中的两极反应，正离子得到电子或负离子给出电子的过程都称为放电。例如以铂作为电极，电解 $CuSO_4$ 溶液（1mol/L）。其电解装置见图 8.7。

改变电阻 R，使加在电极间的电压逐步上升，开始时只有一个微小电流，称为残余电流。产生残余电流有两个原因：一是溶液中存在的微量易还原杂质（如溶解氧、Fe^{3+} 等）扩散到阴极上被还原，产生电解；二是铂电极在未电解前，两电极电位相等，因此只要稍加电压，就有部分 Cu^{2+} 在阴极上还原，形

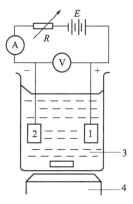

图 8.7 电解装置
1,2—铂电极，分别为阳极和阴极；
3—$CuSO_4$ 1mol/L+H_2SO_4 0.5mol/L；4—电磁搅拌器

成电流。当电极镀上一薄层铜后，电极性质改变，不再是铂电极，而是铜电极，两个电极性质不同，组成一个原电池，有一定的电动势（从电解角度来讲，它是对电解的对抗电位，因而也称为反电动势）。继续加大电压，直至比反电动势大一定值以后，则电流与外加电压成线性关系而加速升高，发生电解。

电极反应式：

阴极 $Cu^{2+}+2e^- \rightleftharpoons Cu\downarrow$ $\quad E_{阴}=E^{\ominus}_{Cu^{2+}/Cu}+\dfrac{0.059}{2}\lg[Cu^{2+}]=0.34V(25℃)$

阳极 $2H_2O \rightleftharpoons 2H^++2OH^-$ $\quad E_{阳}=E^{\ominus}_{O_2/H_2O}+\dfrac{0.059}{4}\lg[H^+]p_{O_2}=1.23V(25℃)$

$$2OH^- - 2e^- \rightleftharpoons \frac{1}{2}O_2 \uparrow + H_2O$$

$$H_2O - 2e^- \rightleftharpoons \frac{1}{2}O_2 \uparrow + 2H^+$$

因此，Cu^{2+} 在阴极上得到电子（被还原）析出金属 Cu，而在阳极附近，OH^- 失去电子被氧化。

总反应式为
$$Cu^{2+} + H_2O \rightleftharpoons Cu + \frac{1}{2}O_2 + 2H^+$$

因此，两电极间组成的电池电动势为
$$E = 1.23 - 0.34 = 0.89(V)$$

8.5.1.2 分解电压与析出电位

要进行电解，外界要给予多大电压才能使电极上的反应顺利进行呢？现仍以电解 $CuSO_4$ 溶液为例，当外加电压逐渐由零增大时，电流增加很微小，无电解现象发生。这时电流与电压的关系不服从欧姆定律，只有当电压增大到一定值后，电流才随着电压的增大而显著地增大，同时在两极上发生连续的电解现象。如以外加电压 $V_{外}$ 为横坐标，电解池电流 i 为纵坐标作图（见图 8.8），可得到电流-电压关系曲线。图中 D 为总电压，就是能够引起电解质电解的最低外加电压叫做该电解质的"分解电压"。从理论上讲，当外加电压等于该电池的电动势时，电极反应处于平衡状态。而只要外加电压略微超过该电动势时，电解似乎应当能够进行，但是实验结果与理论计算有较大的差距。只有当电压增大到一定数值时，电解方能进行。这种能使电解得以顺利进行的最低电压即为实际分解电压。

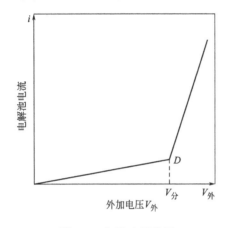

图 8.8 电流-电压关系

对于上述 $CuSO_4$ 溶液，外加电压必须是 1.49V，甚至更大一些。这里多需要 0.6V（1.49V－0.89V＝0.60V）电压，除了小量消耗于整个电解回路的 IR 电位降外，主要用于克服由于极化（包括浓差极化和电化学极化）作用所产生的"过电位"（或称超电位）。

因此，在实际电解时，要使阳离子在阴极析出，外加于阴极的电势必须比理论电极电位更负一些；而要使阳离子在阳极上放电，外加于阳极的电势必须比理论电极电位更正一些。这种使电解产物析出的实际电极电位叫做"析出电位"。例如，在电解时，在阴极刚刚还原而析出金属的阴极电势就是该金属的析出电位。

这里要指出的是，分解电压是指整个电解池而言，而析出电位则是对一个电极来说，通常在电解分析中只需考虑某一工作电极的情况，因此析出电位比分解电压具有更大的意义。

8.5.1.3 极化现象及过电位

(1) 浓差极化 在电解过程中，由于离子在电极上放电，使电极附近的离子浓度较其他部分的浓度要小。在阴极上正离子被还原，当正离子浓度减少时，根据能斯特方程式可知，其电极电位代数值将减少，在阳极上负离子被氧化，而当负离子浓度减少时，其电极电位代数值增大，总的结果使分解电压的数值增大。这种现象叫做浓差极化。

浓差极化可以通过搅拌和升高温度使离子扩散速度增大而使之减少。

(2) 电化学极化及过电位 整个电极过程是由许多分步过程组成的，其中速率最慢的一步对整个电极过程的速率起决定性的作用。在许多情况下，电极反应这一步的速率是很慢的，它的进行需要较大的活化能。因此，在电解时为了使电解作用能显著地进行，有一定的电解电流通过电解池。对于阴极反应来说，必须使阴极电位较其平衡电位更负一些，从而使电极反应以一定的速率进行。这种阴极电位与平衡电位之间产生偏差的现象，称为电化学极化，并伴随有过电位的产生。

由于电化学极化，使析出电位偏离了理论值，它们之间的差值称为过电位。即在充分搅拌消除浓差极化的情况下，测定电极电位数值时，发现电解池在通电的情况下，阴极产物的实际析出电位比理论值更小些；而阳极产物的析出电位比理论值更大些，这个差值就是电极的过电位。

总之，过电位是由于种种因素或是电极表面性质不同，或是电解产物在析出过程中某一步骤（如离子的放电、原子结合成分子、气泡的形成等）反应速率迟缓而引起的。

过电位的数值规定均为正值。两电极的过电位之和即为电解池的过电压。

由此可知，电解池的实际分解电压，主要是理论分解电压、过电压以及由于浓差极化和电阻所引起的电压降所组成的。通常后两者可设法使之减小而予以忽略。

电解产物不同，过电位的数值也不同，例如金属的过电位一般很小，气体的过电位较大，而氢气、氧气的则更大。对于不同的电极材料和表面情况，同一物质析出的过电位数值也不相同。电流密度增大时，过电位增大；当温度升高时，过电位减小。

8.5.1.4 电解分析的实验条件

电解分析除了要求分析物沉淀完全、纯净以外，还要求析出物紧密光亮，操作中不宜沾污和丢失。为了获得良好的金属沉积物，必须注意下列实验条件。

(1) 电流密度 电流密度是指单位电极表面上的电流强度，通常用每平方分米的安培数表示（A/dm^2）。

一般而言，电流密度越小，得到的析出物越紧密，但电解的时间较长；电流密度过大，则电极附近离子很快被沉积析出，此时若离子未能从溶液中及时补充到电极附近，则氢离子将相伴析出，因此很容易形成疏松状沉淀，电解时间缩短。一般采用的电流密度为 $1 \sim 10 A/dm^2$。

为了能在较大的电流强度下不致形成过大的电流密度，使用大面积的电极电解是可行的。因此，在电重量分析中，待测离子析出电极采用网状铂电极。

(2) 搅拌和加热 搅拌可使溶液的离子迅速向电极附近补充，因而即使使用了较大的电流密度，尚能得到良好的沉淀形式。增加温度就是增大了离子的运动速度，也起到与搅拌相同的作用。

(3) 溶液酸度的控制及络合剂的使用 一般金属的电解，通常是在酸性溶液中进行的，但酸度太高时，有可能因氢的相伴析出而使待测金属沉淀不完全，因此酸度的调节是很重要的。

为了能够在阴极上定量析出那些位于电动次序在氢上方及下方不远的金属，必须使氢的析出电位低于要沉淀金属的析出电位，有时甚至要调节溶液至碱性再进行电解。为了能在碱性溶液中进行电解，又要防止被测离子生成氢氧化物沉淀，可在溶液中加入络合剂，使被测离子形成络合物保持在溶液中。例如，电解测定镍时，在电解液中加入 $NH_3 \cdot H_2O$。一方面使 H^+ 减少，镍可在氢开始析出前定量析出，另一方面，Ni^{2+} 与 NH_3 生成 $[Ni(NH_3)_4]^{2+}$ 而保持在溶液中，避免了 $Ni(OH)_2$ 沉淀的形成。

另外，以金属络离子形式进行电解得到的沉淀物比用简单金属离子形式要好，这是因为络离子溶液中简单金属离子浓度比较少，金属离子在电极上析出比较均匀的缘故。

(4) 电极电位稳定剂的应用　在电解过程中由于物质在电极上析出，阴极电位将越来越负，阳极电位将越来越正。这时如果溶液中有干扰物质，它们有可能与待测物质一起析出。为了防止干扰反应的发生，可在电解池中加入一种试剂，这种试剂或者能在阴极上比干扰物质易还原，或者能在阳极上比干扰物质易氧化，即它能使电极电位稳定在一定范围内，致使干扰物质不能在电极上发生反应。而这种试剂在电极上反应的产物又不干扰沉积物的性质，并使各种干扰反应受到抑制，电解就能够定量地完成。加入的这种试剂称为电极电位稳定剂或称为去极化剂。

例如，在 H_2SO_4 溶液中电解 $CuSO_4$ 的过程中，阴极电位逐渐变低时，H^+ 有可能与 Cu^{2+} 相伴析出，使沉积物质量不佳。如果在电解液中加入适量的硝酸或硝酸盐，则 NO_3^- 在阴极上比 H^+ 更容易还原（产生 NH_4^+，而 NH_4^+ 不会在阴极上沉积，也不会影响铜镀层的性质），因此可以防止 H^+ 在阴极上还原。这里加入的硝酸或硝酸盐即为阴极电位稳定剂。

另外，如果被电解的金属离子存在可变化合价，则它们的还原过程常常是分步进行的，由此，电解液中便存在各种中间价态的金属离子。这些离子可能在阴极上还原，也可能在阳极上氧化，当它们被氧化为高价离子后，又被还原成中间价态离子，然后再重新被氧化为高价态离子，如此反复循环，因而使被测定的离子不能定量地沉积出来，同时也降低了电解效率。

例如，在盐酸溶液中电解铜时，有各种价态铜离子的电极反应：

$$Cu^{2+} + 3Cl^- + e^- \Longrightarrow CuCl_3^{2-} \text{（或 } CuCl_2^- \text{）} \qquad E^\ominus = +0.51V$$

$$Cu^{2+} + 2e^- \Longrightarrow Cu \qquad E^\ominus = +0.345V$$

$$CuCl_3^{2-} + e^- \Longrightarrow Cu + 3Cl^- \qquad E^\ominus = +0.178V$$

可见，Cu^{2+} 还原为 $CuCl_3^{2-}$ 的反应最易进行，一旦形成 $CuCl_3^{2-}$ 后，便可能在阳极上再氧化，发生如下的循环反应，而影响电解的完成。

$$Cu^{2+} \xrightarrow[\text{还原}]{\text{阴极}} CuCl_3^{2-} \text{（或 } CuCl_2^- \text{）} \xrightarrow[\text{再氧化}]{\text{阳极}} Cu^{2+} \longrightarrow \cdots\cdots$$

又如在 H_2SO_4 溶液中电解铜时，虽然 Cu^{2+} 本身不存在上述的阳极再氧化反应，但溶液中有较多的 Fe^{2+} 或 Fe^{3+} 时，由于 Fe^{3+} 在阴极上被还原，而 Fe^{2+} 能在阳极上被氧化，也形成反复循环的电极反应，同样将严重影响铜的电解完全。

这种阳极干扰，也可借助于加去极化剂来消除。在盐酸溶液中电解铜时，阳极干扰反应的消除，可借加入盐酸肼（或盐酸羟胺）作为阳极去极化剂，使它们的阳极析出电位负于 $+0.51V$。

8.5.2　电解分析法的应用

8.5.2.1　恒电流电解法

恒电流的典型电解装置见图 8.9。其电解池由高形烧杯、电极和搅拌器组成。电极通常用金属铂制成。阴极一般由直径为 2～3cm、高 6cm 的网状圆柱体（铂网）所构成。这种结构形式由于电极表面积很大，能有效地降低电流密度，在搅拌和加热的情况下溶液能自由循环接触，使浓差极化效应减至最小。阳极可以做成直径稍小一点的网状圆柱体，这样可放在阴极里面，较常见的是做成金属螺旋体（铂螺旋体）。

外加电压可用可变电阻 R 加以控制,电流表和电压表可指示出大致的电流和外加电压值。电解过程中不断调整外加电压,使其电流强度恒定。国产 44B 双联电解分析仪(电解电压 0～7.5V,电解电流 0～10A)即为恒电流电解适用的仪器。

因本法不用电解方法控制阴极电位,因此选择性较差,但准确度较好,是一种常用的分析方法。一般来说,被测成分必须是溶液中比氢还要容易还原的唯一成分。如果溶液中有不止一种这样的离子存在,那么就必须事先进行适当的预处理,排除其干扰后再进行电解。

电重量法可测定镉、钴、铜、铁、镍等金属元素。用电重量法测定常见元素的称量形式和主要条件见表 8.6。

现以电解法测铜为例进行讨论。该法适于测定 98%～99.99% 的纯铜及含铜 50%～98% 的铜合金。

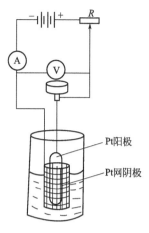

图 8.9 恒电流典型电解装置

表 8.6 恒电流电重量法测定的常见元素

离子	称量形式	条件(电解液组成)	离子	称量形式	条件(电解液组成)
Cd^{2+}	Cd	碱性氰化物溶液	Ni^{2+}	Ni	氨性硫酸盐溶液
Co^{2+}	Co	氨性硫酸盐溶液	Ag^+	Ag	氰化物溶液(碱性)
Cu^{2+}	Cu	HNO_3-H_2SO_4 溶液	Sn^{2+}	Sn	$(NH_4)_2C_2O_4$-$H_2C_2O_4$ 溶液
Fe^{3+}	Fe	$(NH_4)_2CO_3$ 溶液	Zn^{2+}	Zn	氨性或浓 NaOH 溶液
Pb^{2+}	PbO_2	HNO_3 溶液			

首先将电极用水洗后,再用乙醇浸洗、吹干称重。

其方法要点如下:

① 试样一般以 HNO_3(1+1)或 H_2SO_4-HNO_3 溶解。

$$3Cu+8HNO_3 = 3Cu(NO_3)_2+4H_2O+2NO_2\uparrow$$

若含 Sn、Pb,则

$$3Sn+4HNO_3+H_2O = 3H_2SnO_3\downarrow+4NO\uparrow$$
$$Pb+4HNO_3 = Pb(NO_3)_2+2NO_2\uparrow+2H_2O$$

② 过滤分离偏锡酸后,可先用电解法除去铅,再调酸度并在适当条件下电解铜,或同时电解铅及铜(铅以 PbO_2 形式在铂阳极上析出)。

电解条件如下:

① 外加电压通常为 2.0～2.5V。若外加电压太高,由于氢析出而导致沉淀疏松铜难以附着沉积出来。

② 通过电解池的电流为恒定值(一般为 0.5～5A),常采用 1A。

③ 电解液以硝酸盐和硫酸盐为宜,切忌氯化物。

④ 酸度约 0.2mol/L HNO_3 为宜。酸度高使电解时间延长或电解不完全;酸度过低则析出的铜易被氧化。

⑤ 电解温度以室温为宜,注意不断搅拌。

许多金属,如 As、Sb、Sn、Bi、Mo、Ag、Hg、Se 及 Te 等可在阴极上析出,使沉淀沾污。

纯铜中微量的 As、Sb、Sn、Bi 在加入过氧化氢后,可不干扰。含 As 较高的试样,可增加酸度,加入 NH_4NO_3 使 As 氧化。Se、Te 可氧化至六价而消除干扰,或事先以 SO_2 在 H_2SO_4 溶液中还原分离。

氧化剂，如氮的氧化物，过量的 Fe(NO₃)₃ 或 HNO₃ 会使析出的 Cu 氧化为 Cu_2O，致使结果偏高。

电解后期，由于 NO_3^- 被还原为 NO_2^-，可阻止铜的沉积，并在电极移出及洗涤之前，将已沉积的铜溶解。因此，电解后期，可加入少量的尿素将 HNO_2 除去。

$$2HNO_2 + CO(NH_2)_2 = 2N_2\uparrow + CO_2\uparrow + 3H_2O$$

操作关键如下：

① 溶样时，氮的氧化物要驱尽。使用的铂电极要洁净。

② 电解液中铜的沉积完全与否的检查。溶液电解至无色时，有无铜沉积，可将电极浸入溶液中更深一些或加入少量水继续电解，以观察浸入的电极表面是否有铜沉积。

③ 沉积金属的洗涤及干燥。由于沉积是在酸性溶液中进行的，因而从酸液完全移出之前，电流不应停止，否则沉积的铜将于洗涤电极之前开始溶解，致使结果偏低。

一般操作为：待铜全部沉积后，在不切断电流的情况下，迅速取下电解溶液，用水洗涤电极（洗液并入原烧杯中），再套上盛有蒸馏水的烧杯洗涤，切断电流，取下阴极，用 5ml 无水乙醇或乙醚洗涤。在 100~105℃ 烘 3~5min 后，稍冷，立即放入干燥器中，冷至室温后称量。

④ 电极上沉积物的消除。阴极可在 6mol/L HNO_3 溶液中浸泡后，再用水冲洗。阳极有 PbO_2 时须浸入含有 H_2O_2 的稀 HNO_3 中。

⑤ 对电解后溶液中遗留下来的微量铜的处理。当要求结果准确度较高时，可用分光光度法测定遗留下的 Cu，然后对电解法的结果加以校正。

⑥ 加入尿素要在电解后期，若过早加入，铜易氧化变黑。在电解后期，如果阴极气泡较多，铜上不去，可加入少许尿素。有时铜发黑的原因，可能是 pH 值太高，导致在阴极形成 Cu_2O 而析出。在电解之前，若未将 Sn 除去，则铜沉积物可能带灰色。

在合适的条件下电解，剩下的 Cu^{2+} 仅为 0.1mg。如果将铜的沉积物烘的时间太长或温度过高，则将变黑和变暗。

8.5.2.2 恒电位电解法

该法又称为控制阴极电位电解法。恒电流电解的缺点是选择性差。如果要使两种析出电位较近的金属分离，必须控制阴极电位。

此法的优点是选择性高，可以有选择地电解析出一种金属。如果金属析出的过电位可以不计，两种一价金属离子的还原电位相差 0.35V 以上，两种二价金属离子的还原电位相差 0.2V 以上，可用此法定量分离，让某一种金属析出，而让另一种或多种金属离子留在溶液中。

例如，电解含有 Cu 和 Sn 的 1mol/L 盐酸溶液，保持阴极的电位在 -0.35~-0.40V（对甘汞电极而言）之间，可使 Cu 定量沉积并与 Sn 分离。

控制阴极电位电解法可用于若干金属的分离和测定，如可用于分离测定银（与铜分离）、铜（与铋、锑、铅、锡、镍等分离）、铋（与铅、锡、锑等分离）、镉（与锌分离）等金属。

另外，还有以汞为阴极以铂为阳极的汞阴极电解分离法和不用外来电源的自发电解过程的内电解分析法，在此不赘述了。

8.6 电导分析法

在外加电场的作用下，电解质溶液中的阴、阳离子以相反的方向定向移动，就产生导电现象。以测量溶液电导为基础的确定物质含量的分析方法称为电导法。直接根据溶液电导大小来确定待测物质的含量，称为直接电导法。而根据滴定过程中溶液电导的变化来确定滴定终点的，称为电导滴定法。

8.6.1 电导分析法基本原理

电解质溶液和金属导体一样具有导电性能。金属导体的电流是由电子传递的，而电解质溶液中的电流是由离子输送的。电流、电压和电阻之间的关系都服从欧姆定律。

(1) 电导　将连接电源的两极插入电解质溶液中，构成一个电导池。正、负两种离子在电场作用下发生移动并在电极上发生电化学反应而传递电子，因此电解质溶液具有导电作用。溶液的导电能力简称为电导。溶液的电导等于其电阻的倒数，即 $L=\frac{1}{R}$。式中 L 表示电导，单位为西门子，用西 (S) 表示。R 为电阻，其单位为欧姆。

(2) 电导率　电解质溶液是均匀的导体，其电阻服从欧姆定律。当温度一定时，电阻与电极间距离 l (cm) 成正比，与电极的截面积 A(cm^2) 成反比。

$$R=\rho\frac{l}{A}$$

式中，ρ 为电阻率，单位为 $\Omega \cdot cm$，即是长 1cm、截面积为 1cm^2 的电解质溶液的电阻。电导是电阻的倒数，由此得：

$$L=\frac{1}{\rho}\times\frac{A}{l}=K\frac{A}{l}$$

式中，$\frac{1}{\rho}$ 称为电导率，用 K 表示，单位为西/厘米 (S/cm)。当电导池装置一定时，ρl 与 A 固定，$\frac{l}{A}$ 为一常数，称为电导池常数，用 θ 表示，每一个给定的电导池都有它自己特定的电导池常数。因此，

$$L=\frac{K}{\theta}$$

8.6.2 溶液电导的测量

因为电导是电阻的倒数，所以测量溶液的电导实际上就是测量溶液的电阻。但是测量溶液的电导却不能用万用电表测量，只能用电导仪进行测量。

电导测量系统主要由电导池和电导仪组成，包括测量电源、电路、放大器和指示器等。

(1) 电导池　电导池是用来测量溶液电导的装置。电导池的种类很多，形式不一，适应各种不同的溶液和测定要求。但对电导池最基本的要求是两极间的距离要求固定不变，通常它是由封装在玻璃器件中的两片平行铂电极构成。为提高测量的灵敏度，常采用铂黑电极。为防止铂黑的惰化，使用前后可浸入蒸馏水中。如果发现电极失灵，可将其浸入 10% 的硝酸或盐酸溶液中 2min，然后用蒸馏水冲洗再行测量。如情况并无改善，则铂黑必须重新电镀。其方法为：将电极浸入王水中，电解数分钟，每分钟改变一次电流方向，铂黑就会溶解掉，铂片恢复光亮，然后用温洗液浸洗，使其彻底洁净，即可镀铂。将电极的两极浸入含 1% 的四氯化铂 (PtCl$_4$) 和 0.01% 的乙酸铅 [Pb(CH$_3$COO)$_2$] 溶液中，并用导线分别将两极片接在 2V 蓄电池或直流电源的正、负极上，借串接在线路中 150Ω 的变阻器调节电流密度，使正极刚刚有小气泡产生。电解 10min，每分钟改变电极片的极性一次，即可得到均

匀、黑色绒状的铂黑层。

(2) 测量电源、电路和仪器 电导仪的测量电源一般采用交流电源，要求幅度稳定，且波形不能有明显的失真。

在现有的电导仪中，测量电源一般由电子振荡器组成。其中以能产生约 1000Hz 信号的音频振荡器最好。

实验室常用的电导仪测量电路大致可分为两类，一是桥式补偿电路，如 26 型及 D5906 型电导仪等；另一类是直读式电路，如 DDS-11A 型电导率仪。DDS-11A 型电导率仪是供实验室测量液体电导率的分析仪器，也可作电导滴定使用。可以直接读出被测溶液的电导率。由于它备有一个 10mV 的输出插口，当配接自动电位差计后，可对液体电导率的变化进行连续记录。它具有测量范围广、操作简便等特点。

8.6.3 直接电导法进行水质的检验

由于溶液的电导不是某一离子的特性，而是其中各个离子电导之和，所以电导法只能用来估算电解质离子的总量，而不能区分和测量单个离子的种类和数量。但是电导法使用的仪器简单、灵敏度高、操作简便，故直接电导法仍在广泛应用。特别是对水质的检验，它是较理想的方法。

锅炉用水、环境监测及实验室制备去离子水等都要求检测水的质量，其中水的电导是一个很重要的指标。特别是为了检验高纯水的质量，用电导法是最理想的方法。测定时，只需把合适的电导电极插入水中，直接读出电导率。

水的电导率越低（电阻率越高），表示水中的阴、阳离子数目越少，即水的纯度越高。表 8.7 列出了不同水的电导率和电阻率。

表 8.7 不同水的电导率和电阻率（25℃）

水的类型	电导率/(S/cm)	电阻率/Ω·cm	水的类型	电导率/(S/cm)	电阻率/Ω·cm
自来水	5.3×10^{-4}	1.9×10^{3}	电渗析水	1.0×10^{-5}	1.0×10^{5}
一次蒸馏水（玻璃）	2.9×10^{-6}	3.5×10^{5}	复床离子交换水	4.0×10^{-6}	2.5×10^{5}
三次蒸馏水（石英）	6.7×10^{-7}	1.5×10^{6}	混床离子交换水	8.0×10^{-8}	1.25×10^{7}

通常，水的电导率约为 $(3 \sim 5) \times 10^{-6}$ S/cm 以下时，即可满足日常化学分析的要求。对于要求更高的分析工作，则水的电导率值需更低。

在用电导率来表征水的质量时，应注意到非导电性物质，如水中的细菌、藻类、悬浮物等，因非离子状态的杂质对水质纯度的影响，电导率是测不出来的。同时还应注意，在测量高纯水时，最好使用洁净的石英或塑料器皿，测定时温度要保持恒定，操作迅速，否则因为空气中的二氧化碳溶于水，致使电导增加得很快。此外，操作时应注意电极的引线不能受潮，否则测不准。

8.7 应用示例

8.7.1 高温合金中钴量的测定——铁氰化钾电位滴定法

(1) 方法原理 试样经高氯酸、磷酸冒烟处理后在含有柠檬酸铵及硫酸铵的氨性介质中，定量加入铁氰化钾标准溶液将 Co^{2+} 氧化至 Co^{3+}。过量的铁氰化钾用硫酸钴标准溶液返滴定。根据铁氰化钾的实际消耗量换算出钴的含量。
$$Co^{2+} + Fe(CN)_6^{3-} \rightleftharpoons Co^{3+} + Fe(CN)_6^{4-}$$

在本方法的试验条件下，Cr^{3+}、Mo^{6+}、W^{6+}、V^{5+}、Nb^{5+}、Fe^{3+}、Ni^{2+}、Ti^{4+} 均不干扰测定。Mn(Ⅱ)在高氯酸磷酸冒烟过程中被氧化为三价后也不干扰测定。

该法测定范围为 5.00% 以上。

(2) 分析条件与操作关键

① 试样的称取量，应根据试样中含钴量多少而定，一般应控制称取的试样量中含钴 20～40mg 为宜。

② 高氯酸磷酸冒烟的时间不宜太长，冒至液面平静（高氯酸气泡刚消失），磷酸烟从液面刚出现，否则易生成难溶的磷酸盐。

③ 被滴定液的温度要控制在 25℃以下，如果冷却至 15℃以下，则终点突跃将更敏锐。

当溶液温度达 70～80℃时，Cr^{3+} 能被铁氰化钾氧化，Cr^{6+} 与其共存将影响测定结果。V^{5+} 无影响，但能被柠檬酸还原将消耗铁氰化钾溶液，故加入柠檬酸铵后，应立即调至氨性。

④ 加试剂的次序很关键，一定要按先加入过量的铁氰化钾标准溶液，再移入试样溶液的顺序进行操作，否则结果偏低且不稳定。移入试样溶液后，如发现有钨酸沉淀吸附在烧杯壁上，要用氨水将其溶解，以免沉淀中夹带钴而使结果偏低。

⑤ 铁氰化钾标准溶液的加入量，应根据试样含钴量而定，1ml $K_3Fe(CN)_6$（0.04mol/L）标准溶液相当于 2mg Co，并应过量 5～10ml。

⑥ 确定铁氰化钾标准溶液对钴的滴定度时，钴标准溶液的加入量必须使其中的含钴量与试样的含钴量相近，并与试样同时按分析程序进行操作。

⑦ 铂电极及钨电极应保持洁净，不用时浸入水中。使用一段时间若发现滴定时电位变化迟缓，终点不敏锐，可将电极处理如下：铂电极置于硝酸（1+3）中浸泡数小时后以水洗净备用；钨电极用金相用的细砂纸擦去表面污垢后置于氨水（1+1）中浸泡数小时，然后用水洗净备用。

其中②、③、④、⑥是本试验的关键，务必注意。

(3) 分析程序 称取试样 0.1000～0.5000g 置于 150ml 烧杯中，加入 20～30ml 盐酸，3～5ml 硝酸，加热至试样溶解。加 10ml 高氯酸、5ml 磷酸，加热蒸发至高氯酸白烟刚冒完磷酸烟开始产生为止，立即取下，稍冷，加 50ml 水，煮沸溶解盐类，冷却试液至 25℃以下。

于 500ml 烧杯中，加入 50ml 300g/L 柠檬酸铵溶液、25ml 250g/L 硫酸铵溶液、90ml 氨水，用水稀释至约 350ml，冷却至 25℃以下，准确加入一定量的 0.04mol/L $K_3Fe(CN)_6$ 标准溶液，在不断搅拌下，将上述试样溶液沿杯壁倾入此 500ml 烧杯中，以铂电极为指示电极，钨电极为参比电极，用 0.02mol/L $CoSO_4 \cdot 7H_2O$ 标准溶液进行滴定，直至电位突跃最大为止。

(4) 标准溶液的标定与分析结果的计算

① 用以下方法确定铁氰化钾 $[K_3Fe(CN)_6]$ 标准溶液与硫酸钴（$CoSO_4 \cdot 7H_2O$）标准溶液的比例系数：于 500ml 烧杯中，加入 50ml 300g/L 柠檬酸铵溶液，以下按分析程序进行，直至电位突跃最大为止。

铁氰化钾标准溶液与硫酸钴标准溶液的比例系数 K 按下式计算：

$$K = \frac{V_1}{V_2}$$

式中 V_1——所取 0.04mol/L $K_3Fe(CN)_6$ 标准溶液的体积，ml；

V_2——滴定时所消耗 0.02mol/L $CoSO_4 \cdot 7H_2O$ 标准溶液的体积，ml。

② 用以下方法确定铁氰化钾 [$K_3Fe(CN)_6$] 标准溶液对钴的滴定度：于 500ml 烧杯中，加入 50ml 300g/L 柠檬酸铵溶液，25ml 250g/L 硫酸铵溶液，90ml 氨水，以水稀释至约 350ml。冷却至 25℃ 以下，准确加入 25.00ml 0.04mol/L $K_3Fe(CN)_6$ 标准溶液，再准确加入一定量的钴标准溶液（1.00mg/ml），以铂电极为指示电极，以下按分析程序进行，直至电位突跃最大为止。

铁氰化钾标准溶液对钴的滴定度 T，按下式计算：

$$T = \frac{A}{V_1 - V_2 K}$$

式中 A——所取钴标准溶液中的含钴量，mg。

其他 V_1、V_2、K 同上式中的说明。

③ 分析结果的计算：钴的百分含量按下式计算：

$$w(Co) = \frac{(V_1 - V_2 K)T}{m} \times 100\%$$

式中 V_1——铁氰化钾标准溶液的加入量，ml；

V_2——滴定时所消耗硫酸钴标准溶液的体积，ml；

K——铁氰化钾标准溶液与硫酸钴标准溶液的比例系数；

T——铁氰化钾标准溶液对钴的滴定度，mg/ml；

m——试样质量，mg。

8.7.2 氟硼酸根离子选择性电极测定合金钢及高温合金中的硼

(1) 方法原理 该法是将合金中的硼经氟化转化成氟硼酸根离子后，再用氟硼酸根离子选择性电极进行测定，从标准曲线上查得硼的含量。

$$H_3BO_3 + 4HF \rightleftharpoons HBF_4 + 3H_2O$$

在本法的试验条件下，合金中常见的金属离子，如 Cr^{3+}、Ni^{2+}、Mn^{2+}、Co^{2+}、Ti^{4+}、Al^{3+}、Zr^{4+} 等大量存在不干扰 B 的测定；Cr^{6+} 有干扰，可在冒烟后溶解盐类时，加入 Fe^{2+} 以还原高价铬消除其干扰；当 Mo/B 为 1000 倍时，也不干扰硼的测定；当 Nb/B 大于 200 倍时，干扰硼的测定，可加入酒石酸掩蔽以消除其干扰；当 Ta/B≥20 倍有干扰，可在曲线中加入试样中含有的 Ta 量以抵消 Ta 的干扰。

该法测定范围为 0.005%～0.100%。

(2) 分析条件与操作关键

① 若试样难溶，可采用王水溶样，但必须将硝酸赶尽，否则试验将失败。因此，冒烟需进行两次。

② 溶样时所用酸的空白随酸的纯度降低而增加，使校正曲线发生移动，故试验时，选用盐酸、硝酸、磷酸和硫酸均为分析纯。

③ 指示电极内充液为 0.01mol/L $NaBF_4$-0.01mol/L NaCl 溶液。组装后要放入 0.01mol/L $NaBF_4$ 溶液中浸泡 2～4h。泡完后，用去离子水洗净，短期不用可浸泡于水溶液中，长期不用，倒出内充液，用水洗净，取出干放。

参比电极采用 217 型双套管饱和甘汞电极。在外套管充以 3mol/L KCl 及 3%琼脂溶液时，不能有气泡，否则影响电极电位的测定。

④ 将硼转化成 BF_4^- 与氟化时间、氟化温度、氟化酸度、氟化试剂及其用量等因素有关。

由于电极对 F^- 的选择性较好，可以在较高浓度的氢氟酸介质中氟化，故选用 0.35~0.45ml 氢氟酸在 $c(1/2H_2SO_4)$ 为 5mol/L 的硫酸溶液 5ml 和 10ml 磷酸溶液（1+5）中进行氟化，其氟化时间为在沸水中放置 5~10min。氟化试剂采用氟化钠和氢氟酸溶液均可以，但因为优级纯氢氟酸空白值最低，故采用其为氟化试剂。

⑤ pH 值的选择，pH 值在 4.0~7.0 之间电位基本稳定，由于 EDTA 溶液在酸性溶液中溶解度较低，故有沉淀析出，pH4 时沉淀开始溶解，当 pH5 时大部分沉淀溶解且电位稳定（胶体沉淀不影响电极电位的测定，但影响电极寿命），故选用测试液的 pH 值在 5.0~6.0 之间。

在用 400g/L 的 KOH 溶液调整 pH 值时，即基本固定了该测试液的总离子强度。

⑥ 测量时，从低含量测到高含量，否则充分用水清洗电极，因为电极的记忆效应将影响电极电位的准确测量。

⑦ 因为温度对电位有一定影响，故试验时溶液必须在冷水浴中充分冷却。

⑧ 电极响应平衡时间一般为 2~3min。

⑨ 若试样中含硼量≤0.005%或大于 0.05%时，则另取不同数量的硼标准溶液进行工作曲线的测定。

其中①、③、④、⑤、⑦是本试验的关键。

(3) 分析程序 称取 0.1000g 试样于 150ml 的石英烧杯中，加入 20ml 盐酸，在低温电炉上加热，并滴加过氧化氢（或硝酸）溶液至试样完全溶解，加入 10ml 磷酸（1+5）溶液和 5ml 5mol/L 的硫酸溶液，加热至冒烟 2~3min（加硝酸者需进行二次冒烟），冷却。沿杯壁吹入少量水，煮沸至盐类溶解，再加 1ml 60g/L 硫酸亚铁溶液，煮沸。冷却后移入 100ml 塑料杯中，加入 0.35~0.45ml（约 8 滴）氢氟酸溶液，在沸水浴中氟化 5~10min，冷却。加 0.3mol/L EDTA 溶液 5ml（若样品中含铌量大于 200 倍硼量，需加 100g/L 酒石酸溶液 5ml），用 400g/L 氢氧化钾溶液和硫酸（1+1）溶液调至试液 pH=5.0~6.0（用精密 pH 试纸测试），冷却。将试液转入 50ml 塑料容量瓶中，用水稀释至刻度，摇匀。立即倒入原塑料杯中，插入氟硼酸根电极和参比电极，在搅拌状态下测量其平衡电位值，于标准曲线上查得硼量。

(4) 标准曲线的绘制与分析结果的计算

① 标准曲线的绘制：在数个 100ml 塑料杯中，依次加入硼标准溶液（1ml 含硼 10μg）0.50ml、1.00ml、2.00ml、…5.00ml。加入 10ml 磷酸（1+5）溶液，5ml 5mol/L 的硫酸溶液，0.35~0.45ml 氢氟酸溶液（对于高钽低硼试样，按样品中 Ta/B 的比例，在曲线中加入与样品相同含量的钽），以下按分析程序进行，测量其平衡电位值，在半对数纸上绘制标准曲线。

② 分析结果的计算：硼的百分含量按下式计算：

$$w(B)=\frac{m_1\times 10^{-3}}{m_0}\times 100\%$$

式中 m_1——从标准曲线上查得硼量，mg；

m_0——试样质量，g。

8.7.3 氟离子选择性电极法测定磷酸阳极化槽液中的氟含量

磷酸阳极化槽液主要是由磷酸溶液组成的槽液，对其中的氟离子（要求含量小于 0.075mg/ml）的分析测定采用的方法是用氟离子选择性电极的测定方法。

(1) 方法原理

取一定量的槽液，将溶液的 pH 值调到 5～6，加入总离子强度缓冲液，用氟离子选择性电极测定，在校准曲线上查得氟离子含量。

(2) 分析条件与操作关键

① 用氟化钠配制氟离子标准溶液（氟离子为 0.010mg/ml）。

② 制作校准曲线时，为保持和槽液条件基本一致，应按照取样量，适当加入磷酸（1+1），然后用氢氧化钠调节 pH 值至 5～6，再加入总离子强度缓冲液。

③ 总离子强度缓冲液为 0.2mol/L 柠檬酸钠-1mol/L 硝酸钠。

④ 指示电极为氟离子选择性电极，参比电极为饱和甘汞电极。

⑤ 磷酸阳极化槽液主要用于处理铝合金，溶液中会含有一定量的铝离子。在槽液处理时，应将铝离子沉淀过滤后，再进行测定。具体做法是：用氢氧化钠将溶液调制出现沉淀，然后过滤除去。

$$Al^{3+} + 3OH^- = Al(OH)_3 \downarrow$$

(3) 计算

$$氟化物含量 = 5m$$

式中　m——由标准曲线图上查得的氟化物的含量，mg/ml。

第 9 章 分析误差与数据处理

在化学分析的各种测试中,由于使用仪器设备精度的限制、试剂纯度的差异、分析方法的不完善、测试环境的变化等客观因素的影响,也由于测试人员技术水平,经验与主观因素的差异,分析测试总是不可避免地或多或少存在着误差。误差常常会掩盖以致歪曲客观事物的本来面貌。如果对误差的属性及其产生的原因没有正确的认识,会妨碍我们去认清客观事物的本来面貌,有时甚至会引导我们做出错误的结论。反之,如果分析工作者清楚地了解分析误差的属性及其产生的原因,则可以采取有效措施,把分析误差减少至尽可能小的程度,大大提高分析的可靠性和准确度。

数据处理是对分析测试结果进行评价的主要步骤,是分析测试中的最后一环,也是最重要的一环,其任务就是要从得到的分析数据中,采用科学的数理统计方法,经过整理、归纳和统计分析,去伪存真,作出正确的判断,以指导生产、改进技术、提高产品质量。因此,对于分析工作者来说,不但要有牢固的专业理论知识和丰富的实践经验,而且要熟悉有关误差的基本理论,掌握数理统计知识。但是应该指出,数理统计知识对于分析工作者只是一个工具,它不能代替分析理论和严密的分析测试工作,恰恰相反,它只有在严密的试验基础上才能发挥其应有的作用。

在计量和分析测试领域,不确定度的评定已被广泛应用,不确定度不是对误差的否定,相反,它是对误差理论的进一步发展。

本章主要对分析化学中的误差理论、数据处理和统计检验、不确定度评定的基础知识,作一简要介绍。

9.1 基本概念

9.1.1 真值

真值定义为"与给定的特定量的定义一致的值"。也就是说,把被测量在观测时所具有的真实大小称为真值,因而这样的真值只是一个理想概念,只有通过完善的测量才有可能得到真值。因为任何测量都会有缺陷,因而真正完善的测量是不存在的。也就是说,严格意义上的真值是无法得到的。

真值具有时间和空间的含义,真值按其本性是不确定的,实际上,量子效应的存在排除了唯一真值的存在。

因而与给定的特定量定义一致的值不一定只有一个。

由于真值的不可知,因而在实际操作中常采用约定真值。

约定真值是对于给定目的具有适当不确定度的、赋予特定量的值,有时该值是约定采用的。例如:在给定地点,取由参考标准复现而赋予该量的值作为约定真值。

约定真值有时称为指定值、最佳估计值、约定值或参考值。

在实际分析中,常用某量的多次测量结果来确定约定真值,或把高级标准物质的标定值,作为低一级应用的真值,称为相对真值。

只有约定真值或相对真值在实际操作中才有意义。

9.1.2 平均值

平均值的计算有算术平均、加权算术平均、中位数等几种方法。

9.1.2.1 算术平均值（$\bar{x}$）

算术平均值等于各次测量值的和除以测量值的个数。

$$\bar{x} = \frac{x_1 + x_2 + x_3 + \cdots + x_n}{n} = \frac{1}{n}\sum_{i=1}^{n}x_i \tag{9.1}$$

式中　　n——测量值的个数;

$x_1, x_2, \cdots, x_n$——各次测量值;

$\sum_{i=1}^{n}x_i$——从 x_1 加到 x_n。

算术平均值适用于等精度测定值的计算,算术平均值是真值的最可期望值,但易受极值影响,不具有统计稳健性。

9.1.2.2 中位数

中位数:若 n 个数值按其代数值大小递增的顺序排列,并加以编号由 1 到 n,当 n 为奇数时,则 n 个值的中位数为其中第 $(n+1)/2$ 个数值;当 n 为偶数时,则取 $n/2$ 个数值与 $n/2+1$ 个数值的算术平均值为该数列的中位数。

中位数与算术平均值比较,不易受极值的影响,具有统计稳健性。

9.1.3 测量误差

测量误差是指测量结果减去被测量的真值。它可以用绝对误差(一般情况称为误差)和相对误差表示。

$$绝对误差 = 测定值 - 真值 \tag{9.2}$$

$$相对误差 = \frac{绝对误差}{真值} \times 100\% \tag{9.3}$$

这里必须指出:由于真值实质上无法准确地知道,实际上用的是约定真值。

9.1.4 偏差

偏差是指测定结果与平均结果之间的差值。与误差一样偏差也可以用绝对偏差和相对偏差来表示。

$$\text{绝对偏差}=\text{测定值}-\text{平均值} \tag{9.4}$$

$$\text{相对偏差}=\frac{\text{绝对偏差}}{\text{平均值}}\times 100\% \tag{9.5}$$

9.1.5 极差

极差是指一组观测值中最大值与最小值之差。它表示误差的范围，又称范围误差或全距。用符号 R 表示。

$$R=\max\{x_1,x_2,\cdots,x_n\}-\min\{x_1,x_2,\cdots,x_n\} \tag{9.6}$$

式中，$\max\{x_1, x_2, \cdots, x_n\}$ 和 $\min\{x_1, x_2, \cdots, x_n\}$ 分别表示 $x_1, x_2, \cdots, x_n$ 中最大值和最小值。极差是反映一组数据中数据波动大小的一个重要指标。

9.1.6 准确度和精密度

9.1.6.1 准确度

准确度是测量结果与被测量真值之间的一致程度，是测量结果的系统变异和随机变异的综合反映。准确度通常用绝对变异和相对变异表示。

由于测量准确度与真值相连，真值是理想概念，故测量准确度也是一个理想概念。

准确度是定性概念，不是定量概念，定量表示宜用不确定度，只能说准确度高或低，或者说准确度符合××等级、符合××标准要求等。

9.1.6.2 精密度

在《国际通用计量学基本术语》中没有精密度一词的定义，但分析化学领域仍广泛使用。

精密度是指重复性规定条件下，所得独立测量结果间相互靠近的程度，也就是表示测量结果随机变异大小的程度。精密度通常用标准差、相对标准差、重复性和再现性表征。

精密度与准确度名词类似，为定性名词，如不能说精密度为多少，只能说精密度高或低。

精密度与准确度在实验室间检测比对、评价人员操作技术水平中有所涉及，可以考察实验室或检测人员的检测能力。

9.1.6.3 准确度与精密度的关系

① 准确度高一定要求精密度高，精密度不好就不可能有高的准确度，精密度是保证准确度的先决条件。

② 精密度高不一定准确度高，因为可能存在系统误差。

③ 对于一个好的测定结果，既要求精密度好又要求准确度高。

9.1.7 测量结果的重复性限 r

在相同测量条件下，对同一被测量进行连续多次测量所得结果之间的一致性。这些条件通常称为"重复性条件"。

重复性条件包括：相同的测量程序；相同的观测者；在相同的条件下使用相同的测量仪器；相同地点；在短时间内重复测量。

重复性可以用测量结果的分散性定量地表示。

重复性用在重复性条件下，重复观测结果的实验标准差（称为重复性标准差）S_r 定量地给出。

在重复性条件下，对同一样品进行 m 回 n 次测量，其重复性标准差可用下式表示，即：

$$S_r = \sqrt{\frac{\sum_{i=1}^{m} S_i^2}{m}} \tag{9.7}$$

$$r = 2\sqrt{2} S_r = 2.8 S_r \tag{9.8}$$

式中 S_i——每一回 n 次测量的标准差,并且为等精密度的测量。

重复性限 r 的物理意义：在一个实验室内,用同一个分析方法测量同一个样品,当采用 95% 置信度时,两次测量结果的最大允许差为 r,如果两次测量结果之差大于 r,就有理由怀疑测量是不可靠的,r 称为 95% 置信度下的重复性限,也称重复性置信区间,它显示出一个实验室重复本实验室测量结果的能力。

9.1.8　测量结果的再现性限 R

在改变了的测量条件下,同一被测量的测量结果之间的一致性。

在给出再现性时,应有效说明改变条件的详细情况。

可改变的条件包括：测量原理、测量方法、观测者、测量仪器、参考测量标准、地点、使用条件、时间。

再现性可用测量结果的分散性定量地表示。测量结果在这里通常理解为已修正结果。

在再现性条件下,再现性用重复观测结果的实验标准差（称为再现性标准差）定量地给出。

如果 m 个实验室用同一个分析方法对同一样品各进行 n 次重复测量,而且各自对测量条件与操作程序给予严格规定,并对这 m 回重复测量的结果用式(9.7)计算出相同条件下（同一实验室）的重复性精密度 S_r。则再现性标准差 S_R 为：

$$S_R = \sqrt{S_b^2 + S_r^2} \tag{9.9}$$

$$R = 2\sqrt{2} S_R = 2.8 S_R \tag{9.10}$$

式中 S_R——再现性标准差；

S_b^2——不同实验室条件下的方差,由 $S_b^2 = S_{\bar{x}}^2 - \dfrac{S_r^2}{n}$ 求出,其中 $S_{\bar{x}}^2 = \dfrac{\sum_{i=1}^{m}(\bar{x}_i - \bar{\bar{x}}_{ij})^2}{m-1}$,

$\bar{x}_i$ 为每个实验室 n 次测量结果的平均值,$\bar{\bar{x}}_{ij}$ 为 m 个实验室 n 次测量结果的总平均值。

再现性限 R 的物理意义：当采用 95% 置信度时,两次测量结果的最大允许差为 R,如果两个测量结果之间绝对差值大于 R,就有理由怀疑测量不可靠,R 称为再现性限,也称再现性置信区间,它评价了分析方法在不同条件下再现分析结果的能力。同时,再现性也反映出不同实验室测量条件的变化情况,因此,可用于评价一个实验室再现其他实验室的测量结果的能力。但是,在使用再现性时应注意,再现性限 R 是用来比较任意两个实验室的两个单次测量结果的,如在两个固定的实验室经常比较测量结果,有可能出现两个实验室间的系统误差。为避免出现此种情况,应在这两个实验室间先组织试验,以便确定并消除系统误差。

重复性限 r 或再现性限 R 实际上就是在重复性或再现性条件下测量结果不确定度的 A 类评定扩展不确定度区间（见 9.5 节）。

9.1.9　标准偏差

对同一被测量作 n 次测量,表征测量结果分散性的量 S 可按下式算出：

$$S = \sqrt{\frac{\sum_{i=1}^{n}(x_i - \overline{x})^2}{n-1}} \tag{9.11}$$

式中 S——标准偏差；

x_i——第 i 次测量的结果；

$\overline{x}$——n 次测量结果的算术平均值；

n——观测次数。

当将 n 个值视作分布的取样时，$\overline{x}$ 为该分布的期望的无偏差估计，S^2 为该分布的方差 σ^2 的无偏差估计。

标准偏差计算公式(9.11)称为贝塞尔公式。

该式由于它把单次测定值与算术平均值的偏差平方起来再总和，因此，它对于特大和特小的偏差具有更高的敏感性，能更精确地反映出观测值之间的离散程度。

标准偏差具有如下基本性质：标准偏差是有量纲的特征量，它的量纲和该组观测值的量纲相同；标准偏差只取正值；标准偏差的大小与坐标原点位置无关；标准偏差只与各观测值的残余误差大小有关，而与各观测值本身大小无关。所以对观测值的残余误差的极值反应非常灵敏。

标准偏差受极值影响，在稳健统计技术处理中，常采用与此相当的四分位距。

9.1.10 算术平均值的标准偏差

算术平均的标准偏差通常用符号 $S_{\overline{x}}$ 来表示。计算公式为

$$S_{\overline{x}} = \frac{S}{\sqrt{n}} \tag{9.12}$$

式中 S——该观测值单次标准偏差；

n——测量次数。

从单次测量标准偏差式(9.11)及算术平均标准偏差式(9.12)都可以看出，增加测量次数可以提高测量结果的精密度，但是，实际上增加次数所取得的效果是有限的，因为标准偏差只与测量次数的平方根成反比。所以为了提高测量结果的精密度，尽量增加测量次数则是不合算的，而是应该采用更精密的仪器，改进测试方法，更好地控制参数条件和测试环境条件来减少测量的随机误差，对提高测量精密度才是有效的。

9.1.11 相对标准偏差

相对标准偏差也称变动系数，它是测量标准偏差对测量平均值的相对值，以百分数表示。常用符号 CV 表示。也有用符号 RSD 表示的。其定义式为：

$$CV = \frac{S}{\overline{x}} \times 100\% \tag{9.13}$$

相对标准偏差将标准偏差与观测值的平均值联系了起来，这样更能准确地反映出一组观测值相对的集中和离散程度，同时它是一个没有单位的纯数，这样就可以进行各种情况下测定结果相对离散度的比较，所以用起来很方便。

9.1.12 合并标准偏差

如果有两组测量结果，是对同一样品测量得到的，经常将两组测量结果进行总平均值

用。这时若只知道各组的平均值和标准偏差,就不能只使用那一组的标准偏差来代替总平均值的标准偏差,而要使用合并标准偏差。合并标准偏差的公式为:

$$S = \sqrt{\frac{(n_1-1)S_1^2+(n_2-1)S_2^2}{n_1+n_2-2}} \tag{9.14}$$

式中　n_1、S_1——第一组测量结果的测量次数和标准偏差;

　　　n_2、S_2——第二组测量结果的测量次数和标准偏差。

9.1.13　置信概率和显著性水平

置信概率是与置信区间或统计包含区间有关的概率值。

对于服从正态分布的测量,根据统计规律,某一测量方法的标准差为 σ,可计算出使观测值 x 出现在某个区间的概率。这样的概率值在数理统计学上称为置信概率,也称置信度、置信水平、置信系数及置信水准。因为概率值不可能大于1,所以置信度也不可能大于1,置信概率常用 P 表示。

任何一个测量方法,都有与该方法标准差及给出标准差倍数有关的一些区间,如果观测值超出这个区间,就说观测值 x 有了显著变化,这也是一个概率问题,它与置信概率相对应,称为显著性水平或显著性水准,常用符号 α 表示,其定义式为:$\alpha=1-$[置信度]。

9.1.14　置信界限与置信区间

如果用标准差为 σ 的测量方法测得观测值的平均值为 $\bar{x}$,与真值出现的概率为 68.26%、95.44%、99.73% 相对应的区间分别为 $(\bar{x}\pm\sigma)$、$(\bar{x}\pm2\sigma)$、$(\bar{x}\pm3\sigma)$,称这样的区间为置信区间,而置信区间上、下两个界限称为置信界限。置信界限定义为:期望使真值以指定的概率落在测量平均值附近的一个界限之内,如上面的 $\pm\sigma$、$\pm2\sigma$、$\pm3\sigma$。

9.2　误差分类及其性质

在分析测试中,即使是操作技术很高者,用同一优良的分析方法对同一样品认真地进行多次分析,也不可能得到完全一致的分析结果,而只能是得到在一定范围内波动的结果。这就说明,分析过程中误差是客观存在的。

根据误差产生的原因和性质的不同,可分为系统误差和随机误差两类。

9.2.1　系统误差

系统误差是由某些固定原因造成的,它使测定结果偏高或偏低。这类误差的主要特点是:引起的原因在一定的条件下是恒定的;误差的符号偏向同一方向,且具有一定的规律性。

在分析化学的测试中,系统误差的主要来源有以下几个方面。

(1) 仪器误差　如天平、砝码、滴定管、移液管、分光光度计等未经计量检定或校准而引起的测量误差。

(2) 方法误差　由于分析方法本身引起的误差,如重量分析中沉淀的少量溶解或吸附某些杂质;容量分析中反应进行的不完全或指示剂选择不当等。

（3）试剂误差　化学分析中试剂不纯或蒸馏水中含有待测组分或干扰离子引起的误差。

（4）操作误差　一般是指在正常操作情况下，由于个人掌握操作规程与控制条件的习惯与偏见引起的误差。如有人对指示剂的终点不甚敏感，经常偏浅或偏深等。

9.2.2　随机误差

由一些难以控制的有关因素随机波动而引起的误差。例如，可能由于室温、气压、湿度等的随机波动，仪器性能的微小变化等引起。随机误差服从统计规律，遵循正态分布，即正误差和负误差出现的概率相等；小误差出现的次数多，大误差出现的次数少，个别特大的误差出现的次数极少。

系统误差和随机误差的区别如下。

① 系统误差具有确定性，在相同条件下，多次测量同一量时，误差的绝对值和符号保持恒定；条件改变时，误差亦按确定的规律变化。

随机误差具有随机性。在相同条件下，多次测量同一量时，误差的绝对值和符号以不可预定的方式变化，即某个误差的出现是随机的，但就总体而言，明显地遵从统计规律。

② 单项系统误差多与单个因素或少数几个因素有关。随机误差多由大量均匀的因素共同影响造成。

③ 系统误差无抵偿性，随机误差有抵偿性。

④ 影响系统误差的条件一经确定，误差也随之确定，即使重复测量，误差始终保持不变，包括绝对值和符号。

随机误差与实验条件的关系不如系统误差那样紧密有关；同条件下重复测量可减少随机误差。

9.2.3　随机误差的正态分布

9.2.3.1　误差的正态分布规律

分析化学的测试，数据中由于某些不可避免的随机因素的作用，常使一些数据在一定范围内波动，如对这些似乎是无规律的数据加以整理，即将全部数据依其大小顺序排列起来，并按一定的数值间隔，分成若干组，数出测定值落在每个组的数目（统计上称为频数），制成分组频数表，以分组为横坐标，相对频数（频数占观测总数之比）为纵坐标，便可得如图 9.1 所示的正态分布曲线。

同样，如果将每个已消除系统误差的测定值减去总体平均值，得到的偏差值为横坐标，如按上述方法作曲线，可以得到一条与图 9.1 形式相似的正态分布曲线——误差分布曲线。这说明分析化学随机误差完全符合正态分布规律：

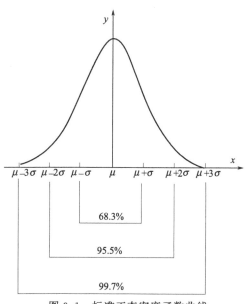

图 9.1　标准正态密度函数曲线

① 随机误差的分布具有单峰性；
② 随机误差的分布具有对称性；
③ 随机误差的分布具有抵偿性；
④ 随机误差的分布具有有界性。

也就是说，绝对值小的随机误差出现的概率比绝对值大的随机误差出现的概率大；正误差和负误差概率相等；正误差和负误差的代数和，随测量次数增加而趋于零；随机误差的绝对值不超过一定界限。

9.2.3.2 分布函数式——高斯方程

随机误差的正态分布可以用数学式表达出来，这个数学表达式是由著名的数学家高斯在研究误差理论时推导出来的，称为高斯误差分布定律或高斯方程。其形式为

$$\phi(x) = \frac{1}{\sigma\sqrt{2\pi}} e^{-\frac{(x-\mu)^2}{2\sigma^2}} \quad \text{或} \quad \phi(x) = \frac{h}{\sqrt{\pi}} e^{-h^2\delta^2} \tag{9.15}$$

式中 $\phi(x)$——概率密度；
σ——标准差；
μ——真值；
x——样本值；
δ——误差，$\delta = x - u$；
h——精密度指数，$h = \frac{1}{\sqrt{2}\sigma}$。

为了应用方便，将随机变量服从真值为 μ 和标准差为 σ 的高斯误差分布定律称为正态分布，并且以 $N(\mu, \sigma)$ 表示，对于 $\mu = 0$，$\sigma = 1$ 的特殊正态分布称为标准正态分布，以 $N(0, 1)$ 表示。

从高斯误差分布定律可以看出，此分布函数有两个基本参数，一个是观测值的真值 μ，在不存在系统误差的条件下，样本可以代表总体分布时，真值 μ 可用样本均值 $\bar{x}$ 代替。它表达了测量结果的集中趋势。当 $x = \mu$ 时，$\phi(x)$ 达到极大值，测量随机误差分布曲线有最高点，即 $\phi(x) = \frac{1}{\sqrt{2}\sigma}$，这时测量结果的平均值出现的频率最高。另一个参数是标准差 σ，说明观测值的离散性，以测量随机误差曲线的波峰高低或测量随机误差曲线的"胖"或"瘦"反映出来。

9.2.3.3 分布概率

通过求解计算可知，随机误差分布，落在 $(\mu - \sigma, \mu + \sigma)$ 区间的概率是68.3%，落在 $(\mu - 1.96\sigma, \mu + 1.96\sigma)$ 区间的概率是95%，落在 $(\mu - 2\sigma, \mu + 2\sigma)$ 区间的概率是95.5%；落在 $(\mu - 3\sigma, \mu + 3\sigma)$ 的概率是99.7%，即误差超 3σ 的分析结果是很少的，只占全部分析结果的0.3%，也就是说在多次重复测量中，出现特别大的误差的概率是很小的。

9.2.4 系统误差的检查和提高分析准确度的方法

误差主要来源于系统误差和随机误差。为减小随机误差，可仔细地进行分析，取平均结果。系统误差则可用下列方法检查和减免。

(1) 对照试验　对照试验都是检查系统误差的有效方法。在日常分析中，常使用对照

分析标准物质来进行。如果标样分析结果普遍出现正误差或负误差，则可以断定该分析方法有系统误差存在。此外在进行成批试样分析时，在其中插入几个同牌号或近似牌号的标准试样，与试样同时平行分析进行内检，以确定分析结果是否有系统误差。利用标样，也可以检查仪器是否存在系统误差。拟定新的分析方法，对新方法进行研究时，可用国际标准、国家标准、行业标准或公认的经典分析方法与之进行对照分析，对所得的分析结果采用统计学的方法进行检验，如果统计学上无显著性差异，则可认为选用和拟定的方法是可靠的。反之，则不可靠。还有用"加入回收法"和"人工合成试样"来检验方法的准确度。

（2）空白试验　空白试验主要是检查化学分析中试剂、蒸馏水、实验器皿和环境带入的杂质所引起的误差。空白试验就是在不加试样的情况下，在与试样测定时完全相同的条件下做的平行试验，所得结果为空白值。最后将被测试样的分析结果扣除空白值，就可得到比较准确的结果。

空白值一般不应太大，否则用扣除空白的方法也会引起一定的误差，此时应从提纯试剂和改进方法，选用适当的器皿来解决。

（3）仪器校正　分析用的各种仪器、容器等常可使分析结果产生系统误差，对使用的仪器、容器等进行校正是非常必要的，仪器的校正必须严格按照国家的检定规程执行，对于暂无国家检定规程的分析仪器，也应用相应的国家标准样品进行自校，以保证测试精度。对于仪器分析的方法来说，仪器是造成系统误差的主要原因。

（4）分析结果的校正　在某些特定的分析中，可以通过分析结果的校正来消除系统误差，求得正确结果。例如，硫氰酸盐光度法测定钢中钨，钒的存在引起正的系统误差。为消除钒的影响，可采用校正系数法。根据实验结果，1%钒相当于0.2%钨，即钒的校正系数为0.2（校正系数随实验条件略有变化）。因此，在测得试样中钒的含量后，利用校正系数即可由钨的测定结果中扣除钒的结果，从而得到钨的正确结果。再如，电重量法测定99.9%以上的铜，要求分析结果十分准确，用电解法不可能电解得很完全，这样就引起负的系统误差。为此，可用比色法测定溶液中未被电解的残余铜，将比色法得到的结果加到电重量法的结果中去，即可得到铜的较准确的结果。

（5）改进分析方法　分析方法是影响分析结果准确度的主要因素，因此，改进分析方法是提高准确度的根本措施。所谓改进，应在准确可靠的前提下，力求快速简便，使分析方法更加完善。如容量分析中，由于指示剂的变色不敏锐，影响分析结果的准确度，就应从选择敏锐的指示剂方面加以改进；重量分析中，由于沉淀的溶解度较大影响分析结果的准确度，就应从沉淀剂用量、溶液的酸度或改进沉淀剂等方面加以改进。

应当指出，在实际工作中，应当遵循上述诸方法减小误差，提高分析的准确度。对于随机误差是不可避免的，试验次数也不可能无限次多，只能在允许的情况下尽量增加试验次数来求得平均值。对于系统误差，并不一定要消除到零，但是必须要设法把系统误差减小到相对随机误差而言可以忽略不计的程度。

9.3　有效数字及处理准则

9.3.1　有效数字的含义

有效数字是指在测试工作中实际上能测定到的数字，也就是说有效数字是测试中所得到的有实际意义的数字。而有效数字的位数，则不仅表示数量的大小，还表示测试的精确程度。例如：50ml的滴定管刻度只准确到0.1ml，读数时可估计到0.01ml，假设观测到的读数位于14.2ml和14.3ml之间，经估计，确定读数是14.25ml。前三位数是准确数字，后一位"5"是估计的，也可能是"4"，也可能是"6"，有±1个单位的差异。"5"这个数字是不准确数字，称为可疑数字。可见，有效数字是由最后一位不确定数字和其余全部确定数字所构成。又如，用万分之一天平称量1g质量的物体，只能记为1.0000g，这种记法表示只有最后一位数字是估计得来的，具有一定误差，其余各位数字都是准确的。这样记录的数字之所以称为有效数字，其理由在于所记录数字的精度与分析天平的精度是一致的。

有效数字表示的测量数据，小数点的位置不影响测量数据有效数字的位数，例如：1.0000g和1000.0mg都是5位有效数字。

9.3.2 有效数字的位数

根据有效数字的定义，确定下列数据的有效数字。

2.0001；13579	五位有效数字
0.1000；10.00%	四位有效数字
0.0234；2.43×10^{-10}	三位有效数字
0.0040；15	二位有效数字
0.005；2×10^{-4}	一位有效数字

数字中的"0"是一个特殊数字，它是否是有效数字，应根据所处的实际情况而定。

① 数字中间的"0"是有效数字，2.0001，其中的三个"0"均为有效数字。

② 小数结尾的"0"是有效数字，如0.1000、10.00%中的小数点后的"0"均为有效数字。

③ 以"0"开头的小数值，数字前面的"0"都不是有效数字，如0.0234、0.005其中的"0"都不是有效数字，因为它们只起定位作用。这些"0"只与所取的单位有关，与测量准确度无关。如0.023g，若写成23.4mg，"0"即消失了，故0.0234为三位有效数字。2.43×10^{-10}、2.43×10^{-4}中的10^{-10}和10^{-4}都是定位的，不是有效数字。

④ 以"0"结尾的整数，有效数字的位数是否数零，要看"0"的意义而定，在按照有效数字规则表达时，凡无意义的零，均应略去，根据要求写成指数形式。如"965000"这个数字写成为965×10^{3}为三位有效数字，写成9650×10^{2}是四位有效数字，如写成965000则是六位有效数字，即此时后面的三个"0"都是有效数字。

9.3.3 数值修约规则

(1) 修约的进舍规则 在数据处理过程中，数字的进舍按GB/T 8170《数值修约规则》进行，这种数值进舍规则习惯上称为"四舍六入五单双法"，它比过去习惯采用的"四舍五入"法，从数理统计的角度看更加合理。"四舍五入"规则的最大缺点是见五就进，它必然使修约后的测量值系统偏高。采用"四舍六入五单双法"逢五有舍有入，则由五的舍入所引起的误差本身可自相抵消。为了便于使用和记忆，将其要点编成如下口诀：四舍六入五考虑，五后非零则进一，五后皆零视奇偶，五前为偶应舍去，五前为奇则进一（"0"为偶数）。现将这些要点的应用举例，见表9.1。

表 9.1 保留小数点后一位的进舍例子

序号	修约前	修约后	修约规则要点
1	14.243	14.2	四舍
2	26.4843	26.5	六入
3	1.0501	1.1	五后非零则进一
4	1.2500	1.2	五后皆零视奇偶,五前为偶应舍去
5	1.1500	1.2	五前为奇则进一
6	1.0500	1.0	"0"视为偶数

(2) 负数的修约 负数修约时,先将它的绝对值修约,然后在修约值前面加上负号。如将 -355 修约成两位有效数字,为 -36×10,将 -0.0365 修约成两位有效数位,为 -0.036。

(3) 连续修约 不许连续修约,拟修约数字应在确定修约位数后一次修约获得结果,而不许连续修约。

例如:修约 15.4546,修约间隔为 1(即修约到个位)。

正确的做法:15.4546→15。

不正确的做法:15.4546→15.455→15.46→15.5→16。

(4) 其他修约规则 在具体实施中,有时测试与计量部门先将获得数值按指定的修约位数多一位或几位报出,而后由其他部门判定。为避免产生连续修约的错误,应按下述步骤进行。

① 报出数值最右的非零数字为 5 时,应在数值后面加"(+)"或"(-)"或不加符号,以分别表明已进行过舍,进或未舍未进。

例如:16.50(+)表示实际值大于 16.50,经修约舍弃成为 16.50;16.50(-)表示实际值小于 16.50,经修约进一成为 16.50。

② 如果判定报出值需要进行修约,当拟舍弃数字的最左一位数字为 5,而后面无数字或皆为零时,数值后面有(+)号者进一,数值后面有(-)号者舍去,其他仍按修约规则进行。例如:将下列数字修约到个数位后进行判定(报出值多留一位到一位小数)。见表 9.2。

表 9.2 数字修约到个数位后进行判定的例子

实测值	报出值	修约值	实测值	报出值	修约值
15.4546	15.5(-)	15	17.5000	17.5	18
16.5203	16.5(+)	17	-15.4546	-(15.5(-))	-15

(5) 标准偏差值的修约 标准偏差值的修约原则上是只进不舍,这主要为了数据处理更加稳健和可靠。

9.3.4 极限数值的修约

对极限数值能否修约,必须十分慎重,应按 GB/T 1250《极限数值的表示方法和判定方法》执行。在判定检测数据是否符合标准要求时,应将检测所得的测定值或其计算值与标准规定的极限数值作比较,比较的方法有两种:一是修约值比较法;二是全数值比较法。有一类极限数值为绝对极限,书写"≥0.2"和书写"≥0.02"或">0.200"具有同样的界限上的意义,对此类极限数值,用测定值或其计算判定是否符合要求,需要用全数值比较法。对附有极限偏差值的数值,对牵涉安全性能指标和计量仪器中有误差传递的指标或其他重要指标，应优选采用全数值比较法。标准中各种极限数值（包括带有极限偏差值的数值）未加说明时，均指采用全数值比较法，如规定采用修约值比较法，应在标准中加以说明。

修约值比较法是将测定值或其计算值进行修约，修约位数与标准规定的极限数值书写倍数一致，修约按 GB/T 8170 进行。将修约后的数值与标准规定的极限数值进行比较，以判定实际指标或参数是否符合标准要求。

全数值比较法是将检验所得的测定值或其计算值不得修约处理（或可作修约处理，但应表明它是经舍、进或未进舍而得），而用数值的全部数字与标准规定的极限数值作比较，只要越出规定的极限数值（不论越出的程度大小），都判定为不符合标准要求。

由于全数值比较法比修约值比较法相对更严，所以对同样的极限数值和同一测定值，采用修正值比较法符合标准要求的，而采用全数值比较法就不一定符合标准要求。例如：锰含量极限数值为 0.30%～0.60%，测得 0.605%，如采用修约值比较法应为 0.60%，则符合标准要求，采用全数值比较法为 0.605% 或 0.60%（+），则不符合标准要求。

9.3.5 有效数字的四则运算

根据 GB/T 1467《冶金产品化学分析方法标准的总则及一般规定》的要求，对观测值的运算应按以下原则进行。

(1) 加减法 几个数据相加或相减时，它们的和或差的有效数字的保留，应以小数点后位数最少者为准，先修约多的位数再计算。例如 18.2154、2.561、4.52、1.00 相加，按修约规则都修约到小数点后 2 位再进行相加，18.22+2.56+4.52+1.00=26.30。

(2) 乘除法 几个数据相乘或相除时，它们的积或商的有效数字的位数，应以有效数字位数最少者为准。先通过修约弃去过多的位数，再计算。如：0.0121×25.64×1.05782，其中 0.0121 为三位有效数字，以此为准，将其他两个数据进行修约后再相乘，即 0.012×25.6×1.06≈0.328。

凡有效数字第一位数字等于或大于 8 时，有效数字位数可多计一位。例如 0.9×1.2×36.1，其中 0.9 与两位有效数字 1.0 的相对误差相近，所以通常将 0.9 当作两位有效数字处理，因此 0.9×1.2×36=39。

(3) 对有效数字计算的另外一些法则

① 平均值的有效数字　由于观测值的平均值其精度优于单个观测值，因此在计算不少于四个观测量的平均值时，平均值的有效数字位数可以比单次观测值的有效数字增加一位。

② 初等函数（对数、反对数、开方、幂函数、三角函数等）值的有效数字的位数与自变量的有效数字位数相同。如 lg0.258=−0.588。

③ 常数、分数及无理数的有效数字选取　常数、分数及无理数等的有效数字位数可以根据需要选取。但是也不能任意选取，一是常数的选取不能超出公认的有效数字位数，二是应不少于参与计算的观测值中的有效数字最少的位数。选取常数的有效数字位数确定以后，舍弃部分按有效数字舍弃法则处理。

9.4 统计检验

国家标准 GB/T 3358《统计学名词及符号》中把"统计检验"定义为："为了确定一个或多个总体分布的假设应以拒绝还是不予拒绝（予以接受）的程序。所采取的决定，取决于从总体取得样本观测值所计算的一个或多个适当统计量的数值。由于统计量的值是随机变化的，因此当做出决定时，有犯错误的风险，重要的是，一个检验通常总有一个先验的条件，也即必须满足某些假定（例如对观测值的独立性和正态性的假定等），而且这些假定是检验的基础"。

统计检验基于数理统计，统计检验的内容相当丰富。应用于科学和技术的各个领域，在分析化学中，主要应用的是三个小子样的推断理论：x^2 分布检验、F 分布检验、t 分布检验，这三个检验都要求被检验量服从正态分布。小子样推断理论的主要优点在于它需要的试验次数少，所用时间短，因而使用起来方便。本节主要介绍 F 分布检验、t 分布检验以及几种异常值的检验方法。

9.4.1 名词术语

为了后面讨论统计检验的方便，本节对统计检验的一些名词术语及其概念做一简单介绍，它们的定义主要取自国家标准 GB/T 3358《统计学名词及符号》、GB/T 4883《数据的统计处理和解释正态样本异常值的判断和处理》等。

(1) 总体　总体是所考虑的个体的全体。总体中每一个有明确定义的部分称为子总体。对于分析化学工作中一个分析方法的分析结果来说，总体应该是该分析方法的很多次分析结果。如果对分析方法的方差来说，应该是该分析方法很多次分析得到的方差。

(2) 样本　样本是取自总体中的一个或多个个体，用于提供关于总体的信息，并作为可能作出对总体（或产生总体的过程）的某种判定的基础。

每一次分析试验都得到随机变量的一个具体数值，如果总共进行了 n 次独立的分析试验，就得到 n 个随机变量的具体数 $x_1, x_2, \cdots, x_n$，这些随机变量的具体数就组成了样本。

(3) 样本容量　样本中随机变量的具体数的个数就是样本容量。

样本容量由重复测定的次数决定。

(4) 统计原假设，备择假设

原假设又称零假设，它是根据检验结果准备予以拒绝或不予拒绝（予以接受）的假设，用 H_0 表示。

备择假设又称对立假设。它是与原假设不相容的假设，用 H_1 表示。

每一种统计检验，都要做原假设和备择假设，以便通过统计检验予以拒绝原假设还是不予以拒绝原假设。原假设的意义是：在对分析测试数据进行统计分析时，对其本身的某些性质做出统计推断，讨论其是否符合总体所具有的某个性质。这样就要对总体与样本对应研究的性质做出假设，并根据样本值，经过统计检验方法进行验证所做的假设是否正确，这个做出的假设就是原假设。如果原假设不正确，就接受与原假设对立的假设——备择假设。例如：原假设样本的平均值等于总体平均值，即 $H_0: \bar{x} = \bar{x}_0$，备择假设 $H_1: \bar{x} \neq \bar{x}_0$。经过适当的统计检验后，认为样本平均值不等于总体平均值，即它们之间在某一置信度下存在显著差异，则拒绝原假设 $H_0: \bar{x} = \bar{x}_0$，而接受备择假设 $H_1: \bar{x} \neq \bar{x}_0$。

(5) 拒绝域（或否定域）　拒绝域是所使用的统计量可能取值的集合的某个子集合。如果根据观测值得出的统计量的数值属于这一集合，拒绝原假设；相反，则不拒绝（即接受）原假设。

(6) 临界值　临界值是作为上述拒绝域界限的给定数。

(7) 检出水平　检出水平是当原假设正确时，而被拒绝的概率的最大值，记为 α。

检出水平又称显著性水平或显著性水准。

检出水平 α 即错误判断的概率值,这个概率很小,如 $\alpha = 5\%$、1% 等。

(8) 单侧检验,双侧检验 单侧检验的定义是:所用的统计量是唯一的,而拒绝域是小于某给定数的所有数值的集合(或大于某给定数的所有数的集合)。

双侧检验的定义是:所用的统计量是唯一的,而拒绝域是小于第一个给定数而大于第二个给定数的所有数值的集合。

对于如何选用单侧检验和双侧检验,可按下面的原则来确定。如果能确定被检验的量只出现在上端或下端,或与一已知量进行比较,只是判断大于或小于时,采用单侧检验,否则采用双侧检验。换句话说,如果判断被检验的样本值小于或大于总体值时,即原假设为小于或大于时,采用单侧检验。如果判断样本值是否等于总体值时,即原假设为等于时,采用双侧检验(见图9.2)。

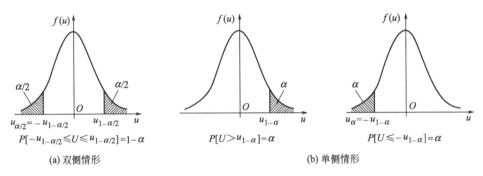

图 9.2 单侧检验、双侧检验原理图

9.4.2 F 分布检验

F 分布检验是检验中使用的统计量服从 F 分布的检验,F 检验主要用来检验两样本的方差是否一致,即用于比较两组数据间精密度是否一致。所用的检验统计量公式为:

$$F = \frac{S_1^2}{S_2^2} \tag{9.16}$$

式中 S_1 ——较大的标准偏差;
S_2 ——较小的标准偏差。

对于 F 分布检验可以做如下的解释:如果方差 S_1^2 和 S_2^2 应分别是 σ_1^2 和 σ_2^2 的无偏估计值。假设两个总体方差 $\sigma_1^2 = \sigma_2^2$,则应该有 $F = S_1^2/S_2^2$ 近似等于1。当 $F = S_1^2/S_2^2$ 过大,就说明 $\sigma_1^2 \neq \sigma_2^2$。那么 $F = S_1^2/S_2^2$ 不等于1到什么程度才能说 $\sigma_1^2 \neq \sigma_2^2$ 呢?这由 F 分布的概率密度函数来决定,F 分布概率密度函数给出了各种 F 值出现的概率。

因规定了 S_1 大于 S_2,由统计量计算公式可以看出,F 值总是大于1。为了应用方便,总是将 F 分布的概率密度函数的临界值制成 α 和 $(1-\alpha)$ 的 F 分布临界值表,见附表Ⅰ "F 分布临界值表"。编制此表时,也是将较大方差作分子,较小方差作为分母。根据 F 变量定义:

$$F_{\alpha,(\nu_1,\nu_2)} = \frac{1}{F_{(1-\alpha),(\nu_2,\nu_1)}} \tag{9.17}$$

通过此定义可以较方便地使用附表Ⅰ。

F 分布检验法的判断准则是:单侧检验时,当 $F = S_1^2/S_2^2 > F_{(1-\alpha),(\nu_1,\nu_2)}$ 时,则拒绝接受第一方差不大于第二个方差的原假设;当 $F = S_1^2/S_2^2 < F_{\alpha,(\nu_1,\nu_2)} = 1/F_{(1-\alpha),(\nu_2,\nu_1)}$ 时(这里在

分母中是将"ν_2"作为临界表中的第一自由度,"ν_1"作为临界值表中的第二自由度),则拒绝接受第一个方差不小于第二个方差的原假设。反之则接受原假设。

双侧检验时,当 $F=S_1^2/S_2^2 < F_{\alpha/2,(\nu_1,\nu_2)} = 1/F_{(1-\alpha/2),(\nu_2,\nu_1)}$ 或 $S_1^2/S_2^2 > F_{(1-\alpha/2),(\nu_1,\nu_2)}$ 时,则拒绝接受两个样本方差相等的原假设。反之则接受原假设。

F 分布检验应用的步骤如下。

① 建立原假设,如 H_0:$\sigma_1^2 = \sigma_2^2$,备择假设可以为 H_1:$\sigma_1^2 \neq \sigma_2^2$、$\sigma_1^2 > \sigma_2^2$ 或 $\sigma_1^2 < \sigma_2^2$ 之一。

② 给定显著性水平 α,确定单侧检验还是双侧检验。双侧检验的 F 值可在单侧 F 值表得到,只是双侧检验应查单侧表的 $\alpha/2$ 表对应值。如 $\alpha = 0.10$ 的双侧检验,查单侧检验表的 $\alpha = 0.05$ 的表。

③ 计算标准偏差。

④ 根据式(9.16)计算统计量。

⑤ 根据给定的显著性水平 α 和自由度 $\nu_1 = n_1 - 1$ 和 $\nu_2 = n_2 - 1$,查附录Ⅰ"F 分布临界值表"中相应的临界值。

⑥ 根据假设按判断准则进行判断,得出结论。

【例 9.1】 用标准法和新制定的快速法测定某相同试样中的锰,结果是:

标准法:5.32,5.32,5.30,5.36,5.37,5.31,5.36,5.38,5.37,5.36(%);

快速法:5.32,5.30,5.38,5.25,5.12,5.22,5.19,5.28(%)。

问快速法和标准法的精密度是否一致?

解:此例的意思在于考察两种分析方法精密度是否一致,以确定可否使用快速法进行分析,可采用 F 分布检验法进行判定。

① 建立原假设 H_0:$\sigma_1^2 = \sigma_2^2$,备择假设 H_1:$\sigma_1^2 \neq \sigma_2^2$。

② 给定显著性水平 $\alpha = 0.05$,采用双侧检验。

③ 计算标准偏差

快速法:$S_1 = 8.12 \times 10^{-2}$。

标准法:$S_2 = 2.92 \times 10^{-2}$。

④ 计算 F 值 $F_{计} = \dfrac{S_1^2}{S_2^2} = \dfrac{(8.12 \times 10^{-2})^2}{(2.92 \times 10^{-2})^2} = 7.73$

⑤ 查 F 分布临界值表 $\nu_1 = n_1 - 1 = 8 - 1 = 7$

$$\nu_2 = n_2 - 1 = 10 - 1 = 9$$

$$F_{\alpha/2,(\nu_1,\nu_2)} = \frac{1}{F_{(1-\alpha/2),(\nu_2,\nu_1)}} = \frac{1}{F_{(0.975),(9,7)}} = \frac{1}{4.83} = 0.207$$

$$F_{(1-\alpha/2),(\nu_1,\nu_2)} = F_{(0.975),(9,7)} = 4.24$$

⑥ 由于 $F_{计} > F_{(1-\alpha/2),(\nu_1,\nu_2)}$,故拒绝原假设。

即:两种方法在 95% 置信度下精密度有显著性差异,精密度不一致。不能用快速法做精确分析。

【例 9.2】 一瓶盐酸溶液需要测定其浓度,一分析人员第一次测定,得到一组数据后,过几天他又用同样方法对此盐酸溶液进行测定,又获得另一组数据。问这两次测定的结果,精密度是否一致?数据(mg/ml)如下:

第一次测定:0.1015,0.1013,0.1014,0.1015,0.1016;

第二次测定:0.1012,0.1013,0.1014,0.1013,0.1014。

解:这是一个比较同一方法,不同时间所得数据精密度是否一致的问题。

① 建立假设 H_0：$\sigma_1^2 = \sigma_2^2$，备择假设 H_1：$\sigma_1^2 \neq \sigma_2^2$。
② 选择显著性水平 $\alpha = 0.05$，采用双侧检验。
③ 计算标准偏差：
第一次：$n_1 = 5$　　$S_1 = 0.000114$
第二次：$n_2 = 5$　　$S_2 = 0.0000837$
④ 计算 F 值　　$F_{\text{计}} = \dfrac{S_1^2}{S_2^2} = \dfrac{0.000114^2}{0.0000837^2} = 1.86$
⑤ 查 F 分布临界值表　　$\nu_1 = n_1 - 1 = 4$，$\nu_2 = n_2 - 1 = 4$

$$F_{\alpha/2,(\nu_1,\nu_2)} = \dfrac{1}{F_{(1-\alpha/2),(\nu_2,\nu_1)}} = \dfrac{1}{F_{(0.975)(4,4)}} = \dfrac{1}{9.60} = 0.104$$

$$F_{(1-\alpha/2),(\nu_1,\nu_2)} = F_{(0.975),(4,4)} = 9.60$$

⑥ 判断 $F_{\alpha/2,(\nu_1,\nu_2)} = 0.104 < F_{\text{计}} = 1.86 < F_{(1-\alpha/2),(\nu_1,\nu_2)} = 9.60$

故在显著性水平 $\alpha = 0.05$ 下接受原假设，两组分析在 95% 置信度下，精密度是一致的，没有显著性差异。

9.4.3　t 分布检验

t 分布检验是检验中使用的统计量服从 t 分布的检验。

t 分布检验是爱尔兰化学家戈塞特首先发表，使用的笔名 Student，所以又称为学生氏分布，也称司都顿分布。

t 分布检验的应用有一个前提条件，即被检验的两个样本的方差是一致的，或者说被检验的两个样本是等精度的。所以在使用 t 分布时，如果没有明确指出已满足上述条件时，都要经过 F 检验证明两个样本的方差是一致的，才能使用 t 分布检验。

t 分布检验的统计量：

$$t = \dfrac{|\bar{x} - \mu|}{S} \sqrt{n} \tag{9.18}$$

式中　μ——样本真值或标定值；
　　　n——测定次数；
　　　S——标准偏差；
　　　$\bar{x}$——平均值。

t 分布检验的理论基础是 t 分布的概率密度分布函数：

$$\varphi(t) = \dfrac{1}{\sqrt{\pi\nu}} \times \dfrac{\Gamma\left(\dfrac{\nu+1}{2}\right)}{\Gamma\left(\dfrac{\nu}{2}\right)} \left(1 + \dfrac{t^2}{\nu}\right)^{-(\nu+1)/2} \tag{9.19}$$

式中　ν——自由度，$\nu = n - 1$，其中 n 为测量次数。

实际应用上，将 t 分布概率密度分布函数编制成"对 $\nu = n - 1$，比值 $t_{(1-\alpha),\nu}/\sqrt{n}$ 的数值"表（见附录Ⅱ），表中给出了不同显著性水平 α 和不同自由度 ν 下显著性差异的临界值。

t 分布检验是按下面的原则判断被检验的样本值是否有显著性差异。进行总体真值 μ_0 与样本均值的比较（在方差未知的情况下）。双侧检验：如果 $|\bar{x} - \mu_0| > (t_{(1-\alpha/2),\nu}/\sqrt{n})S$，则拒绝样本均值等于总体真值的原假设。单侧检验：如果 $\bar{x} < \mu_0 - [t_{(1-\alpha),\nu}/\sqrt{n}]S$，则拒绝样本

均值不小于总体真值的原假设，如果 $\bar{x} > \mu_0 + [t_{(1-\alpha),\nu}/\sqrt{n}]S$，则拒绝样本均值不大于总体真值的原假设。

t 分布检验的一般步骤如下。

① 建立原假设。如 $H_0: \bar{x} = \mu_0$，备择假设可以为 $H_1: \bar{x} \neq \mu_0$，$\bar{x} > \mu_0$ 或 $\bar{x} < \mu_0$ 之一。

② 给定显著性水平 α，确定单侧检验还是双侧检验。计算平均值 $\bar{x}$ 和标准偏差。

③ 确定自由度 ν，$\nu = n - 1$。

④ 根据给定的显著性水平 α 和自由度 ν，查附录Ⅱ计算 $t_{(1-\alpha),\nu}/\sqrt{n}$ 的数值。

⑤ 计算双侧检验时的 $[t_{(1-\alpha/2),\nu}/\sqrt{n}]S$，单侧检验时的 $\mu_0 - [t_{(1-\alpha),\nu}/\sqrt{n}]S$ 或 $\mu_0 + [t_{(1-\alpha),\nu}/\sqrt{n}]S$ 值。

⑥ 由判断原则判断是否有显著性差异。

t 分布检验在分析化学上的应用举例。

(1) 用一个已知化学成分的样品来判断一个分析方法的分析结果是否可靠

【例 9.3】 某人采用一种新方法测定基准明矾中铝的百分含量，得到下列 9 个分析结果（%）：10.74，10.77，10.77，10.77，10.81，10.82，10.73，10.86，10.81。已知标准值为 10.77%，试判断测定铝的新方法是否可靠。

解：建立原假设 $H_0: \bar{x} = \mu_0$，备择假设可以为 $H_1: \bar{x} \neq \mu_0$，$\mu_0 = 10.77\%$。给定显著性水平 $\alpha = 0.05$，采用双侧检验，自由度 $\nu = n - 1 = 8$，查附录Ⅱ，则

$$t_{(1-\alpha/2),\nu}/\sqrt{n} = t_{0.975,8}/\sqrt{9} = 0.769$$

计算样本值的平均值 $\bar{x}$ 和标准偏差 S

$$\bar{x} = 10.79\% \qquad S = 0.042\%$$

$$(t_{(1-\alpha/2),\nu}/\sqrt{n})S = 0.769 \times 0.042\% = 0.0323\%$$

$$|\bar{x} - \mu_0| = |10.79\% - 10.77\%| = 0.02\% < 0.0323\%$$

故接受 $\bar{x} = \mu_0$ 的原假设，即无显著性差异，新方法可靠。

【例 9.4】 某 38CrMoAl 标样中铝的质量分数为 0.83%，对该标样进行 11 次分析，其结果（%）分别为：0.78，0.73，0.71，0.82，0.71，0.76，0.76，0.77，0.79，0.77，0.76，试问该分析方法是否存在系统误差。

解：建立原假设 $H_0: \bar{x} = \mu_0$，备择假设可以为 $H_1: \bar{x} \neq \mu_0$，$\mu_0 = 0.83\%$，给定显著性水平 $\alpha = 0.05$，采用双侧检验，自由度 $\nu = n - 1 = 10$，查附录Ⅱ，得

$$t_{(1-\alpha/2),\nu}/\sqrt{n} = t_{0.975,10}/\sqrt{11} = 0.672$$

计算样本值的平均值 $\bar{x}$ 和标准偏差 S

$$\bar{x} = 0.76\% \qquad S = 0.034\%$$

$$[t_{(1-\alpha/2),\nu}/\sqrt{n}]S = 0.672 \times 0.034\% = 0.0228\%$$

$$|\bar{x} - \mu_0| = |0.76\% - 0.83\%| = 0.07\% > 0.0228\%$$

拒绝接受 $\bar{x} = \mu_0$ 的原假设，接受 $\bar{x} \neq \mu_0$ 的备择假设，说明有显著性差异。这就是说，新的方法存在系统误差。在消除系统误差后，方能投入生产。

(2) 两组平均值的比较　t 分布检验可用于判断两种不同的分析方法是否有相同的效果，或检验不同分析人员的分析结果相符合的程度，即两平均值之间是否有显著性差异？但在用 t 检验前，必须进行 F 检验，除非已知其方差一致。

设两组分析数据为：

测量次数	标准偏差	平均值
n_1	S_1	$\bar{x}_1$
n_2	S_2	$\bar{x}_2$

t 值计算公式为:

$$t_{合}=\frac{|\bar{x}_1-\bar{x}_2|}{S_{合}}\sqrt{\frac{n_1 n_2}{n_1+n_2}} \tag{9.20}$$

其中 $S_{合}$ 计算公式为:

$$S_{合}=\sqrt{\frac{(n_1-1)S_1^2+(n_2-1)S_2^2}{n_1+n_2-2}}$$

以上是利用合并标准偏差的统计量公式。使用此式时,查 t 分布的分位数(见附录Ⅱ)的自由度为

$$\nu=n_1+n_2-2$$

【例 9.5】 用原有的分析方法测量某材料中的铁含量,某一样品分析 6 次的结果(%)为:5.62,5.59,5.65,5.64,5.65,5.55,对分析方法进行修改后,对同一样品的 6 次分析结果(%) 为:5.35,5.27,5.30,5.25,5.31,5.29,试问分析方法修改后,可否应用?

解: 首先对两组分析结果进行 F 分布检验,确定分析结果是否为等精密度。

$$\bar{x}_1=5.62\% \qquad S_1=0.040\%$$
$$\bar{x}_2=5.30\% \qquad S_2=0.035\%$$

给定显著性水平 $\alpha=0.05$,自由度 $\nu_1=5$,$\nu_2=5$,采用双侧检验,查 F 分布的临界值表

$$F_{\alpha/2,(\nu_1,\nu_2)}=\frac{1}{F_{(1-\alpha/2),(\nu_2,\nu_1)}}=\frac{1}{F_{(0.975),(5,5)}}=\frac{1}{7.15}=0.14$$

$$F_{(1-\alpha/2),(\nu_1,\nu_2)}=F_{(0.975),(5,5)}=7.15$$

计算 F 分布检验统计量

$$F_{计}=\frac{S_1^2}{S_2^2}=\frac{0.040^2}{0.035^2}=1.31$$

$$F_{\alpha/2,(\nu_1,\nu_2)}=0.14<F_{计}=1.31<F_{(1-\alpha/2),(\nu_1,\nu_2)}=7.15$$

故可以认为两种方法的精密度没有显著性差异,因而可以进行 t 分布检验。

确定原假设 $H_0:\bar{x}_2=\bar{x}_1$,备择假设 $H_1:\bar{x}_2\neq\bar{x}_1$。

给定显著性水平 $\alpha=0.05$,采用双侧检验,因为统计量公式中的标准偏差要采用合并标准偏差,所以 $\nu=6+6-2=10$。

查附录Ⅵ,得

$$t_{(1-\alpha/2),\nu}=t_{0.975,10}=2.288$$

计算:
$$S_{合}=\sqrt{\frac{(6-1)\times 0.040^2+(6-1)\times 0.035^2}{6+6-2}}=0.038$$

$$t_{合}=\frac{|5.62-5.30|}{0.038}\times\sqrt{\frac{6\times 6}{6+6}}=7.00$$

$$t_{合}=7.00>t_{0.975,10}=2.288$$

故拒绝接受 $\bar{x}_2=\bar{x}_1$ 的原假设,接受备择假设 $\bar{x}_2\neq\bar{x}_1$,从上可知,分析方法修改后,精密度与原方法无显著性差异,但两种方法之间存在系统误差,需查明并消除产生系统误差的因素后,方可应用。

9.4.4 异常值的检验

测定某个样品得到的一组数据中,常常发现某一两个测定值比其余测定值明显地偏大或偏小,这种明显地偏大或偏小的测定值称为可疑值。对于可疑值,必须首先从技术上设法弄清其出现的原因,如果查明确由实验技术上的失误引起的,不管这样的测定值是否为异常值,都应舍去,而不必进行统计检验。但是,有时未必能从技术上找出它出现的原因,在这种情况下,既不能轻易地保留它,亦不能随意地舍弃它,应对它进行统计检验,以便从统计上判明可疑值是否为异常值。如果统计检验表明它确为异常值,则应按异常值进行处置。

异常值的处置方式有三种情况:①对任何异常值,若无充分技术上的、物理上的说明其异常的理由,则不得剔除或进行修正;②检出的异常值都被剔除或进行修正;③判断异常值是否是高度异常,如果是高度异常则剔除。除特殊情况外,检出水平一般可取5%或更大些,剔除水平一般采用1%或更小些。

异常值的出现有下列三种情况:上侧情形,根据经验,异常值都为高端值。下侧情形,根据经验,异常值都为低端值。双侧情形,异常值是在两端都可能出现的极端值。

对于分析化学来说,异常值通常为双侧情形。下面介绍两种常用的统计检验方法。

9.4.4.1 格拉布斯(Grubbs)检验法

本法引自 GB/T 4883《数据的统计处理和解释正态样本异常值的判断和处理》,该法的最大优点是在判断异常值过程中引入了 $\bar{x}$ 和 S,故方法的准确性较好。在检验至多只有一个异常值时,具有判断异常值的最优性,重复使用,则功效较差,它仅适用于在测试结果中发现一个异常值。

格拉布斯检验由于仅适用于发现一个异常值,所以常采用单侧检验,其步骤为:

① 将数据由小到大排列,$x_1 \leqslant x_2 \leqslant \cdots \leqslant x_n$

计算 $\bar{x}$ 和 S,计算时包括被检验的观测值。

② 计算统计量

若 x_n 为异常值,则 $\qquad G_n = (x_n - \bar{x})/S \qquad (9.21)$

若 x_1 为异常值,则 $\qquad G_n = (\bar{x} - x_1)/S \qquad (9.22)$

③ 确定显著性水平 α,在附表Ⅲ中查出相应的临界值 $G_{(1-\alpha),n}$。

④ 判断:当 $G_n > G_{(1-\alpha),n}$ 时,则判断观测值 x_n 或 x_1 为异常值;否则"没有异常值"。

⑤ 如果使用剔除水平 α^*。在给出剔除水平 α^* 的情况下,查附表Ⅲ,得到相对应的临界值 $G_{(1-\alpha^*),n}$,当 $G_n > G_{(1-\alpha^*),n}$ 时,则判断观测值 x_n 或 x_1 为高度异常值,应该剔除;否则,判断"没有高度异常的异常值"。

【例 9.6】 10 个实验室对同一样品各测定 5 次的平均值(%)分别为:4.41,4.49,4.50,4.51,4.64,4.75,4.81,4.95,5.01,5.39,检验最大值是否为异常值?

解: $\bar{x} = 4.746\%$,$S = 0.305\%$,$G_n = \dfrac{5.39 - 4.746}{0.305} = 2.11$

已知 $n = 10$,若 $\alpha = 0.05$(即 95% 的置信水平)

查附表Ⅲ得 $G_{(1-0.05),10} = 2.18$

$G_n = 2.11 < G_{(1-0.05),10} = 2.18$,故 5.39 为正常值,不应舍去。

【例 9.7】 分析不锈钢中的硅,5 次观测值(%)分别为:0.63,0.49,0.65,0.63,0.65,试用格拉布斯检验准则判断观测值 0.49 是否为异常值。

解: 从测量数据可以看出,要检验的观测值中只有 0.49 这个观测值偏离较大,因而可用格拉布斯检验的单侧情形来判断。

计算 $\bar{x}$、S、G_n

$\bar{x}=0.61\%$，$S=0.068\%$

$$G_n = \frac{\bar{x}-x_1}{S} = \frac{0.61-0.49}{0.068} = 1.76$$

选用显著性水平 $\alpha=0.05$，$n=5$，查附表Ⅲ，得

$$G_{(1-\alpha),n} = G_{(1-0.05),5} = 1.672$$

比较 $G_n = 1.76 > G_{(1-0.05),5} = 1.672$

故观测值 0.49 为异常值。

如果使用剔除水平 α^*，选用剔除水平 $\alpha^* = 0.01$，则查附录Ⅲ得

$$G_{(1-\alpha^*),n} = G_{(1-0.01),5} = 1.749$$
$$G_n = 1.76 > G_{(1-0.01),5} = 1.749$$

故观测值 0.49 为高度异常的异常值，应该剔除。

【例 9.8】 滴定法测定某样品中的锰，八次平行测定数据（%）如下：10.29，10.33，10.38，10.40，10.43，10.46，10.50，10.82。问 10.82 这一数据是否应舍去。

解：$\bar{x}=10.45\%$，$S=0.1636\%$

$$G_n = \frac{10.82-10.45}{0.1636} = 2.26$$

已知 $n=8$，选择显著性水平 $\alpha=0.05$，查附录Ⅲ得

$$G_{(1-\alpha),n} = G_{(1-0.05),8} = 2.032$$

比较：$G_n = 2.26 > G_{(1-0.05),8} = 2.032$

故 10.82 为异常值。

如果使用剔除水平，选用剔除水平 $\alpha^* = 0.01$

则查附录Ⅲ，得

$$G_{(1-\alpha^*),n} = G_{(1-0.01),8} = 2.221$$
$$G_n = 2.26 > G_{(1-0.01),8} = 2.221$$

故 10.82 为高度异常的异常值，应舍去。

9.4.4.2 狄克逊（Dixon）检验法

狄克逊检验法在检验至多只有一个异常值时，狄克逊检验法正确判断异常值的功效与格拉布斯检验法相差甚微，而重复使用狄克逊检验法的效果比格拉布斯检验法要优越得多，故推荐狄克逊检验法可以重复使用。

本法对试样的真值（或标准值）和分析方法的标准偏差均为未知时特别适用。

狄克逊检验法的统计量公式见表 9.3。

表 9.3 狄克逊检验法统计量公式

样本大小	检验高端异常值	检验低端异常值
$n=3\sim 7$	$D=r_{10}=\dfrac{x_n-x_{n-1}}{x_n-x_1}$	$D'=r'_{10}=\dfrac{x_2-x_1}{x_n-x_1}$
$n=8\sim 10$	$D=r_{11}=\dfrac{x_n-x_{n-1}}{x_n-x_2}$	$D'=r'_{11}=\dfrac{x_2-x_1}{x_{n-1}-x_1}$
$n=11\sim 13$	$D=r_{21}=\dfrac{x_n-x_{n-2}}{x_n-x_2}$	$D'=r'_{21}=\dfrac{x_3-x_1}{x_{n-1}-x_1}$
$n=14\sim 30$	$D=r_{22}=\dfrac{x_n-x_{n-2}}{x_n-x_3}$	$D'=r'_{22}=\dfrac{x_3-x_1}{x_{n-2}-x_1}$

(1) 单侧检验的应用步骤

① 将观测值由小到大顺序排列，即 $x_1 \leqslant x_2 \leqslant \cdots \leqslant x_n$。

② 根据测量次数 n，按表 9.3 用相应的统计量公式，计算被检测值的统计量。

③ 选定显著性水平 α，在附表 9.5 中查出相应的临界值 $D_{(1-\alpha),n}$。

④ 当 $D > D_{(1-\alpha),n}$，则判断观测值 x_n 为异常值；当 $D' > D_{(1-\alpha),n}$，则判断观测值 x_1 为异常值。否则判断"没有异常值"。

⑤ 在使用剔除水平 α^* 时，在给定的剔除水平 α^* 的情形下，在附录Ⅳ中查出临界值 $D_{(1-\alpha^*),n}$ 值，当 $D > D_{(1-\alpha^*),n}$，则判断 X_n 为高度异常的异常值；当 $D' > D_{(1-\alpha^*),n}$，则判断 x_1 为高度异常的异常值。否则，判断"没有高度异常的异常值"。

(2) 双侧检验应用步骤

① 将观测值由小到大顺序排列，即 $x_1 \leqslant x_2 \leqslant \cdots \leqslant x_n$。

② 根据测量次数 n，按表 9.3，用相应的统计量公式计算统计量 D 和 D'。

③ 选定显著性水平 α，在附表Ⅴ中查出相应的临界值 $D_{(1-\alpha),n}$。

④ 当 $D > D'$，且 $D > D_{(1-\alpha),n}$，判断观测值 X_n 为异常值；当 $D' > D$，且 $D' > D_{(1-\alpha),n}$ 时，判断观测值 X_1 为异常值。否则"没有异常值"。

⑤ 如果使用剔除水平 α^*，在给定的剔除 α^* 的情形下，在附录Ⅴ中查出相应的临界值 $D_{(1-\alpha^*),n}$。当 $D > D'$，且 $D > D_{(1-\alpha^*),n}$ 时，判断观测值 x_n 为高度异常的异常值；当 $D' > D$ 且 $D' > D_{(1-\alpha^*),n}$ 时，判断观测值 x_1 为高度异常的异常值。否则，判断"没有高度异常的异常值"。

【例 9.9】 用分光光度法测定某样品中的磷含量，一分析人员平行测定 13 次，得到以下数据（%）：1.578，1.566，1.578，1.588，1.587，1.587，1.535，1.568，1.605，1.567，1.591，1.575，1.576 其中 1.535 偏差较大，问是否为异常值。

解：(1) 将数据从小到大依次排列：1.535，1.566，1.567，…，1.588，1.591，1.605。

(2) 1.535 为低端值，故选用

$$D' = r'_{21} = \frac{x_3 - x_1}{x_{n-1} - x_1}$$

由数据得：$x_1 = 1.535\%$，$x_3 = 1.567\%$，$x_{n-1} = 1.591\%$

$$D' = r'_{21} = \frac{1.567 - 1.535}{1.591 - 1.535} = 0.571$$

(3) 选定显著性水平 $\alpha = 0.05$，采用单侧检验，$n = 13$ 查附录Ⅴ，得 $D_{(1-\alpha),n} = D_{0.95,13} = 0.521$。

(4) 比较 $\qquad D' = 0.571 > D_{(1-\alpha),n} = D_{0.95,13} = 0.521$

故 1.535 为异常值。

(5) 选剔除水平 $\alpha^* = 0.01$，查附录Ⅴ得

$$D_{(1-\alpha^*),n} = D_{(1-0.01),13} = 0.615$$

比较 $D' < D_{(1-\alpha^*),n}$，故 1.535 不是"高度异常的异常值"。

【例 9.10】 有一锰铁试样，需要测定其中锰的含量，一分析人员用此试样进行 15 次平行测定，得到的结果（%）为：25.60，26.56，26.70，26.76，26.78，26.87，26.95，27.06，27.10，27.18，27.20，27.39，27.48，27.63，28.01。

以上有两个数据 25.60 和 28.01 与其他数据偏离较大，问是否应舍去？

解： 所给数据已从小到大排列，根据测量次数 $n = 15$

按表 9.3 确定统计量公式

$$D = r_{22} = \frac{x_n - x_{n-2}}{x_n - x_3} = \frac{28.01 - 27.48}{28.01 - 26.70} = 0.405$$

$$D' = r'_{22} = \frac{x_3 - x_1}{x_{n-2} - x_1} = \frac{26.70 - 25.60}{27.48 - 25.60} = 0.585$$

选定显著性水平 $\alpha = 0.01$，作双侧检验，查附录Ⅴ，得

$$D_{(1-\alpha), n} = D_{0.99, 15} = 0.647$$

比较 $\qquad D = 0.405 < D_{(1-\alpha), n} = 0.647$

$$D' = 0.585 < D_{(1-\alpha), n} = 0.647$$

故 25.60 和 28.01 在显著性水平 $\alpha = 0.01$ 下都不是异常值，不应舍去。

【**例 9.11**】 一组观测值从小到大的排列顺序为：2.30，2.39，2.39，2.40，2.40，2.42，2.42，2.43，2.43，2.47，2.52，检验是否有异常值。

解：用狄克逊双侧检验法检验，不采用剔除水平，对检验出的异常值全部剔除。取显著性水平 $\alpha = 0.05$，$n = 11$。

使用狄克逊检验的相应统计量公式计算统计量

$$D = r_{21} = \frac{x_n - x_{n-2}}{x_n - x_2} = \frac{2.52 - 2.43}{2.52 - 2.39} = 0.692$$

$$D' = r'_{21} = \frac{x_3 - x_1}{x_{n-1} - x_1} = \frac{2.39 - 2.30}{2.47 - 2.30} = 0.529$$

查附录Ⅴ得

$$D_{(1-\alpha), n} = D_{(1-0.05), 11} = 0.619$$

$$D = 0.692 > D' = 0.529$$

$$D = 0.692 > D_{(1-0.05), 11} = 0.619$$

故判断观测值 2.52 为异常值，应该剔除。

除去观测值 2.52 后，余下的观测值重复使用狄克逊双侧检验法进行检验，这时要重新选用相应的统计量公式计算统计量，这时 $n = 10$

$$D = r_{11} = \frac{x_n - x_{n-1}}{x_n - x_2} = \frac{2.47 - 2.43}{2.47 - 2.39} = 0.500$$

$$D' = r'_{11} = \frac{x_2 - x_1}{x_{n-1} - x_1} = \frac{2.39 - 2.30}{2.43 - 2.30} = 0.629$$

取 $\alpha = 0.05$，查附录Ⅴ得

$$D' = r'_{11} = \frac{x_2 - x_1}{x_{n-1} - x_1} = \frac{2.39 - 2.30}{2.43 - 2.30} = 0.692$$

$$D' = 0.692 > D = 0.500$$

$$D' = 0.692 > D_{(1-0.05), 10} = 0.530$$

故判断观测值 2.30 为异常值，应该剔除。还可以用狄克逊双侧检验法继续检验，直到没有异常值或超过异常值允许存在的最多个数为止。

9.4.5 平均值的置信区间

在日常分析工作中，常常是一个分析人员在相同的条件下进行多次测量，最后得到一组数据，然后按某种异常值检验方法对可疑值进行取舍后，取其平均值作为结果报出，在写报告时，仅写出平均值 $\bar{x}$ 的数值是不够确切的，还应该用统计方法估算，在一定置信度下（置信度常选定为 95%），以平均值为中心其真实值的可能范围是多少，这个范围就称为平

均值的置信区间。

平均值的置信区间可用下式计算

$$CL = \bar{x} \pm \frac{tS}{\sqrt{n}} = \bar{x} \pm S_x t \tag{9.23}$$

式中 CL——置信区间；

　　　S——标准偏差；

　　　$\bar{x}$——平均值；

　　　n——测定次数；

　　　t——置信系数；

　　　S_x——平均值的标准偏差。

9.4.5.1 n 个测量值的平均值的置信区间

【例 9.12】 分析铝铜中间合金五次分析结果（%）为：48.38，48.36，48.32，48.23，48.11。数据中 48.11 有明显偏低，判定取舍后，求其平均值的置信区间。

解：(1) 用格拉布斯检验判定取舍

计算 $\bar{x}$、S、$G_计$

$$\bar{x} = 48.28, \quad S = 0.11$$

$$G_计 = \frac{\bar{x} - x_1}{S} = \frac{48.28 - 48.11}{0.11} = 1.55$$

选 $\alpha = 0.05$，采用单侧检验，$n = 5$

查附录Ⅲ得 $G_表 = G_{0.95,5} = 1.67$

$G_计 < G_表$，故 48.11 不是异常值，应保留。

(2) 计算置信区间 选置信度 $n = 5$，采用双侧检验

查表Ⅵ得

$$t_{(1-\alpha/2),\nu} = t_{0.975,4} = 2.78$$

$$CL = \bar{x} \pm \frac{tS}{\sqrt{n}} = 48.28 \pm \frac{2.78 \times 0.11}{\sqrt{5}} = 48.28 \pm 0.14$$

即平均值的置信范围 CL 为 48.14～48.42。

9.4.5.2 n 组平均值的总平均值的置信区间

n 组平均值的总平均值为 $\bar{\bar{x}} = \frac{1}{n} \sum_{i=1}^{n} \overline{x_i}$

总平均值的标准偏差为 $S_{\bar{\bar{x}}} = \dfrac{1}{\sqrt{\sum\limits_{i=1}^{n} \dfrac{1}{S_i^2}}}$

如果 $N_1 = N_2 = \cdots = N_n = N$，且 $S_1 = S_2 = \cdots = S_n = S$

则 $S_{x_1} = S_{x_2} = \cdots = S_{x_n} = S_x = S/\sqrt{N}$，且 $S_{\bar{\bar{x}}} = S_x/\sqrt{n} = S/\sqrt{nN}$

则总平均值的置信区间在上述条件下应为

$$CL = \bar{\bar{x}} \pm \frac{S_x}{\sqrt{n}} t = \bar{\bar{x}} \pm \frac{S}{\sqrt{nN}} t \tag{9.24}$$

式中 $\bar{\bar{x}}$——总平均值；

　　　N——每组平均值的测量次数；

　　　n——平均值的组数；

$S_{\bar{x}}$——平均值的标准偏差；

S——单次测量值的标准偏差；

t——相应显著性水平和相应自由度的 t 分布的临界值，其中自由度 $v=n(N-1)$。

【例 9.13】 用分光光度法测定某合金中镍的质量分数，称取 5 个试样，用同一条件分析，每个试样均测量 4 次取平均值，测量结果的平均值（%）为 0.94，0.92，0.95，0.93，0.96，单次测量标准偏差为 $S=0.10\%$，求总平均值的置信区间。

解：总平均值 $\bar{\bar{x}}=0.94$

给定显著性水平 $\alpha=0.05$，采用双侧检验，

自由度 $v=n(N-1)=5\times 3=15$

$$t_{(1-\alpha/2),v}=t_{0.975,15}=2.13$$

$$CL=\bar{\bar{x}}\pm\frac{S}{\sqrt{nN}}t=0.94\pm\frac{0.10}{\sqrt{5\times 4}}\times 2.13=0.94\pm 0.05$$

即总平均值的置信区间 CL 为 0.89~0.99。

9.5 不确定度的评定和表示

我们知道测量误差客观存在是不可避免的。测量误差定义为测量结果减去被测量真值之差，若要得到误差就应该知道真值。但是真值无法得到，因此严格意义上的误差也无法得到。所以用测量误差来评定测量结果的质量时，可操作性不强，经过多年的努力，人们找到了用测量不确定度来评定测量结果的定量方法，也就是测量不确定度决定了测量结果的可用性。不确定度越小，说明测量结果质量越高，使用越可靠。测量结果必须附有不确定度说明才完整并有意义，不确定度评定是现代误差理论的核心之一，本节就不确定度的基础知识作简要介绍。

9.5.1 测量不确定度的基本概念

9.5.1.1 测量不确定度的定义和含义

测量不确定度是表征合理地赋予被测量之值的分散性，与测量结果相联系的参数。

此参数可以是诸如标准偏差或其倍数或说明了置信水准的区间的半宽度。

测量不确定度是由多个分量组成。其中一些量可用测量结果的统计分布估算，并用实验标准差表征。另一些分量则可用基于经验或其他信息的假定概率分布估算，也可用标准偏差表征。

测量结果应理解为被测量之值的最佳估计，全部不确定度分量均贡献给了分散性，包括那些由系统效应引起的（如与修正和参考测量标准有关的）分量。

不确定度恒为正值，当由方差得出时，取其正平方根。

不确定度一词指可疑程度，广义而言测量不确定度为对测量结果正确性的可疑程度。不带形容词的不确定度用于一般概念，当需要明确某一测量结果的不确定度时，要适当采用一形容词，比如合成不确定或扩展不确定度，但不要用随机不确定度和系统不确定度这两个术语，必要时可用随机效应导致的不确定和系统效应导致的不确定度来说明。

9.5.1.2 标准不确定度

以标准差表示的测量不确定度，统一规定用小写英文字母 u 表示。

9.5.1.3 合成标准不确定度

当测量结果是由若干个其他量的值求得时,按其他各量的方差和协方差算得的标准不确定度。测量结果 y 的合成标准不确定度记为 $u_c(y)$。

9.5.1.4 扩展不确定度

确定测量结果区间的量,合理赋予被测量之值分布的大部分可望含于此区间。

扩展不确定度记为 U,它等于合成标准不确定度 u_c 与包含因子 k 的乘积。

$U=ku_c$,式中 k 称为包含因子。

9.5.1.5 不确定度的 A 类评定

用对观测列进行统计分析的方法来评定标准不确定度。

不确定度的 A 类评定,有时又称为 A 类不确定度评定。

9.5.1.6 不确定度 B 类评定

用不同于对观测列进行统计分析的方法来评定标准不确定度。

不确定度的 B 类评定,有时又称为 B 类不确定度评定。

9.5.1.7 相对不确定度

一个量的不确定度除以该量的平均值加以角标 rel 或 r 表示:

相对标准不确定度 $u_{rel}(x)=\dfrac{u(x)}{\bar{x}}$ (9.25)

式中 $u(x)$——输入量 x 的标准不确定度;

$\bar{x}$——输入量 x 的算术平均值。

相对合成标准不确定度 $u_{c,rel}(y)=\dfrac{u_c(y)}{\bar{y}}$ (9.26)

式中 $u_c(y)$——输出量 y 的合成标准不确定度;

$\bar{y}$——被测量 y 测量结果的算术平均值。

9.5.2 测量不确定度与测量误差的区别与联系

根据定义,测量不确定度表示被测量之值的分散性,因此不确定度表示一个区间,即测量结果所分布的区间,而测量误差是测量结果与真值之差。一个是差值,一个是区间,这是两者的最根本区别。

误差的概念与真值相联系,而系统误差和随机误差又与无限多次测量的平均值有关,因而两者都是理想化的概念。实际上只能得到它们的估计值,因而误差的可操作性较差,不确定度则可能根据实验、资料、经验等信息进行 A、B 类评定,从而可能定量确定。

误差仅与测量结果及被测量的真值或约定真值有关,对同一被测量,不管测量仪器、测量方法、测量条件如何,相同的测量结果的误差是相同的,而在重复性条件下进行多次重复测量,得到的测量结果是不同的,因此它们的测量误差也不同。

测量不确定度和测量仪器、测量方法、测量条件、测量程序以及数据处理方法有关,而与在重复性条件下具体的测量结果数值的大小无关。在重复性条件下进行测量时,不同测量结果的不确定度是相同的,但它们的误差则肯定不同。

若已知测量误差,就可以对测量结果进行修正得到已修正的测量结果,而不确定度是不能用来对测量结果进行修正的,在评定已修正测量结果的不确定度时,必须考虑修正值的不确定度。

误差是一个确定的数值,因此误差合成时应采用代数相加的方法。不确定度表示的是一个被测量分布的区间,当各不确定度分量相互不相关或相互独立时,各不确定度分量的合成采用几何相加的方法,即常用的方和根法。

测量仪器没有不确定度,因为没有对仪器不确定度下过定义,因此一般不要采用"测量仪器的不确定度"这种说法,但可将测量仪器的不确定度理解为仪器所提供的标准量值的不确定度,或在测量结果中由测量仪器引入的不确定度分量。

人们有时会误用"误差"一词,即通过误差分析得到的往往是被测量不能确定的范围,它表示一个区间,而不是真正的误差值,真正的误差值应该与测量结果有关。

综上所述,可以说误差与不确定度是两个完全不同并相互关联的概念,它们之间并不排斥。不确定度不是对误差的否定,相反,它是误差理论的进一步发展。它是现代误差理论的新产物。

用测量不确定度评定来代替过去的误差评定,绝不是简单地说"误差"一词不能再使用了。误差和不确定度的定义和概念是不同的,因此不能混淆和误用。应该根据误差和不确定度的定义来加以判断,应该用误差的地方就用误差,应该用不确定度的地方就用不确定度。测量不确定度与误差的区别见表9.4。

表9.4 测量不确定度与误差的区别

内 容	测 量 误 差	测量不确定度
定义	测量结果与真值之差,是一个确定值	测量值的分散性,一个区间
量值	客观存在	与对被测量值影响因素及测量过程的认识有关
分类	分随机误差和系统误差	分A、B类评定,不区分性质
可操作性	真值未知,往往不能得到测量结果值,只能用估计值	通过A、B类评定,可以得到定量不确定度的值
数值符号	有正、可负、可零,但不能用"±"号表示	无符号,恒正
合成方法	误差分量的代数和	分量独立时用方和根合成,有相关项要考虑协方差
结果修正	已知系统误差的估计值,可对结果进行修正	测量不确定度不能对测量结果进行修正。修正不完善会引入不确定度分量
结果说明	相同的测量结果具有相同的误差,与仪器和方法无关	与各因素都有关,合理赋予被测量的任一值,均具有相同的测量不确定度
自由度	不存在	评定可靠程度的指标
置信概率	不存在	已知分布时,可按置信概率给出置信区间

9.5.3 不确定度的各种来源

测量中,可能导致测量不确定度的来源很多,测量中可能导致不确定度的来源一般有下述几个方面:

① 被测量的定义不完整;
② 复现被测量的测量方法不理想;
③ 取样的代表性不够,即被测样本不能代表所定义的被测量;
④ 对测量过程受环境影响的认识不恰当或对环境的测量与控制不完善;
⑤ 对模拟式仪器的读数存在人为偏移;

⑥ 测量仪器的计量性能（如灵敏度、分辨力、死区及稳定性等）的局限性；
⑦ 测量标准或标准物质的不确定度；
⑧ 引用的数据或其他参数的不确定度；
⑨ 测量方法和测量程度的近似和假设；
⑩ 在相同条件下，被测量在重复观测中的变化。

上述的不确定度的来源，可能相关，例如第⑩项可能与前面各项有关。

对于那些尚未认识到的系统效应，显然是不可能在不确定度评定中予以考虑的，但它可能导致测量结果的误差。

对于分析化学，其典型的不确定度来源包括如下几个方面。

(1) 取样　当内部或外部取样是规定程序的组成部分时，例如不同区间的随机变化以及取样程序存在的潜在偏差等影响因素，构成影响最后结果的不确定度分量。

(2) 存储条件　当测试样品在分析前要储存一段时间，则存储条件可能影响结果。存储时间以及存储条件也被认为是不确定度来源。

(3) 仪器的影响　仪器影响包括，如对分析天平校准的准确度限制；保持平均温度的控制器偏离（但在规定范围内）其设定的指示点，受进位影响的自动分析仪。

(4) 试剂纯度　即使母材料已经化验过，因为化学过程中存在某些不确定度，其滴定溶液浓度不能准确知道的。例如许多有机染料，不是100%的纯度，可能含有异构体和无机相。对于这类物质的纯度，制造商通常只标明不低于规定值。关于纯度的假设将会引起一个不确定度分量。

(5) 假设的化学反应定量关系　当假定分析过程按照特定的化学反应定量关系进行时，可能有必要考虑偏差所预期的化学反应定量关系，或反应不完全或副反应。

(6) 测量条件　例如，容量仪器可能在与校准温度的不同的环境温度下使用，总的温度影响应加以修正，但是液体和玻璃的温度的不确定度应加以考虑，同样，当材料对温度的可能变化敏感时，温度也是重要的。

(7) 样品的影响　复杂基体的被分析物的回收率或仪器的响应可能受基体成分的影响。被分析物的物种会使这一影响变得更复杂。

当用"加料样品"来估计回收率时，样品中的被分析物回收率可能与加料样品的回收率不同。因而引进了需要加以考虑的不确定度。

(8) 计算影响　选择校准模型，例如对曲线的响应用直线校准，会导致较差的拟合曲线，因而引入较大的不确定度。

修约能导致最终结果的不准确，因为这些是很少可预知的，有必要考虑不确定度。

(9) 空白修正　空白修正不当会有不确定度。在痕量分析中尤为重要。

(10) 操作人员的影响　可能总是将仪表刻度的读数读高或读低。可能对方法作出稍微不同的解释。

(11) 随机影响产生的不确定度　在所有测量中都有随机影响产生的不确定度。

9.5.4 不确定度的评定步骤

前面讲述了不确定度的概念，以及为什么要用不确定度评定来代替误差评定，那么不确定度又是如何进行评定的呢？当被测量确定后，测量结果的不确定度与测量方法有关，测量方法包括测量程序及数据处理等技术规定。在测量方法确定后，具体评定过程与步骤如下。

(1) 确定不确定度的来源 从测量方法的各方面确定和分析产生不确定度的来源。

(2) 建立满足测量不确定度评定所需的数学模型 建立数学模型,即确定被测量 y(输出量)与其他量(输入量)$x_1, x_2, \cdots, x_n$ 间的函数关系,即 $y = f(x_1, x_2, \cdots, x_n)$。

(3) 输入量的标准不确定度评定 分 A 类评定和 B 类评定。

A 类评定是指通过对一组观测列进行统计分析,并以实验标准偏差表征其标准不确定度的方法。

B 类评定是所有不同于 A 类评定的其他方法均称为 B 类评定,它们是基于经验或其他信息的假定概率分布估算的,也是用标准偏差表示。

(4) 合成标准不确定度的评定 合成标准不确定度按输出量 y 的估计值 y 给出的符号为 $u_c(y)$,当全部输入量是彼此独立和不相关时,合成标准不确定度 $u_c(y)$ 的方差可按下式得出。

$$u_c^2(y) = \sum_{i=1}^{N} \left[\frac{\partial f}{\partial x_i}\right]^2 u^2(x_i) = \left[\sum_{i=1}^{N} c_i u(x_i)\right]^2 = \sum_{i=1}^{N} u_i^2(y) \tag{9.27}$$

$$u_c(y) = \sqrt{\sum_{i=1}^{N} u_i^2(y)} \tag{9.28}$$

式中,$c_i = \frac{\partial f}{\partial x_i}$,$u_i(y) = |c_i| u(x_i)$,$c_i$ 称为灵敏系数;N 代表与测量值 y_i 有关的输入量 x_i 的数目。

当输入量 x_i 之间明显相关时,应考虑相关性。这时合成标准不确定度计算式应增加协方差相关项。

(5) 扩展不确定度的评定 扩展不确定度分为 U_P 和 U 两种。

当包含因子 k 由被测量的分布以及所规定的置信概率 P 得到时,扩展不确定度用 $U_P = k_P u_c(y)$ 表示,k_p 可采用 t 分布临界值表查得。

当没有明显的置信概率时,则扩展不确定度为:

$$U = k u_c(y) \tag{9.29}$$

k 一般取 2~3。

(6) 测量不确定度的报告与表示 简要给出测量结果及其不确定度,及如何由合成标准不确定度得到扩展不确定度,报告应给出尽可能多的信息,避免用户对所给不确定度产生错误的理解,以致错误地使用所给的测量结果,报告中测量结果及其不确定度的表达方式应符合 JJF 1059—1999 的规定,同时应注意测量结果及其不确定度的有效数字位数(不多于两位有效数字)。

如:总氮量(质量分数):$(3.52 \pm 0.14)\%$,$k = 2$

或 3.52%,$u = 0.14\%$,$k = 2$

9.5.5 不确定度评定应用实例——二安替比林甲烷吸光光度法测定高温合金中钛含量结果的不确定度评定

9.5.5.1 分析方法和测量参数概述

(1) 试样分析步骤 称取 0.1000g 样品于 150ml 烧杯中,加入 20ml 盐酸、3~5ml 硝酸,微热至试料溶解。稍冷,加入 5ml 磷酸,10ml 硫酸,继续加热蒸发至冒硫酸烟 1~2min,稍冷,加入 30ml 水,煮沸溶解盐类,冷却至室温,将试液移入 100ml 容量瓶中,用水稀释至刻度,摇匀(简称为 A 试液)。移取 10.00ml A 试液于 100ml 容量瓶中,加入

10ml 抗坏血酸溶液（100g/L），放置 3~5min，加入 10ml 盐酸（1+1）、15.00ml 二安替比啉甲烷溶液（50g/L），用水稀释至刻度，摇匀。放置 30min 后测量。用 1~2cm 比色皿，以参比液为参比，于 420nm 波长处测量显色液吸光度，从工作曲线上查得钛量。

(2) 参比液　移取 10.00ml A 试液于 100ml 容量瓶中，加入 10ml 抗坏血酸溶液（100g/L），放置 3~5min，加入 10ml 盐酸（1+1），用水稀释至刻度，摇匀。放置 30min 后测定。

(3) 工作曲线的制备　于一个 100ml 容量瓶中加入 5ml 磷酸、10ml 硫酸（1+1），用水稀释至刻度，摇匀（简称 B 溶液）。移取 10.00ml B 溶液数份，分别置于数个 100ml 容量瓶中，依次加入 0.00ml、1.00ml、2.00ml、3.00ml、4.00ml、5.00ml、6.00ml 钛标准溶液（0.10mg/ml），各加入 10ml 抗坏血酸溶液（100g/L），以下按试样分析步骤进行操作。以不加钛及二安替比啉甲烷的那份溶液为参比液，测量吸光度。以吸光度为纵坐标，相应的钛量为横坐标，绘制成工作曲线。

每个工作曲线点的溶液测量 3 次，试液测量 2 次。由工作曲线查出试液中钛的浓度，计算钛的质量分数。

9.5.5.2　被测量值与输入量的函数关系（数学模型）

$$w_{Ti} = \frac{c_{Ti} V f}{m_0 \times 10^6} \times 100\%$$

式中　w_{Ti}——样品中钛的质量分数，%；
　　　c_{Ti}——测量溶液中钛的质量浓度，$\mu g/ml$；
　　　V——测量溶液定容体积，ml；
　　　f——试样溶液定容体积与分取试样溶液的体积比；
　　　m_0——试料的质量，g。

9.5.5.3　不确定度的来源和分量的评定

根据分析方法的数学模型，测量结果的不确定度来源于测量重复性、测量溶液浓度、试样定容体积、测量溶液体积、分取溶液体积和称量的不确定度分量。按工作曲线方程，样品溶液浓度的不确定度包括工作曲线的变动性和标准溶液的浓度的不确定度分量等。

(1) 测量重复性不确定度

【例 9.14】　进行了 12 次平行测量，实验结果（%）分别为 2.72、2.75、2.70、2.71、2.68、2.70、2.73、2.72、2.75、2.70、2.70、2.68。平均值：2.712，$S=0.0233\%$。按测量数据，可计算得：$\bar{x}=2.71\%$，$S=0.0233\%$

$$u(s) = S/\sqrt{12} = 0.0233\%/\sqrt{12} = 0.00673\%$$
$$u_{rel}(s) = 0.00673/2.71 = 0.0025$$

(2) 测量溶液浓度的不确定度　测量溶液浓度的不确定度由工作曲线的变动性、钛标准溶液浓度及分取的不确定度分量组成。

① 工作曲线变动性引入的不确定度　制备 7 点钛标准溶液绘制工作曲线，工作曲线中钛量与相应的吸光度见表 9.5。

根据表 9.5 的测量数据，按照最小二乘法拟合的工作曲线方程为：

$$A = 0.00075 + 0.00063c \quad a = 0.00075 \quad b = 0.00063$$
$$相关系数 \quad r = 0.9997$$

表 9.5　工作曲线中钛量与相应的吸光度

标准溶液浓度 /(μg/100ml)	吸光度 A	$a+bc_i$	标准溶液浓度 (μg/100ml)	吸光度 A	$a+bc_i$
0	0.000 0.000 0.000	0.00075	400	0.257 0.244 0.243	0.253
100	0.061 0.065 0.066	0.064	500	0.307 0.305 0.318	0.316
200	0.129 0.123 0.135	0.127	600	0.388 0.380 0.372	0.379
300	0.195 0.190 0.185	0.190			

待测溶液中钛的吸光度平均值为 0.172，在工作曲线上查得钛的浓度为 $c_{Ti}=271.2\mu g/100ml$，由此计算得样品中的钛的质量分数为 2.712%。由工作曲线变动性引起测量溶液中钛浓度 c_{Ti} 的标准不确定度分量为：

$$u(c_{Ti})_1 = \frac{S_R}{b}\sqrt{\frac{1}{P}+\frac{1}{n}+\frac{(c_{Ti}-\bar{c})^2}{\sum_{i=1}^{n}(c_i-\bar{c})^2}}$$

式中　S_R——工作曲线变动性的标准差，$S_R = \sqrt{\dfrac{\sum_{i=1}^{n}[A_i-(bc_i+a)]^2}{n-2}}$

$\bar{c}$——工作曲线各校准浓度的平均值，$\bar{c} = \dfrac{\sum_{i=1}^{n}c_i}{n}$

n——工作曲线的溶液测量次数，工作曲线有 7 个校准点，每点测量 3 次，则 $n=21$；

P——被测样品溶液的测量次数，样品重复测定 12 次，每个样品溶液测量 2 次，则 $P=12\times 2=24$。

将表 9.5 的测量参数代入可计算得

$$\sum_{i=1}^{21}[A_i-(a+bc_i)]^2 = 0.00068 \quad S_R=\sqrt{\frac{0.00068}{21-2}}=0.0060$$

$$\bar{c}=\frac{0+100+200+300+400+500+600}{7}=300\mu g/ml$$

$$c_{Ti}=271.2\mu g/100ml$$

$$(c_{Ti}-\bar{c})^2=(271.2-300)^2=829.44$$

$$\sum_{i=1}^{21}(c_i-\bar{c})^2=840000$$

$$u(c_{Ti})_1=\frac{0.0060}{0.00063}\sqrt{\frac{1}{24}+\frac{1}{21}+\frac{829.44}{840000}}=2.86\mu g/100ml$$

$$u_{rel}(c_{Ti})_1=2.86/271.2=0.011$$

② 钛标准溶液的不确定度分量　钛标准溶液的配制方法：0.10mg/ml。取 950℃灼烧至恒重的 0.6672g 光谱纯二氧化钛，置于 400ml 烧杯中，加入 10g 硫酸铵，50ml 硫酸，盖上表面皿，于高温处加热至冒硫酸烟，直至获得澄清溶液为止。冷却至室温后，移入 1000ml 容量瓶，以水稀至刻度，摇匀。配制成 0.40mg/ml 的钛标准溶液。使用时移取 0.40mg/ml 的钛标准溶液 25.00ml，于 100ml 容量瓶中，用硫酸（5＋95）稀释至刻度，摇匀。

钛标准溶液质量浓度与各输入量的函数关系式

0.4mg/ml 钛标准溶液：$\rho_1 = \dfrac{mpM(\text{Ti})}{V_1 M(\text{TiO}_2)}$

0.10mg/ml 钛标准溶液：$\rho_2 = \dfrac{mpM(\text{Ti})V_2 \times 100}{V_1 V_3 M(\text{TiO}_2)}$

式中　ρ_1、ρ_2——标准溶液的浓度，mg/ml；
　　　　m——称取光谱纯二氧化钛的质量，mg；
　　V_1、V_3——1000ml、100ml 容量瓶的体积，ml；
　　　　V_2——25ml 移液管体积，ml；
　　$M(\text{TiO}_2)$——二氧化钛的相对分子质量；
　　$M(\text{Ti})$——钛元素的相对原子质量；
　　　　p——称取光谱纯二氧化钛的纯度。

钛标准溶液的不确定度分量评定如下：

a. 二氧化钛纯度 p 的不确定度：供应商证书上给出的光谱纯二氧化钛的纯度是 99.9%±0.1%，由于没有给出进一步的信息，可视为矩形分布，其标准不确定度 $u(p) = 0.1/\sqrt{3} = 0.058\%$，$u_{\text{rel}}(p) = 0.058/100 = 5.8 \times 10^{-4}$。

b. 光谱纯二氧化钛的质量 m 的不确定度：光谱纯二氧化钛质量不确定度分量由天平的重复性和天平的误差合成。

称量重复性：按经验，称量重复性的标准差为 0.1mg，按均匀分布，标准不确定度 $u(m)_1 = 0.1/\sqrt{3} = 0.058$mg。

称量误差：天平为万分之一天平，按证书规定称量误差为±0.1mg，天平称量两次，一次空盘调零，一次称样，按均匀分布，标准不确定度为：

$$u(m)_2 = \sqrt{\left(\dfrac{0.1}{\sqrt{3}}\right)^2} \text{mg} = 0.082 \text{mg}。$$

因此，$u(m) = \sqrt{0.058^2 + 0.082^2}$ mg＝0.10mg；
$u_{\text{rel}}(m) = 0.10/667.2 = 0.00015$

c. 容量瓶 V_1（1000ml）体积的不确定度：容量瓶中溶液体积主要有 3 个不确定度来源——校准、稀释重复性和温度影响。

校准：1000ml A 级容量瓶的体积误差为 ±0.40ml，按三角分布，$u(V_1)_1 = 0.40/\sqrt{6} = 0.16$ml。

稀释重复性：从实验得，1000ml 容量瓶稀释的重复性标准不确定度为 $u(V_1)_2 = 0.10$ml。

温度：根据制造商提供的信息，该容量瓶已在 20℃校准，而实验室的温度在 20℃±4℃ 之间变动，该影响引起的不确定度可以忽略不计。

因此，1000ml 容量瓶的标准不确定度为：

$u(V_1)=\sqrt{0.10^2+0.16^2}$ ml$=0.19$ml，$u_{rel}(V_1)=0.19/1000=1.9\times10^{-4}$。

d. 移液管 V_2 (25ml) 体积的不确定度

校准：25ml A 级移液管的体积误差为±0.030ml，按三角分布，

$u(V_2)_1=(0.030/\sqrt{6})$ ml$=0.013$ml。

重复性：从实验得，25ml 移液管重复性标准不确定度 $u(V_2)_2=0.02$ml。

因此，25ml 移液管的标准不确定度为：

$$u(V_2)=\sqrt{0.013^2+0.02^2}\text{ ml}=0.024\text{ml}, u_{rel}(V_2)=0.024/25=9.6\times10^{-4}$$

e. 容量瓶 V_3 (100ml) 体积的不确定度

校准：100ml A 级容量瓶的体积误差为±0.10ml，按三角分布，$u(V_3)_1=(0.10/\sqrt{6})$ ml$=0.041$ml。

重复性：从实验得，100ml 容量瓶稀释的重复性标准不确定度为 $u(V_3)_2=0.03$ml。

因此，100ml 容量瓶的标准不确定度为：

$$u(V_3)=\sqrt{0.041^2+0.03^2}\text{ ml}=0.051\text{ml}, u_{rel}(V_3)=0.051/100=5.1\times10^{-4}$$

f. 钛相对原子质量 $M(Ti)$ 的不确定度：从手册上查到 Ti 原子量为 47.867(1)，按均匀分布，钛原子的标准不确定度 $u(Ti)=0.001/\sqrt{3}=0.00058$，$u_{rel}(Ti)=0.00058/47.867=1.21\times10^{-5}$。

g. 二氧化钛相对分子质量 $M(TiO_2)$ 的不确定度：氧的相对分子质量为 15.9994(3)，二氧化钛的相对分子质量为 79.8658，按均匀分布，$u(O)=0.0003/\sqrt{3}=0.00017$，两个氧原子的不确定度 $u(2O)=2\times0.00017=0.00034$

$$u(TiO_2)=\sqrt{0.00058^2+0.00034^2}=0.00067$$

$$u_{rel}(TiO_2)=0.00067/79.8658=8.4\times10^{-6}$$

钛标准溶液（0.10mg/ml）的不确定度

$$u_{rel}(\rho_2)=\sqrt{u_{rel}^2(m)+u_{rel}^2(p)+u_{rel}^2(V_1)+u_{rel}^2(V_2)+u_{rel}^2(V_3)+u_{rel}^2(Ti)+u_{rel}^2(TiO_2)}$$

$$=\sqrt{0.00015^2+(5.8\times10^{-4})^2+(1.9\times10^{-4})^2+(9.6\times10^{-4})^2+(5.1\times10^{-4})^2+(1.21\times10^{-5})^2+(8.4\times10^{-6})^2}$$

$$=0.0013$$

③ 移取标准溶液的不确定度　移取标准溶液用 10ml 滴定管，分别移取了 0.00、1.00ml、2.00ml、3.00ml、4.00ml、5.00ml、6.00ml 钛标准溶液，其体积允许差分别为 0.00ml、±0.01ml、±0.01ml、±0.01ml、±0.01ml、±0.01ml、±0.025ml，按三角分布处理，相应的标准不确定度分别为 0、0.0041ml、0.0041ml、0.0041ml、0.0041ml、0.0041ml、0.010ml，其相对标准不确定度分别为 0、0.0041、0.0020、0.0014、0.0010、0.00082 和 0.0017，按均方根计算移取标准溶液体积变异的相对标准不确定度为：

$$u_{rel}(c_{Ti})_2=\sqrt{\frac{(0.0041)^2+(0.0020)^2+(0.0014)^2+(0.0010)^2+(0.00082)^2+(0.00017)^2}{7}}$$

$$=0.0020$$

④ 测量溶液浓度的合成不确定度

$$u_{rel}(c_{Ti})=\sqrt{u_{rel}^2(c_{Ti})_1+u_{rel}^2(\rho_2)+u_{rel}^2(c_{Ti})_2}$$

$$=\sqrt{(0.011)^2+(0.0013)^2+(0.0020)^2}$$

$$=0.011$$

(3) 试样定容体积和测量溶液体积的不确定度　操作中溶液稀释在 100ml 容量瓶中，

分取后也稀释在 100ml 容量瓶中，由于进行多次重复测定，而每次所用的容量瓶不可能都一样，可认为容量瓶的体积误差和读数误差已随机化，其不确定度分量可以忽略，不再评定。

(4) 分取溶液体积的不确定度 试料溶液的分取通常使用同一支移液管，因此需要考虑移液管本身的体积不确定度，但是一般认为移液管体积误差已经体现在测量重复性中，不再评定。

(5) 样品称量的不确定度 称取 0.1000g 样品，使用天平为万分之一天平，按证书规定称量误差为±0.1mg，天平称量两次，一次空盘调零，一次称样，按均匀分布，标准不确定度为：

$$u(m)_{样} = \sqrt{\left(\frac{0.1}{\sqrt{3}}\right) \times 2} \text{ mg} = 0.082 \text{mg}$$

$$u_{rel}(m)_{样} = 0.082/100 = 0.00082$$

称量读数的变动性分量已包括在测量重复性中，不再进行评定。

9.5.5.4 合成不确定度

各不确定度分量可以认为彼此不相关，忽略体积变动的不确定度分量，则合成不确定度为：

$$u_{rel}(w_{Ti}) = \sqrt{u_{rel}^2(s) + u_{rel}^2(Ti) + u_{rel}^2(m)_{样}}$$
$$= \sqrt{(0.0025)^2 + (0.011)^2 + (0.00082)^2}$$
$$= 0.012$$
$$u(w_{Al}) = 2.712 \times 0.012 = 0.033\%$$

9.5.5.5 扩展不确定度

取 95% 置信水平，包含因子 $k=2$，则扩展不确定度为：

$$u(w_{Ti}) = 0.033\% \times 2 = 0.066\%, \quad k=2$$

9.5.5.6 分析结果表示

高温合金中钛量的结果可以表示为：

$$w_{Ti} = 2.712\% \pm 0.066\%, \quad k=2$$

参 考 文 献

[1] 苑广武. 实用化学分析. 北京：石油工业出版社，1993.
[2] 徐秋心. 实用发射光谱分析. 成都：四川科学技术出版社，1993.
[3] 倪育才. 实用不确定度评定. 北京：中国计量出版社，2004.
[4] JJF 1001—1998 通用计量术语及定义. 北京：中国计量出版社，1999.
[5] JJF 1059—1999 测量不确定度评定与表示. 北京：中国计量出版社，1999.
[6] 中国实验室认可委员会. 化学分析中不正确度的评估指南. 北京：中国计量出版社，2002.
[7] 上海市计量测试技术研究院. 常用测量不确定度评定方法及应用实例. 北京：中国计量出版社，2001.
[8] 刘智敏，刘风. 现代不确定度方法与应用. 北京：中国计量出版社，1997.
[9] 邓勃. 数理统计方法在分析测试中的应用. 北京：化学工业出版社，1984.
[10] 沙定国. 误差分析与不确定度评定. 北京：中国计量出版社，2006.

附 录

Ⅰ F 分布临界值表

ν_2 \ ν_1	4	5	6	7	8	10	12	15	20	24	30	40	60	120
				$F_{0.99(\nu_1,\nu_2)}$ 的数值									$F_{1-\alpha}, \alpha=0.01$	
4	15.98	15.52	15.21	14.98	14.80	14.55	14.37	14.20	14.02	13.93	13.84	13.75	13.65	13.56
5	11.39	11.97	10.67	10.46	10.29	10.05	9.89	9.72	9.55	9.47	9.38	9.29	9.20	9.11
6	9.15	8.75	8.47	8.26	8.10	7.87	7.72	7.56	7.40	7.31	7.23	7.14	7.06	6.97
7	7.85	7.46	7.19	6.99	6.84	6.62	6.47	6.31	6.16	6.07	5.99	5.91	5.82	5.74
8	7.01	6.63	6.37	6.18	6.03	5.81	5.67	5.52	5.36	5.28	5.20	5.12	5.03	4.95
10	5.99	5.64	5.39	5.20	5.06	4.85	4.71	4.56	4.41	4.33	4.25	4.17	4.08	4.00
12	5.41	5.06	4.82	4.64	4.50	4.30	4.76	4.01	3.86	3.78	3.70	3.62	3.54	3.45
15	4.89	4.56	4.32	4.14	4.00	3.80	3.67	3.52	3.37	3.29	3.21	3.13	3.05	2.96
20	4.43	4.10	3.87	3.70	3.56	3.37	3.23	3.09	2.94	2.86	2.78	2.69	2.61	2.52
24	4.22	3.90	3.67	3.50	3.36	3.17	3.03	2.89	2.74	2.66	2.58	2.49	2.40	2.31
30	4.02	3.70	3.47	3.30	3.17	2.98	2.84	2.70	2.55	2.47	2.39	2.30	2.21	2.11
40	3.83	3.51	3.29	3.12	2.99	2.80	2.66	2.52	2.37	2.29	2.20	2.11	2.02	1.92
60	3.65	3.34	3.12	2.95	2.82	2.63	2.50	2.35	2.20	2.12	2.03	1.94	1.84	1.73
120	3.48	3.17	2.96	2.79	2.66	2.47	2.34	2.19	2.03	1.95	1.86	1.76	1.66	1.53
				$F_{0.995(\nu_1,\nu_2)}$ 的数值									$F_{1-\alpha/2}, \alpha=0.01$	
4	23.15	22.46	21.97	21.62	21.35	20.97	20.70	20.44	20.17	20.03	19.89	19.75	19.61	19.47
5	15.56	14.94	14.51	14.20	13.96	13.62	13.38	13.15	12.90	12.78	12.66	12.53	12.40	12.27
6	12.03	11.46	11.07	10.97	10.57	10.25	10.03	9.81	9.59	9.47	9.36	9.24	9.12	9.00
7	10.05	9.52	9.16	8.89	8.68	8.38	8.18	7.97	7.75	7.65	7.53	7.42	7.31	7.19
8	8.81	8.30	7.95	7.69	7.50	7.21	7.01	6.81	6.61	6.50	6.40	6.29	6.18	6.06
10	7.34	6.87	6.54	6.30	6.12	5.85	5.66	5.47	5.27	5.17	5.07	4.97	4.86	4.75
12	6.52	6.07	5.76	5.52	5.35	5.09	4.91	4.72	4.53	4.43	4.33	4.23	4.12	4.01
15	5.80	5.37	5.07	4.85	4.67	4.42	4.25	4.07	3.88	3.79	3.69	3.58	3.48	3.37
20	5.17	4.76	4.47	4.26	4.09	3.85	3.68	3.50	3.32	3.22	3.12	3.02	2.92	2.81
24	4.89	4.49	4.20	3.99	3.83	3.59	3.42	3.25	3.06	2.97	2.87	2.77	2.66	2.55
30	4.62	4.23	3.95	3.74	3.58	3.34	3.18	3.01	2.82	2.73	2.63	2.52	2.42	2.30
40	4.37	3.99	3.71	3.51	3.35	3.12	2.95	2.78	2.60	2.50	2.40	2.30	2.18	2.06
60	4.14	3.76	3.49	3.29	3.13	2.90	2.74	2.57	2.39	2.29	2.19	2.08	1.96	1.83
120	3.92	3.55	3.28	3.09	2.93	2.71	2.54	2.37	2.19	2.09	1.98	1.87	1.75	1.61

注：关于内插：a. ν_1，ν_2 为 10～20 时，取 $Z=60/\nu$ 为自变量；b. ν_1，ν_2 超过 20 时，取 $Z=120/\nu$ 为自变量。

Ⅱ 对 $v=n-1$，比值 $\dfrac{t_{(1-\alpha),v}}{\sqrt{n}}$ 的数值

v	双侧情形		单侧情形		v	双侧情形		单侧情形	
	$\dfrac{t_{0.975}}{\sqrt{n}}$	$\dfrac{t_{0.995}}{\sqrt{n}}$	$\dfrac{t_{0.95}}{\sqrt{n}}$	$\dfrac{t_{0.99}}{\sqrt{n}}$		$\dfrac{t_{0.975}}{\sqrt{n}}$	$\dfrac{t_{0.995}}{\sqrt{n}}$	$\dfrac{t_{0.95}}{\sqrt{n}}$	$\dfrac{t_{0.99}}{\sqrt{n}}$
1	8.985	45.013	4.465	22.501	21	0.443	0.604	0.367	0.537
2	2.484	5.730	1.686	4.021	22	0.432	0.588	0.358	0.523
3	1.591	2.920	1.177	2.270	23	0.422	0.573	0.350	0.510
4	1.242	2.059	0.953	1.676	24	0.413	0.559	0.342	0.498
5	1.049	1.646	0.823	1.374	25	0.404	0.547	0.335	0.487
6	0.925	1.401	0.734	1.188	26	0.396	0.535	0.328	0.477
7	0.836	1.237	0.670	1.060	27	0.388	0.524	0.322	0.467
8	0.769	1.118	0.620	0.966	28	0.380	0.513	0.316	0.458
9	0.715	1.028	0.580	0.892	29	0.373	0.503	0.310	0.449
10	0.672	0.956	0.546	0.833	30	0.367	0.494	0.305	0.441
11	0.635	0.897	0.518	0.785	40	0.316	0.422	0.263	0.378
12	0.604	0.847	0.494	0.744	50	0.281	0.375	0.235	0.337
13	0.577	0.805	0.473	0.708	60	0.256	0.341	0.214	0.306
14	0.554	0.769	0.455	0.678	70	0.237	0.314	0.198	0.283
15	0.533	0.737	0.438	0.651	80	0.221	0.293	0.185	0.264
16	0.514	0.708	0.423	0.626	90	0.208	0.276	0.174	0.248
17	0.497	0.683	0.410	0.605	100	0.197	0.261	0.165	0.235
18	0.482	0.660	0.398	0.586	200	0.139	0.183	0.117	0.165
19	0.468	0.640	0.387	0.568	500	0.088	0.116	0.074	0.104
20	0.455	0.621	0.376	0.552	∞	0	0	0	0

Ⅲ 格拉布斯检验法的临界值表

n	90%	95%	97.5%	99%	99.5%	n	90%	95%	97.5%	99%	99.5%
3	1.148	1.153	1.155	1.155	1.155	14	2.213	2.371	2.507	2.659	2.755
4	1.425	1.463	1.481	1.492	1.496	15	2.247	2.409	2.549	2.705	2.806
5	1.602	1.672	1.715	1.749	1.764	16	2.279	2.443	2.585	2.747	2.852
6	1.729	1.822	1.887	1.944	1.973	17	2.309	2.475	2.620	2.785	2.894
7	1.828	1.938	2.020	2.097	2.139	18	2.335	2.504	2.651	2.821	2.932
8	1.909	2.032	2.126	2.221	2.274	19	2.361	2.532	2.681	2.854	2.968
9	1.977	2.110	2.215	2.323	2.387	20	2.385	2.557	2.709	2.884	3.001
10	2.036	2.176	2.290	2.410	2.482	21	2.408	2.580	2.733	2.912	3.031
11	2.088	2.234	2.355	2.485	2.564	22	2.429	2.603	2.758	2.939	3.060
12	2.134	2.285	2.412	2.550	2.636	23	2.448	2.624	2.781	2.963	3.087
13	2.175	2.331	2.462	2.607	2.699	24	2.467	2.644	2.802	2.987	3.112

续表

n	90%	95%	97.5%	99%	99.5%	n	90%	95%	97.5%	99%	99.5%
25	2.486	2.663	2.822	3.009	3.135	63	2.854	3.044	3.218	3.430	3.579
26	2.502	2.681	2.841	3.029	3.157	64	2.860	3.049	3.224	3.437	3.596
27	2.519	2.698	2.859	3.049	3.178	65	2.866	3.055	3.230	3.442	3.592
28	2.534	2.714	2.876	3.068	3.199	66	2.871	3.061	3.235	3.449	3.598
29	2.549	2.730	2.893	3.085	3.218	67	2.877	3.066	3.241	3.454	3.605
30	2.563	2.745	2.908	3.103	3.236	68	2.883	3.071	3.246	3.460	3.610
31	2.577	2.759	2.924	3.119	3.253	69	2.888	3.076	3.252	3.466	3.617
32	2.591	2.773	2.938	3.135	3.270	70	2.893	3.082	3.257	3.471	3.622
33	2.604	2.786	2.952	3.150	3.286	71	2.897	3.087	3.262	3.476	3.627
34	2.616	2.799	2.965	3.164	3.301	72	2.903	3.092	3.267	3.482	3.633
35	2.628	2.811	2.979	3.178	3.316	73	2.908	3.098	3.272	3.487	3.638
36	2.639	2.823	2.991	3.191	3.330	74	2.912	3.102	3.278	3.492	3.643
37	2.650	2.835	3.003	3.204	3.343	75	2.917	3.107	3.282	3.496	3.648
38	2.661	2.846	3.014	3.216	3.356	76	2.922	3.111	3.287	3.502	3.654
39	2.671	2.857	3.025	3.228	3.369	77	2.927	3.117	3.291	3.507	3.658
40	2.682	2.866	3.036	3.240	3.381	78	2.931	3.121	3.297	3.511	3.663
41	2.692	2.877	3.046	3.251	3.393	79	2.935	3.125	3.301	3.516	3.669
42	2.700	2.887	3.057	3.261	3.404	80	2.940	3.130	3.305	3.521	3.673
43	2.710	2.896	3.067	3.271	3.415	81	2.945	3.134	3.309	3.525	3.677
44	2.719	2.905	3.075	3.282	3.425	82	2.949	3.139	3.315	3.529	3.682
45	2.727	2.914	3.085	3.292	3.435	83	2.953	3.143	3.319	3.534	3.687
46	2.736	2.923	3.094	3.302	3.445	84	2.957	3.147	3.323	3.539	3.691
47	2.744	2.931	3.103	3.310	3.455	85	2.961	3.151	3.327	3.543	3.695
48	2.753	2.940	3.111	3.319	3.464	86	2.966	3.155	3.331	3.547	3.699
49	2.760	2.948	3.120	3.329	3.474	87	2.970	3.160	3.335	3.551	3.704
50	2.768	2.956	3.128	3.336	3.483	88	2.973	3.163	3.339	3.555	3.708
51	2.775	2.964	3.136	3.345	3.491	89	2.977	3.167	3.343	3.559	3.712
52	2.783	2.971	3.143	3.353	3.500	90	2.981	3.171	3.347	3.563	3.716
53	2.790	2.978	3.151	3.361	3.507	91	2.984	3.174	3.350	3.567	3.720
54	2.798	2.986	3.158	3.368	3.516	92	2.989	3.179	3.355	3.570	3.725
55	2.804	2.992	3.166	3.376	3.524	93	2.993	3.182	3.358	3.575	3.728
56	2.811	3.000	3.172	3.383	3.531	94	2.996	3.186	3.362	3.579	3.732
57	2.818	3.006	3.180	3.391	3.539	95	3.000	3.189	3.365	3.582	3.736
58	2.824	3.013	3.186	3.397	3.546	96	3.003	3.193	3.369	3.586	3.739
59	2.831	3.019	3.193	3.405	3.553	97	3.006	3.196	3.372	3.589	3.744
60	2.837	3.025	3.199	3.411	3.560	98	3.011	3.201	3.377	3.593	3.747
61	2.842	3.032	3.205	3.418	3.566	99	3.014	3.204	3.380	3.597	3.750
62	2.849	3.037	3.121	3.424	3.573	100	3.017	3.207	3.383	3.600	3.754

Ⅳ 狄克逊检验法的临界值表

n	统计量	90%	95%	99%	99.5%
3		0.886	0.941	0.988	0.994
4	$r_{10}=\dfrac{x_{(n)}-x_{(n-1)}}{x_{(n)}-x_{(1)}}$ 或 $r'_{10}=\dfrac{x_{(2)}-x_{(1)}}{x_{(n)}-x_{(1)}}$	0.679	0.765	0.889	0.926
5		0.557	0.642	0.780	0.821
6		0.482	0.560	0.698	0.740
7		0.434	0.507	0.637	0.680
8		0.479	0.554	0.683	0.725
9	$r_{11}=\dfrac{x_{(n)}-x_{(n-1)}}{x_{(n)}-x_{(2)}}$ 或 $r'_{11}=\dfrac{x_{(2)}-x_{(1)}}{x_{(n-1)}-x_{(1)}}$	0.441	0.512	0.635	0.677
10		0.409	0.477	0.597	0.639
11		0.517	0.576	0.679	0.713
12	$r_{21}=\dfrac{x_{(n)}-x_{(n-2)}}{x_{(n)}-x_{(2)}}$ 或 $r'_{21}=\dfrac{x_{(3)}-x_{(1)}}{x_{(n-1)}-x_{(1)}}$	0.490	0.546	0.642	0.675
13		0.467	0.521	0.615	0.649
14		0.492	0.546	0.641	0.674
15		0.472	0.525	0.616	0.647
16		0.454	0.507	0.595	0.624
17		0.438	0.790	0.577	0.605
18		0.424	0.475	0.561	0.589
19		0.412	0.462	0.547	0.575
20		0.401	0.450	0.535	0.562
21		0.391	0.440	0.524	0.551
22	$r_{22}=\dfrac{x_{(n)}-x_{(n-2)}}{x_{(n)}-x_{(3)}}$ 或 $r'_{22}=\dfrac{x_{(2)}-x_{(1)}}{x_{(n-2)}-x_{(1)}}$	0.382	0.430	0.514	0.541
23		0.374	0.421	0.505	0.532
24		0.367	0.413	0.497	0.524
25		0.360	0.406	0.489	0.516
26		0.354	0.399	0.486	0.508
27		0.348	0.393	0.475	0.501
28		0.342	0.387	0.469	0.495
29		0.337	0.381	0.463	0.489
30		0.332	0.376	0.457	0.483

Ⅴ 双侧狄克逊检验法的临界值表

n	统计量	95%	99%	n	统计量	95%	99%
3		0.970	0.994	17		0.529	0.610
4		0.829	0.926	18		0.514	0.594
5	r_{10} 和 r'_{10} 中较大者	0.710	0.821	19		0.501	0.580
6		0.628	0.740	20		0.489	0.567
7		0.569	0.680	21		0.478	0.555
8		0.608	0.717	22		0.468	0.554
9	r_{11} 和 r'_{11} 中较大者	0.564	0.672	23	r_{22} 和 r'_{22} 中较大者	0.459	0.535
10		0.530	0.635	24		0.451	0.526
11		0.619	0.709	25		0.443	0.517
12	r_{21} 和 r'_{21} 中较大者	0.583	0.660	26		0.436	0.510
13		0.557	0.638	27		0.429	0.502
14		0.586	0.670	28		0.423	0.465
15	r_{22} 和 r'_{22} 中较大者	0.565	0.647	29		0.417	0.489
16		0.546	0.627	30		0.412	0.483

Ⅵ t 分布的分位数

ν	双侧情形		单侧情形		ν	双侧情形		单侧情形	
	$t_{0.975}$	$t_{0.995}$	$t_{0.95}$	$t_{0.99}$		$t_{0.975}$	$t_{0.995}$	$t_{0.95}$	$t_{0.99}$
1	12.706	63.657	6.314	31.821	18	2.101	2.878	1.734	2.552
2	4.303	9.925	2.920	6.965	19	2.093	2.861	1.729	2.539
3	3.182	5.841	2.353	4.541	20	2.086	2.845	1.725	2.258
4	2.776	4.604	2.132	3.747	21	2.080	2.831	1.721	2.518
5	2.571	4.032	2.015	3.365	22	2.074	2.819	1.717	2.508
6	2.447	3.707	1.943	3.143	23	2.069	2.807	1.714	2.500
7	2.365	3.499	1.895	2.998	24	2.064	2.797	1.711	2.492
8	2.306	3.355	1.860	2.896	25	2.060	2.787	1.708	2.485
9	2.262	3.250	1.833	2.821	26	2.056	2.779	1.706	2.479
10	2.288	3.169	1.812	2.764	27	2.052	2.771	1.703	2.473
11	2.201	3.106	1.796	2.718	28	2.048	2.763	1.701	2.467
12	2.179	3.055	1.782	2.681	29	2.045	2.756	1.699	2.462
13	2.160	3.012	1.771	2.650	30	2.042	2.750	1.697	2.457
14	2.145	2.977	1.761	2.624	40	2.021	2.704	1.684	2.423
15	2.131	2.947	1.753	2.602	60	2.000	2.660	1.671	2.390
16	2.120	2.921	1.746	2.583	120	1.980	2.617	1.658	2.358
17	2.110	2.898	1.740	2.567	∞	1.960	2.576	1.645	2.326

注：对于 $\nu > 30$ 的内插，取 $Z = 120/\nu$ 作为自变量。

例：$\nu = 40$ $Z = 120/\nu = 3$ $t_{0.975} = 2.021$

$\nu = 60$ $Z = 120/\nu = 2$ $t_{0.975} = 2.000$

$\nu = 50$ $Z = 120/\nu = 2.4$ $t_{0.975} = 2.021 - \dfrac{3 - 2.4}{3 - 2} \times (2.021 - 2.000) = 2.008$

Ⅶ 酸、碱的离解常数

(25℃，$I = 0$)

酸		离解常数 K_a	pK_a
碳酸	H_2CO_3	$K_{a_1} = 4.2 \times 10^{-7}$	6.38
		$K_{a_2} = 5.6 \times 10^{-11}$	10.25
铬酸	H_2CrO_4	$K_{a_1} = 1.8 \times 10^{-1}$	0.74
		$K_{a_2} = 3.2 \times 10^{-7}$	6.50
砷酸	H_3AsO_4	$K_{a_1} = 6.3 \times 10^{-3}$	2.20
		$K_{a_2} = 1.0 \times 10^{-7}$	7.00
		$K_{a_3} = 3.2 \times 10^{-12}$	11.50
亚硫酸	$H_2SO_3 (SO_2 + H_2O)$	$K_{a_1} = 1.3 \times 10^{-2}$	1.90
		$K_{a_2} = 6.3 \times 10^{-8}$	7.20
乙酸	$CH_3COOH(HAc)$	$K_a = 1.8 \times 10^{-5}$	4.74
氢氰酸	HCN	$K_a = 6.2 \times 10^{-10}$	9.21
氢氟酸	HF	$K_a = 6.6 \times 10^{-4}$	3.18
硫化氢	H_2S	$K_{a_1} = 1.3 \times 10^{-7}$	6.88

续表

酸		离解常数 K_a	pK_a
		$K_{a_2}=7.1\times10^{-15}$	14.15
亚硝酸	HNO_2	$K_a=5.1\times10^{-4}$	3.29
草酸	$H_2C_2O_4$	$K_{a_1}=5.9\times10^{-2}$	1.23
		$K_{a_2}=6.4\times10^{-5}$	4.19
硫酸	H_2SO_4, HSO_4^-	$K_{a_2}=1.0\times10^{-2}$	1.99
磷酸	H_3PO_4	$K_{a_1}=7.6\times10^{-3}$	2.12
		$K_{a_2}=6.3\times10^{-8}$	7.20
		$K_{a_3}=4.4\times10^{-13}$	12.36
酒石酸	CH(OH)COOH | CH(OH)COOH	$K_{a_1}=9.1\times10^{-4}$	3.04
		$K_{a_2}=4.3\times10^{-5}$	4.37
柠檬酸	CH_2COOH | $C(OH)COOH$ | CH_2COOH	$K_{a_1}=7.4\times10^{-4}$	3.13
		$K_{a_2}=1.7\times10^{-5}$	4.76
		$K_{a_3}=4.0\times10^{-7}$	6.40
甲酸(蚁酸)	$HCOOH$	$K_a=1.7\times10^{-4}$	3.77
苯甲酸	C_6H_5COOH	$K_a=6.0\times10^{-5}$	4.21
邻苯二甲酸	$C_6H_4(COOH)_2$	$K_{a_1}=1.3\times10^{-3}$	2.89
		$K_{a_2}=3.9\times10^{-6}$	5.41
苯酚	C_6H_5OH	$K_a=1.1\times10^{-10}$	9.95
硼酸	$H_3BO_3, H_2BO_3^-$	$K_a=5.8\times10^{-10}$	9.24
一氯乙酸	$CH_2ClCOOH$	$K_a=1.4\times10^{-3}$	2.86
二氯乙酸	$CHCl_2COOH$	$K_a=5.0\times10^{-2}$	1.30
三氯乙酸	CCl_3COOH	$K_a=0.23$	0.64
乳酸	$CH_3CHOHCOOH$	$K_a=1.4\times10^{-4}$	3.86
亚砷酸	$HAsO_2$	$K_a=6.0\times10^{-10}$	9.22
亚磷酸	H_2PO_3	$K_{a_2}=5.0\times10^{-2}$	1.30
		$K_{a_1}=2.5\times10^{-7}$	6.60
偏硅酸	H_2SiO_3	$K_{a_1}=1.7\times10^{-10}$	9.77
		$K_{a_2}=1.6\times10^{-12}$	11.80
氨基乙酸盐	$NH_3^+CH_2COOH$	$K_{a_1}=4.5\times10^{-3}$	2.35
	$NH_3^+CH_2COO^-$	$K_{a_2}=2.5\times10^{-10}$	9.60
抗坏血酸	$O=C-C(OH)=C(OH)CH-CHOH-CH_2OH$	$K_{a_1}=5.0\times10^{-5}$	4.30
		$K_{a_2}=1.5\times10^{-10}$	9.82
过氧化氢	H_2O_2	$K_a=1.8\times10^{-12}$	11.75
焦硼酸	$H_2B_4O_7$	$K_{a_1}=1\times10^{-4}$	4
		$K_{a_2}=1\times10^{-9}$	9
次氯酸	$HClO$	$K_{a_1}=3.0\times10^{-8}$	7.52
乙二胺四乙酸	H_6Y^{2+}	$K_{a_1}=0.1$	0.9
	H_5Y^+	$K_{a_2}=3\times10^{-2}$	1.6
	H_4Y	$K_{a_3}=1\times10^{-2}$	2.0
	H_3Y^-	$K_{a_4}=2.1\times10^{-3}$	2.67
	H_2Y^{2-}	$K_{a_5}=6.9\times10^{-7}$	6.16
	HY^{3-}	$K_{a_6}=5.5\times10^{-11}$	10.26
氰酸	$HCNO$	$K_a=1.2\times10^{-4}$	3.92
硫氰酸	$HCNS$	$K_a=1.4\times10^{-1}$	0.85
亚铁氰酸	$H_4Fe(CN)_6$	$K_{a_3}=1.0\times10^{-3}$	3.00
		$K_{a_4}=5.6\times10^{-5}$	4.25
次碘酸	HIO	$K_a=2.3\times10^{-11}$	10.64
碘酸	HIO_3	$K_a=1.7\times10^{-1}$	0.78

续表

酸		离解常数 K_a	pK_a
高碘酸	HIO_4	$K_a = 2.3 \times 10^{-2}$	1.64
硫代硫酸	$H_2S_2O_3$	$K_{a_1} = 2.5 \times 10^{-1}$	0.60
		$K_{a_2} = 1.9 \times 10^{-2}$	1.72
亚硒酸	H_2SeO_3	$K_{a_1} = 3.5 \times 10^{-3}$	2.46
		$K_{a_2} = 5.0 \times 10^{-8}$	7.30
亚碲酸	H_2TeO_3	$K_{a_1} = 3.0 \times 10^{-3}$	2.52
		$K_{a_2} = 2.0 \times 10^{-8}$	7.70
硅酸	H_4SiO_8	$K_{a_1} = 1.7 \times 10^{-10}$	9.77
		$K_{a_2} = 1.58 \times 10^{-12}$	11.8
丙酸	C_2H_5COOH	$K_a = 1.34 \times 10^{-5}$	4.87
水杨酸	$C_6H_4OHCOOH$	$K_{a_1} = 1.0 \times 10^{-3}$	3.00
		$K_{a_2} = 4.2 \times 10^{-13}$	12.38
磺基水杨酸	$C_6H_3SO_3HOHCOOH$	$K_{a_1} = 4.7 \times 10^{-3}$	2.33
		$K_{a_2} = 4.8 \times 10^{-12}$	11.32
甘露醇	$C_6H_8(OH)_6$	$K_a = 3 \times 10^{-14}$	13.52
邻菲啰啉	$C_{12}H_6N_2$	$K_{a_1} = 1.1 \times 10^{-5}$	4.96
苹果酸	COOHCHOHCH$_2$COOH	$K_{a_1} = 3.88 \times 10^{-4}$	3.41
		$K_{a_2} = 7.8 \times 10^{-6}$	5.11
琥珀酸	COOHCH$_2$CH$_2$COOH	$K_{a_1} = 6.89 \times 10^{-5}$	4.16
		$K_{a_2} = 2.47 \times 10^{-6}$	5.61
顺丁烯二酸	COOHCH=CHCOOH	$K_{a_1} = 1 \times 10^{-2}$	2.00
		$K_{a_2} = 5.52 \times 10^{-7}$	6.26
邻硝基苯甲酸	$C_6H_4NO_2COOH$	$K_a = 6.71 \times 10^{-3}$	2.17
苦味酸	$HOC_6H_2(NO_2)_3$	$K_a = 4.2 \times 10^{-1}$	0.38
苦杏仁酸	$C_6H_5CHOHCOOH$	$K_a = 1.4 \times 10^{-4}$	3.85
乙酰丙酮	$CH_3COCH_2COCH_3$	$K_{a_1} = 1 \times 10^{-9}$	9.0
8-羟基喹啉	C_9H_7ON	$K_{a_1} = 9.6 \times 10^{-5}$	4.0
		$K_{a_2} = 1.55 \times 10^{-10}$	9.81

碱		离解常数 K_b	pK_b
氨水	$NH_3 \cdot H_2O$	$K_b = 1.8 \times 10^{-5}$	4.74
羟胺	NH_2OH	$K_b = 9.1 \times 10^{-9}$	8.04
苯胺	$C_6H_5NH_2$	$K_b = 3.8 \times 10^{-10}$	9.42
乙二胺	$H_2NCH_2CH_2NH_2$	$K_{b_1} = 8.5 \times 10^{-5}$	4.07
		$K_{b_2} = 7.1 \times 10^{-8}$	7.15
六亚甲基四胺	$(CH_2)_6N_4$	$K_b = 1.4 \times 10^{-9}$	8.85
吡啶	C_5H_5N	$K_b = 1.7 \times 10^{-9}$	8.77
联氨(肼)	H_2NNH_2	$K_{b_1} = 3.0 \times 10^{-6}$	5.52
		$K_{b_2} = 7.6 \times 10^{-15}$	14.12
甲胺	CH_3NH_2	$K_b = 4.2 \times 10^{-4}$	3.38
乙胺	$C_2H_5NH_2$	$K_b = 5.6 \times 10^{-4}$	3.25
二甲胺	$(CH_3)_2NH$	$K_b = 1.2 \times 10^{-4}$	3.93
二乙胺	$(C_2H_5)_2NH$	$K_b = 1.3 \times 10^{-3}$	2.89
乙醇胺	$HOCH_2CH_2NH_2$	$K_b = 3.2 \times 10^{-5}$	4.50
三乙醇胺	$(HOCH_2CH_3)_3N$	$K_b = 5.8 \times 10^{-7}$	6.24
氢氧化锌	$Zn(OH)_2$	$K_{b_2} = 4.4 \times 10^{-5}$	4.36
尿素	$CO(NH_2)_2$	$K_b = 1.5 \times 10^{-14}$	13.82
硫脲	$CS(NH_2)_2$	$K_b = 1.1 \times 10^{-15}$	14.96
喹啉	C_9H_7N	$K_b = 6.3 \times 10^{-10}$	9.20

Ⅷ 络合物的稳定常数

络合物	离子强度	n	$\lg\beta_n$
氨络合物:			
Ag^+	0.1	1,2	3.40;7.40
Cd^{2+}	0.1	1~6	2.60;4.65;6.04;6.92;6.6;4.9
Co^{2+}	0.1	1~6	2.05;3.62;4.61;5.31;5.43;4.75
Co^{3+}	2	1~6	7.3;14.0;20.1;25.7;30.8;35.2
Cu^{2+}	0.1	1~4	4.13;7.61;10.46;12.59
Ni^{2+}	0.1	1~6	2.75;4.95;6.64;7.79;8.50;8.49
Zn^{2+}	0.1	1~6	2.27;4.61;7.01;9.06
氟络合物:			
Al^{3+}	0.53	1~6	6.1;11.15;15.0;17.7;19.4;19.7
Fe^{3+}	0.5	1~3	5.2;9.2;11.9
Sn^{4+}	不定	6	25
TiO^{2+}	3	1~4	5.4;9.8;13.7;17.4
Th^{4+}	0.5	1~3	7.7;13.5;18.0
Zr^{4+}	2	1~3	8.8;16.1;21.9
氯络合物:			
Ag^+	0.2	1~4	2.9;4.7;5.0;5.9
Hg^{2+}	0.5	1~4	6.7;13.2;14.1;15.1
碘络合物:			
Bi^{3+}	2	4~6	15.0;16.8;18.8
Cd^{2+}	不定	1~4	2.4;3.4;5.0;6.15
Hg^{2+}	0.5	1~4	12.9;23.8;27.6;29.8
I_2	不定		2.9
氰络合物:			
Ag^+	0~0.3	2~4	21.1;21.8;20.7
Cd^{2+}	3	1~4	5.5;10.6;15.3;18.9
Co^{2+}		6	19.09
Cu^{2+}	0	2~4	24.0;28.6;30.3
Fe^{2+}	0	6	35.4
Fe^{3+}	0	6	43.6
Hg^{2+}	0.1	1~4	18.0;34.7;38.5;41.5
Ni^{2+}	0.1	4	31.3
Pb^{2+}	1	4	10
Zn^{2+}	0.1	4	16.7
硫氰酸络合物:			
Fe^{3+}	不定	1~5	2.3;4.5;5.6;6.4;6.4
Hg^{2+}	1	2~4	16.1;19.0;20.9
磷酸络合物:			
Fe^{3+}	0.66		$Fe^{3+} + HPO_4^{2-} \rightleftharpoons FeHPO_4^+$ 9.35
乙酸络合物:			
Pb^{2+}	0.5	1,2	1.9;3.3
硫代硫酸络合物:			
Ag^+	0	1,2	8.82;13.5
Cu^+	2	1~3	10.3;12.2;13.8
Hg^{2+}	0	1,2	29.86;32.26
乙酰丙酮络合物:			
Al^{3+}	0.1	1~3	8.1;15.7;21.2
Cu^{2+}	0.1	1,2	7.8;14.3

络合物	离子强度	n	$\lg\beta_n$
乙酰丙酮络合物:			
Fe^{2+}	0.1	1,2	4.7;8.0
Fe^{3+}	0.1	1~3	9.3;17.9;25.1
草酸络合物:			
Al^{3+}	0.5	2,3	11.0;14.6
Fe^{3+}	0.5	1~3	8.0;14.3;18.5
Mn^{3+}	2	1~3	10.0;16.6;19.4

IX 一些金属离子的 $\lg\alpha_{M(OH)_n}$ 值

金属离子	离子强度	pH 值												
		1	2	3	4	5	6	7	8	9	10	11	12	13	14
Al^{3+}	2				0.4	1.3	5.3	9.3	13.3	17.3	21.3	25.3	29.3	33.3
Bi^{3+}	3	0.1	0.5	1.4	2.4	3.4	4.4	5.4						
Ca^{2+}	0.1													0.3	1.0
Cd^{2+}	3									0.1	0.5	2.0	4.5	8.1	12.0
Cu^{2+}	0.1						0.2	0.8	1.7	2.7	3.7	4.7	5.7
Co^{2+}	0.1							0.1	0.4	1.1	2.2	4.2	7.2	10.2
Fe^{2+}	1								0.1	0.6	1.5	2.5	3.5	4.5
Fe^{3+}	3			0.4	1.8	3.7	5.7	7.7	9.7	11.7	13.7	15.7	17.7	19.7	21.7
Hg^{2+}	0.1			0.5	1.9	3.9	5.9	7.9	9.9	11.9	13.9	15.9	17.9	19.9	21.9
La^{3+}	3										0.3	1.0	1.9	2.9	3.9
Mg^{2+}	0.1										0.1	0.5	1.3	2.3
Mn^{2+}	0.1										0.1	0.5	1.4	2.4	3.4
Ni^{2+}	0.1									0.1	0.7	1.6			
Pb^{2+}	0.1						0.1	0.5	1.4	2.7	4.7	7.4	10.4	13.4
Tb^{4+}	1				0.2	0.8	1.7	2.7	3.7	4.7	5.7	6.7	7.7	8.7	9.7
Zn^{2+}	0.1									0.2	2.4	5.4	8.5	11.8	15.5

X 难溶化合物的溶度积常数（18~25℃）

难溶化合物	K_{sp}	pK_{sp}	难溶化合物	K_{sp}	pK_{sp}
Ag_3AsO_4	1.0×10^{-22}	22.0	AgI	8.3×10^{-17}	16.08
$Ag[Ag(CN)_2]$	7.2×10^{-11}	10.14	$AgIO_3$	2.0×10^{-8}	7.52
$AgBr$	5.0×10^{-13}	12.30	Ag_2MoO_4	2.8×10^{-12}	11.55
$AgBrO_3$	5.3×10^{-5}	4.28	$AgOH$	2.0×10^{-8}	7.71
Ag_2CO_3	8.1×10^{-12}	11.09	Ag_3PO_4	1.4×10^{-16}	15.84
$Ag_2C_2O_4$	3.4×10^{-11}	10.46	Ag_2S	6.3×10^{-50}	49.2
$AgCNO$	2.3×10^{-7}	6.64	Ag_2SO_4	1.4×10^{-5}	4.84
$AgCNS$	1.0×10^{-12}	12.0	$AgVO_3$	5×10^{-7}	6.3
$AgCl$	1.8×10^{-10}	9.75	Ag_2WO_4	5.5×10^{-12}	11.26
Ag_2CrO_4	1.1×10^{-12}	11.95	$AlAsO_4$	1.6×10^{-16}	15.8
$Ag_2Cr_2O_7$	2×10^{-7}	6.7	$Al(OH)_3$	1.3×10^{-33}	32.9

续表

难溶化合物	K_{sp}	pK_{sp}	难溶化合物	K_{sp}	pK_{sp}
$AlPO_4$	6.3×10^{-19}	18.24	$CePO_4$	1×10^{-23}	23.0
Al-8-羟基喹啉	1.0×10^{-29}	29.0	$Co_3(AsO_4)_2$	7.6×10^{-29}	28.12
Al-铜铁试剂	2.3×10^{-19}	18.46	$CoCO_3$	1.4×10^{-13}	12.84
AuI	1.6×10^{-23}	22.8	$Co[Fe(CN)_6]$	1.8×10^{-15}	14.74
$Au(OH)_3$	5.5×10^{-46}	45.26	$Co[Hg(CNS)_4]$	1.5×10^{-6}	5.82
$As_2S_3$①	2.1×10^{-22}	21.68	$Co(OH)_2$(蓝、新鲜)	1.6×10^{-14}	13.8
$Ba_3(AsO_4)_2$	8×10^{-51}	50.1	$Co(OH)_3$(红、新鲜)	4×10^{-15}	14.4
$BaCO_3$	5.1×10^{-9}	8.29	$Co(OH)_2$(红、陈化)	5×10^{-16}	15.3
BaC_2O_4	1.6×10^{-7}	6.8	$Co(OH)_3$	1.6×10^{-44}	43.8
$BaCrO_4$	1.2×10^{-10}	9.93	$CoS(\alpha)$	4.0×10^{-21}	20.4
BaF_2	1.1×10^{-6}	5.98	$CoS(\beta)$	2.0×10^{-25}	24.7
$Ba(IO_3)_2$	1.5×10^{-9}	8.82	Co-8-羟基喹啉	1.6×10^{-25}	24.8
$Ba(OH)_2$	5×10^{-3}	2.3	Co-α-亚硝基-β-萘酚	5×10^{-17}	16.3
$BaSO_4$	1.1×10^{-10}	9.96	$CrAsO_4$	7.7×10^{-21}	20.1
Ba-8-羟基喹啉	5×10^{-9}	8.3	$Cr(OH)_2$	2×10^{-16}	15.7
$Be(NbO_3)_2$	1.2×10^{-16}	15.92	$Cr(OH)_3$	6.3×10^{-31}	30.2
$Be(OH)_2$	1.6×10^{-22}	21.8	$CrPO_4$(紫)	1×10^{-17}	17.0
$Bi(OH)_3$	4×10^{-31}	30.4	$Cu_3(AsO_4)_2$	7.6×10^{-36}	35.1
$BiOCl$	1.8×10^{-31}	30.75	$CuBr$	5.3×10^{-9}	8.28
$BiPO_4$	1.3×10^{-23}	22.89	$CuCO_3$	1.4×10^{-10}	9.86
Bi_2S_3	1×10^{-97}	97.0	CuC_2O_4	2.3×10^{-8}	7.64
Bi-铜铁试剂	6.0×10^{-28}	27.22	$CuCl$	1.2×10^{-6}	5.92
$Ca_3(AsO_4)_2$	6.8×10^{-19}	18.2	$CuCNS$	4.8×10^{-15}	14.32
$CaCO_3$	2.8×10^{-9}	8.54	$CuCrO_4$	3.6×10^{-6}	5.44
$CaC_3O_4\cdot H_2O$	2.5×10^{-9}	8.6	$Cu_2[Fe(CN)_6]$	1.3×10^{-16}	15.89
$CaC_4H_4O_6$	7.7×10^{-7}	7.11	CuI	1.1×10^{-12}	11.96
CaF_2	2.7×10^{-11}	10.57	$Cu(IO_3)_2$	7.4×10^{-8}	7.13
$CaHPO_4$	1×10^{-7}	7.0	$CuOH$	1×10^{-14}	14.0
$Ca(IO_3)_2$	7.1×10^{-7}	6.15	$Cu(OH)_2$	2.2×10^{-20}	19.66
$CaMoO_4$	4.2×10^{-8}	7.38	$Cu_2P_2O_7$	8.3×10^{-16}	15.08
$Ca(OH_2)$	5.5×10^{-6}	5.26	CuS	6.3×10^{-36}	35.2
$Ca_3(PO_4)_2$	2×10^{-29}	28.7	Cu_2S	2.5×10^{-48}	47.6
$CaSO_3$	6.8×10^{-8}	7.17	Cu-8-羟基喹啉	2×10^{-30}	29.7
$CaSO_4$	9.1×10^{-6}	5.04	Cu-铜铁试剂	1×10^{-16}	16.0
$CaWO_4$	8.7×10^{-9}	8.06	$FeAsO_4$	5.7×10^{-21}	20.24
Ca-8-羟基喹啉	7.6×10^{-12}	11.12	$FeCO_3$	3.2×10^{-11}	10.5
$Cd_3(AsO_4)_2$	2.2×10^{-33}	32.7	FeC_2O_4	3.2×10^{-7}	6.5
$CdCO_3$	5.2×10^{-12}	11.28	$Fe_4[Fe(CN)_6]_3$	3.3×10^{-41}	40.5
$CdC_2O_4\cdot 3H_2O$	9.1×10^{-8}	7.04	$Fe(OH)_2$	8×10^{-16}	15.2
$Cd_2[Fe(CN)_6]$	3.2×10^{-17}	16.49	$Fe(OH)_3$	3.8×10^{-38}	37.42
$Cd(OH)_2$(新鲜)	2.2×10^{-14}	13.66	$FePO_4$	1.3×10^{-22}	21.9
$Cd(OH)_2$(陈化)	5.9×10^{-15}	14.23	FeS	6.3×10^{-18}	17.2
CdS	8×10^{-27}	26.1	Fe-铜铁试剂	1×10^{-25}	25.0
$Ce_2(C_2O_4)_3\cdot 9H_2O$	3.2×10^{-26}	25.5	$Ga_4[Fe(CN)_6]_3$	1.5×10^{-4}	3.8
$Ce_2(C_4H_4O_6)_3$	1×10^{-19}	19.0	$Ga(OH)_3$	7.0×10^{-6}	5.15
$Ce(IO_3)_3$	3.2×10^{-10}	9.5	Ga-8-羟基喹啉	8.7×10^{-30}	32.06
$Ce(IO_3)_4$	5×10^{-17}	16.3	Hg_2Br_2	5.6×10^{-23}	22.24
$Ce(OH)_3$	1.6×10^{-20}	19.8	Hg_2CO_3	8.9×10^{-17}	16.05
CeF_3	8×10^{-16}	15.1	$Hg_2C_2O_4$	2×10^{-13}	12.7

续表

难溶化合物	K_{sp}	pK_{sp}	难溶化合物	K_{sp}	pK_{sp}
$Hg_2(CN)_2$	5×10^{-40}	39.3	Ni-丁二肟	2×10^{-24}	23.7
$Hg_2(CNS)_2$	2×10^{-20}	19.7	$Pb_3(AsO_4)_2$	4×10^{-36}	35.4
Hg_2Cl_2	1.13×10^{-13}	17.88	$PbBr_2$	4×10^{-5}	4.4
Hg_2CrO_4	2×10^{-9}	8.7	$PbCO_3$	7.4×10^{-14}	13.13
Hg_2HPO_4	4×10^{-13}	12.4	PbC_2O_4	4.8×10^{-10}	9.32
Hg_2I_2	4.5×10^{-29}	28.35	$PbCl_2$	1.6×10^{-5}	4.79
$Hg_2(IO_3)_2$	2×10^{-14}	13.71	$PbClF$	2.4×10^{-9}	8.62
$Hg_2(OH)_2$	2×10^{-24}	23.7	$PbCrO_4$	2.8×10^{-13}	12.55
$Hg(OH)_2$	3×10^{-26}	25.52	PbF_2	2.7×10^{-8}	7.57
HgS(红)	4×10^{-53}	52.4	$Pb_2Fe(CN)_6$	3.5×10^{-15}	14.46
HgS(黑)	1.6×10^{-52}	51.8	$PbHPO_4$	1.3×10^{-10}	9.9
Hg_2WO_4	7.4×10^{-7}	6.13	PbI_2	7.1×10^{-9}	8.15
	1×10^{-17}	17.0	$Pb(IO_3)_2$	3.2×10^{-13}	12.5
$In_4[Fe(CN)_6]_3$	1.9×10^{-44}	43.7	$PbMoO_4$	1×10^{-13}	13.0
$In(OH)_3$	6.3×10^{-34}	33.2	$Pb(OH)_2$	1.2×10^{-15}	14.93
$K[B(C_6H_5)_4]$	2.2×10^{-8}	7.65	$Pb_3(PO_4)_2$	8×10^{-43}	42.1
$KHC_4H_4O_6$	3.0×10^{-4}	3.52	PbS	1.1×10^{-28}	27.9
$K_2NaCo(NO_2)_6$	2.2×10^{-11}	10.66	$PbSO_4$	1.6×10^{-8}	7.79
K_2PtCl_6	1.1×10^{-5}	4.99	$PtBr_4$	3.2×10^{-41}	40.5
$La_2(C_2O_4)_3\cdot 9H_2O$	2.5×10^{-27}	26.6	$Pt(OH)_2$	1×10^{-35}	35.0
$La(IO_3)_3$	6.1×10^{-12}	11.21	$Ra(IO_3)_2$	8.7×10^{-10}	9.06
$La(OH)_3$	2.0×10^{-19}	18.7	$RaSO_4$	4.2×10^{-11}	10.37
$LaPO_4$	3.7×10^{-23}	22.43	ScF_3	4.2×10^{-18}	17.37
$Mg_2(AsO_4)_2$	2.1×10^{-20}	19.68	$Sc_2(C_2O_4)_3$	3.2×10^{-15}	14.5
$MgCO_3\cdot 3H_2O$	2.1×10^{-5}	4.67	$Sc(OH)_3$	8.0×10^{-31}	30.1
MgF_2	6.5×10^{-9}	8.19	$Sr_3(AsO_4)_2$	8.1×10^{-19}	18.09
$MgNH_4PO_4$	2.5×10^{-13}	12.6	$SrCO_3$	1.1×10^{-10}	9.96
$Mg(OH)_2$	5×10^{-12}	11.3	SrC_2O_4	6.3×10^{-8}	7.2
Mg-8-羟基喹啉	4×10^{-16}	15.4	$SrCrO_4$	2.2×10^{-5}	4.65
$Mn_3(AsO_4)_2$	1.9×10^{-29}	28.7	SrF_2	2.5×10^{-9}	8.61
$MnCO_3$	1.8×10^{-11}	10.74	$Sr(IO_3)_2$	3.3×10^{-7}	6.48
$MnC_2O_4\cdot 2H_2O$	1.1×10^{-15}	14.96	$Sr_3(PO_4)_2$	4×10^{-28}	27.39
$Mn_2Fe(CN)_6$	8×10^{-13}	12.1	$SrSO_4$	3.2×10^{-7}	6.49
$Mn(OH)_2$	1.9×10^{-13}	12.72	Sr-8-羟基喹啉	5×10^{-10}	9.3
MnS(浅红、无定形)	2.5×10^{-10}	9.6	$Sn(OH)_2$	1.4×10^{-28}	27.85
MnS(绿、晶形)	2.5×10^{-13}	12.6	$Sn(OH)_4$	1×10^{-56}	56.0
Mn-8-羟基喹啉	2×10^{-22}	21.7	SnS	1×10^{-25}	25.0
Na_3AlF_6	4×10^{-10}	9.39	Sn-铜铁试剂	8×10^{-35}	34.1
$NaK_2[Co(NO_2)_6]$	2.2×10^{-11}	10.66	$Th(C_2O_4)_2$	1×10^{-22}	22.0
$NaUO_2AsO_4$	1.3×10^{-22}	21.87	$Th_3(PO_4)_4$	2.5×10^{-79}	78.6
$Ni_3(AsO_4)_2$	3.1×10^{-26}	25.5	$Th(OH)_4$	4×10^{-45}	44.4
$NiCO_3$	6.6×10^{-9}	8.2	$TiO(OH)_2$	1×10^{-29}	29.0
NiC_2O_4	4×10^{-10}	9.4	TlBr	3.4×10^{-6}	5.47
$Ni_2Fe(CN)_6$	1.3×10^{-15}	14.9	$TlBrO_3$	8.5×10^{-5}	4.1
$Ni(OH)_2$(新鲜)	2.0×10^{-15}	14.7	$Tl_2C_2O_4$	2×10^{-4}	3.7
$Ni(OH)_2$(陈化)	1.6×10^{-17}	16.8	TlCl	1.7×10^{-4}	3.76
$NiS(\alpha)$	3.2×10^{-19}	18.5	TlCNS	1.7×10^{-4}	3.77
$NiS(\beta)$	1.0×10^{-24}	24.0	Tl_2CrO_4	1×10^{-12}	12.0
$NiS(\gamma)$	2.0×10^{-26}	25.7	TlI	6.5×10^{-8}	7.19
Ni-8-羟基喹啉	8×10^{-27}	26.1	$TlIO_3$	3.1×10^{-6}	5.51

续表

难溶化合物	K_{sp}	pK_{sp}	难溶化合物	K_{sp}	pK_{sp}
$Tl(OH)_3$	6.3×10^{-46}	45.2	ZnC_2O_4	2.7×10^{-8}	7.56
Tl_2S	5×10^{-21}	20.3	$Zn_2Fe(CN)_6$	4×10^{-16}	15.4
$UO_2C_2O_4 \cdot 3H_2O$	2×10^{-4}	3.7	$Zn[Hg(CNS)_4]$	2.2×10^{-7}	6.66
$(UO_2)_3[Fe(CN)_6]$	7.1×10^{-14}	13.15	$Zn(OH)_2$	1.2×10^{-17}	16.92
$UO(OH)_2$	1.1×10^{-22}	21.95	$Zn_8(PO_4)_2$	9×10^{-33}	32.04
$Y_2(C_2O_4)_3$	5.3×10^{-29}	28.3	$ZnS(\alpha)$	1.6×10^{-24}	23.8
$Y(OH)_3$	8×10^{-23}	22.1	$ZnS(\beta)$	2.5×10^{-22}	21.6
$Zn_3(AsO_4)_2$	1.3×10^{-28}	27.89	Zn-8-羟基喹啉	5×10^{-25}	24.3
$Zn(BO_2)_2$	6.6×10^{-11}	10.18	$ZrO(OH)_2$	6.3×10^{-49}	48.2
$ZnCO_3$	1.4×10^{-11}	10.84	$Zr_3(PO_4)_4$	1×10^{-132}	132

① $As_2S_3 + 4H_2O \longrightarrow 2HAsO_2 + 3H_2S$。

Ⅺ 标准电极电位

反应	电极电位/V	反应	电极电位/V
$F_2 + 2H^+ + 2e^- \rightleftharpoons 2HF(水)$	3.05	$NO_3^- + 4H^+ + 3e^- \rightleftharpoons NO + 2H_2O$	0.96
$F_2 + 2e^- \rightleftharpoons 2F^-$	2.87	$NO_3^- + 3H^+ + 2e^- \rightleftharpoons HNO_2 + H_2O$	0.94
$O_3 + 2H^+ + 2e^- \rightleftharpoons O_2 + H_2O$	2.07	$2Hg^{2+} + 2e^- \rightleftharpoons Hg_2^{2+}$	0.92
$S_2O_3^{2-} + 2e^- \rightleftharpoons 2SO_4^{2-}$	2.01	$AuBr_4^- + 3e^- \rightleftharpoons Au + 4Br^-$	0.87
$Ag^{2+} + e^- \rightleftharpoons Ag^+$	1.98	$Cu^{2+} + I^- + e^- \rightleftharpoons CuI$	0.86
$Co^{3+} + e^- \rightleftharpoons Co^{2+}$	1.82	$NO_3^- + 2H^+ + e^- \rightleftharpoons NO_2 + H_2O$	0.80
$H_2O_2 + 2H^+ + 2e^- \rightleftharpoons 2H_2O$	1.77	$Ag^+ + e^- \rightleftharpoons Ag$	0.80
$MnO_4^- + 4H^+ + 3e^- \rightleftharpoons MnO_2 + 2H_2O$	1.68	$Hg_2^{2+} + 2e^- \rightleftharpoons 2Hg$	0.79
$PbO_2 + SO_4^{2-} + 4H^+ + 2e^- \rightleftharpoons PbSO_4 + 2H_2O$	1.69	$Fe^{3+} + e^- \rightleftharpoons Fe^{2+}$	0.77
$Au^+ + e^- \rightleftharpoons Au$	1.68	$PtCl_4^{2-} + 2e^- \rightleftharpoons Pt + 4Cl^-$	0.73
$HClO_2 + 2H^+ + 2e^- \rightleftharpoons HClO + H_2O$	1.64	$O + 2H^+ + 2e^- \rightleftharpoons H_2O$	0.70
$HClO + H^+ + e^- \rightleftharpoons \frac{1}{2}Cl_2 + H_2O$	1.63	$PtBr_4^{2-} + 2e^- \rightleftharpoons Pt + 4Br^-$	0.58
$Ce^{4+} + e^- \rightleftharpoons Ce^{3+}$	1.61	$MnO_4^- + e^- \rightleftharpoons MnO_4^{2-}$	0.56
$H_5IO_6 + H^+ + 2e^- \rightleftharpoons IO_3^- + 3H_2O$	1.60	$H_3AsO_4 + 2H^+ + 2e^- \rightleftharpoons H_3AsO_3 + H_2O$	0.56
$Bi_2O_4 + 4H^+ + 2e^- \rightleftharpoons 2BiO^+ + 2H_2O$	1.59	$I_3^- + 2e^- \rightleftharpoons 3I^-$	0.54
$BrO_3^- + 6H^+ + 5e^- \rightleftharpoons \frac{1}{2}Br_2 + 3H_2O$	1.52	$Cu^+ + e^- \rightleftharpoons Cu$	0.52
$MnO_4^- + 8H^+ + 5e^- \rightleftharpoons Mn^{2+} + 4H_2O$	1.51	$4H_2SO_3 + 4H^+ + 6e^- \rightleftharpoons S_4O_6^{2-} + 6H_2O$	0.51
$PbO_2 + 4H^+ + 2e^- \rightleftharpoons Pb^{2+} + 2H_2O$	1.46	$2H_2SO_3 + 2H^+ + 4e^- \rightleftharpoons S_4O_3^{2-} + 3H_2O$	0.40
$Au^{3+} + 3e^- \rightleftharpoons Au$	1.42	$Fe(CN)_6^{3-} + e^- \rightleftharpoons Fe(CN)_6^{4-}$	0.36
$Cl_2 + 2e^- \rightleftharpoons 2Cl^-$	1.36	$VO^{2-} + 2H^+ + e^- \rightleftharpoons V^{3+} + H_2O$	0.36
$Cr_2O_7^{2-} + 14H^+ + 6e^- \rightleftharpoons 2Cr^{3+} + 7H_2O$	1.33	$Cu^{2+} + 2e^- \rightleftharpoons Cu$	0.34
$MnO_4^- + 4H^+ + 2e^- \rightleftharpoons Mn^{2+} + 2H_2O$	1.23	$UO_2^{2+} + 4H^+ + 2e^- \rightleftharpoons U^{4+} + 2H_2O$	0.33
$O_2 + 4H^+ + 4e^- \rightleftharpoons 2H_2O$	1.23	$Hg_2Cl_2 + 2e^- \rightleftharpoons 2Hg + 2Cl^- (1mol/L\ KCl)$	0.28
$IO_3^- + 6H^+ + 5e^- \rightleftharpoons \frac{1}{2}I_2 + 3H_2O$	1.20	$IO_3^- + 3H_2O + 6e^- \rightleftharpoons I^- + 6OH^-$	0.26
$ClO_4^- + 2H^+ + 2e^- \rightleftharpoons ClO_3^- + H_2O$	1.19	$Hg_2Cl_2 + 2e^- \rightleftharpoons 2Hg + 2Cl^- (饱和)$	0.24
$Br_2(水) + 2e^- \rightleftharpoons 2Br^-$	1.09	$AgCl + e^- \rightleftharpoons Ag + Cl^-$	0.22
$Br_2(液) + 2e^- \rightleftharpoons 2Br^-$	1.07	$HgBr_4^{2-} + 2e^- \rightleftharpoons Hg + 4Br^-$	0.21
$Br_3^- + 2e^- \rightleftharpoons 3Br^-$	1.05	$Bi^{3+} + 3e^- \rightleftharpoons Bi$	0.20
$VO_2^+ + 2H^+ + e^- \rightleftharpoons VO^{2+} + H_2O$	1.00	$Cu^{2+} + e^- \rightleftharpoons Cu^+$	0.15
$AuCl_4^- + 3e^- \rightleftharpoons Au + 4Cl^-$	1.00	$Sn^{4+} + 2e^- \rightleftharpoons Sn^{2+}$	0.15
		$S + 2H^+ + 2e^- \rightleftharpoons H_2S$	0.14
		$CuCl + e^- \rightleftharpoons Cu + Cl^-$	0.14
		$AgBe + e \rightleftharpoons Ag + Br$	0.10

续表

反　　　应	电极电位/V	反　　　应	电极电位/V
$TiO_2^{2+} + 4H^+ + e^- \rightleftharpoons Ti^{3+} + 2H_2O$	0.10	$PbI_2 + 2e^- \rightleftharpoons Pb + 2I^-$	−0.37
$S_4O_6^{2-} + 2e^- \rightleftharpoons 2S_2O_3^-$	0.08	$Cd^{2+} + 2e^- \rightleftharpoons Cd$	−0.40
$CuBr + e^- \rightleftharpoons Cu + Br^-$	0.03	$Cr^{3+} + e^- \rightleftharpoons Cr^{2+}$	−0.41
$2H^+ + 2e^- \rightleftharpoons H_2$	0.00	$Fe^{2+} + 2e^- \rightleftharpoons Fe$	−0.44
$Ti^{4+} + e^- \rightleftharpoons Ti^{3+}$	−0.04	$2CO_2(气) + 2H^+ + 2e^- \rightleftharpoons H_2C_2O_4(水)$	−0.49
$HgI_4^{2-} + 2e^- \rightleftharpoons Hg + 4I^-$	−0.04	$Cr^{3+} + 3e^- \rightleftharpoons Cr$	−0.74
$Pb^{2+} + 2e^- \rightleftharpoons Pb$	−0.13	$Zn^{2+} + 2e^- \rightleftharpoons Zn$	−0.76
$CrO_4^{2-} + 4H_2O + 3e^- \rightleftharpoons Cr(OH)_3 + 5OH^-$	−0.13	$Mn^{2+} + 2e^- \rightleftharpoons Mn$	−1.18
$Sn^{2+} + 2e^- \rightleftharpoons Sn$	−0.14	$Al^{3+} + 3e^- \rightleftharpoons Al$	−1.66
$AgI + e^- \rightleftharpoons Ag + I^-$	−0.15	$Mg^{2+} + 2e^- \rightleftharpoons Mg$	−2.37
$CuI + e^- \rightleftharpoons Cu + I^-$	−0.19	$Na^+ + e^- \rightleftharpoons Na$	−2.71
$Ni^{2+} + 2e^- \rightleftharpoons Ni$	−0.25	$Ca^{2+} + 2e^- \rightleftharpoons Ca$	−2.87
$V^{3+} + e^- \rightleftharpoons V^{2+}$	−0.26	$Sr^{2+} + 2e^- \rightleftharpoons Sr$	−2.89
$PbCl_2 + 2e^- \rightleftharpoons Pb + 2Cl^-$	−0.27	$Ba^{2+} + 2e^- \rightleftharpoons Ba$	−2.90
$Co^{2+} + 2e^- \rightleftharpoons Co$	−0.28	$K^+ + e^- \rightleftharpoons K$	−2.93
$PbBr_2 + 2e^- \rightleftharpoons Pb + 2Br^-$	−0.28	$Li^+ + e^- \rightleftharpoons Li$	−3.05
$PbSO_4 + 2e^- \rightleftharpoons Pb + SO_4^{2-}$	−0.36		

Ⅻ　条件电极电位

反　　　应	标准电极电位/V	条件电极电位/V	介质
$Ce^{4+} + e^- \rightleftharpoons Ce^{3+}$	+1.61	1.23	1mol/L HCl
		1.44	1mol/L H_2SO_4
		1.61	1mol/L HNO_3
		1.70	1mol/L $HClO_4$
$Fe^{3+} + e^- \rightleftharpoons Fe^{2+}$	+0.771	0.68	1mol/L H_2SO_4
		0.70	1mol/L HCl
		0.73	1mol/L $HClO_4$
$Cr_2O_7^{2-} + 14H^+ + 6e^- \rightleftharpoons 2Cr^{3+} + 7H_2O$	+1.33	1.00	1mol/L HCl
		1.05	2mol/L HCl
		1.08	3mol/L HCl
		1.08	0.5mol/L H_2SO_4
		1.15	4mol/L H_2SO_4
		1.03	1mol/L $HClO_4$
$Fe(CN)_6^{3-} + e^- \rightleftharpoons Fe(CN)_6^{4-}$	+0.356	0.48	0.01mol/L HCl
		0.56	0.1mol/L HCl
		0.71	1mol/L HCl
		0.72	1mol/L H_2SO_4
		0.72	1mol/L $HClO_4$
$H_3AsO_4 + 2H^+ + 2e^- \rightleftharpoons H_3AsO_3 + H_2O$	+0.559	0.557	1mol/L HCl
		0.557	1mol/L $HClO_4$
$TiO^{2+} + 2H^+ + e^- \rightleftharpoons Ti^{3+} + H_2O$	+0.1	0.04	1mol/L $HClO_4$
$Pb^{2+} + 2e^- \rightleftharpoons Pb$	−0.126	−0.14	1mol/L $HClO_4$
$Sn^{2+} + 2e^- \rightleftharpoons Sn$	−0.136	−0.16	1mol/L $HClO_4$
$V^{3+} + e^- \rightleftharpoons V^{2+}$	−0.255	−0.21	1mol/L $HClO_4$

XIII 相对原子质量表（1985）

元素符号	元素名称	原子序数	相对原子质量	元素符号	元素名称	原子序数	相对原子质量
Ac	锕	89	227.0278	N	氮	7	14.006747(7)
Ag	银	47	107.8682(2)	Na	钠	11	22.989768(6)
Al	铝	13	26.981539(5)	Nb	铌	41	92.90638
Ar	氩	18	39.948	Nd	钕	60	144.24*
As	砷	33	74.92159(2)	Ne	氖	10	20.1797(6)
Au	金	79	196.96654(3)	Ni	镍	28	58.69
B	硼	5	10.81	Np	镎	93	237.0482
Ba	钡	56	137.327(7)	O	氧	8	15.9994*
Be	铍	4	9.0121823(3)	Os	锇	76	190.2
Bi	铋	83	208.98037(3)	P	磷	15	30.973762(4)
Br	溴	35	79.904	Pa	镤	91	231.0359
C	碳	6	12.011	Pb	铅	82	207.2
Ca	钙	20	40.08	Pd	钯	46	106.42
Cd	镉	48	112.411(8)	Pr	镨	59	140.90765(3)
Ce	铈	58	140.115(4)	Pt	铂	78	195.08*
Cl	氯	17	35.4527(9)	Ra	镭	88	226.0254
Co	钴	27	58.93320(1)	Rb	铷	37	85.4678*
Cr	铬	24	51.996	Re	铼	75	186.207
Cs	铯	55	132.90543(5)	Rh	铑	45	102.90550(3)
Cu	铜	29	63.546*	Ru	钌	44	101.07*
Dy	镝	66	162.50*	S	硫	16	32.07
Er	铒	68	167.26*	Sb	锑	51	121.75*
Eu	铕	63	151.965(9)	Sc	钪	21	44.955910(9)
F	氟	9	18.9984032(9)	Se	硒	34	78.96*
Fe	铁	26	55.847*	Si	硅	14	28.0855*
Ga	镓	31	69.72	Sm	钐	62	150.36*
Gd	钆	64	157.25*	Sn	锡	50	118.69*
Ge	锗	32	72.61(3)	Sr	锶	38	87.62
H	氢	1	1.00794±7	Ta	钽	73	180.9479
He	氦	2	4.00260	Tb	铽	65	158.92534(3)
Hf	铪	72	178.49(2)	Te	碲	52	127.60*
Hg	汞	80	200.59*	Th	钍	90	232.0381
Ho	钬	67	164.93032(3)	Ti	钛	22	47.88*
I	碘	53	126.90447(3)	Tl	铊	81	204.3833(2)
In	铟	49	114.82	Tm	铥	69	168.93421
Ir	铱	77	192.22*	U	铀	92	238.0289
K	钾	19	39.0983	V	钒	23	50.9415
Kr	氪	36	83.80	W	钨	74	183.85*
La	镧	57	138.9055(2)	Xe	氙	54	131.29(2)
Li	锂	3	6.941*	Y	钇	39	88.90585(2)
Lu	镥	71	174.967*	Yb	镱	70	173.04*
Mg	镁	12	24.3050(6)	Zn	锌	30	65.39
Mn	锰	25	54.93805(1)	Zr	锆	40	91.22
Mo	钼	42	95.94				

注：各相对原子质量数值最后一位数字准至±1，带星号*的准至±3。括号内数字指末位数字的准确度（化学通报，1985年12期）。